集成电路系列丛书 ·集成电路设计·

国产**EDA**系列教材

模拟集成电路设计

——基于华大九天集成电路全流程 设计平台Aether

聂凯明　徐江涛　余　涵／编著

电子工业出版社

Publishing House of Electronics Industry

北京·**BEIJING**

内容简介

本书主要介绍模拟集成电路的分析和设计，每章均配有基于华大九天 Empyrean Aether 的仿真实例，注重理论基础和实践的结合。全书共 13 章，前 6 章从半导体物理和器件物理的基础开始，逐步讲解并分析模拟集成电路中的各种基本模块；第 7 章介绍带隙基准电路；第 8～10 章主要讨论模拟电路的噪声、反馈和稳定性、运算放大器等内容；第 11～13 章针对常用的复杂模拟集成电路展开讨论，主要包括开关电容放大器、模数转换器与数模转换器、锁相环等。

本书可供集成电路领域相关专业的高年级本科生和研究生，以及研究人员和工程技术人员参考。

图书在版编目（CIP）数据

模拟集成电路设计 ：基于华大九天集成电路全流程
设计平台 Aether / 聂凯明，徐江涛，余涵编著. -- 北京 ：
电子工业出版社，2024. 9. --（集成电路系列丛书）.
ISBN 978-7-121-48748-4
Ⅰ. TN431.102
中国国家版本馆 CIP 数据核字第 2024D80D15 号

责任编辑：魏子钧（weizj@phei.com.cn）
印　　刷：三河市鑫金马印装有限公司
装　　订：三河市鑫金马印装有限公司
出版发行：电子工业出版社
　　　　　北京市海淀区万寿路 173 信箱　　　邮编：100036
开　　本：787×1092　　1/16　　印张：22.25　　字数：570 千字
版　　次：2024 年 9 月第 1 版
印　　次：2024 年 9 月第 1 次印刷
定　　价：89.00 元

凡所购买电子工业出版社图书有缺损问题，请向购买书店调换。若书店售缺，请与本社发行部联系，联系及邮购电话：（010）88254888，88258888。

质量投诉请发邮件至 zlts@phei.com.cn，盗版侵权举报请发邮件至 dbqq@phei.com.cn。

本书咨询联系方式：（010）88254613。

前　　言

模拟集成电路是对现实世界中的连续信号进行处理的一种集成电路。由于模拟信号容易受到外界干扰，因此模拟集成电路设计给设计人员带来了诸多挑战。设计人员需要在速度、功耗、增益、电源电压、电压摆幅、线性度、噪声、成本和鲁棒性等性能要求之间进行折中。通常，模拟集成电路设计被称作一门艺术。本书从半导体物理和器件物理的基础开始，逐步讲解并分析模拟集成电路中的各种基本模块，针对常用的复杂模拟集成电路，如开关电容放大器、模数转换器与数模转换器、锁相环等展开讨论。

本书的特点如下。

（1）内容系统全面，既有基础理论，又引入了工业界常用的电路分析方法，既适合初学者，又适合有一定经验的研究生和工程师。

（2）对比较难理解的模块分析和设计过程进行了详细的讲解，适合用作教材或自学参考书。

（3）深度结合工程实际，理论与设计相结合，每章均配有基于华大九天 Empyrean Aether 的仿真实例。

编著者衷心感谢为本书出版提供协助的人，包括研究生和本科生（路家琪、赵雪晴、郑豪杰、张紫杨、方冬行、焦莹莹、姜淞、李楠、王志浩、马清源等），他们提出了很多建议和修正意见。在编著过程中，华大九天科技股份有限公司的梁艳、邓检、腊晓丽、邹兰榕、余涵、洪姬铃、李起宏等人为本书中电路仿真实例相关的内容提供了技术和案例支持。编著者在此表示衷心的感谢。

聂凯明

2024 年 3 月

目　　录

第1章

绪论

1.1 模拟集成电路的应用

集成电路主要分为数字集成电路和模拟集成电路两大类。数字集成电路是处理自变量和因变量均为离散状态的数字信号的集成电路。数字信号通常用二进制数字表示，即仅有逻辑低"0"和逻辑高"1"两种状态，根本原因是电路只有"断开"和"连通"两种状态。数字信号的特点使得数字电路具有较强的抗干扰能力，不易受外界干扰，因此其精度高，适合复杂的计算。随着集成电路工艺的发展，数字集成电路的规模和计算性能显著提升，在计算机、数字通信和数字仪器等领域中得到广泛的应用。但这并不意味着数字电路能够处理所有问题。由于人们所处的现实世界里存在的各种自变量和因变量均为连续的信号（即模拟信号），因此对现实世界中连续信号的处理离不开模拟集成电路。

模拟信号处理过程如图 1-1 所示，以声音信号为例说明模拟信号的处理过程。首先，声音信号被声音传感器（麦克风）转换为在时间和幅度上都连续的电压形式的模拟信号，通常可能还会对其进行放大和滤波处理以增加信噪比（SNR）。其次，利用模数转换器（ADC）对模拟信号进行采样和量化处理，将模拟信号在时间和幅度上离散化，输出数字信号。再次，使用数字信号处理器（DSP）对 ADC 输出的数字信号进行变换、滤波、编码等处理，完成信息的存储或传输。为将该信号重新返回现实世界中，将数字信号解码后送给数模转换器（DAC）转换为模拟信号。最后，对该模拟信号进行滤波，利用驱动电路驱动扬声器重新转换为现实世界中的声音信号。

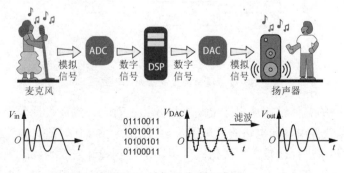

图 1-1　模拟信号处理过程

在上述对模拟信号进行放大、滤波、采样和量化并将其最终返回现实世界的过程中，都离不开模拟集成电路，这说明模拟集成电路在电子系统中发挥着不可替代的作用。常见的基本模拟集成电路包括电流源、电压基准、滤波器、放大器和比较器等，它们可以组成更为复杂的模拟集成电路，包括开关电容电路、ADC 电路、DAC 电路和锁相环电路等。

因为模拟信号更容易受到外界干扰，因此模拟集成电路设计给设计人员带来了更高的挑战。模拟集成电路设计中充满了各种因素的折中，设计人员需要在速度、功耗、增益、电源电压、电压摆幅、线性度、噪声、成本和鲁棒性等性能要求之间进行折中，最终做出最佳设计，因此通常将模拟集成电路设计称作一门艺术。

1.2　模拟集成电路设计流程

随着 CMOS 工艺的快速发展，以 MOSFET 为基础的模拟集成电路的性能也得到快速提升，在片上系统中发挥着重要的作用。CMOS 模拟集成电路设计相比于传统分立元件模拟电路设计复杂很多，需要采用 EDA 软件进行仿真和模拟来验证电路的性能。模拟集成电路的设计流程如图 1-2 所示，主要分为前端设计和后端设计，其中前端设计主要完成电路原理图的设计和验证，而后端设计主要完成版图的设计和验证，最终将版图文件交付工艺厂完成芯片的物理制造。

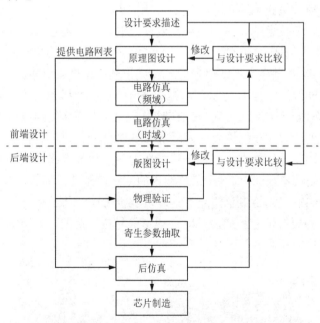

图 1-2　模拟集成电路的设计流程

模拟集成电路的总体设计从定义电路规格开始，首先，描述设计要求。其次，根据设计要求，在 EDA 软件中设计电路的原理图，通过 EDA 仿真工具进行电路的频域仿真，将仿真结果与设计要求进行比较，如果仿真结果不能达到设计要求则修改原理图，反复迭代直至该环节的仿真结果达到设计要求。最后，通过 EDA 软件进行电路的时域仿真，从电路输出的具体时域信号波形上观测是否达到设计要求，如果该仿真结果不能达到设计要求则继续修改原理图，反复迭代直至该环节的仿真结果达到设计要求。至此，完成了模拟集成电路的前端设计流程。随后进入后端设计流程：首先，进行版图设计；其次，对设计好的版图进行物理验证，主要包含设计规则检查（DRC）和版图与原理图对比（LVS）检查。DRC 主要检查版图中图形的几何规则，用以保证版图在工艺上的可实现性。LVS 检查主要从版图中提取出电路网表，然后与原理图网表进行比对，检查两者的一致性。如果物理验证不通过，则对版图进行修改，反复迭代直至物理验证通过。最后，进行版图寄生参数提取，将原理图设计环节所提供的网表与寄生参数合并，形成后仿真网表，开展后仿真。后仿真在电路原理图基础上考虑了版图的寄生效应，该仿真更加接近芯片制造后的结果。这个过程要进行多次迭代，不断修改优化版图，直至后仿真结果能够达到最初的设计要求，整体模拟集成电路设计环节结束。通过后仿真后，即可导出版图数据（GDSII）文件，将其交付工艺厂进行芯片制造。

1.3　华大九天 Empyrean Aether 简介

北京华大九天科技股份有限公司（简称华大九天）成立于 2009 年，一直聚焦 EDA 工具的开发、销售及相关服务业务。华大九天 Empyrean Aether 是原理图和版图编辑工具软件，为用户提供了丰富的原理图和版图编辑功能以及高效的设计环境，支持用户根据不同电路类型的设计需求和不同工艺的物理规则设计原理图和版图，如电路元件符号生成、元件参数编辑和物理图形编辑等操作，其启动界面与软件主界面如图 1-3 和图 1-4 所示。该工具软件可集成华大九天电路仿真工具软件 Empyrean ALPS，Empyrean ALPS 是华大九天新近推出的高速、高精度、并行晶体管级电路仿真工具软件，支持数千万元器件的电路仿真和数模混合信号仿真，通过创新的智能矩阵求解算法和高效的并行技术，突破了电路仿真的性能和容量瓶颈，仿真速度相比于同类电路仿真工具显著提升。华大九天 Empyrean Aether 为用户提供完整、平滑、高效的一站式设计流程，显著提高了模拟电路的设计效率。本书中每章的仿真分析均基于华大九天 Empyrean Aether（以下简称 Aether）开展。

图 1-3　华大九天 Empyrean Aether 启动界面

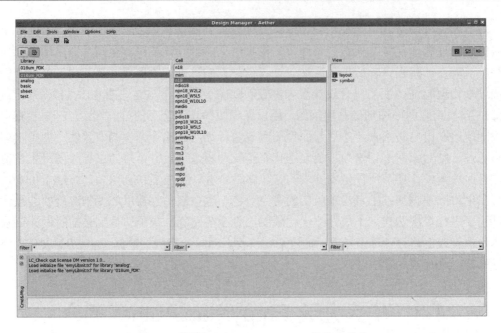

图 1-4　华大九天 Empyrean Aether 软件主界面

第2章

MOS 器件的基础特性

随着 CMOS 工艺的进步，目前 MOS 器件已成为模拟集成电路的核心器件，掌握其工作原理和特性是开展模拟集成电路设计的基本要求。本章首先介绍半导体物理学的基本概念；其次，分析包括 PN 结和 MIS 结构在内的半导体基础器件结构的工作原理，这有助于读者理解 MOS 器件的工作原理；再次，阐述 MOSFET 结构及其基本制造工艺流程；最后，推导阈值电压和 I-V 特性，分析器件电容并给出用于简化电路分析的小信号模型。

2.1 半导体物理基础

2.1.1 单晶硅的晶体结构

半导体是一种电导率易受温度、杂质、缺陷、光照、磁场和电场等多种因素影响，处于绝缘体和导体之间的物质或材料。半导体可以由单一元素组成，例如硅和锗，也可以由两种或多种元素组成，例如砷化镓（GaAs）、碳化硅（SiC）和砷化铝镓（AlGaAs）等。其中硅是目前应用最广泛的半导体材料，集成电路主要由硅制造，具体来说是纯度达99.999999999%的单晶硅。长达数米、直径达 12 英寸[①]的单晶硅锭可以利用直拉法制备，将其切割成晶圆用于芯片加工。单晶硅中的原子以完美的周期性结构排布，每个原子都通过共价键与其他 4 个原子连接，形成正四面体结构，即金刚石结构，如图 2-1（a）所示。

单晶硅的金刚石结构晶胞如图 2-1（b）所示，它是立方对称的晶胞。这种晶胞可以看作两个面心立方沿立方体空间对角线互相位移了 1/4 的空间对角线长度套构而成。金刚石结构晶胞顶角有 8 个原子，面心有 6 个原子，晶胞内部有 4 个原子，其中每个顶角原子被周围 8 个晶胞共享，面心原子被相邻两个晶胞共享，因此一个金刚石结构晶胞等效含有 8 个原子。实验测得单晶硅金刚石结构晶胞的晶格常数 a 为 0.543nm，从而可求得每立方厘米单晶硅有 5.00×10^{22} 个原子。

---

① 1 英寸=2.54cm。

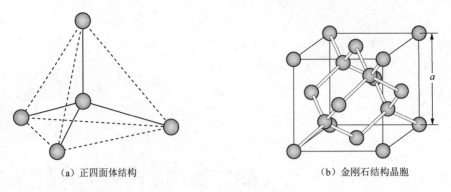

（a）正四面体结构　　　　　　　　（b）金刚石结构晶胞

图 2-1　单晶硅的晶体结构

2.1.2　半导体能带理论及载流子浓度

独立硅原子的核外有 14 个电子，这些电子分布在不同能级上，形成电子壳层，具体分布为 $1s^2 2s^2 2p^6 3s^2 3p^2$。当大量的硅原子组成晶体后，由于电子壳层的交叠，电子不再完全局限在某一个原子上，而是可以转移到相邻的原子上，因此电子可以在整个晶体中运动，这种运动被称为电子的共有化运动。各原子中相似壳层的电子才有相同的能量，因此电子只能在相似壳层间转移。最外层电子的共有化运动最为显著，因此价电子的共有化运动很显著，如同自由运动的电子，常被称为准自由电子。考虑 N 个硅原子组成晶体，根据泡利不相容原理，原来分属于 N 个硅原子的相同的价电子能级会分裂成属于整个晶体的由 N 个能量稍有差别的能级组成的能带。由于每立方厘米单晶硅有 5.00×10^{22} 个原子，即 N 是一个很大的数值，所以能带中相邻能级的间距非常小，是一种近似的连续状态，常被称为准连续状态。由于 p 轨道是三度简并的，含三种能量态，因此硅原子最外层共有 4 个能量态。当 N 个硅原子组成晶体后，最外层的 $4N$ 个电子形成共价键，即出现 sp³ 轨道杂化，能级分裂后形成两个能带。含有 N 个原子的单晶硅能带结构如图 2-2 所示。

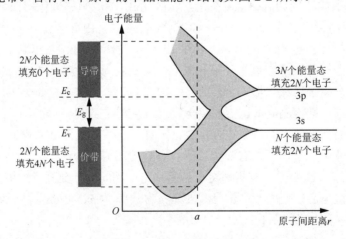

图 2-2　含有 N 个原子的单晶硅能带结构

在含有 N 个原子的单晶硅能带中，能量高的能带有 $2N$ 个能量态，在温度较低时基本处于全空状态，称为导带；能量低的能带也有 $2N$ 个能量态，在温度较低时被 $4N$ 个电子全部填充，称为满带或价带，导带和价带之间为禁带。导带的最低能量称为导带底能量，记为 E_c，价带的最高能量称为价带顶能量，记为 E_v，因此禁带的能带宽度即禁带宽度 $E_g=E_c-E_v$。当温度上升时，共价键中电子的热运动加剧，一些价电子会挣脱原子核的束缚游离到空间。从能带的角度可以解释该现象：当温度上升时，价带顶部附近的电子获取大于禁带宽度的能量后可跃迁至导带底部成为准自由电子。游离走的电子在原位上留下一个等效正电的不能移动的空位，叫作空穴，其能量态处于价带顶部的能量空位中。这种由于热激发而在晶体中出现电子和空穴对的现象被称为本征激发，如图 2-3 所示。半导体的本征激发形成导带电子和价带空穴，它们均能参与导电被称为载流子。禁带宽度代表了价带电子要进入导带成为准自由电子必须额外获取的能量，禁带越宽，所需额外获取的能量越大，跃迁难度也越大，硅的禁带宽度约为 1.12eV。

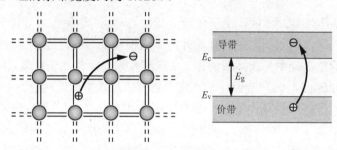

图 2-3 本征激发

在热平衡状态下，非简并半导体导带电子浓度 n_0 和价带空穴浓度 p_0 分别为

$$n_0 = N_c \exp\left(-\frac{E_c - E_F}{k_0 T}\right) \tag{2-1}$$

$$p_0 = N_v \exp\left(-\frac{E_F - E_v}{k_0 T}\right) \tag{2-2}$$

式中，N_c 和 N_v 分别为导带有效状态密度和价带有效状态密度，它们均为温度的函数；k_0 为玻尔兹曼常数；T 为热力学温度；E_F 为费米能级。E_F 标志电子填充能级的水平，E_F 位置越高，则填充在较高能级上的电子就越多。对于半导体晶体，E_F 在禁带内，且随其中的杂质种类、杂质浓度以及温度的不同而改变。本征半导体是一块没有杂质和缺陷的半导体，其费米能级被称为本征费米能级 E_i，其大约处于禁带中线处。在本征激发条件下，电子和空穴成对出现，因此导带电子浓度和价带空穴浓度相等，被记为本征载流子浓度 n_i，其大小可表示为

$$n_i = N_c \exp\left(-\frac{E_c - E_i}{k_0 T}\right) = N_v \exp\left(-\frac{E_i - E_v}{k_0 T}\right) \tag{2-3}$$

结合式（2-1）～式（2-3），非简并半导体热平衡状态下的载流子浓度又可以表示为

$$n_0 = n_i \exp\left(\frac{E_F - E_i}{k_0 T}\right) \tag{2-4}$$

$$p_0 = n_i \exp\left(\frac{E_i - E_F}{k_0 T}\right) \tag{2-5}$$

本征载流子浓度 n_i 仅与半导体本身的能带结构及温度有关。温度一定时，禁带宽度越窄的半导体，本征载流子浓度越大。对于给定的半导体而言，本征载流子浓度随温度升高而迅速增大。在一定温度下任何非简并半导体热平衡状态下的载流子浓度的乘积等于该温度下本征载流子浓度的平方，即

$$n_i^2 = n_0 p_0 \tag{2-6}$$

2.1.3　施主与受主杂质

本征半导体的电导率严重依赖温度，在绝对零度下其导带为空带而价带为满带，电导率极低，表现为绝缘体特性。当温度升高时，依靠本征激发形成本征电子和空穴，半导体的电导率升高，具备了一定的导电性。但是本征载流子浓度会随着温度迅速变化，对于单晶硅而言，温度每升高 8K，本征载流子浓度就增加约一倍，这使得半导体器件性能不稳定，所以需要对本征半导体加入一定量的杂质才能制造性能稳定的半导体器件。

通常在纯净的单晶硅中掺杂适量的Ⅲ、Ⅴ族元素来稳定载流子浓度，并改变导电类型。硅中的施主杂质如图 2-4（a）所示，Ⅴ族元素磷被掺杂入单晶硅后会占据硅原子的位置。磷原子有 5 个价电子，其中 4 个价电子会与周围的 4 个硅原子形成共价键，还剩余 1 个价电子。施主电离如图 2-4（b）所示，磷的第 5 个价电子的能量状态被称为施主能级 E_d，处于禁带中并且靠近导带底，这个价电子非常容易跃迁至导带。一旦该跃迁发生，即磷原子发生电离释放了第 5 个价电子，使之成为准自由电子，而磷原子自身变为带正电的磷离子。这种杂质被称为施主杂质，其在半导体中电离时能够释放电子，从而产生导带电子，并形成正电中心，此类杂质也被称为 N 型杂质。掺杂 N 型杂质的半导体被称为 N 型半导体，其主要依靠导带电子导电，在室温下电子浓度约等于施主杂质的掺杂浓度 N_d。N 型半导体中电子浓度远大于空穴浓度，此时电子被称为多数载流子，简称为多子，而空穴被称为少数载流子，简称为少子。

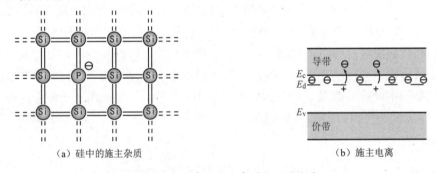

　（a）硅中的施主杂质　　　　　　　　　　　　　　（b）施主电离

图 2-4　硅中的施主杂质和施主电离

硅中的受主杂质如图 2-5（a）所示，Ⅲ族元素硼被掺杂入单晶硅后会占据硅原子的位置。硼原子有 3 个价电子，它与周围的 4 个硅原子形成共价键时，还缺少 1 个价电子，相当于有 1 个空穴。受主电离如图 2-5（b）所示，硼的空穴能量状态被称为受主能级 E_a，处于禁带中并且靠近价带顶，价带顶部的电子非常容易跃迁至受主能级上。一旦该跃迁发生，即硼原子发生电离，向价带释放一个空穴，而硼原子自身变为带负电的硼离子。这种杂质

被称为受主杂质，其在半导体中电离时能够接受价带电子，从而产生价带空穴，并形成负电中心，此类杂质也被称为 P 型杂质。掺杂 P 型杂质的半导体被称为 P 型半导体，其主要依靠价带空穴导电，在室温下其空穴浓度约等于受主杂质的掺杂浓度 N_a。P 型半导体中空穴浓度远大于电子浓度，此时空穴为多子，而电子为少子。

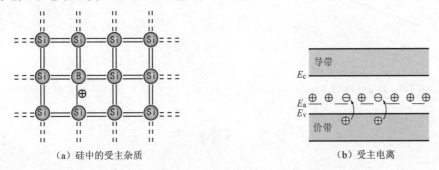

（a）硅中的受主杂质 　　　　　　　　（b）受主电离

图 2-5　硅中的受主杂质和受主电离

杂质的存在使 E_F 发生变化，不同类型半导体材料的能带图如图 2-6 所示，N 型半导体的 E_F 高于 E_i，P 型半导体的 E_F 低于 E_i，并且掺杂浓度越高，E_F 越远离 E_i。所以通常可以根据 E_F 和 E_i 的关系来判断半导体的导电类型和掺杂浓度的大小。

图 2-6　不同类型半导体材料的能带图

2.1.4　载流子的漂移运动和扩散运动

半导体中载流子的定向运动有两种，分别是漂移运动和扩散运动。载流子的漂移运动如图 2-7 所示，当半导体内部存在电场时，电子和空穴会在电场的作用下运动，称为漂移运动。迁移率是描述该运动强弱的重要物理量，表示在单位电场强度下载流子的平均漂移速度。

当半导体中的载流子浓度存在差异时，载流子无规则的热运动使其从高浓度的区域自发地向低浓度区域扩散，进而形成扩散电流。扩散系数是描述该运动强弱的重要物理量，是指当浓度梯度为一个单位时，单位时间内通过单位面积的载流子的数量。载流子的扩散运动如图 2-8 所示，在半导体一侧施加光照，会产生大量的光生电子空穴对。半导体两侧形成浓度差，进而产生载流子的扩散运动，需要注意的是空穴带正电荷，其所形成的扩散电流方向与扩散方向相同；而电子带负电荷，其所形成的扩散电流方向与扩散方向相反。

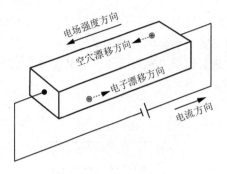

图 2-7　载流子的漂移运动

图 2-8　载流子的扩散运动

2.2　PN 结

　　采用不同的掺杂工艺，将 P 型半导体和 N 型半导体结合在一起，在两者交界面处形成 PN 结。PN 结具有单向导电性，是很多半导体器件的基础结构。当掺杂受主浓度为 N_a 的 P 型半导体与掺杂施主浓度为 N_d 的 N 型半导体接触后，P 型半导体一侧的空穴浓度高于 N 型半导体一侧，而 N 型半导体一侧的电子浓度高于 P 型半导体一侧，这导致空穴从 P 型区到 N 型区、电子从 N 型区到 P 型区的扩散运动。PN 结空间电荷区如图 2-9（a）所示，当 P 型区的空穴离开后，留下了不可移动的带负电荷的电离受主，因此在 PN 结靠近 P 型区一侧形成了一个浓度为 N_a 的带负电荷的区域。同理，当 N 型区的电子离开后，留下了不可移动的带正电荷的电离施主，因此在 PN 结靠近 N 型区一侧形成了一个浓度为 N_d 的带正电荷的区域。通常把 PN 结交界面附近带有由电离受主和电离施主提供的负电荷和正电荷的区域叫作空间电荷区。

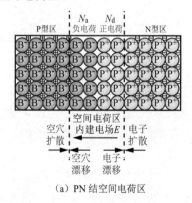

（a）PN 结空间电荷区

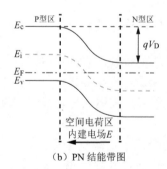

（b）PN 结能带图

图 2-9　平衡状态 PN 结及其能带图

　　空间电荷区中的电荷产生了一个由 N 型区指向 P 型区的内建电场。在该电场作用下，载流子形成漂移运动。载流子漂移运动的方向与前面所述的扩散运动方向相反，因此内建电场起到了阻碍载流子继续扩散的作用。在平衡状态下，载流子的扩散运动和漂移运动达到动态平衡，空间电荷区宽度保持不变。在内建电场的作用下，P 型区一侧相对 N 型区一侧增加了一部分附加电势能，使得 P 型区能带高于 N 型区能带，PN 结能带图如图 2-9（b）

所示。从 N 型区一侧看到 P 型区一侧存在一个高度为 qV_D 的针对电子的势垒，其中 V_D 为 PN 结的接触电势差，其大小为

$$V_D = \frac{k_0 T}{q} \ln\left(\frac{N_a N_d}{n_i^2}\right) \tag{2-7}$$

对 PN 结两侧施加偏置电压，PN 结进入非平衡状态，此时的能带图如图 2-10 所示（能带弯曲处使用直线近似）。对 PN 结施加正向偏压 V（P 型区接电源正极，N 型区接电源负极）时，外加电场方向与内建电场方向相反，内建电场被削弱，势垒高度降低为 $q(V_D-V)$。这导致漂移运动被减弱，打破了之前漂移运动和扩散运动的动态平衡，形成了空穴从 P 型区到 N 型区、电子从 N 型区到 P 型区的净扩散，从而产生与偏压 V 正相关的正向导通电流。当 PN 结施加反向偏压 V（P 型区接电源负极，N 型区接电源正极）时，外加电场方向与内建电场方向相同，空间电荷区电场加强，势垒高度升高至 $q(V_D+V)$。这导致漂移运动被加强，N 型区边界的空穴被驱向 P 型区，P 型区边界的电子被驱向 N 型区，边界的这些少子被电场驱走后，内部的少子再扩散至边界进行补充，从而形成主要由少子扩散形成的反向电流。当反向电压很大时，边界处的少子浓度降低为零，此时少子的浓度梯度不再随偏压变化，因此反向电流达到饱和。因为少子浓度很低，所以即使在饱和状态下少子的浓度梯度也很小，反向饱和电流也很小。

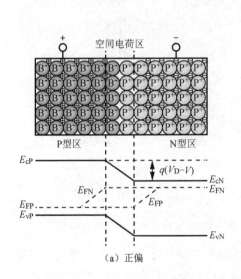

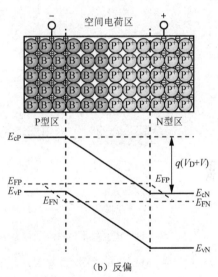

（a）正偏　　　　　　　　　　　　　　　　（b）反偏

图 2-10　非平衡态下 PN 结能带图

综上所述，PN 结具有单向导电性，其 I-V 特性可表示为

$$I_D = A_D J_S \left[\exp\left(\frac{qV}{k_0 T}\right) - 1 \right] \tag{2-8}$$

式中，A_D 为 PN 结截面积；J_S 为 PN 结的反向饱和电流密度，其大小为

$$I_S \propto \frac{1}{N_a} + \frac{1}{N_d} \tag{2-9}$$

2.3　MIS 结构

MIS 结构是由金属（Metal）、绝缘体（Insulator）和半导体（Semiconductor）组成的，是金属-氧化物-半导体场效应晶体管（MOSFET）的核心组成部分。MIS 结构实际就是一个电容，当在金属和半导体之间施加电压时，金属和半导体类似电容的两个极板被充电。施加电压不同，两者的电荷分布也不同。在金属中，自由电子密度很大，电荷基本分布在很窄的范围内；在半导体中，自由载流子浓度相对较低，电荷必须分布在一定厚度的表面层内，这个带电的表面层称为空间电荷区。空间电荷区中的电荷分布会随着金属和半导体之间所加电压 V_G 的变化而变化，基本上可归纳为多子堆积、平带、多子耗尽和反型四种情况。以 P 型 MIS 结构为例，分析四种情况下的半导体能带结构和电荷分布，P 型半导体形成的理想 MIS 结构在不同 V_G 下的能带结构和电荷分布如图 2-11 所示。

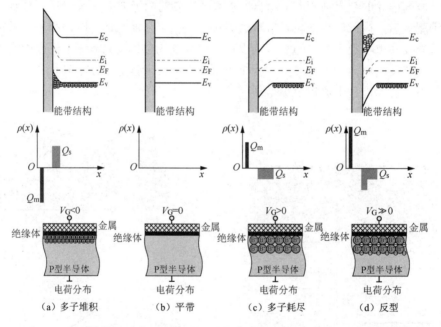

图 2-11　P 型半导体形成的理想 MIS 结构在不同 V_G 下的能带结构和电荷分布

（1）当 $V_G<0$ 时，外加电场方向从半导体一侧指向金属一侧，因此半导体表面存在正的附加电势能，使得半导体表面处能带向上弯曲，E_v 接近 E_F 甚至高于 E_F，价带中空穴浓度增加。此时，金属一侧出现一个负电荷薄层，而半导体一侧则出现由空穴堆积所形成的带正电荷的空间电荷区，该状态称为多子堆积。

（2）当 $V_G=0$ 时，无外加电场，半导体一侧能带没有任何变化保持平整。金属和半导体两侧均不带电，该状态称为平带。

（3）当 $V_G>0$ 时，外加电场方向从金属一侧指向半导体一侧，因此半导体表面存在负的附加电势能，使得半导体表面处能带向下弯曲，E_v 远离 E_F，价带中空穴浓度降低。当表面处 E_F 接近禁带中线附近时，表面处空穴浓度远低于体内浓度，处于耗尽状态，剩下不能移动的电离受主。此时，金属一侧出现一个正电荷薄层，半导体一侧出现由电离受主所形成的带负电荷的空间电荷区，该状态称为多子耗尽。

（4）当 $V_G \gg 0$ 时，外加电场方向仍是从金属一侧指向半导体一侧，且电场强度大于多子耗尽的情况。表面存在的附加电势能相对多子耗尽时更大，表面处能带向下弯曲得更加严重。此时，表面处的 E_F 高于禁带中线，这说明 E_c-E_F 小于 E_F-E_v。这意味着表面处电子浓度超过了空穴浓度，即形成了与原来半导体导电类型相反的薄层，叫作反型层。此时，金属一侧仍然出现一个正电荷薄层，而半导体一侧则出现了由电离受主和反型层共同组成的带负电荷的空间电荷区，该状态称为反型。

对于 N 型半导体所形成的 MIS 结构而言，其 V_G 与空间电荷区的状态刚好与 P 型半导体所形成的 MIS 结构相反。当 $V_G>0$ 时，空间电荷区为多数载流子电子的多子堆积状态；当 $V_G=0$ 时，为平带状态；当 $V_G<0$ 时，空间电荷区为多子耗尽状态；当 $V_G \ll 0$ 时，空间电荷区为反型状态。

2.4　MOSFET 结构及其基本制造工艺流程

2.4.1　MOSFET 结构

MOSFET 是集成电路的核心器件，包含 4 个端口，分别是源极（S）、栅极（G）、漏极（D）和衬底（B），如图 2-12 所示。MOSFET 是利用电场效应来控制电流的，即通过改变栅源电压 V_{GS} 来改变导电沟道的电阻，最终达到对沟道电流 I_D 的控制作用。在硅基工艺下，由多晶硅、二氧化硅和 P 型或 N 型硅形成的 MIS 结构是 MOSFET 的核心部分。N 型MOSFET（简称 NMOS 器件）的衬底是 P 型硅，源极和漏极均为 P 型衬底上的 N 型重掺杂区域。源漏方向的栅的尺寸叫作栅长 L，与之垂直方向的栅的尺寸叫作栅宽 W。NMOS器件正常工作时，其源极和漏极与 P 型衬底之间的 PN 结必须处于反偏或零偏状态，因此P 型衬底要接到最低电位上，通常选择连接至地线。对于 NMOS 器件，当栅极和源极电压差（即栅源电压）$V_{GS}>0$ 且足够高时，栅极下方的 P 型衬底出现反型，形成 N 型沟道连通源极与漏极。P 型 MOSFET（简称 PMOS 器件）的衬底是 N 型半导体，源极和漏极均为 N型衬底上的 P 型重掺杂区域。在互补 MOS（CMOS）工艺中要同时使用 NMOS 器件和 PMOS器件，且必须制备在同一晶圆上，晶圆通常是 P 型硅。为了在该晶圆上形成 PMOS 器件的N 型衬底，需要做一个局部衬底，通常称为阱，因此 PMOS 器件实际的衬底是 N 阱。需要注意，N 阱和 P 型衬底之间会形成 PN 结，正常工作时需要保证该 PN 结反偏，因此在大多数电路中 N 阱连接至最高电位，通常选择连接至电源 V_{DD}。对于 PMOS 器件，当栅极和源极电压差 $V_{GS}<0$ 且足够高时，栅极下方的 N 阱出现反型，形成 P 型沟道连通源极和漏极。

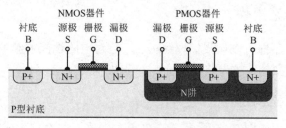

图 2-12　MOSFET 结构

根据导电方式的不同，MOSFET 又分为增强型和耗尽型。对于增强型 NMOS 器件，当 V_{GS}=0 时器件不导通，只有当 V_{GS} 正向增大到一定程度时器件才会导通。对于耗尽型 NMOS 器件，当 V_{GS}=0 时器件已经导通，如果需要关闭器件则需要反向增大 V_{GS}。对于增强型 PMOS 器件，当 V_{GS}=0 时器件不导通，只有当 V_{GS} 反向增大到一定程度时器件才会导通。对于耗尽型 PMOS 器件，当 V_{GS}=0 时器件已经导通，如果需要关闭器件则需要正向增大 V_{GS}。

MOSFET 晶体管的常见电路符号如表 2-1 所示。在这些符号中，方式 1 包含了 MOSFET 的衬底端（带箭头的直线），箭头指向栅极代表 N 型器件，反之则为 P 型器件。在方式 1 的符号中，沟道为虚线的表示增强型器件，沟道为实线的则表示耗尽型器件。由于在大多数电路中 NMOS 器件和 PMOS 器件的衬底分别接地和 V_{DD}，所以我们可以采用忽略衬底的方式 2 和方式 3 表示的器件符号。在模拟电路中，通常需要区分器件的源极和漏极，因此往往采用方式 2 表示器件，其箭头端表示器件的源极。值得注意的是，在方式 2 中箭头的方向也表明了器件类型和电流方向，但要与方式 1 中箭头的方向有所区分。在数字电路中，MOSFET 表现为开关，通常无须区分源极和漏极，只要能区分器件类型即可。此外，NMOS 器件是栅极接高电平导通，即高电平时器件有效，而 PMOS 器件是栅极接低电平导通，即低电平时器件有效，因此常采用方式 3 表示数字电路中的 MOSFET。本书重点讲解模拟电路，因此后续主要采用方式 2 来表示 MOSFET。

表 2-1　MOSFET 晶体管的常见电路符号

器件类型	导电方式	器件符号		
		方式 1	方式 2	方式 3
NMOS 器件	增强型	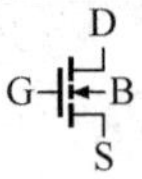 D G⊢B S	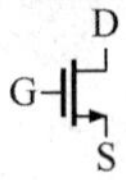 D G⊢ S	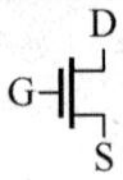 D G⊢ S
	耗尽型	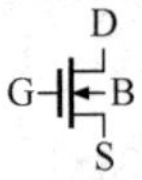 D G⊢B S	—	—
PMOS 器件	增强型	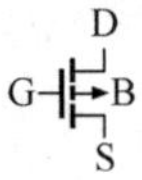 D G⊢B S	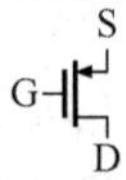 S G⊢ D	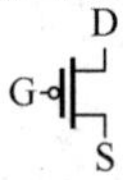 D G⊢ S
	耗尽型	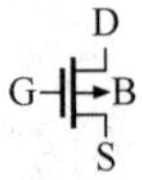 D G⊢B S	—	—

2.4.2　基本制造工艺流程

了解器件的工艺流程可以让我们理解制造工艺对电路性能的影响，这对于设计电路和版图来说都是非常重要的。本节将简要介绍 CMOS 关键工艺流程。

2.4.2.1　有源区的形成

有源区的形成过程如图 2-13 所示，首先在 P 型衬底上热氧化生成一层二氧化硅（SiO_2），随后通过化学气相沉积（CVD）形成氮化硅（Si_3N_4）薄膜。SiO_2 起到缓解 Si_3N_4 和硅衬底之间应力的作用。其次旋涂光刻胶，使用有源区掩模版进行光刻，去除有源区以外（即器件隔离区）的光刻胶。再次通过湿法刻蚀依次去除 Si_3N_4、SiO_2 和硅，形成硅的浅槽。去除光刻胶后通过 CVD 沉积氧化物形成浅沟槽隔离（STI）。最后通过化学机械抛光（CMP）对晶圆表面进行平整化处理。STI 以外的区域是有源区，将来用于制作 MOSFET。

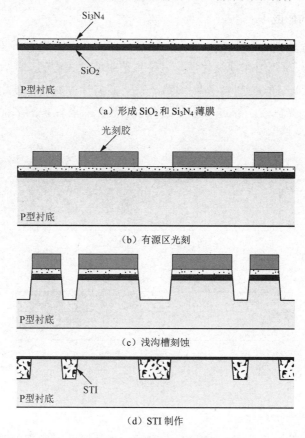

图 2-13　有源区的形成过程

2.4.2.2　N 阱的形成

首先旋涂光刻胶，然后通过 N 阱掩模版进行光刻，去除 N 阱区域的光刻胶。最后进行 N 型注入，未被光刻胶覆盖的区域将被有效注入，N 阱的形成过程如图 2-14 所示。去除光刻胶后，形成 N 阱。

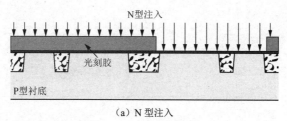

（a）N 型注入

图 2-14　N 阱的形成过程

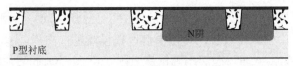

（b）N 阱形成

图 2-14　N 阱的形成过程（续）

2.4.2.3　栅极的形成

栅极的形成过程如图 2-15 所示，首先去除前面工序中遗留的表面 SiO$_2$ 薄膜，重新热氧化生成高质量的 SiO$_2$ 薄膜用作栅氧化层，这是工艺中非常关键的一步，栅氧化层的厚度要求精确到 0.1nm 量级。通过 CVD 沉积多晶硅，之后旋涂光刻胶，使用栅极掩模版进行光刻，去除栅极以外的光刻胶。通过干法刻蚀去除未被光刻胶保护的多晶硅，完成刻蚀后去除光刻胶，形成多晶硅栅极。

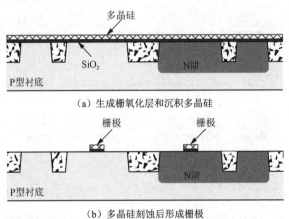

（a）生成栅氧化层和沉积多晶硅

（b）多晶硅刻蚀后形成栅极

图 2-15　栅极的形成过程

2.4.2.4　轻掺杂漏的形成

为了防止晶体管源极和漏极与栅极交叠区域的电场过强而出现热载流子问题，往往需要在栅极两侧先形成一个浓度较低的源漏掺杂区域，即轻掺杂漏（LDD），其形成过程如图 2-16 所示。首先旋涂光刻胶，使用 N-LDD 掩模版进行光刻。然后进行低浓度的 N 型杂质注入，NMOS 器件区域以及 N 阱的衬底连接区域均未被光刻胶屏蔽，得到有效注入。在NMOS 器件的栅极两侧形成 N-LDD，同时 N 阱的衬底接触区域也形成了 N-浓度的注入。同理进行 P-LDD 的形成，最终如图 2-16（d）所示，完成 N-LDD 和 P-LDD 的制作。

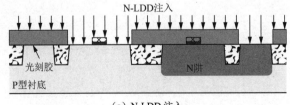

（a）N-LDD 注入

图 2-16　轻掺杂漏的形成过程

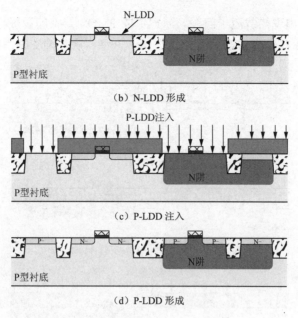

（b）N-LDD 形成

（c）P-LDD 注入

（d）P-LDD 形成

图 2-16 轻掺杂漏的形成过程（续）

2.4.2.5 侧墙的形成

为了在对源漏区域进行重掺杂时能够保留栅极两侧的 LDD 区域，需要在栅极两侧形成一个用于屏蔽注入的 SiO_2 的侧墙，其形成过程如图 2-17 所示。首先通过 CVD 沉积 SiO_2，然后通过各项异性刻蚀去除大部分 SiO_2，仅在栅极两侧留下一小部分充当侧墙的 SiO_2。

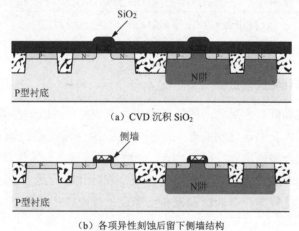

（a）CVD 沉积 SiO_2

（b）各项异性刻蚀后留下侧墙结构

图 2-17 侧墙的形成过程

2.4.2.6 MOSFET 源极、漏极的制作

MOSFET 源极、漏极的制作过程如图 2-18 所示，首先光刻 NMOS 器件和 N 阱的接触区域，然后进行高浓度的 N 型注入，形成 NMOS 器件的源极、漏极以及 N 阱的衬底接触。因为 NMOS 器件栅极两侧存在 SiO_2 侧墙，因此该重掺杂注入后，栅极两侧还保留了一小

块 N-LDD 区域防止出现热载流子问题。同理形成 PMOS 器件的源极、漏极以及 P 型衬底接触。至此，NMOS 器件和 PMOS 器件均在同一 P 型衬底晶圆上制作完成。

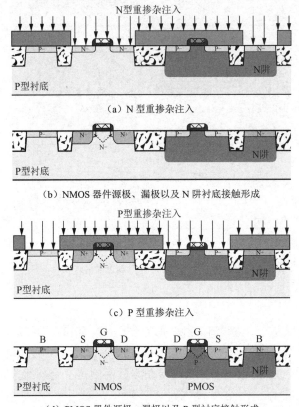

（a）N 型重掺杂注入

（b）NMOS 器件源极、漏极以及 N 阱衬底接触形成

（c）P 型重掺杂注入

（d）PMOS 器件源极、漏极以及 P 型衬底接触形成

图 2-18　MOSFET 源极、漏极的制作过程

2.4.2.7　金属硅化物的形成

为了减小多晶硅和硅与金属之间的接触电阻，形成良好的欧姆接触，CMOS 工艺一般采用金属硅化物工艺，金属硅化物的形成过程如图 2-19 所示。通过物理气相沉积（PVD）在晶圆表面沉积一层金属钴薄膜。在高温下，让钴和多晶硅、硅发生反应形成金属硅化物。由于 STI 区域既无硅也无多晶硅，因此不会形成金属硅化物。最后通过湿法刻蚀去除掉未发生反应的金属钴，这样便在有源区和栅极上形成了金属硅化物薄层。

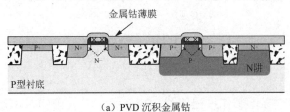

（a）PVD 沉积金属钴

图 2-19　金属硅化物的形成过程

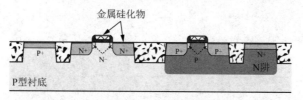

（b）湿法刻蚀留下金属硅化物

图 2-19　金属硅化物的形成过程（续）

2.4.2.8　金属互连的形成

前段工序完成 CMOS 器件的制备，后段工序则主要进行器件之间的互连。金属互连的形成过程如图 2-20 所示，首先，通过 CVD 沉积第 1 层氧化物介质层，用来隔离器件和第 1 层金属。其次，光刻接触孔，通过干法刻蚀去除接触孔区域的介质层，提供金属和底层器件的连接通道。采用 CVD 沉积金属钨，填充接触孔，再通过 CMP 去除表面不需要的金属钨，完成接触孔制作。再次，采用 PVD 沉积第 1 层金属，通过光刻保留金属连线区域的光刻胶。最后，通过干法刻蚀去除光刻胶以外的金属，保留第 1 层金属的互连线，至此完成第 1 层金属与底层器件的互连。此后，再制作第 2 层氧化物介质层用以隔离第 1 层金属和第 2 层金属，利用穿通第 2 层氧化物介质层的通孔连通第 1 层金属和第 2 层金属，依次类推，完成多层金属的互连，实现复杂的电路连接关系。

（a）沉积第 1 层氧化物介质层

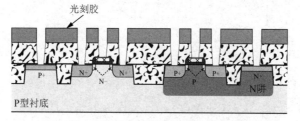

（b）刻蚀接触孔

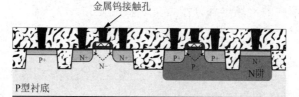

（c）金属钨接触孔制作

图 2-20　金属互连的形成过程

（d）第 1 层金属互连线制作

图 2-20　金属互连的形成过程（续）

2.5　MOSFET 的电学特性

2.5.1　阈值电压

在如图 2-21（a）所示的理想 NMOS 器件中，当栅源电压 V_{GS} 从 0V 开始上升到一定值时，栅极下面的 P 型衬底中的空穴将被驱走，不能移动的带负电荷的受主离子与栅极上的正电荷形成电场 E。根据第 2.2 节中的讨论，此时由多晶硅栅、栅氧化层和 P 型衬底构成的 MIS 结构处于多子耗尽状态，NMOS 器件的能带图如图 2-21（b）所示。

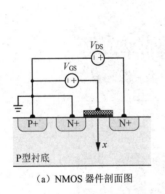

（a）NMOS 器件剖面图　　　　　　　　　　　　　　（b）能带图

图 2-21　分析 NMOS 器件处于多子耗尽状态时的 V_{GS} 电压

接下来分析当 V_{GS} 为多大时，NMOS 器件会进入多子耗尽状态。以硅衬底表面作为原点，栅极指向衬底的方向为 x 轴正方向，则 V_{GS} 所形成的电场 E 的方向为 x 轴正方向。由能带图可知，V_{GS} 所形成的电场一部分作用在栅氧化层上，另一部分作用在硅衬底表面。电场的方向是电势降低的方向，因此对于电子来说，沿着 x 轴正方向附加电势能升高，所以表面处的能带会低于体内的能带；对于栅氧化层来说，其能带弯曲大小为 qV_{ox}；对于硅衬底表面来说，其能带弯曲大小为 qV_s。V_{ox} 和 V_s 分别是 V_{GS} 落在栅氧化层和硅衬底表面上的电势，V_s 也被称为半导体的表面势，因此有 $V_{GS}=V_{ox}+V_s$。在图 2-21（b）中，E_{FG} 和 E_{Fs} 分别是栅极和硅衬底的费米能级，可知在 V_{GS} 作用下，E_{FG} 比 E_{Fs} 低 qV_{GS}。要想分析多子耗尽状态下的 V_{GS}，就要分析该状态下的 V_{ox} 和 V_s。在多子耗尽状态下，硅衬底表面形成电离受主构成的耗尽层，其厚度记为 x_d，在 x_d 处电场 E 的大小降为 0，硅衬底表面处的电势和电场分布如图 2-22 所示。

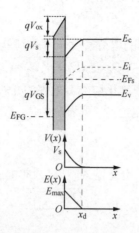

图 2-22　硅衬底表面处的电势和电场分布

通过分析耗尽层中的电荷量以及栅氧化层所形成的电容便可得到 V_{ox}。假设 P 型衬底的掺杂浓度为 N_a，使用一维分析，则耗尽层的电荷密度 ρ 可表示为

$$\rho = -qN_a \tag{2-10}$$

根据泊松方程，可得到耗尽层中电势 $V(x)$ 的微分方程

$$\frac{\mathrm{d}^2 V(x)}{\mathrm{d}x^2} = -\frac{\rho}{\varepsilon_{si}} = \frac{qN_a}{\varepsilon_{si}} \tag{2-11}$$

式中，ε_{si} 为硅的介电常数。对式（2-11）进行积分即可得到耗尽层中的电场强度

$$E(x) = -\frac{qN_a}{\varepsilon_{si}}x + C_1 \tag{2-12}$$

式中，C_1 为积分常数。根据电场强度的边界条件 $E(x_d)=0$，可以计算得到 C_1 为

$$C_1 = \frac{qN_a}{\varepsilon_{si}}x_d \tag{2-13}$$

因此得到耗尽层中电场强度 $E(x)$ 的表达式为

$$E(x) = \frac{qN_a}{\varepsilon_{si}}(x_d - x) \tag{2-14}$$

根据电势和电场强度的关系可得

$$V(x) = \frac{qN_a}{2\varepsilon_{si}}(x^2 - 2x_d x) + C_2 \tag{2-15}$$

式中，C_2 为积分常数。根据电势的边界条件 $V(x_d)=0$，可以计算得到 C_2 为

$$C_2 = \frac{qN_a}{2\varepsilon_{si}}x_d^2 \tag{2-16}$$

因此得到耗尽层中电势 $V(x)$ 的表达式为

$$V(x) = \frac{qN_a}{2\varepsilon_{si}}(x_d - x)^2 \tag{2-17}$$

根据电势的另一个边界条件 $V(0)=V_s$，可以计算得到耗尽层宽度 x_d 为

$$x_d = \sqrt{\frac{2\varepsilon_{si}V_s}{qN_a}} \tag{2-18}$$

根据式（2-10）所示的耗尽层的电荷密度，可得到单位面积耗尽层的电荷量为

$$Q_d = -\sqrt{2q\varepsilon_{si}V_sN_a} \tag{2-19}$$

考虑 MIS 结构的电容特性，栅氧化层类似电容的介质层，其厚度记为 t_{ox}，其介电常数记为 ε_{ox}，因此单位面积栅氧化层电容 C_{ox} 可表示为

$$C_{ox} = \frac{\varepsilon_{ox}}{t_{ox}} \tag{2-20}$$

因为栅氧化层电容上所存储的电荷量为 $|Q_d|$，因此 V_{ox} 为

$$V_{ox} = \frac{\sqrt{2q\varepsilon_{si}V_sN_a}}{C_{ox}} \tag{2-21}$$

因此耗尽状态的 V_{GS} 可表示为

$$V_{GS} = V_s + V_{ox} = V_s + \frac{\sqrt{2q\varepsilon_{si}V_sN_a}}{C_{ox}} \tag{2-22}$$

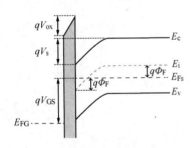

图 2-23 反型状态下 NMOS 器件的能带图

接下来分析当 V_{GS} 继续增大到多大时，栅下会出现反型，形成 N 型导电沟道，此时的 V_{GS} 为 NMOS 器件的开启电压，即阈值电压 V_{TH}。通过式（2-22）发现，V_{GS} 是 V_s 的函数，因此只要知道反型时 V_s 的大小，便可求得 V_{TH}。对于 NMOS 器件来说，栅下出现反型的重要标志是反型层电子浓度等于衬底体内的空穴浓度。反型状态下 NMOS 器件的能带图如图 2-23 所示，当半导体表面处 E_{Fs} 高出禁带中线 E_i 的距离刚好等于半导体体内 E_{Fs} 低于禁带中线的距离 $q\Phi_F$ 时，表面处电子浓度等于体内的空穴浓度，此时 $V_s = 2\Phi_F$。

对于 P 型半导体，空穴浓度 $p_0 = N_a$，因此有

$$N_a = n_i \exp\left(\frac{E_i - E_{Fs}}{k_0T}\right) \tag{2-23}$$

式中，n_i 为本征载流子浓度。考虑 $q\Phi_F = E_i - E_{Fs}$，则可得到 Φ_F 为

$$\Phi_F = \frac{k_0T}{q}\ln\left(\frac{N_a}{n_i}\right) \tag{2-24}$$

因此得到 NMOS 器件的阈值电压 V_{TH} 为

$$V_{TH} = 2\Phi_F + \frac{\sqrt{4q\varepsilon_{si}\Phi_FN_a}}{C_{ox}} \tag{2-25}$$

上述分析中考虑的是理想 NMOS 器件，即当 $V_{GS} = 0V$ 时半导体处于平带状态。但实际上栅极材料和衬底材料之间存在功函数差和表面缺陷，且栅极氧化层中可能存在电荷，考虑这些因素后，当 $V_{GS} = 0V$ 时，半导体并不处于平带状态。我们对 V_{TH} 的分析是在平带状态基础上开展的，因此当考虑上述非理想因素后，需要对式（2-25）所示的 V_{TH} 加上平带电压

修正项 Φ_{FB}，V_{TH} 修正为

$$V_{TH} = \Phi_{FB} + 2\Phi_F + \frac{\sqrt{4q\varepsilon_{si}\Phi_F N_a}}{C_{ox}} \tag{2-26}$$

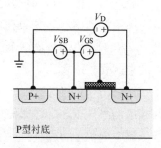

图 2-24　源极电压高于衬底
电压的 NMOS 器件

阈值电压的表达式可以分解成三部分。其中 Φ_{FB} 将能带恢复为平带状态；$2\Phi_F$ 将作用在半导体表面使半导体出现反型；最后一项是栅氧化层两端的电压差，即栅极上为了镜像耗尽层中电荷 Q_d 而要施加的电压。前面的分析假设源极和衬底均连接到 0V 电位上，但在实际应用中，NMOS 器件的源极电压可能会高于 0V，源极电压高于衬底电压的 NMOS 器件如图 2-24 所示。

当 V_{GS} 略小于 V_{TH} 时，栅下出现耗尽层但还未反型，由于 $V_{SB}>0$，使得耗尽层宽度增加。因此需要更大的 V_{GS} 以镜像耗尽层中的电荷，使 V_{ox} 变为

$$V_{ox} = \frac{\sqrt{2q\varepsilon_{si}(V_s + V_{SB})N_a}}{C_{ox}} \tag{2-27}$$

因此阈值电压变为

$$V_{TH} = \Phi_{FB} + 2\Phi_F + \frac{\sqrt{2q\varepsilon_{si}(2\Phi_F + V_{SB})N_a}}{C_{ox}} \tag{2-28}$$

可知，当源极电压比衬底电压更高时，即更大的 V_{SB}，NMOS 器件的 V_{TH} 也变得更大，该现象被称为体效应。定义体效应系数 γ 为

$$\gamma = \frac{\sqrt{2q\varepsilon_{si}N_a}}{C_{ox}} \tag{2-29}$$

因此考虑体效应后，NMOS 器件的 V_{TH} 可表示为

$$V_{TH} = V_{TH0} + \gamma\left(\sqrt{2\Phi_F + V_{SB}} - \sqrt{2\Phi_F}\right) \tag{2-30}$$

式中，V_{TH0} 为式（2-26）所示的未考虑体效应时的阈值电压。

以上是针对 NMOS 器件阈值电压的分析，而 PMOS 器件的导通现象类似 NMOS 器件的，只是所有极性都是相反的。PMOS 器件反型层的形成如图 2-25 所示，当 V_{GS} 的值足够大时，栅下衬底表面会形成一个由空穴组成的反型层，实现器件源极和漏极的导通。

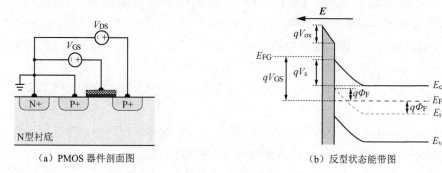

（a）PMOS 器件剖面图　　　　　（b）反型状态能带图

图 2-25　PMOS 器件反型层的形成

2.5.2　*I-V* 特性分析

通过前面的分析我们知道，对于 NMOS 器件，当 $V_{GS} \geqslant V_{TH}$ 时栅极下方会形成 N 型沟道连通源极和漏极，如果在漏极和源极之间施加电压 V_{DS}，则会形成漏极电流 I_D，可知 I_D 是 V_{GS} 和 V_{DS} 的函数，这个函数描述了 NMOS 器件的 *I-V* 特性。本节内容将具体分析该函数的表达式。

在分析 *I-V* 特性之前，我们首先看这样一个例子，假设有一个长方体 N 型半导体棒，两端施加电压 V，半导体棒中电子在电场作用下做漂移运动，如图 2-26 所示，下面分析半导体棒中电流 I 的大小。

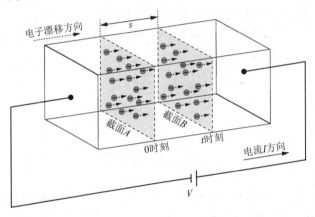

图 2-26　长方体 N 型半导体棒中电子的运动

在该 N 型半导体棒中，假设 0 时刻电子运动至截面 A 处，经过 t 时间后运动到截面 B 处，因此在 t 时间内截面 A 和截面 B 之间的电子均通过了截面 A，即截面 A 和截面 B 之间的电荷全部在 t 时间内通过截面 A。如果截面 A 和截面 B 之间的电荷量为 Q_{tot}，根据电流强度定义，则可得到半导体棒中电流 $I = Q_{tot}/t$。如果电子的平均漂移速度为 v，则截面 A 和截面 B 之间的距离 $s = vt$。假设该 N 型半导体棒中沿电流方向单位长度的电荷量为 Q_0，则 $Q_{tot} = Q_0 vt$。因此可以得到 $I = Q_0 v$，这说明半导体棒中的电流大小与其单位长度电荷量和电子平均漂移速度有关。

下面考虑图 2-27 所示的沟道长度为 L、宽度为 W 的 NMOS 器件中的电流大小。其源极接地线，栅源电压为 V_{GS}，漏源电压为 V_{DS}。在 2.5.1 节中我们分析到，当 $V_{GS} < V_{TH}$ 时，栅极下方出现耗尽层，栅极的正电荷被耗尽层中不能移动的电离受主所提供的负电荷镜像。当 $V_{GS} \geqslant V_{TH}$ 时，栅极下方出现 N 型导电沟道，此时栅极上相比于多子耗尽状态时多出的正电荷将被沟道内的电子镜像，所以单位长度沟道内由可移动的电子贡献的电荷量为

$$Q_u = W C_{ox} (V_{GS} - V_{TH}) \tag{2-31}$$

式中，C_{ox} 为栅氧化层单位面积电容，因此 $W C_{ox}$ 表示单位长度电容。沟道中均匀分布电子，类似前面分析的 N 型半导体棒，其单位长度电荷量即 Q_u。

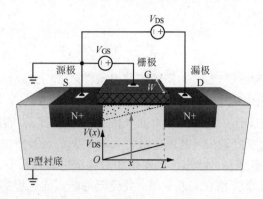

图 2-27　NMOS 器件沟道中的电流

沟道中的电势从靠近源极一侧的 0V 线性增加到漏极一侧的 V_{DS}。将靠近源极一侧的沟道边缘位置定义为坐标原点，以源极指向漏极方向定义为 x 轴正方向，则沟道中的电势 $V(x)$ 是 x 的线性函数，且 $V(0)=0$，$V(L)=V_{DS}$。因此，沟道 x 点处的单位长度电荷量为

$$Q_u(x) = WC_{ox}[V_{GS} - V(x) - V_{TH}] \tag{2-32}$$

根据对 N 型半导体棒中电流大小的分析，可以得到沟道中的电流为

$$I_D = -WC_{ox}[V_{GS} - V(x) - V_{TH}]v \tag{2-33}$$

式中，负号是因为沟道内电荷为电子提供而引入的；v 表示沟道中电子的平均漂移速度。根据半导体中载流子迁移率的定义，可以得到 $v=\mu_n E(x)$，其中 μ_n 为电子迁移率，$E(x)$ 为沟道内电场强度。再考虑电场强度和电势的关系，可以得到

$$v = -\mu_n \frac{dV(x)}{dx} \tag{2-34}$$

将式（2-34）代入到式（2-33），可得

$$I_D = \mu_n C_{ox} W[V_{GS} - V(x) - V_{TH}] \frac{dV(x)}{dx} \tag{2-35}$$

在式（2-35）等号两边均乘以 dx，则等号两边可分别对 x 和 $V(x)$ 进行积分。x 的积分范围为 $0\sim L$，则 $V(x)$ 与之对应的积分范围为 $0\sim V_{DS}$，因此可得到

$$\int_0^L I_D dx = \int_0^{V_{DS}} \mu_n C_{ox} W[V_{GS} - V(x) - V_{TH}] dV(x) \tag{2-36}$$

因为 I_D 是常数，所以

$$I_D = \mu_n C_{ox} \frac{W}{L}\left[(V_{GS} - V_{TH})V_{DS} - \frac{1}{2}V_{DS}^2\right] \tag{2-37}$$

由式（2-37）可看出，在固定的 V_{GS} 下，I_D 与 V_{DS} 呈抛物线关系，且极值发生在 $V_{DS}=V_{GS}-V_{TH}$ 处，$V_{GS}-V_{TH}$ 被称为过驱动电压 V_{ov}。当 V_{GS} 增大时，抛物线整体幅度也增大，这说明 NMOS 器件的导电能力随着 V_{GS} 增大而增强。其中 W/L 被称为晶体管的宽长比，该值越大，I_D 越大。在式（2-37）中，如果 $V_{DS} \ll 2(V_{GS}-V_{TH})$，则有

$$I_D = \mu_n C_{ox} \frac{W}{L}(V_{GS} - V_{TH})V_{DS} \tag{2-38}$$

此时，I_D 是 V_{DS} 的线性函数，此时 NMOS 器件的 I-V 特性类似一个压控电阻，其阻值等于

$$R_{on} = \frac{1}{\mu_n C_{ox} \dfrac{W}{L} (V_{GS} - V_{TH})} \qquad (2\text{-}39)$$

NMOS 器件的 I_D 符合式（2-37）描述的前提条件是式（2-32）所示的单位长度电荷量 $Q_u(x) \geq 0$，这就要求沟道中的电势 $V(x) \leq V_{ov}$。$V(x)$ 的最大值为 V_{DS}，因此当 $V_{DS} \leq V_{ov}$ 时，式（2-37）成立，此时器件工作在线性区。下面分析 $V_{DS} > V_{ov}$ 时 I_D 的情况。当 $V_{DS} = V_{ov}$ 时，$Q_u(L) = 0$，即在 L 处沟道刚好消失，此现象被称为沟道夹断，器件工作在饱和区。夹断处不再存在电子，而是处于多子耗尽状态，电阻值相对沟道区域大很多。因此当 V_{DS} 进一步增大时，比 V_{ov} 大出的电压全部落在夹断区域，并使得夹断点向源极移动，有效沟道长度变为 L'，出现夹断时 NMOS 器件沟道中的电荷如图 2-28 所示。

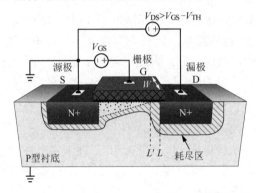

图 2-28　出现夹断时 NMOS 器件沟道中的电荷

在这种情况下，沟道内的电子从源极漂移运动到夹断点后遇到耗尽区，但因为该耗尽区存在一个较强的从漏极指向源极的电场，因此这些运动到 L' 处的电子在该电场作用下快速地被漏极收集。由于该电子收集过程速度很快，几乎不会对电流产生限制，因此器件工作在饱和区时的 I_D 是由 0 到 L' 这段类似半导体棒的沟道区域决定的。所以式（2-36）中等号左边的积分上限变为 L'，等号右边的积分上限变为 $V_{ov} = V_{GS} - V_{TH}$，这样得到

$$I_D = \frac{1}{2} \mu_n C_{ox} \frac{W}{L'} (V_{GS} - V_{TH})^2 \qquad (2\text{-}40)$$

由式（2-40）可知，当 $L' \approx L$ 时，I_D 饱和而与 V_{DS} 无关。此时该器件表现得类似于电流源。但事实上，V_{DS} 增大使得夹断点会靠近源极，这表明 L' 会随着 V_{DS} 的增大而变小，意味着有效沟道长度在变小，该现象被称为沟道长度调制效应。考虑该效应后，$L' = L/(1 + \lambda V_{DS})$，因此式（2-40）变为

$$I_D = \frac{1}{2} \mu_n C_{ox} \frac{W}{L} (V_{GS} - V_{TH})^2 (1 + \lambda V_{DS}) \qquad (2\text{-}41)$$

式中，λ 为沟道长度调制系数，该系数越大说明沟道调制效应越明显。由式（2-41）看出，器件工作在饱和区时的 I_D 也会随着 V_{DS} 的增大而缓慢增加。这说明在饱和状态下该器件所表现的电流源并不理想，其输出阻抗 $r_o = (\partial I_D / \partial V_{DS})^{-1} \approx (\lambda I_D)^{-1}$，即 λ 越大输出阻抗越小。

通过上述分析可知，NMOS 器件的主要 $I\text{-}V$ 特性可由式（2-37）和式（2-41）共同表征，NMOS 器件的 $I\text{-}V$ 特性曲线如图 2-29 所示。其中图 2-29（a）所示为 NMOS 器件的

输出特性曲线，展现了 I_D 与 V_{DS} 的关系，为关于 V_{GS} 的曲线族。当 $V_{GS} \geqslant V_{TH}$，且 $V_{DS} \leqslant$ $V_{GS}-V_{TH}$ 时，器件工作在线性区，位于夹断点轨迹左侧，此时器件表现的特性类似于电阻特性。当 $V_{GS} \geqslant V_{TH}$，且 $V_{DS} > V_{GS}-V_{TH}$ 时，器件工作在饱和区，位于夹断点轨迹右侧，此时 I_D 随 V_{DS} 增大而缓慢增大，器件表现得类似于电流源。

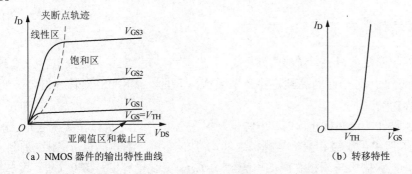

（a）NMOS 器件的输出特性曲线　　　　　　　　　　（b）转移特性

图 2-29　NMOS 器件的 I-V 特性曲线

当 V_{GS} 增大时，无论器件工作在线性区还是饱和区，I_D 均会增大，这说明 NMOS 器件的导电能力随着 V_{GS} 增大而增强。器件的 V_{GS} 调控 I_D 的能力非常重要，可通过图 2-29（b）所示的转移特性进行表征。该曲线的斜率表示了器件将栅极与源极之间电压差转换为漏极与源极之间电流的能力，我们称之为跨导，通常用 g_m 来表示，表达式为

$$g_m = \frac{\partial I_D}{\partial V_{GS}} = \mu_n C_{ox} \frac{W}{L} (V_{GS} - V_{TH}) \tag{2-42}$$

由于过驱动电压 V_{ov} 可表示为

$$V_{ov} = V_{GS} - V_{TH} = \sqrt{\frac{2I_D}{\mu_n C_{ox} \dfrac{W}{L}}} \tag{2-43}$$

因此结合式（2-42）和式（2-43），g_m 还可以表示为

$$g_m = \sqrt{2\mu_n C_{ox} \frac{W}{L} I_D} = \frac{2I_D}{V_{ov}} \tag{2-44}$$

NMOS 器件除了线性区和饱和区还有另外两个工作区域，分别是图 2-29（a）所示的亚阈值区和截止区，下面讨论这两个区域。当 $V_{GS} \leqslant 0$ 时，漏极与源极之间几乎不存在电流，此时器件工作在截止区。而当 $0 < V_{GS} < V_{TH}$ 时，器件不会完全关断，栅极下方会存在一个较弱的反型层，并存在微弱的漏源电流。此时器件工作在亚阈值区，该状态下器件的 I_D 与 V_{GS} 呈指数关系，通常可表示为

$$I_D = I_0 \exp\left(\frac{V_{GS}}{\xi V_T}\right) \tag{2-45}$$

式中，$V_T = k_0 T/q$ 为热电压。

最后，我们分析 PMOS 器件的工作状态。由于 PMOS 器件的阈值电压极性与 NMOS 器件相反，因此对于 PMOS 器件来说，当 $V_{GS} \leqslant V_{TH}$ 时器件导通。当 $V_G - V_D > V_{TH}$ 时，漏极出现沟道夹断情况。所以当 $V_{DS} < V_{GS} - V_{TH}$ 时，器件处于饱和状态。此外，在相同尺寸和偏

置条件下，大多数 CMOS 工艺中 PMOS 器件的电流要小于 NMOS 器件的电流。这主要是因为空穴迁移率 μ_p 是电子迁移率 μ_n 的 1/4～1/3，所以 PMOS 器件的电流驱动能力较低，跨导较小。因此，在电路设计时为保证 PMOS 器件和 NMOS 器件具有同样的电流驱动能力，通常 PMOS 器件的宽长比会设置为 NMOS 器件宽长比的 3～4 倍。

2.5.3　MOS 器件电容

MOS 器件的栅极与衬底、源极、漏极之间分别存在寄生电容，这些电容会随器件工作状态的改变而改变，对器件的高频特性产生影响。下面以 NMOS 器件为例，分情况讨论 MOS 器件电容的情况。

当 NMOS 器件工作在截止区时，电容情况如图 2-30 所示。工作在截止区时，器件栅极下方没有沟道，但由于源极和漏极与栅极之间均存在一个交叠电容 C_{ov}，因此栅极与源极之间的电容 $C_{GS}=C_{ov}$，栅极与漏极之间的电容 $C_{GD}=C_{ov}$。交叠电容 $C_{ov}=WL_{ov}C_{ox}$，其中 L_{ov} 为源极和漏极分别与栅极之间的交叠长度，C_{ox} 为栅氧化层单位面积电容。此外，源极、漏极与衬底之间均形成反偏 PN 结，因此存在势垒结电容。如图 2-30 所示，该 PN 结电容分为底面结电容和侧壁结电容，其中单位面积底面结电容表示为 C_j，单位长度侧壁结电容表示为 C_{jsw}。因此源极、漏极与衬底之间的电容 C_{SB} 和 C_{DB}，与源极、漏极区域的面积和周长有关。当源极和漏极的面积分别为 A_S、A_D，周长分别为 P_S、P_D 时，$C_{SB}=A_SC_j+P_SC_{jsw}$，$C_{DB}=A_DC_j+P_DC_{jsw}$。

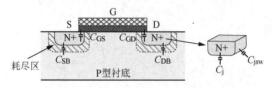

图 2-30　NMOS 器件工作在截止区的电容情况

当 NMOS 器件工作在线性区时，其电容情况如图 2-31（a）所示。此时，器件栅极下方出现导电沟道且未被夹断，当 V_{DS} 较小时，源极和漏极近似处于对称状态，因此栅极和沟道之间存在的栅氧化层电容被源极、漏极均分。再考虑上源极、漏极与栅极固定存在的交叠电容，则 $C_{GS}=C_{GD}=1/2WLC_{ox}+WL_{ov}C_{ox}$。因为沟道与源极和漏极相连，因此沟道和衬底之间的结电容也被源极、漏极均分，等效增加了源极、漏极区结电容的底面积，所以 $C_{SB}=(A_S+1/2A_C)C_j+P_SC_{jsw}$，$C_{DB}=(A_D+1/2A_C)C_j+P_DC_{jsw}$，其中 A_C 为沟道底面积。当 NMOS 器件工作在饱和区时，其电容情况如图 2-31（b）所示。此时沟道靠近漏极一侧出现夹断，源极和漏极不再处于对称状态，此时栅极和沟道之间的栅氧化层电容几乎不会贡献给 C_{GD}，而通常会有大约 2/3 贡献给 C_{GS}。再考虑上源极、漏极与栅极固定存在的交叠电容，则 $C_{GS}=2/3WLC_{ox}+WL_{ov}C_{ox}$，$C_{GD}=WL_{ov}C_{ox}$。由于沟道与漏极处出现夹断，因此沟道和衬底之间的结电容也不会贡献给 C_{DB}，而沟道与源极是相连接的，因此沟道和衬底之间的结电容会全部贡献给 C_{SB}，则 $C_{SB}=(A_S+A_C)C_j+P_SC_{jsw}$，$C_{DB}=A_DC_j+P_DC_{jsw}$。

现将 NMOS 器件工作在不同区域的电容情况进行总结，如表 2-2 所示。

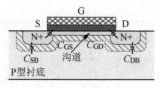
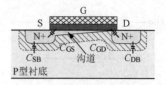

（a）工作在线性区　　　　　　　　　　　　　　（b）工作在饱和区

图 2-31　NMOS 器件工作在线性区和饱和区的电容情况

表 2-2　NMOS 器件工作在不同区域的电容情况总结

工作区域	电容类型	电容大小
截止区	C_{GS}	$WL_{ov}C_{ox}$
	C_{GD}	$WL_{ov}C_{ox}$
	C_{SB}	$A_SC_j+P_SC_{jsw}$
	C_{DB}	$A_DC_j+P_DC_{jsw}$
线性区	C_{GS}	$1/2WLC_{ox}+WL_{ov}C_{ox}$
	C_{GD}	$1/2WLC_{ox}+WL_{ov}C_{ox}$
	C_{SB}	$(A_S+1/2A_C)C_j+P_SC_{jsw}$
	C_{DB}	$(A_D+1/2A_C)C_j+P_DC_{jsw}$
饱和区	C_{GS}	$2/3WLC_{ox}+WL_{ov}C_{ox}$
	C_{GD}	$WL_{ov}C_{ox}$
	C_{SB}	$(A_S+A_C)C_j+P_SC_{jsw}$
	C_{DB}	$A_DC_j+P_DC_{jsw}$

2.5.4　小信号模型

MOS 器件的 *I-V* 特性是一种大信号模型，利用它我们可以分析确定电路的直流工作状态。当电路的直流工作点确定后，我们往往需要使用小信号模型来分析电路特性。小信号模型是直流工作点附近的大信号模型的近似，是一种有助于简化计算的线性模型，这对于我们计算分析电路特性非常重要。由于在模拟电路中 MOS 器件主要工作在饱和区，所以这里只讨论饱和状态下的小信号模型。当不考虑器件电容时，MOSFET 的小信号模型如图 2-32（a）所示。压控电流源用来模拟 I_D 与 V_{GS} 的关系。电阻 r_o 用来模拟由沟道长度调制效应引入的非无穷大输出阻抗，它是限制大多数运算放大器最大电压增益的关键因素。当考虑体效应时，V_{BS} 会影响 V_{TH}，进而影响 I_D，这说明 I_D 也是 V_{BS} 的函数。可以通过值为 $g_{mb}V_{BS}$ 的压控电流源来模拟体效应（也称为背栅效应），其中 $g_{mb}=\eta g_m$ 为背栅跨导，$\eta=\partial V_{TH}/\partial V_{SB}$。在分析交流信号时，我们需要考虑 2.5.3 节中讨论的器件电容，这样我们就得到了完整的 MOSFET 小信号模型，如图 2-32（b）所示。我们把图 2-32 所示的小信号模型称为 Ⅱ 型小信号模型或 Ⅱ 模型，用这个模型分析源极接地的电路较为简洁。

常用的 MOSFET 小信号模型还有另外一种，称为 T 型小信号模型或 T 模型，如图 2-33 所示。用 T 模型分析源极非接地的电路相对更简洁。因此我们可以根据两种模型不同的特点，在分析电路时有针对性地选择模型类型。这里需要说明的是，虽然目前计算机仿真均采用更为复杂且精确的器件模型，如 BSIM，但 Ⅱ 模型和 T 模型在人工分析电路特性时仍然非常重要，因此仍需要电路设计人员能够熟练运用小信号模型进行电路分析。

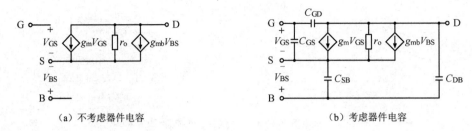

（a）不考虑器件电容 　　　　　　（b）考虑器件电容

图 2-32 MOSFET 的 Π 型小信号模型

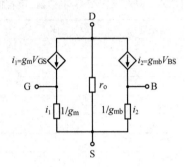

图 2-33 MOSFET 的 T 型小信号模型

2.6 MOSFET 的 *I-V* 特性仿真分析

利用 Aether 对 NMOS 器件的 *I-V* 特性进行仿真，首先调用 $W/L=600\text{nm}/180\text{nm}$ 的 NMOS 器件（n18）搭建 *I-V* 特性仿真原理图，如图 2-34 所示。器件的源极和衬底分别接 0V 的电压源 V_1 和 V_3，栅极和漏极分别接电压源 V_0 和 V_2，它们的直流电压值分别设置为参数 V_{GS} 和 V_{DS}。

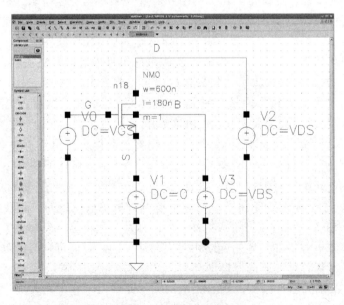

图 2-34 *I-V* 特性仿真原理图

利用 Aether 中的 MDE 工具设置 DC 仿真参数，如图 2-35 所示，其中通过 V_{DS} 从 0V 到 1.8V、V_{GS} 从 0V 到 0.9V 的联合扫描可获得图 2-36 所示的 NMOS 器件的输出特性仿真结果。固定 V_{DS} 为 1.8V，通过 V_{GS} 从 0V 到 1.8V 的扫描可获得图 2-37 所示的 NMOS 器件的转移特性仿真结果。

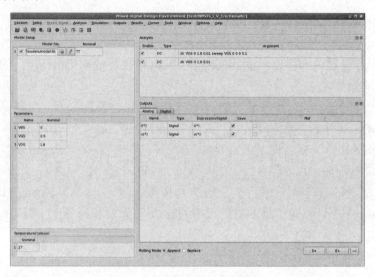

图 2-35　设置 DC 仿真参数

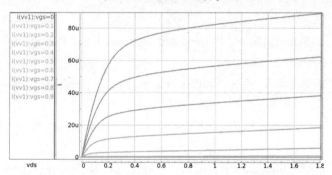

图 2-36　NMOS 器件的输出特性仿真结果

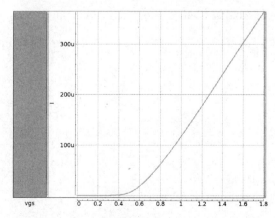

图 2-37　NMOS 器件的转移特性仿真结果

习题

2.1 描述单晶硅的金刚石结构晶胞的结构，并计算和说明每个金刚石结构晶胞含有几个原子。

2.2 画出 PN 结零偏、正偏、反偏条件下的能带图，并解释 PN 结为什么具有单向导电性。

2.3 解释背栅效应，写出考虑背栅效应时 NMOS 器件的阈值电压 V_{TH} 的表达式，并说明阈值电压与哪些因素有关。

2.4 画出栅源电容 C_{GS} 和栅漏电容 C_{GD} 随 V_{GS} 变化的关系。

2.5 NMOS 器件的参数如下：$C_{\text{ox}}=3.837\times10^{-3}\,\text{F/m}^2$，$\mu_{\text{n}}=350\times10^{-4}\,\text{m}^2/(\text{V·s})$，$W/L=50$，$V_{\text{TH}}=0.7\text{V}$，分别计算下列情况下的漏极电流 I_{D} 和跨导 g_{m}：（a）$V_{\text{GS}}=0.9\text{V}$，$V_{\text{DS}}=0.1\text{V}$；（b）$V_{\text{GS}}=0.9\text{V}$，$V_{\text{DS}}=0.3\text{V}$；（c）$V_{\text{GS}}=1.2\text{V}$，$V_{\text{DS}}=0.3\text{V}$；（d）$V_{\text{GS}}=1.2\text{V}$，$V_{\text{DS}}=0.7\text{V}$。

2.6 PMOS 器件的参数如下：$C_{\text{ox}}=3.837\times10^{-3}\,\text{F/m}^2$，$\mu_{\text{p}}=100\times10^{-4}\,\text{m}^2/(\text{V·s})$，$W/L=50$，$V_{\text{TH}}=-0.8\text{V}$，$\lambda=0.2\text{V}^{-1}$，分别计算下列情况下的漏极电流 I_{D} 和跨导 g_{m}：（a）$V_{\text{GS}}=-1\text{V}$，$V_{\text{DS}}=-0.3\text{V}$；（b）$V_{\text{GS}}=-1\text{V}$，$V_{\text{DS}}=-0.7\text{V}$。

参考文献

[1] NEAMEN D A. Semiconductor Physics and Devices: Basic Principles[M]. New York: The McGraw-Hill Companies, 2012.

[2] SZE S M, LI Y, NG K K. Physics of Semiconductor Devices[M]. Hoboken: John Wiley & Sons, 2021.

[3] SZE S M. Semiconductor Devices: Physics and Technology[M]. New York: John Wiley & Sons, 2008.

[4] MAY G S, SZE S M. Fundamentals of Semiconductor Fabrication[M]. Hoboken: John Wiley & Sons, 2003.

[5] REZAVI B. Design of Analog CMOS Integrated Circuits[M]. New York: The McGraw-Hill Companies, 2001.

第3章

基本放大器

在 CMOS 模拟集成电路中，运算放大器是使用频率最高且最重要的模块，可对微弱信号进行放大处理，或在反馈系统中牺牲增益以换取带宽和线性度。复杂的运算放大器往往是由最基本的单级放大器组成的，常用的基本放大器包括共源放大器、源极跟随器、共栅放大器、共源共栅放大器。本章将对这些基本放大器的直流特性和小信号特性展开分析。

3.1 共源放大器

共源放大器的基本结构如图 3-1 所示，其由 MOS 有源器件和负载电流组成。以 NMOS 器件为例，其栅极作为共源放大器的输入端，漏极与负载电流相连同时作为放大器输出。该结构中源极连接至地线，对于小信号来说，源极是放大器的输入电压和输出电压的共同参考点，因此这种放大器被称为共源放大器。负载电流 I_B 为 MOS 器件提供直流偏置电流，输入小信号电压经过 MOS 器件的跨导转换为小信号电流 i_D，其等于输出电流变化值 i_{out}，作用在负载电阻上形成输出电压。共源放大器的负载电流可以通过多种结构实现，如电阻、二极管连接的 MOS 器件、电流源。无论哪种类型的负载，共源放大器的增益大小基本都可以表示为 $G_m R_{out}$，其中 G_m 为输入跨导，R_{out} 为输出阻抗。下面我们将分别讨论在不同的负载电流下，共源放大器的特性。

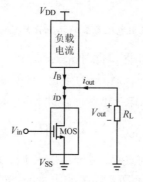

图 3-1　共源放大器的基本结构

3.1.1 采用电阻负载的共源放大器

3.1.1.1 直流特性分析

采用电阻负载的共源放大器结构如图 3-2（a）所示，其中电阻 R_D 为电阻负载。图 3-2（b）所示为 NMOS 器件 M_1 的输出特性曲线与 R_D 的 I-V 特性曲线，其中 V_{out} 为 M_1 的漏源电压 V_{DS}，V_{in} 为 M_1 的栅源电压 V_{GS}，I_D 为 M_1 的漏电流，器件工作在饱和区时 I_D 和 V_{in} 满足以下关系（忽略沟道长度调制效应）

$$I_D = \frac{1}{2}\mu_n C_{ox}\frac{W}{L}\left(V_{in}-V_{TH}\right)^2 \tag{3-1}$$

我们在 M_1 的输出特性曲线（V_{in} 线性增加）上叠加上 R_D 的 I-V 特性曲线 $V_{out}=V_{DD}-I_D R_D$，则两种曲线的交点即为放大器在不同输入电压 V_{in} 下 I_D 的大小，如图 3-2（b）所示。将这些交点以 V_{in} 和 I_D 的形式重新映射后得到图 3-2（c）所示的 M_1 的转移特性曲线，而将这些点以 V_{in} 和 V_{out} 的形式重新映射后得到图 3-2（d）所示的采用电阻负载的共源放大器的输入-输出特性曲线。

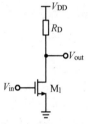

（a）采用电阻负载的共源放大器结构

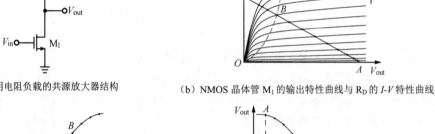

（b）NMOS 晶体管 M_1 的输出特性曲线与 R_D 的 I-V 特性曲线

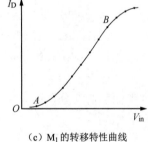

（c）M_1 的转移特性曲线 　　　　　（d）采用电阻负载的共源放大器的输入-输出特性曲线

图 3-2　采用电阻负载的共源放大器的直流特性

当 $V_{in}<V_{TH}$ 时，M_1 工作在截止区，此时 I_D 几乎为 0，输出电压位于图 3-2（d）所示的 A 点以上，$V_{out}\approx V_{DD}$。当 $V_{in}>V_{TH}$ 时，M_1 开始导通，随着 V_{in} 增大，I_D 也增大，V_{out} 减小，当 V_{out} 仍满足 $V_{out}>V_{in}-V_{TH}$ 时，M_1 工作在饱和区，此时 V_{in} 和 V_{out} 的关系为

$$V_{out}=V_{DD}-\frac{1}{2}\mu_n C_{ox}\frac{W}{L}\left(V_{in}-V_{TH}\right)^2 R_D \tag{3-2}$$

这里同样忽略了沟道长度调制效应。进一步增大 V_{in}，V_{out} 会减小得更多，当 $V_{out}<V_{in}-V_{TH}$ 时，M_1 工作在线性区［图 3-2（d）所示的 B 点］，此时 V_{in} 和 V_{out} 的关系为

$$V_{\text{out}} = V_{\text{DD}} - \left[\mu_{\text{n}} C_{\text{ox}} \frac{W}{L} \left(V_{\text{in}} - V_{\text{TH}} \right)^2 V_{\text{out}} - \frac{1}{2} V_{\text{out}}^2 \right] R_{\text{D}} \tag{3-3}$$

晶体管工作在饱和区时跨导和输出阻抗比较大，因此需要确保 $V_{\text{out}} > V_{\text{in}} - V_{\text{TH}}$，即放大器需要工作在 A 点和 B 点之间。图 3-2（d）所示的输入-输出特性曲线在 AB 段的斜率为放大器增益，可以表示为

$$A_{\text{V}} = \frac{\partial V_{\text{out}}}{\partial V_{\text{in}}} = -\mu_{\text{n}} C_{\text{ox}} \frac{W}{L} \left(V_{\text{in}} - V_{\text{TH}} \right) R_{\text{D}} = -g_{\text{m1}} R_{\text{D}} \tag{3-4}$$

当 M_1 工作在饱和区，且考虑沟道长度调制效应时，式（3-2）应修正为

$$V_{\text{out}} = V_{\text{DD}} - \frac{1}{2} \mu_{\text{n}} C_{\text{ox}} \frac{W}{L} \left(V_{\text{in}} - V_{\text{TH}} \right)^2 \left(1 + \lambda V_{\text{out}} \right) R_{\text{D}} \tag{3-5}$$

此时，放大器增益可表示为

$$
\begin{aligned}
A_{\text{V}} = \frac{\partial V_{\text{out}}}{\partial V_{\text{in}}} = &-\mu_{\text{n}} C_{\text{ox}} \frac{W}{L} \left(V_{\text{in}} - V_{\text{TH}} \right) \left(1 + \lambda V_{\text{out}} \right) R_{\text{D}} - \\
&\frac{1}{2} \mu_{\text{n}} C_{\text{ox}} \frac{W}{L} \left(V_{\text{in}} - V_{\text{TH}} \right)^2 \lambda R_{\text{D}} \frac{\partial V_{\text{out}}}{\partial V_{\text{in}}}
\end{aligned} \tag{3-6}
$$

考虑以下两个等式

$$g_{\text{m}} = \frac{\partial I_{\text{D}}}{\partial V_{\text{in}}} = \mu_{\text{n}} C_{\text{ox}} \frac{W}{L} \left(V_{\text{in}} - V_{\text{TH}} \right) \left(1 + \lambda V_{\text{out}} \right) \tag{3-7}$$

$$I_{\text{D}} \approx \frac{1}{2} \mu_{\text{n}} C_{\text{ox}} \frac{W}{L} \left(V_{\text{in}} - V_{\text{TH}} \right)^2 \tag{3-8}$$

将式（3-7）和式（3-8）代入式（3-6），得到

$$A_{\text{V}} = -g_{\text{m1}} R_{\text{D}} - I_{\text{D}} \lambda R_{\text{D}} A_{\text{V}} \tag{3-9}$$

由于 $r_{\text{o1}}^{-1} = \lambda I_{\text{D}}$，则放大器增益可表示为

$$A_{\text{V}} = -g_{\text{m1}} \frac{r_{\text{o1}} R_{\text{D}}}{r_{\text{o1}} + R_{\text{D}}} = -g_{\text{m1}} \left(r_{\text{o1}} \| R_{\text{D}} \right) \tag{3-10}$$

由此可知，采用电阻负载的共源放大器的输出阻抗是 M_1 本征输出阻抗和电阻负载的并联。当 R_{D} 较小时，r_{o1} 与 R_{D} 并联的阻值几乎约等于 R_{D}，此时可以忽略 r_{o1} 的影响。但是当 R_{D} 较大时，必须考虑 r_{o1} 的影响。

3.1.1.2　小信号特性分析

对放大器进行小信号特性分析时，首先将 MOS 器件用小信号模型进行替换，然后将直流电源和直流信号源全部置零（即将直流电压源短路），将直流电流源断路，最后利用基尔霍夫电压定律（KVL）或基尔霍夫电流定律（KCL）计算得到输出电压与输入电压的关系。利用 MOSFET 的 Π 模型，可以得到采用电阻负载的共源放大器的小信号模型。首先分析忽略沟道长度调制效应的情况，如图 3-3（a）所示。根据 KCL，可得到

$$g_{\text{m1}} V_{\text{in}} + \frac{V_{\text{out}}}{R_{\text{D}}} = 0 \tag{3-11}$$

故小信号增益为

$$A_V = \frac{V_{out}}{V_{in}} = -g_{m1}R_D \qquad (3\text{-}12)$$

该结果与直流特性分析得到的式（3-4）所示的放大器增益一致。当考虑沟道长度调制效应后，小信号模型中需要加入 M_1 输出阻抗 r_{o1} 的影响，如图 3-3（b）所示。在这种情况下，同样根据 KCL，可得到

$$g_{m1}V_{in} + \frac{V_{out}}{R_D} + \frac{V_{out}}{r_{o1}} = 0 \qquad (3\text{-}13)$$

故小信号增益为

$$A_V = \frac{V_{out}}{V_{in}} = -g_{m1}\frac{r_{o1}R_D}{r_{o1} + R_D} = -g_{m1}\left(r_{o1} \parallel R_D\right) \qquad (3\text{-}14)$$

该结果与直流特性分析得到的式（3-10）所示的放大器增益一致。通过上述分析我们发现，通过小信号模型可以更快捷地分析得到电路的输入-输出特性。

（a）忽略沟道长度调制效应　　　　　　　　　　（b）考虑沟道长度调制效应

图 3-3　采用电阻负载的共源放大器的小信号模型

3.1.2　采用二极管连接的 MOS 器件负载的共源放大器

将 MOS 器件按图 3-4（a）所示的方式连接后，MOS 器件的转移特性成了该结构总体的 *I-V* 特性，类似二极管，具有单向导电性，因此通常将这种结构称为二极管连接的 MOS 器件。对图 3-4（b）所示的小信号模型分析其输出阻抗，根据 KCL 可得到

$$I_X = g_m V_X + \frac{V_X}{r_o} \qquad (3\text{-}15)$$

等效输出阻抗为

$$R_{eq} = \frac{V_X}{I_X} = \frac{1}{g_m} \parallel r_o \approx \frac{1}{g_m} \qquad (3\text{-}16)$$

（a）电路结构　　　　　　　　　　　　　　　（b）小信号模型

图 3-4　二极管连接的 MOS 器件

3.1.2.1　直流特性分析

采用二极管连接的 MOS 器件负载的共源级放大器结构如图 3-5 所示。下面以采用二极

管连接的 NMOS 器件负载的共源放大器［见图 3-5（a）］为例来分析直流特性。

（a）采用二极管连接的 NMOS 器件负载　　　　　（b）采用二极管连接的 PMOS 器件负载

图 3-5　采用二极管连接的 MOS 器件负载的共源放大器

如图 3-6（a）所示，将输入晶体管 M_1 的输出特性曲线（V_{in} 线性增加）与负载管 M_2 的转移特性曲线叠加在一起，它们的交点即为放大器在不同 V_{in} 下 V_{out} 的情况。将 V_{in} 与 V_{out} 重新映射后得到放大器的输入-输出特性，如图 3-6（b）所示，其中 V_{TH1} 为 M_1 的阈值电压。当 $V_{in} < V_{TH1}$ 时，M_1 还未开启，此时 V_{out} 电压为 $V_{DD} - V_{TH2}$，其中 V_{TH2} 为 M_2 的阈值电压。当 $V_{in} > V_{TH1}$［图 3-6（b）所示的 A 点］时，I_D 开始增大，输出电压 V_{out} 呈线性下降，直到 V_{out} 减小到 $V_{in} - V_{TH1}$［图 3-6（b）所示的 B 点］，M_1 工作在线性区。

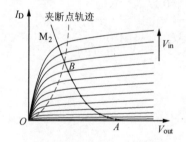 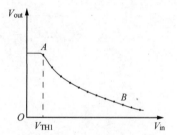

（a）M_1 的输出特性曲线与 M_2 的转移特性曲线　　　（b）放大器的输入-输出特性曲线

图 3-6　采用二极管连接的 MOS 器件负载的共源放大器的直流特性

如图 3-6（b）所示，在 AB 段，M_1 和 M_2 均工作在饱和区，AB 段的斜率为放大器增益。为简化分析，我们忽略沟道长度调制效应，可得到 AB 段满足式（3-17）：

$$\frac{1}{2}\mu_n C_{ox}\frac{W_1}{L_1}\left(V_{in}-V_{TH1}\right)^2 = \frac{1}{2}\mu_n C_{ox}\frac{W_2}{L_2}\left(V_{DD}-V_{out}-V_{TH2}\right)^2 \tag{3-17}$$

因此可以得到

$$V_{out} = -\sqrt{\frac{W_1/L_1}{W_2/L_2}}\left(V_{in}-V_{TH1}\right)+\left(V_{DD}-V_{TH2}\right) \tag{3-18}$$

式中，W_1/L_1 为 M_1 的宽长比；W_2/L_2 为 M_2 的宽长比。当忽略体效应时，得到放大器增益为

$$A_V = \frac{\partial V_{out}}{\partial V_{in}} = -\sqrt{\frac{W_1/L_1}{W_2/L_2}} \tag{3-19}$$

3.1.2.2　小信号特性分析

前面已经分析过二极管连接的 MOS 器件的输出阻抗为跨导的倒数，因此将图 3-3（b）

中的 R_D 替换为 $1/g_{m2}$ 可以得到采用二极管连接负载的共源放大器的小信号增益：

$$A_V = -g_{m1}\left(r_{o1} \parallel \frac{1}{g_{m2}}\right) \approx -\frac{g_{m1}}{g_{m2}} \tag{3-20}$$

式（3-20）表明，采用二极管连接的 MOS 器件负载的共源放大器的输出阻抗约为 $1/g_{m2}$。考虑式（2-44）所示的跨导表示方法，可以得到

$$A_V \approx -\frac{\sqrt{2\mu_n C_{ox} \dfrac{W_1}{L_1} I_D}}{\sqrt{2\mu_n C_{ox} \dfrac{W_2}{L_2} I_D}} \approx -\sqrt{\frac{W_1/L_1}{W_2/L_2}} \tag{3-21}$$

该结果与直流特性分析得到的式（3-19）所示的放大器增益一致。式（3-20）表明，如果要增大该结构放大器的增益，那么需要提高输入管 M_1 的跨导 g_{m1}，降低负载管 M_2 的跨导 g_{m2}。而从式（3-21）可以看出，提高 g_{m1} 并降低 g_{m2}，主要是通过提高 W_1/L_1 和降低 W_2/L_2 来实现的，而这种操作带来的增益的提升是很有限的。例如，W_1/L_1 提升 100 倍，而增益仅能提升 10 倍。有什么办法可以进一步提升该结构放大器的增益呢？如图 3-7 所示，我们可以在负载管上并联一个电流源（可以通过工作在饱和区的 MOS 器件来实现），以降低 M_2 的工作电流，进而降低 g_{m2} 来提升增益。例如，$I_S=0.9I_{D1}$，则 $I_{D2}=0.1I_{D1}$，因此

$$A_V \approx -\sqrt{2\mu_n C_{ox} \frac{W_1}{L_1} I_{D1}} \bigg/ \sqrt{2\mu_n C_{ox} \frac{W_2}{L_2} I_{D2}} \approx -\sqrt{10\frac{W_1/L_1}{W_2/L_2}} \tag{3-22}$$

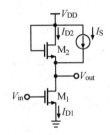

图 3-7　通过并联电流源提升放大器的增益

3.1.3　采用电流源负载的共源放大器

3.1.3.1　直流特性分析

采用电流源负载的共源放大器结构如图 3-8（a）所示，其中工作在饱和区的 M_2 作为电流源负载。如图 3-8（b）所示，在 M_1 的输出特性曲线（V_{in} 线性增加）上叠加上 M_2 栅极电压为 V_b 时的输出特性曲线，两种曲线的交点即为放大器在不同 V_{in} 下 V_{out} 的情况。将这些点以 V_{in} 和 V_{out} 的形式重新映射后得到图 3-8（c）所示的采用电流源负载的共源放大器的输入-输出特性曲线。当 $V_{in}<V_{TH1}$ 时，M_1 未导通，此时 $V_{out}=V_{DD}$。当 $V_{in}>V_{TH1}$ 时，M_1 开始导通，V_{out} 开始减小，当其减小至 $V_b+|V_{TH2}|$ 时，M_2 进入饱和状态，此时 M_1 和 M_2 均为饱和状态。当 V_{in} 继续增大时，V_{out} 会进一步减小，当 V_{out} 减小至 $V_{in}-V_{TH1}$ 时，M_1 工作在线性区。如图 3-8（b）所示，当 M_1 和 M_2 均为饱和状态时（AB 段），I_D 微弱的变化会引起 V_{out} 较大

的变化。因此如图 3-8（c）中 AB 段所示，当很小的 V_{in} 使 M_1 的 I_D 出现微弱的变化时，会导致 V_{out} 出现较大的变化，这说明 AB 段放大器的增益最大。

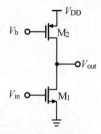

（a）采用电流源负载的共源放大器结构

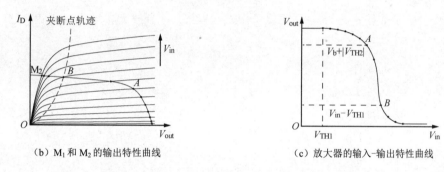

（b）M_1 和 M_2 的输出特性曲线　　　　（c）放大器的输入-输出特性曲线

图 3-8　采用电流源负载的共源放大器的直流特性

3.1.3.2　小信号特性分析

采用电流源负载的共源放大器的小信号模型如图 3-9 所示，对比图 3-3（b）所示的小信号模型，不同的是其把电阻负载 R_D 替换为了电流源负载 M_2 的输出阻抗 r_{o2}。因此可以得到其小信号增益为

$$A_V = \frac{V_{out}}{V_{in}} = -g_{m1}\frac{r_{o1}r_{o2}}{r_{o1}+r_{o2}} = -g_{m1}\left(r_{o1} \parallel r_{o2}\right) \tag{3-23}$$

可知，采用电流源负载的共源放大器的输出阻抗是 r_{o1} 和 r_{o2} 的并联，而只要 M_1 和 M_2 工作在饱和区（AB 段），它们的输出阻抗基本是与 V_{out} 无关的，因此这种共源放大器的输出摆幅相对较宽。对于采用电阻负载或二极管连接的 MOS 器件负载的共源放大器而言，增益和输出摆幅会相互制约。这是因为为了提升它们的增益，需要增大 R_D 或减小 g_{m2}，这都会降低输出摆幅。

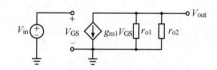

图 3-9　采用电流源负载的共源放大器的小信号模型

3.1.4　带有源极负反馈的共源放大器

通过上述分析发现，共源放大器的增益与输入管的跨导 g_{m1} 相关，而 g_{m1} 与输入管的直流偏置状态直接相关，当输入信号幅度较大时会改变 g_{m1}，进而导致增益变化，使放大器出

现非线性。如图 3-10（a）所示，可以通过在共源放大器输入管的源极处串联一个负反馈电阻来提升放大器的线性度。由于 M_1 的源极未接小信号地线，因此考虑使用 T 模型来分析放大器增益，如图 3-10（b）所示。根据 KCL 可以得到以下两个等式

$$g_{m1}\left(V_{in} - V_S\right) + \frac{V_{out} - V_S}{r_{o1}} + \frac{V_{out}}{R_D} = 0 \tag{3-24}$$

$$\frac{V_S}{R_S} + \frac{V_{out}}{R_D} = 0 \tag{3-25}$$

利用式（3-25）可以得到 V_S 的表示式，然后代入式（3-24），可得到

$$A_V = \frac{V_{out}}{V_{in}} = -\frac{g_{m1}r_{o1}R_D}{\left(1 + g_{m1}R_S\right)r_{o1} + R_D + R_S} \tag{3-26}$$

由于 $g_{m1}R_S \gg 1$ 且 $g_{m1}r_{o1} \gg 1$，所以可由式（3-26）得到放大器增益 $A_V \approx -R_D/R_S$。

（a）带有源极负反馈的共源放大器　　　　　（b）使用 T 模型分析放大器增益

图 3-10　带有源极负反馈的共源放大器及其增益分析

通过上述分析发现，采用源极负反馈电阻后，共源放大器的增益变为两个电阻器件阻值的比值。电阻为无源器件，其电阻值对偏置电压的敏感性一般较低，因此该结构的增益几乎与输入电压无关，放大器增益的线性度提升。将 V_{in} 接地，V_{out} 处接电压源 V_X，设从 V_X 流出的电流为 I_X，则根据 KCL 可以得到

$$-g_{m1}\left(I_X - \frac{V_X}{R_D}\right)R_S + \frac{V_X - \left(I_X - \frac{V_X}{R_D}\right)R_S}{r_{o1}} + \frac{V_X}{R_D} = I_X \tag{3-27}$$

带有源极负反馈的共源放大器的输出阻抗为

$$R_{out} = \frac{V_X}{I_X} = \frac{\left[\left(1 + g_{m1}r_{o1}\right)R_S + r_{o1}\right]R_D}{\left[\left(1 + g_{m1}r_{o1}\right)R_S + r_{o1}\right] + R_D} \tag{3-28}$$

$$= \left[\left(1 + g_{m1}r_{o1}\right)R_S + r_{o1}\right] \| R_D$$

这表明从 V_{out} 向下看进去的阻抗为 $(1+g_{m1}r_{o1})R_S+r_{o1}$，因为通常 $g_{m1}r_{o1} \gg 1$，则其可近似为 $(1+g_{m1}R_S)r_{o1}$。由此可知，源极负反馈使得 M_1 的输出阻抗 r_{o1} 被放大了约 $g_{m1}R_S$ 倍。这是因为当 V_{out} 增大时，M_1 的沟道长度调制效应使流过 M_1 的电流 I_D 增大。由于电阻 R_S 串联在 M_1 的源极，因此 I_DR_S 也增大，这就使 M_1 的栅源电压减小，抵消了 I_D 增大的趋势。所以总体表现为，当 V_{out} 增大时，M_1 的电流 I_D 增大的趋势减缓，即输出阻抗提升。实际上，该反馈为电流-串联负反馈，其使输出阻抗增大。

3.2 源极跟随器

通过 3.1 节中对共源放大器的分析发现,要提升电压增益,就要提高输出阻抗。当直接使用共源放大器驱动一个低阻抗负载时,负载电阻会直接拉低放大器的输出阻抗,进而使电压增益减小。为解决这个问题,通常需要在高输出阻抗放大器后面级联一个电压缓冲器。源极跟随器就可以作为这样一个电压缓冲器使用。源极跟随器的输入为栅极,输出为源极,因此其也被称为共漏极放大器。

3.2.1 直流特性分析

源极跟随器的电路结构如图 3-11(a)所示,其输入-输出特性曲线如图 3-11(b)所示。当 $V_{in}<V_{TH1}$ 时,M_1 工作在截止区,$V_{out}=0$。当 V_{in} 逐渐增大且超过 V_{TH1} 时,M_1 导通工作在饱和区,V_{out} 开始增大,此时 $V_{out}=V_{in}-V_{GS1}$。当 V_{out} 仍小于 V_b-V_{TH2} 时,M_2 工作在线性区,其工作电流 I_D 随着 V_{out} 增大而增大,而 I_D 的增大会带来 V_{GS1} 的增大,因此源极跟随器的输入-输出特性此时表现出非线性特征。当 V_{in} 进一步增大使 V_{out} 超过 V_b-V_{TH2} 时,M_2 工作在饱和区,此时 I_D 几乎不变,源极跟随器的输入-输出关系为

$$V_{out} = V_{in} - V_{GS1} = V_{in} - \left(V_{TH1} + \sqrt{\frac{2I_D}{\frac{W_1}{L_1}\mu_n C_{ox}}} \right) \tag{3-29}$$

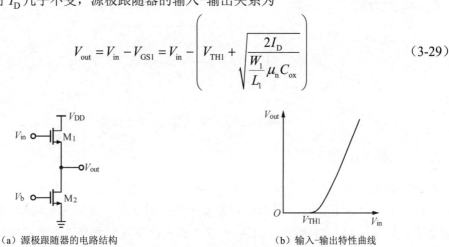

(a)源极跟随器的电路结构　　　　　　　　　(b)输入-输出特性曲线

图 3-11　源极跟随器的直流特性

当不考虑 M_1 的体效应时,V_{TH1} 是固定值,因此由式(3-29)可知此时源极跟随器的输出电压跟随输入电压线性变化,它们之间仅相差固定电压 V_{GS1}。但是在通常的 CMOS 工艺中 NMOS 器件的衬底需要连接地线,这就导致了 M_1 的 $V_{SB}=V_{out}>0$,在考虑体效应后,源极跟随器的输入-输出关系为

$$V_{out} = V_{in} - \left(V_{TH1-0} + \gamma\left(\sqrt{2\Phi_F + V_{out}} - \sqrt{2\Phi_F}\right) + \sqrt{\frac{2I_D}{\frac{W_1}{L_1}\mu_n C_{ox}}} \right) \tag{3-30}$$

由此可知,体效应的存在提升了输入-输出的非线性度。在通常的 CMOS 工艺中 PMOS

器件是制作在独立的 N 阱当中的，如果采用 PMOS 器件作为源极跟随器的输入管，则其源极和衬底可以连接在一起，这样便使得 $V_{SB}=0$，消除了体效应的影响，提升了输入-输出响应的线性度。

3.2.2　小信号特性分析

源极跟随器的小信号模型如图 3-12 所示，该模型中考虑了 M_1 的体效应影响，其中 $V_{BS}=-V_{out}$。根据 KCL 可以得到

$$g_{m1}\left(V_{in}-V_{out}\right)=\frac{V_{out}}{r_{o2}}+\frac{V_{out}}{r_{o1}}+g_{mb1}V_{out} \tag{3-31}$$

故源极跟随器的小信号增益为

$$A_V=\frac{V_{out}}{V_{in}}=\frac{g_{m1}}{\dfrac{1}{r_{o1}\parallel r_{o2}}+g_{m1}+g_{mb1}}\approx\frac{g_{m1}}{g_{m1}+g_{mb1}} \tag{3-32}$$

由此可知，源极跟随器的增益近似为 1，而体效应的存在会使得增益减小。源极跟随器的输出阻抗约为 $1/(g_{m1}+g_{mb1})$，该值相对较小，因此其可以驱动低阻抗负载而不会对自身增益产生明显影响。

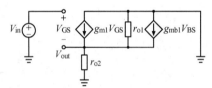

图 3-12　源极跟随器的小信号模型

3.2.3　Class AB 驱动器

通过前面对源极跟随器的直流特性分析发现，无论输入信号是否变化，源极跟随器的工作电流始终为 I_D，这种采用恒定偏置电流的驱动器常被称为 Class A 驱动器或甲类驱动器。如图 3-13（a）所示，Class A 驱动器无论输入是否变化，电路始终工作在满负荷下，因此当输入无变化时，电路的功耗将转变为热，这种驱动器的电源效率仅能达到约 25%。

以 Class A 驱动器驱动电容负载 C_L 为例来分析其工作电流状态。假设 Class A 驱动器在稳态时，其偏置电流为 I_D。当 C_L 的初始电压远小于 V_{in} 时，如图 3-13（b）所示，此时 $V_{GS1}=V_{in}-V_{out}$ 很大，流过 M_1 的电流 I_1 大于 I_D。因此 I_1 中超过 I_D 的电流将流向负载 C_L，形成对负载的充电电流 I_{out}。随着充电的进行，V_{out} 开始增大，V_{GS1} 开始减小，充电电流 I_{out} 逐渐减小。当 V_{GS1} 减小到刚好使 M_1 的电流为 I_D 时，I_{out} 变为 0，此时 Class A 驱动器进入稳态，如图 3-13（d）所示。当 C_L 的初始电压远大于 V_{in} 时，如图 3-13（c）所示，此时 V_{GS1} 小于 M_1 的阈值电压 V_{TH1}，M_1 处于截止状态。因此负载 C_L 会以 $I_{out}=I_D$ 电流进行放电。随着放电的进行，V_{out} 开始减小，V_{GS1} 开始增大，M_1 的电流逐渐增大，这使得放电电流 I_{out} 逐渐减小。当 V_{GS1} 升高到刚好使得 M_1 的电流为 I_D 时，I_{out} 变为 0，此时 Class A 驱动器进入稳

态，如图 3-13（d）所示。由此可知，Class A 驱动器无论工作在何种状态下，始终存在一个大小为 I_D 从 V_{DD} 流向地线的电流，达到稳态后 M$_1$ 始终处于开启状态，因此大小为 $I_D V_{DD}$ 的功率将转换为热量散发出去。

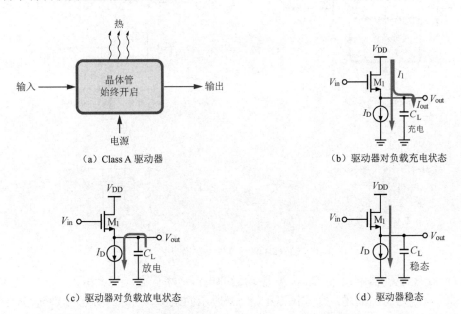

图 3-13　Class A 驱动器及其工作状态

　　为解决 Class A 驱动器电源效率较低的问题，可以将驱动器改为采用非恒定偏置电流，输入高电压时只有 NMOS 器件工作，输入低电压时只有 PMOS 器件工作，几乎没有静态工作电流。如图 3-14（a）所示，这种驱动器被称为 Class B 驱动器或乙类驱动器，也被称为推挽（Push-Pull）输出驱动器，其电源效率约可提升至 78%。

　　Class B 驱动器中将图 3-11（a）所示的源极跟随器中 NMOS 器件 M$_2$ 换成了 PMOS 器件。同样以 Class B 驱动器驱动电容负载 C$_L$ 为例来分析其工作电流状态。当 C$_L$ 的初始电压远小于 V_{in} 时，如图 3-14（b）所示，此时 $V_{GS1}=V_{GS2}=V_{in}-V_{out}$ 很大。M$_1$ 中会形成一个较大的电流 I_1，而 M$_2$ 处于截止状态，因此 I_1 会被全部用于给负载 C$_L$ 充电。随着充电的进行，V_{out} 开始增大，V_{GS1} 开始减小，充电电流 I_1 逐渐减小。当 V_{out} 增大到使 $V_{GS1}=V_{GS2}=V_{in}-V_{out}<V_{TH1}$ 时，M$_1$ 进入截止状态，而 M$_2$ 仍保持截止状态，此时驱动器进入稳态，如图 3-14（d）所示。当 C$_L$ 的初始电压远大于 V_{in} 时，如图 3-14（c）所示，此时 $V_{GS1}=V_{GS2}=V_{in}-V_{out}$ 为负值，M$_1$ 处于截止状态，而 M$_2$ 中会形成一个较大的电流 I_2，因此 I_2 会被全部用于给负载 C$_L$ 放电。随着放电的进行，V_{out} 开始减小，V_{GS2} 开始增大，放电电流 I_2 逐渐减小。当 V_{out} 减小到使 $V_{GS1}=V_{GS2}=V_{in}-V_{out}>-|V_{TH2}|$ 时，M$_2$ 进入截止状态，而 M$_1$ 仍保持截止状态，此时驱动器进入稳态，如图 3-14（d）所示。由此可知，Class B 驱动器在动态响应过程中仅有一半的晶体管处于开启状态，不存在从 V_{DD} 到地线的稳定通路；而当其进入稳态后，全部晶体管均处于截止状态，没有静态功耗，电源效率得以提升。

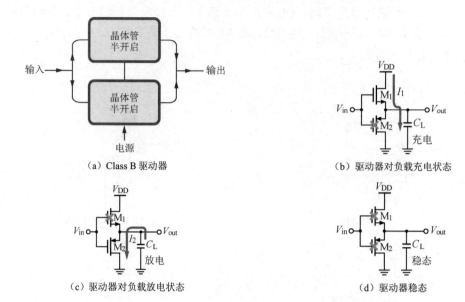

（a）Class B 驱动器

（b）驱动器对负载充电状态

（c）驱动器对负载放电状态

（d）驱动器稳态

图 3-14 · Class B 驱动器及其工作状态

虽然 Class B 驱动器解决了 Class A 驱动器的电源效率问题，但又引入了一个新的问题，即失真问题。为简化描述，考虑图 3-15（a）所示的采用 V_+ 和 V_- 供电的 Class B 驱动器，当输入信号处于 $-|V_{TH2}|<V_{in}<V_{TH1}$ 状态时，M_1 和 M_2 均处于截止状态，此时输出不会对输入的任何变化有所响应。因此当对 Class B 驱动器施加一个图 3-15（b）所示的正弦输入信号 V_{in} 时，其输出信号 V_{out} 会在 $-|V_{TH2}|<V_{in}<V_{TH1}$ 区间出现失真情况。

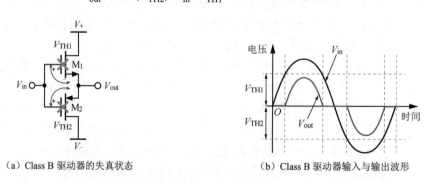

（a）Class B 驱动器的失真状态

（b）Class B 驱动器输入与输出波形

图 3-15 Class B 驱动器的失真状态及其输入与输出波形

为解决失真问题，在输入端和 M_1、M_2 的栅极之间分别串联一个 $+V_{DC}$ 和 $-V_{DC}$ 的直流电压偏移，如图 3-16（a）所示。利用该直流电压偏移，实现对输入电压的增大和减小，促使 NMOS 器件或 PMOS 器件导通，以减小失真范围，这种结构被称为 Class AB 驱动器或甲乙类驱动器。如图 3-16（a）所示，$V_{in1}=V_{in}+V_{DC1}$，$V_{in2}=V_{in}-V_{DC2}$。如果选取 $V_{DC1}>V_{TH1}$ 且 $V_{DC2}>|V_{TH2}|$，那么如图 3-16（b）所示，当 $V_{in}>0$ 时，M_1 导通，而当 $V_{in}<0$ 时 M_2 导通。可知在不同输入电压下，M_1 和 M_2 总有一个是导通状态，V_{out} 可以完整跟随 V_{in} 的变化，消除了图 3-15（b）所示的失真区域。

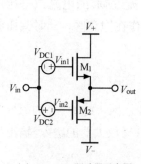

（a）Class AB 驱动器示意图

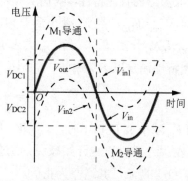

（b）Class AB 驱动器输入与输出波形

图 3-16 Class AB 驱动器示意图及其输入与输出波形

在实际电路中，可以通过恒定电流偏置下的二极管连接的 MOS 器件来实现 V_{DC1} 和 V_{DC2}，Class AB 驱动器的电路实现如图 3-17 所示。M_3 是二极管连接的 NMOS 器件，其偏置电流由作为电流源使用的工作在饱和区的 M_5 提供，因此 $V_{in1}=V_{in}+V_{GS3}$。M_4 是二极管连接的 PMOS 器件，其偏置电流由作为电流源使用的工作在饱和区的 M_6 提供，因此 $V_{in2}=V_{in}-|V_{GS4}|$。因为 M_1 和 M_3 均为 NMOS 器件，因此 $V_{GS3}>V_{TH1}$，同理 $|V_{GS4}|>|V_{TH2}|$。可知，$M_3\sim M_6$ 共同完成了图 3-16（a）所示的直流电压偏移。但需要注意的是，在该结构中，$M_3\sim M_6$ 支路中会有恒定偏置电流从 V_+ 流向 V_-，为提升电源效率，这个偏置电流不宜设置得过大。通常，其只要满足在信号带宽内 M_3 和 M_4 能有效驱动 M_1 和 M_2 的栅极寄生电容即可，即能够使 V_{in1} 和 V_{in2} 有效跟随 V_{in} 变化。

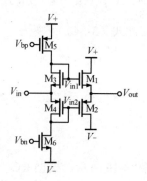

图 3-17 Class AB 驱动器的电路实现

3.3 共栅放大器

3.3.1 直流特性分析

共栅放大器的电路结构如图 3-18（a）所示，将 MOS 器件的栅极连接至固定电平，把源极作为输入端，漏极作为输出端，这种连接方法的放大器被称为共栅放大器。为简化分析共栅放大器的直流特性，我们从 M_1 工作在截止区开始分析。当 V_{in} 很大时，M_1 处于截止区，此时 $V_{out}=V_{DD}$。当 V_{in} 减小至 V_b-V_{TH1} 时，M_1 开启，流过 M_1 的电流 I_D 开始增大，这使 $V_{out}=V_{DD}-I_DR_D$ 开始减小，当 V_{out} 大于 V_b-V_{TH1} 时，M_1 工作在饱和区，此时共栅放大器的输入-输出特性满足以下关系

$$V_{out} = V_{DD} - \frac{1}{2}\mu_n C_{ox}\frac{W_1}{L_1}\left(V_b - V_{in} - V_{TH1}\right)^2 R_D \tag{3-33}$$

当 V_{in} 减小至 V_1 以下时，$V_{out}<V_b-V_{TH1}$，M_1 工作在线性区，此时 M_1 的跨导减小，因此 V_{out} 随 V_{in} 减小的速度也开始减缓。通过上述分析可知，共栅放大器的输入-输出特性曲线如图 3-18（b）所示，其增益为正值。

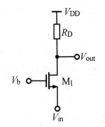

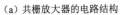

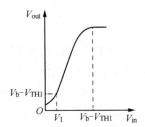

（a）共栅放大器的电路结构　　　　　　　　（b）共栅放大器的输入-输出特性曲线

图 3-18　共栅放大器的电路结构及其输入-输出特性曲线

M_1 工作在饱和区时，共栅放大器的增益最大，因此根据式（3-33）可得到其增益为

$$A_V = \frac{\partial V_{out}}{\partial V_{in}} = -\mu_n C_{ox}\frac{W_1}{L_1}\left(V_b - V_{in} - V_{TH1}\right)\left(-1 - \frac{\partial V_{TH1}}{\partial V_{in}}\right)R_D \tag{3-34}$$

因为 $\partial V_{TH1}/\partial V_{in}=\partial V_{TH1}/\partial V_{SB1}=\eta$，因此式（3-34）可变为

$$A_V = \mu_n C_{ox}\frac{W_1}{L_1}\left(V_b - V_{in} - V_{TH1}\right)\left(1+\eta\right)R_D \tag{3-35}$$

$$= g_{m1}\left(1+\eta\right)R_D = \left(g_{m1} + g_{mb1}\right)R_D$$

3.3.2　小信号特性分析

共栅放大器的小信号模型如图 3-19 所示，根据 KCL 可以得到

$$-g_{m1}V_{in} + \frac{V_{out} - V_{in}}{r_{o1}} - g_{mb1}V_{in} + \frac{V_{out}}{R_D} = 0 \tag{3-36}$$

故共栅放大器的小信号增益为

$$A_V = \frac{V_{out}}{V_{in}} = \frac{\left[\left(g_{m1} + g_{mb1}\right)r_{o1} + 1\right]R_D}{r_{o1} + R_D} \tag{3-37}$$

由于 $(g_{m1}+g_{mb1})r_{o1} \gg 1$，当 $r_o \gg R_D$ 时，$A_V=(g_{m1}+g_{mb1})(r_{o1}\|R_D)\approx(g_{m1}+g_{mb1})R_D$，由此也可以看出其输出阻抗为 $r_{o1}\|R_D$。

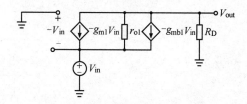

图 3-19 共栅放大器的小信号模型

对于共源放大器和共漏放大器，它们的输入端均为 MOS 器件的栅极，因此对于直流输入信号来说其输入阻抗 R_{in} 几乎是无穷大的。但对于共栅放大器，其输入端为源极，因此我们对其输入阻抗进行具体分析。如图 3-20 所示，在输入端施加电压 V_X，则输入阻抗为 $R_{in}=V_X/I_X$。根据 KCL 可以得到

$$I_X = g_{m1}V_X + g_{mb1}V_X + \frac{V_X - I_X R_D}{r_{o1}} \qquad (3\text{-}38)$$

因此得到

$$R_{in} = \frac{V_X}{I_X} = \frac{r_{o1} + R_D}{(g_{m1} + g_{mb1})r_{o1} + 1} \qquad (3\text{-}39)$$

在通常情况下，$r_{o1} \gg R_D$，$(g_{m1}+g_{mb1})r_{o1} \gg 1$，因此式（3-39）可简化为

$$R_{in} \approx \frac{1}{g_{m1} + g_{mb1}} \qquad (3\text{-}40)$$

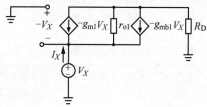

图 3-20 分析共栅放大器输入阻抗

通过上述分析我们发现，共栅放大器的输入阻抗较小，因此共栅放大器的输入也可以采用电流形式，如图 3-21（a）所示，其中 R_s 为输入电流源 I_{in} 所呈现的输出阻抗。通过图 3-21（b）所示的小信号模型分析其输入-输出特性。根据 KCL 可以得到

$$I_{in} + \frac{V_X}{R_S} + \frac{V_{out}}{R_D} = 0 \qquad (3\text{-}41)$$

$$-g_{m1}V_X - g_{mb1}V_X + \frac{V_{out} - V_X}{r_{o1}} + \frac{V_{out}}{R_D} = 0 \qquad (3\text{-}42)$$

通过式（3-42）可得到 V_X 的表达式，再将其代入式（3-41），可得到

$$\frac{V_{out}}{I_{in}} = -\frac{\left[(g_{m1} + g_{mb1})r_{o1} + 1\right]R_S R_D}{\left[(g_{m1} + g_{mb1})r_{o1} + 1\right]R_S + R_D + r_{o1}} \qquad (3\text{-}43)$$

$$\approx -R_D \,\|\, \left[(g_{m1} + g_{mb1})r_{o1} + 1\right]R_S$$

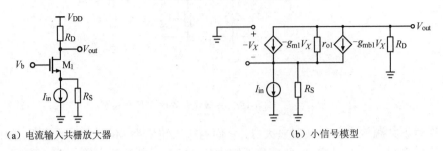

（a）电流输入共栅放大器 （b）小信号模型

图 3-21 电流输入共栅放大器及其小信号模型

下面再来分析图 3-21（a）所示的共栅放大器的输出阻抗，分析过程与分析图 3-10 所示的带有源极负反馈的共源放大器的输出阻抗类似，分析结果为

$$R_{\text{out}} = \left\{ \left[1 + \left(g_{\text{m1}} + g_{\text{mb1}} \right) r_{\text{o1}} \right] R_{\text{S}} + r_{\text{o1}} \right\} \| R_{\text{D}} \tag{3-44}$$

由此可知，当考虑输入信号源内阻 R_{S} 时，共栅放大器自身的输出阻抗增大了 $(g_{\text{m1}}+g_{\text{mb1}})R_{\text{S}}$ 倍，这是因为存在负反馈作用。通过上述分析发现，共栅放大器具有较低的输入阻抗、较高的输出阻抗及单位增益电流放大能力，因此共栅放大器可以用作电流缓冲器。

3.3.3 基本单级放大器特性总结

至此，我们已经分析了 MOS 器件以共源、共漏、共栅三种形态连接作为放大器使用时的直流特性，现在我们对常见单级放大器的特性进行总结，如表 3-1 所示。

表 3-1 常见单级放大器的特性总结

项目	共源放大器	带有源极负反馈的 共源放大器	共漏放大器 （源极跟随器）	共栅放大器
原理图				
输入-输出 特性曲线				
直流输入阻抗	$+\infty$	$+\infty$	$+\infty$	$\dfrac{1}{g_{\text{m}} + g_{\text{mb}}}$
直流输出阻抗	$r_{\text{o}} \| R_{\text{D}}$	$[(1+g_{\text{m}}R_{\text{S}})r_{\text{o}}] \| R_{\text{D}}$	$\dfrac{1}{g_{\text{m}} + g_{\text{mb}}} \| R_{\text{D}}$	$r_{\text{o}} \| R_{\text{D}}$
电压增益	$-g_{\text{m}}(r_{\text{o}} \| R_{\text{D}})$	$-R_{\text{D}}/R_{\text{S}}$	$\dfrac{g_{\text{m}}}{g_{\text{m}} + g_{\text{mb}}}$	$(g_{\text{m}}+g_{\text{mb}})R_{\text{D}}$

3.4 共源共栅放大器

表 3-1 所示的单管放大器结构简单，是模拟电路的基本单元。将这些基本单元进行组合就可以得到更复杂的电路，以提升放大器的性能。在 3.3 节中提到，共栅放大器可以作为电流缓冲器使用，而共源放大器可以将电压信号转为电流信号，因此可以将共源放大器和共栅放大器进行级联以提升输出阻抗，进而提升放大器增益，这种结构被称为共源共栅（Cascode）放大器。

3.4.1 直流特性分析

共源共栅放大器的结构如图 3-22（a）所示，其中 M_1 为共源管，其栅极作为输入端，M_2 为共栅管，其漏极作为输出端，R_D 为电阻负载。现在分析当 V_{in} 从零变化到 V_{DD} 时，共源共栅放大器输出的变化。当 $V_{in}<V_{TH1}$ 时，M_1 处于截止状态，R_D 中无电流流过，$V_{out}=V_{DD}$，M_2 也处于截止状态，$V_X \approx V_b-V_{TH2}$。当 V_{in} 大于 V_{TH1} 后，M_1 开始导通，形成电流 I_D，V_{out} 开始减小。因为 M_2 也有电流流过，其 V_{GS2} 也增大，这使得 $V_X=V_b-V_{GS2}$ 也开始减小。继续增大 V_{in}，V_X 和 V_{out} 会继续减小，当减小到一定程度时会出现两种可能。如果 V_{out} 首先减小到了 V_b-V_{TH2}，则 M_2 会先进入线性区工作，V_X 会趋向于 V_{out}。如果 V_X 首先减小到了 $V_{in}-V_{TH2}$，则 M_1 会先进入线性区工作，此时随着 V_{in} 增大 M_1 的电流增大的速度减缓，使得 V_{out} 的减小趋势减缓。通过上述分析可知，共源共栅放大器的输入-输出特性曲线如图 3-22（b）所示，当 M_1 和 M_2 均工作在饱和区时，$A_V=\partial V_{out}/\partial V_{in}$ 最大。为使 M_1 处于饱和状态，要求 $V_X>V_{in}-V_{TH1}$，则 $V_b>V_{in}-V_{TH1}+V_{GS2}$。为使 M_2 处于饱和状态，要求 $V_{out}>V_b-V_{TH2}$，则 $V_{out}>V_{in}-V_{TH1}+V_{GS2}-V_{TH2}$。由此可知，为保证 M_1 和 M_2 均工作在饱和区，要求共源共栅放大器的输出电压不得小于 M_1 和 M_2 的过驱动电压之和。相比于简单的共源放大器，共源共栅放大器的输出摆幅有所降低，降低值为共栅管的过驱动电压。

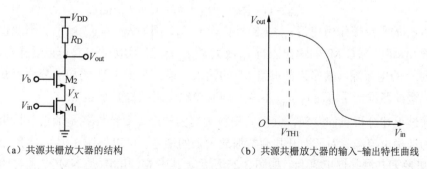

（a）共源共栅放大器的结构　　　　　（b）共源共栅放大器的输入-输出特性曲线

图 3-22　共源共栅放大器的结构和输入-输出特性曲线

3.4.2 小信号特性分析

在共源共栅放大器中 M_1 和 M_2 处于串联状态，因此考虑使用 MOS 器件的 T 模型来分析小信号特性。共源共栅放大器的小信号模型如图 3-23 所示。

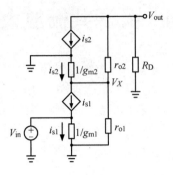

图 3-23　共源共栅放大器的小信号模型

根据 KCL 可以得到

$$g_{m1}V_{in} + \frac{V_X}{r_{o1}} = -g_{m2}V_X + \frac{V_{out} - V_X}{r_{o2}} \tag{3-45}$$

$$-g_{m2}V_X + \frac{V_{out} - V_X}{r_{o2}} + \frac{V_{out}}{R_D} = 0 \tag{3-46}$$

通过式（3-46）可以求解出 V_X 的表达式，将其代入式（3-45），可以得到

$$A_V = \frac{V_{out}}{V_{in}} = -g_{m1}\frac{(1 + g_{m2}r_{o2})r_{o1}R_D}{(1 + g_{m2}r_{o2})r_{o1} + r_{o2} + R_D} \tag{3-47}$$

$$\approx -g_{m1}\left[(g_{m2}r_{o1}r_{o2}) \| R_D\right]$$

由此可知，共源共栅放大器的输出阻抗为 $(g_{m2}r_{o1}r_{o2}) \| R_D$，这说明从 V_{out} 向 M_2 漏极看进去的阻抗为 $g_{m2}r_{o1}r_{o2}$。下面具体分析共源共栅放大器的输出阻抗，如图 3-24 所示，此时的电路结构与分析带有源极负反馈的共源放大器的输出阻抗类似，其中 M_2 看作共源放大器的输入管，而 M_1 的输出阻抗 r_{o1} 看作源极负反馈电阻，因此根据式（3-28）可以很容易得到此时的输出阻抗为

$$R_{out} = (1 + g_{m2}r_{o2})r_{o1} + r_{o2} \approx (1 + g_{m2}r_{o1})r_{o2} \tag{3-48}$$

这说明 r_{o1} 的负反馈作用使得 r_{o2} 被放大了 $g_{m2}r_{o1}$ 倍，因为 $R_{out} \approx g_{m2}r_{o2}r_{o1}$，因此也可以描述为共栅管 M_2 将共源管 M_1 的输出阻抗 r_{o1} 放大了 $g_{m2}r_{o2}$ 倍。实际上，M_1 可以看作电流为 $V_{in}g_{m1}$、内阻为 r_{o1} 的电流源，其作为共栅管 M_2 的输入。根据对图 3-21 的相关分析可知，共栅管作为电流缓冲器维持了电流 $V_{in}g_{m1}$ 不变，同时使输出阻抗提升至 $g_{m2}r_{o2}r_{o1}$。

通过上述分析我们发现，共源共栅放大器的一个重要特性就是输出阻抗很高，因此其可作为理想电流源。为了提升共源共栅放大器的增益，可以将图 3-22（a）所示的电阻负载 R_D 也更换为共源共栅电流源，如图 3-25 所示。其中 M_1 和 M_2 是 NMOS 器件组成的共源共栅放大器，M_3 和 M_4 是 PMOS 器件组成的共源共栅电流源，其输出阻抗将提升至

$$R_{out} = \left[(1 + g_{m2}r_{o2})r_{o1} + r_{o2}\right] \| \left[(1 + g_{m3}r_{o3})r_{o4} + r_{o3}\right] \tag{3-49}$$

$$\approx (g_{m2}r_{o2}r_{o1}) \| (g_{m3}r_{o3}r_{o4})$$

因此增益近似为

$$|A_V| \approx g_{m1}(g_{m2}r_{o2}r_{o1}) \| (g_{m3}r_{o3}r_{o4}) \qquad (3\text{-}50)$$

图 3-24　分析共源共栅放大器的输出阻抗　　　图 3-25　采用共源共栅电流源作为负载的
共源共栅放大器

由此可知，采用共源共栅电流源作为负载的共源共栅放大器的增益将提升至 $(g_m r_o)^2$ 数量级，即 MOS 器件本征增益的平方。增益能够有效提升的前提是所有晶体管都工作在饱和区，这要求 $(V_{in}-V_{TH1})+(V_{GS2}-V_{TH2})<V_{out}<V_{DD}-|V_{GS3}-V_{TH3}|-|V_{GS4}-V_{TH4}|$，因此运算放大器的摆幅约为 V_{DD} 减去 4 个 MOS 器件的过驱动电压。利用共源共栅放大器提升输出阻抗特性，可以将共源共栅放大器扩展为三层或更多层结构，以获得更高的输出阻抗。图 3-26 所示为采用三层结构的共源共栅放大器，其中 M_1 和 M_2 组成的共源共栅放大器的输出阻抗 $g_{m2}r_{o2}r_{o1}$ 作为 M_3 的源极负反馈电阻，因此从 M_3 漏极看下去的阻抗提升至 $g_{m3}r_{o3}g_{m2}r_{o2}r_{o1}$。同理，从 M_4 的漏极看上去的阻抗提升至 $g_{m4}r_{o4}g_{m5}r_{o5}r_{o6}$。因此，采用三层结构的共源共栅放大器的增益为

$$|A_V| \approx g_{m1}(g_{m3}r_{o3}g_{m2}r_{o2}r_{o1}) \| (g_{m4}r_{o4}g_{m5}r_{o5}r_{o6}) \qquad (3\text{-}51)$$

其增益提升至 $(g_m r_o)^3$ 数量级，同时运算放大器的摆幅约为 V_{DD} 减去 6 个 MOS 器件的过驱动电压。这表明多层结构共源共栅放大器虽然获得了更高的输出阻抗和增益，但是同时也消耗了更大的电压余度，降低了输出摆幅。

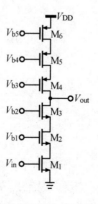

图 3-26　采用三层结构的共源共栅放大器

3.5　折叠式共源共栅放大器

在分析图 3-25 所示的共源共栅放大器的输出摆幅时，我们得到$(V_{in}-V_{TH1})+(V_{GS2}-V_{TH2})<V_{out}<V_{DD}-|V_{GS3}-V_{TH3}|-|V_{GS4}-V_{TH4}|$。其中 M_1 的过驱动电压为 $V_{in}-V_{TH1}$，与输入电压的工作点有关系，这说明放大器的最小输出电压受限于 V_{in} 的偏置状态。当 V_{in} 偏置点较高时，共源共栅放大器的输出摆幅将低于 $V_{DD}-4V_{ov}$。而在 3.4 节中分析过，共源共栅放大器实际上利用共源管 M_1 将输入电压转换为电流，然后将该电流作为共栅管 M_2 的输入，这说明共源器件和共栅器件不一定必须为同一种类型。通过 PMOS 器件和 NMOS 器件的组合也可以完成共源共栅放大器的功能，其结构如图 3-27 所示。在这种结构中，输入极被向上或向下折叠，因此这种结构的放大器被称为折叠式共源共栅放大器。

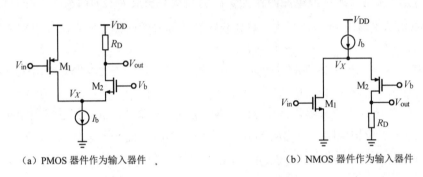

（a）PMOS 器件作为输入器件　　　　　　　　　　（b）NMOS 器件作为输入器件

图 3-27　折叠式共源共栅放大器的结构

经过折叠后，输入管和共栅管的电流均流向折叠点［见图 3-27（a）］，或均从折叠点流出［见图 3-27（b）］，因此需要在折叠点处增加一个电流源来提供偏置电流 I_b。以图 3-27（a）所示的 PMOS 器件作为输入器件的折叠式共源共栅放大器为例，分析直流特性。设 $V_{in2}=V_{DD}-|V_{TH1}|$，当 $V_{in}>V_{in2}$ 时，M_1 处于截止状态，偏置电流 I_b 将全部流过 M_2，这使输出电压 $V_{out2}=V_{DD}-I_bR_D$。当 V_{in} 减小至 V_{in2} 以下时，M_1 开启并处于饱和状态，其电流记为 I_{D1}。因此 M_2 的工作电流 $I_{D2}=I_b-I_{D1}$，此时 $V_{out}=V_{DD}-(I_b-I_{D1})R_D=V_{out2}+I_{D1}R_D$。随着 V_{in} 减小，$|V_{GS1}|$ 增大，I_{D1} 也变大，因此 V_{out} 开始增大。随着 V_{in} 的减小，I_{D2} 也在逐渐减小，当 $I_{D1}=I_b$ 时，$I_{D2}=0$，此时 $V_{in}=V_{in1}$，其大小为

$$V_{in1}=V_{DD}-\sqrt{\dfrac{2I_b}{\mu_p C_{ox}\dfrac{W_1}{L_1}}}-|V_{TH1}| \tag{3-52}$$

当 $V_{in}<V_{in1}$ 时，I_{D1} 趋向于继续增大，但是由于全部的偏置电流 I_b 均已提供给 M_1，所以 I_{D1} 无法继续增大，此时 M_1 将进入线性区工作保持 $I_{D1}=I_b$。由于 $I_{D2}=0$，因此输出电压 $V_{out1}=V_{DD}$。综合上述分析，可得到折叠式共源共栅放大器的输入-输出特性曲线，如图 3-28 所示。实际上图 3-27（a）所示的折叠式共源共栅放大器的小信号模型与图 3-22（a）所示的共源共栅放大器的小信号模型并无区别，其增益与式（3-47）一致。为了提升增益，同样可以将电

阻负载 R_D 替换为共源共栅电流源。此外，偏置电流源可通过工作在饱和区的 MOS 器件来实现。因此，采用共源共栅电流镜负载的折叠式共源共栅放大器的电路结构如图 3-29 所示，它们的增益幅度与式（3-50）一致。

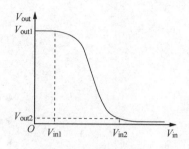

图 3-28　折叠式共源共栅放大器的输入-输出特性曲线

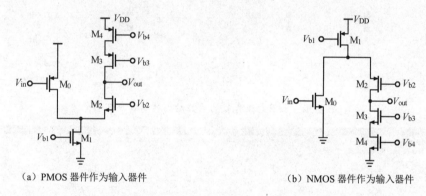

（a）PMOS 器件作为输入器件　　　　　　　（b）NMOS 器件作为输入器件

图 3-29　采用共源共栅电流镜负载的折叠式共源共栅放大器的电路结构

采用折叠式结构的一个主要好处就是解决了本节开始处提到的放大器摆幅问题。以图 3-29（a）所示的放大器为例进行分析，为使所有晶体管均能工作在饱和区，要求 $(V_{GS1}-V_{TH1})+(V_{GS2}-V_{TH2})<V_{out}<V_{DD}-|V_{GS3}-V_{TH3}|-|V_{GS4}-V_{TH4}|$。由此可知，折叠式共源共栅放大器的输出摆幅为 $V_{DD}-4V_{ov}$，且与输入电压 V_{in} 没有关系，这解决了普通共源共栅放大器输出电压摆幅受限于 V_{in} 的问题。但是需要注意的是，折叠式结构要比普通结构消耗更多功耗。这是因为，为了使输入管和共栅管发挥与折叠前一样的性能，它们的偏置电流需要与非折叠状态时的偏置电流一致，这就使得折叠后的总偏置电流 I_b 几乎是非折叠时的两倍。

3.6　基本放大器的直流特性仿真分析

3.6.1　采用电阻负载的共源放大器直流特性仿真分析

首先调用 $W/L=5\mu m/500nm$ 的 NMOS 器件搭建仿真原理图，如图 3-30 所示。其中电源电压设置为 1.8V，R_D 为电阻负载，V_{in} 为输入电压。在 MSD 仿真器中设置直流（DC）仿真参数，以 10mV 步长从 0V 到 1.8V 遍历 V_{in}，然后以 5kΩ 步长从 5kΩ 到 20kΩ 遍历 R_D，采用电阻负载的共源放大器 DC 仿真参数设置如图 3-31 所示。

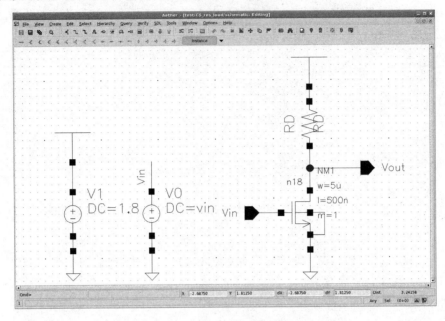

图 3-30　采用电阻负载的共源放大器仿真原理图

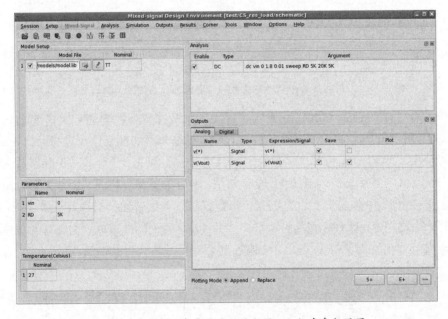

图 3-31　采用电阻负载的共源放大器 DC 仿真参数设置

通过上述仿真可以得到在不同 R_D 取值下采用电阻负载的共源放大器的输入-输出特性曲线，如图 3-32 所示。图中有 4 条曲线，从左至右分别为对应 R_D 由大到小的输入-输出特性曲线。可知，采用电阻负载的共源放大器的输入-输出特性曲线的斜率绝对值随着 R_D 的减小而减小，这是因为在 R_D 不是很大时电压增益为 $|A_V|=g_m R_D$。

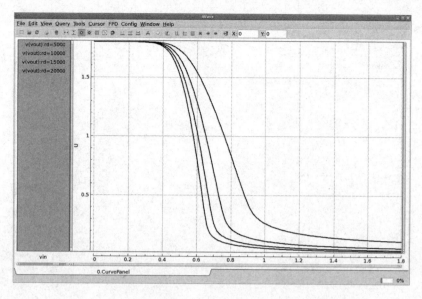

图 3-32 采用电阻负载的共源放大器的输入-输出特性曲线

3.6.2 采用二极管连接的 MOS 器件负载的共源放大器直流特性仿真分析

首先调用 W/L=5μm/500nm 的 NMOS 器件作为输入管搭建仿真原理图，如图 3-33 所示。其中电源电压设置为 1.8V，以二极管连接的 PMOS 器件 M_2 作为负载（长度为 1μm，宽度为参数 M2_W），V_{in} 为输入电压。在 MSD 仿真器中设置 DC 仿真参数，以 10mV 步长从 0V 到 1.8V 遍历 V_{in}，然后以 600nm 步长从 300nm 到 3μm 遍历 M2_W，采用二极管连接的 MOS 器件负载的共源放大器 DC 仿真参数设置如图 3-34 所示。

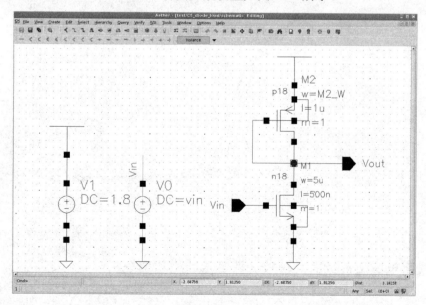

图 3-33 采用二极管连接的 MOS 器件负载的共源放大器仿真原理图

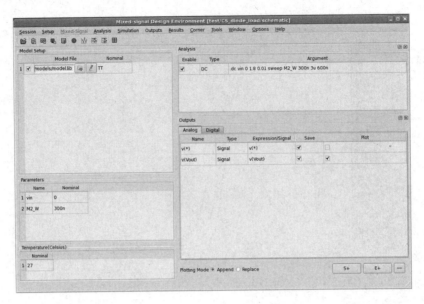

图 3-34　采用二极管连接的 MOS 器件负载的共源放大器 DC 仿真的 MOS 器件参数设置

通过上述仿真可以得到 M_2 在不同宽度下，采用二极管连接的 MOS 器件负载的共源放大器的输入-输出特性曲线，如图 3-35 所示。图中有 6 条曲线，从左至右分别为对应 M2_W 由小到大的输入-输出特性曲线。可知，输入-输出特性曲线的斜率绝对值随着 M2_W 的减小而增大。这是因为电压增益为 $|A_V|=g_{m1}/g_{m2}$，而随着 M2_W 的减小，g_{m2} 在减小，因此 $|A_V|$ 增大。

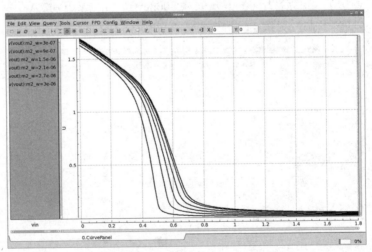

图 3-35　采用二极管连接的 MOS 器件负载的共源放大器的输入-输出特性曲线

3.6.3　采用电流源负载的共源放大器直流特性仿真分析

首先调用 $W/L=5\mu m/500nm$ 的 NMOS 器件作为输入管搭建仿真原理图，如图 3-36 所示。其中电源电压设置为 1.8V，PMOS 器件 M_2 作为电流源负载，其宽长比为 $W/L=5\mu m/500nm$。M_2 的栅极偏置电压由 M_3 和 I_b 组成的电流镜结构提供，其中 I_b 为电流镜的偏置电流，大

小为 10μA。在 MSD 仿真器中设置 DC 仿真参数，以 10mV 步长从 0V 到 1.8V 遍历 V_{in}。通过上述设置，仿真得到采用电流源负载的共源放大器的输入-输出特性曲线，如图 3-37 所示。对比图 3-32 和图 3-37 所示的仿真结果，采用电流源负载的共源放大器的输入-输出特性曲线的斜率绝对值较大，这表明增益较大。这是因为电压增益为 $|A_V|=g_m r_o$，在通常情况下，r_o 会远大于 R_D 和 $1/g_m$，因此采用电流源负载的共源放大器表现出相对更大的电压增益。

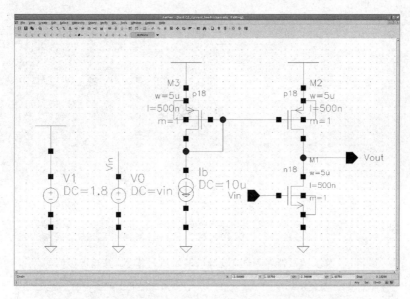

图 3-36　采用电流源负载的共源放大器仿真原理图

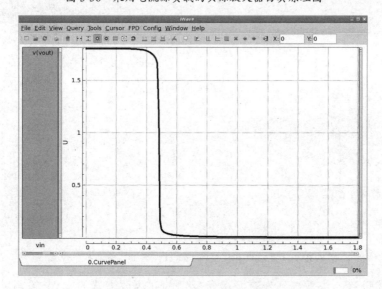

图 3-37　采用电流源负载的共源放大器的输入-输出特性曲线

3.6.4　带有源极负反馈的共源放大器直流特性仿真分析

在图 3-30 所示的仿真原理图基础上进行修改，将 R_D 固定为 10kΩ，在输入管的源极和地线之间增加负反馈电阻 R_S，如图 3-38 所示。电源电压设置为 1.8V，V_{in} 为输入电压。在 MSD 仿真器中设置 DC 仿真参数，以 10mV 步长从 0V 到 1.8V 遍历 V_{in}，然后以 2kΩ 步长从 1kΩ 到 10kΩ 遍历 R_S，带有源极负反馈的共源放大器 DC 仿真参数设置如图 3-39 所示。

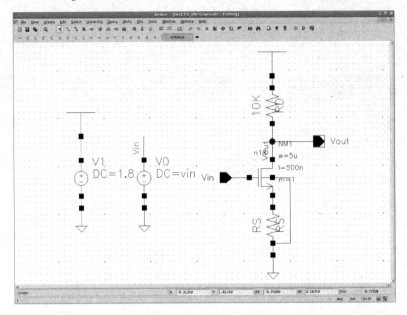

图 3-38　带有源极负反馈的共源放大器仿真原理图

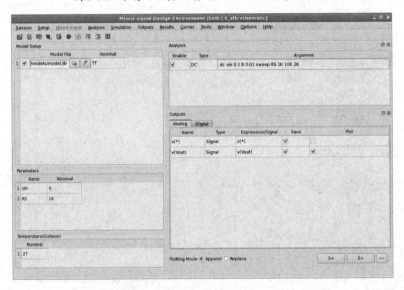

图 3-39　带有源极负反馈的共源放大器 DC 仿真参数设置

通过上述设置，仿真得到带有源极负反馈的共源放大器的输入-输出特性曲线，如图 3-40 所示。图中有 6 条曲线，从左至右分别为对应 R_S 由小到大的输入-输出特性曲线。可知，带有源极负反馈的共源放大器的输入-输出特性曲线的斜率绝对值随着 R_S 的增大而减小，这是因为电压增益为 $|A_V|=R_D/R_S$。

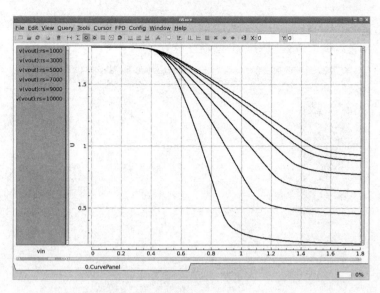

图 3-40　带有源极负反馈的共源放大器的输入-输出特性曲线

3.6.5　源极跟随器直流特性仿真分析

源极跟随器直流特性的仿真原理图如图 3-41 所示，其中 M_1（W/L=5μm/500nm）和 M_2（W/L=5μm/500nm）组成了 PMOS 器件作为输入管的第一种源极跟随器（输出为 V_{out1}），M_2 作为电流源负载，其偏置由 M_0（W/L=5μm/500nm）和 I_b=10μA 所组成的电流镜提供。第一种源极跟随器输入管的衬底连接至 V_{DD}=1.8V，这使源极跟随器存在因体效应而导致的非线性和增益减小问题。作为对比，原理图中增加由 M_3 和 M_4 组成的第二种源极跟随器（输出为 V_{out2}），其晶体管的参数设置与第一种的完全一致，不同之处仅在于输入管的衬底连接方法。在第二种源极跟随器中，输入管的衬底连接至其源极，进而消除了体效应带来的影响。

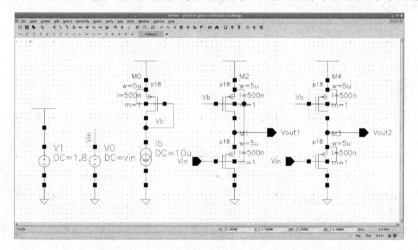

图 3-41　源极跟随器直流特性的仿真原理图

两种源极跟随器均施加相同的输入电压 V_{in}，在 MSD 仿真器中设置 DC 仿真参数，以 10mV 步长从 0V 到 1.8V 遍历 V_{in}，得到源极跟随器的输入-输出特性曲线，如图 3-42 所示。

其中实线为 V_{out1}，虚线为 V_{out2}，可知 V_{out2} 的斜率大于 V_{out1} 的斜率，这表明第二种源极跟随器的衬底连接方法消除了体效应带来的增益变化。

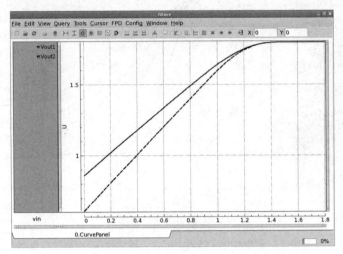

图 3-42　源极跟随器的输入-输出特性曲线

　　为进一步分析两种输出曲线线性度的变化，利用 Aether 中自带的 Calculator 功能计算斜率。如图 3-43 所示进行设置，可对 V_{out1} 曲线进行求导，得到斜率，即源极跟随器的增益。对 V_{out2} 进行相同的操作，得到图 3-44 所示的输出曲线的斜率对比，其中实线对应 V_{out1} 的斜率，虚线对应 V_{out2} 的斜率。通过对比可以看出，当输入处于前半段时（输入管工作在饱和区），V_{out2} 的斜率相比 V_{out1} 的斜率更大且更稳定，即 V_{out2} 的线性度高于 V_{out1} 的线性度，仿真结果表明，将输入管的衬底连接至源极可有效解决体效应带来的非线性和增益减小的问题。

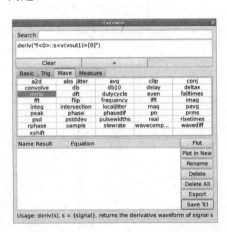

图 3-43　利用 Calculator 功能计算
　　　　　输出曲线的斜率

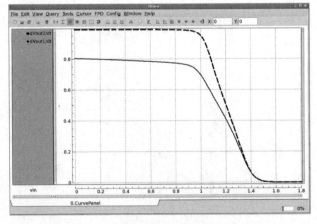

图 3-44　源极跟随器输出曲线的斜率对比

3.6.6　共栅放大器直流特性仿真分析

　　共栅放大器直流特性仿真原理图如图 3-45 所示，其中 M_1（W/L=5μm/500nm）和 R_D 组成共栅放大器，M_1 的栅极偏置在 V_b=1.2V 下。在 MSD 仿真器中设置 DC 仿真参数，以 10mV 步长从 0V 到 1.8V 遍历 V_{in}，然后以 5kΩ 步长从 5kΩ 到 15kΩ 遍历 R_D。

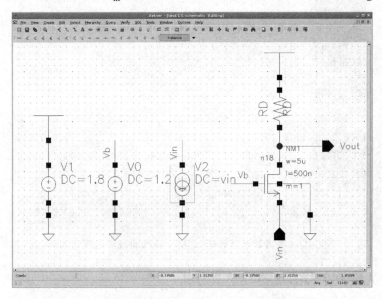

图 3-45　共栅放大器直流特性仿真原理图

通过上述设置，仿真得到共栅放大器的输入-输出特性曲线，如图 3-46 所示。图中有 3 条曲线，从左至右分别为对应 R_D 由小到大的输入-输出特性曲线。可知，共栅放大器的输入-输出特性曲线斜率绝对值随着 R_D 的增大而增大，这是因为电压增益为 $|A_V|=g_m R_D$。

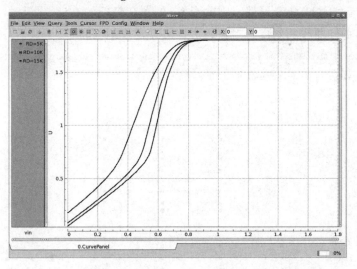

图 3-46　共栅放大器的输入-输出特性曲线（电压输入）

将图 3-45 中的输入电压源激励 V_{in} 更换为电流源激励 I_{in}，重新在 MSD 仿真器中设置 DC 仿真参数，以 5μA 步长从 0μA 到 100μA 遍历 I_{in}，可以得到图 3-47 所示的在电流输入状态下共栅放大器的输入-输出特性曲线。此时共栅放大器表现为负的跨阻特性，与式（3-43）的分析相符。

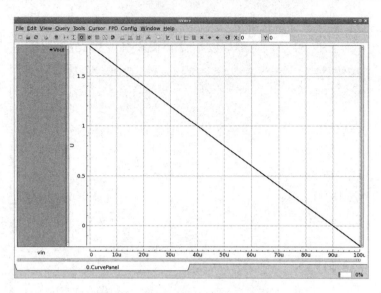

图 3-47　共栅放大器的输入-输出特性曲线（电流输入）

3.6.7　共源共栅放大器直流特性仿真分析

共源共栅放大器直流特性的仿真原理图如图 3-48 所示，其中 MOS 器件 $M_{b1} \sim M_{b11}$ 和电流源 I_b 共同组成了偏置产生电路，为共源共栅放大器提供偏置电压 $V_{b1} \sim V_{b3}$。MOS 器件 $M_1 \sim M_4$ 组成了共源共栅放大器。在 MSD 仿真器中设置 DC 仿真参数，以 10mV 步长从 0V 到 1.8V 遍历 V_{in}，可以得到共源共栅放大器的输入-输出特性曲线，如图 3-49 所示。可知，由于输入管为 NMOS 器件，因此当 V_{in} 偏置在较低的 0.5V 附近时，共源共栅放大器的输入-输出特性曲线的斜率绝对值较大，表现出大增益特性。

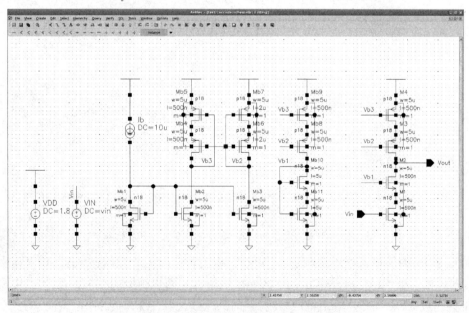

图 3-48　共源共栅放大器直流特性的仿真原理图

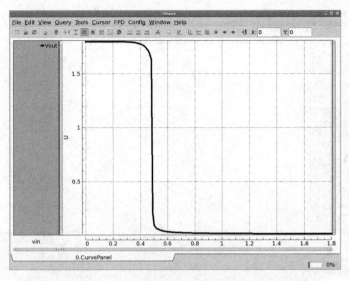

图 3-49 共源共栅放大器的输入-输出特性曲线

3.6.8 折叠式共源共栅放大器直流特性仿真分析

折叠式共源共栅放大器直流特性的仿真原理图如图 3-50 所示，其中 MOS 器件 $M_{b1}\sim$ M_{b11} 和电流源 I_b 共同组成了偏置产生电路，为折叠式共源共栅放大器提供偏置电压 $V_{b1}\sim$ V_{b4}。MOS 器件 $M_0\sim M_4$ 组成了折叠式共源共栅放大器，输入管为 PMOS 器件。在 MSD 仿真器中设置 DC 仿真参数，以 10mV 步长从 0V 到 1.8V 遍历 V_{in}，可以得到折叠式共源共栅放大器的输入-输出特性曲线，如图 3-51 所示。可知，由于输入管为 PMOS 器件，因此当 V_{in} 偏置在较高的 1.2V 附近时，折叠式共源共栅放大器的输入-输出特性曲线的斜率绝对值较大，表现出大增益特性，其增益与共源共栅放大器的增益几乎相同。

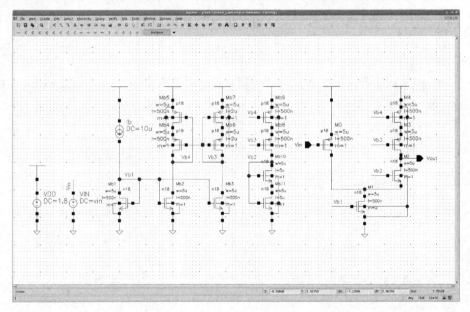

图 3-50 折叠式共源共栅放大器直流特性的仿真原理图

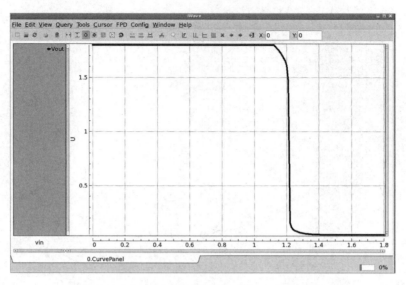

图 3-51　折叠式共源共栅放大器的输入-输出特性曲线

习题

3.1　对于图 3-52 所示的采用二极管连接的 MOS 器件负载的共源放大器，假定 V_{DD}=1.8V，W_1/L_1=50/1，W_2/L_2=10/1，忽略体效应及沟道长度调制效应，V_{TH}=0.4V：（a）当 M_1 工作在线性区边缘时，输入电压为多少？此时的小信号增益是多少？（b）M_1 工作在线性区 20mV 时，输入电压为多少？此时的小信号增益是多少？

3.2　在采用电流源负载的 NMOS 器件为输入管的共源放大器中，假定 V_{DD}=1.8V，小信号增益为 100，偏置电流为 0.5mA，为使电路的输出电压摆幅为 1.2V，计算所需的 M_1 与 M_2 的尺寸。C_{ox}=3.837×10^{-3} F/m^2，μ_n=350×10^{-4} m^2/(V·s)，μ_p=100×10^{-4} m^2/(V·s)，λ_n=0.1V^{-1}，λ_p=0.2V^{-1}。

3.3　对于图 3-53 所示的共源共栅放大器，假定偏置电流为 0.5mA，V_{DD}=1.8V，输出电压摆幅为 1V。若 $(W/L)_{1\sim4}$=W/L，且 $\gamma=\lambda=0$，$|V_{TH}|$=0.4V，计算 W/L。

图 3-52　3.1 题图　　　　　　　　　　　　图 3-53　3.3 题图

3.4　源极跟随器可以用作电平移动，假设在图 3-54 所示的电路中，电压移动了 0.6V，即 $V_{in}-V_{out}=0.6$V。如果 $I_{D1}=I_{D2}=0.5$mA，$V_{GS2}-V_{GS1}=0.3$V，$C_{ox}=3.837\times10^{-3}$ F/m²，$\mu_n=350\times10^{-4}$ m²/(V·s)，$V_{TH}=0.4$V，$V_{DD}=1.8$V，不考虑体效应和衬底偏置效应，计算 M₁ 和 M₂ 的宽长比。

3.5　计算工作在饱和区的 NMOS 器件和 PMOS 器件的本征增益，$C_{ox}=3.837\times10^{-3}$ F/m²，$\mu_p=100\times10^{-4}$ m²/(V·s)，$\mu_n=350\times10^{-4}$ m²/(V·s)，$\lambda_n=0.1$V⁻¹，$\lambda_p=0.2$V⁻¹，$W/L=50$，$I_D=0.5$mA。

3.6　计算图 3-55 所示的电路工作在饱和区时的小信号增益（忽略体效应）。

3.7　在图 3-56 所示的电路中，$V_{DD}=3.3$V，偏置电流为 2mA，V_{out} 的输出摆幅为 2.7V，$\lambda_n=0.1$V⁻¹，$\lambda_p=0.2$V⁻¹，$\mu_n/\mu_p=7/2$，忽略体效应，求 $(W/L)_1/(W/L)_2=200$ 时，该电路的小信号增益。

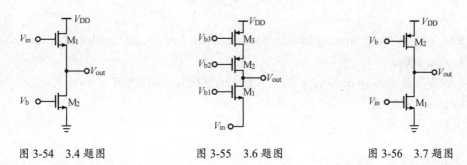

图 3-54　3.4 题图　　　　　　图 3-55　3.6 题图　　　　　　图 3-56　3.7 题图

3.8　在图 3-57 所示的电路中，$\mu_n=350\times10^{-4}$ m²/(V·s)，$C_{ox}=3.837\times10^{-3}$ F/m²，$\lambda_n=0.1$V⁻¹，$\gamma_n=0.45$V⁻¹ᐟ²，$V_{DD}=3.3$V，$R_D=2.5$kΩ，$R_S=250$Ω，M₁ 的宽长比为 50，在偏置电流 $I_D=0.4$mA 时，求电路的小信号增益。

3.9　在图 3-58 所示的电路中，$\mu_n=350\times10^{-4}$ m²/(V·s)，$C_{ox}=3.837\times10^{-3}$ F/m²，$V_{TH1}=0.7$V，$V_{DD}=3.3$V，$R_D=2$kΩ，M₁ 的宽长比为 50，求电路 V_{out} 的摆幅范围。

图 3-57　3.8 题图　　　　　　　　　　　图 3-58　3.9 题图

3.10　在图 3-59 所示的共源共栅放大器中，求使 M₁ 偏离线性区 50mV 和使 M₁ 工作在饱和区边缘时的 V_{b1}。其中，$(W/L)_1=100/1$，$(W/L)_2=20/1$，$V_{TH2}=0.7$V，$C_{ox}=3.837\times10^{-3}$ F/m²，$\mu_n=350\times10^{-4}$ m²/(V·s)，偏置电流为 0.5mA。

3.11　对于图 3-60 所示的 Class B 驱动器，试求小信号增益表达式，并求出 $I_D=200$μA 时的增益。其中，$C_{ox}=3.837\times10^{-3}$ F/m²，$\mu_n=350\times10^{-4}$ m²/(V·s)，$\mu_p=100\times10^{-4}$ m²/(V·s)，$\lambda_n=0.1$V⁻¹，$\lambda_p=0.2$V⁻¹，$(W/L)_1=5/1$，$(W/L)_2=5/1$。

图 3-59　3.10 题图　　　　　　　　　　　　　图 3-60　3.11 题图

参考文献

[1]　SANSEN W M C. Analog Design Essentials[M]. Dordrecht: Springer Science & Business Media, 2006.

[2]　RAZAVI B. Design of Analog CMOS Integrated Circuits[M]. New York: The McGraw-Hill Companies, 2001.

第4章

CMOS 电流镜

电流镜电路具有较高的输出阻抗，可提供恒定的电流，在模拟集成电路中被作为电流源广泛使用，例如，作为放大器的负载使用、为放大器提供偏置电流或在数据转换器中作为参考电流等。本章将对常见的 CMOS 工艺电流镜结构及其性能展开分析。

4.1 电流镜的基本概念

在第 2 章中，我们分析了工作在饱和区的 MOS 器件具有较高的输出阻抗，可以作为电流源使用。恒定电压偏置的电流源如图 4-1（a）所示，使用栅极被恒定偏置在 V_b 的且工作在饱和区的 NMOS 器件 M_1 作为电流源，当忽略沟道长度调制效应时，其输出电流 I_{out} 可表示为

$$I_{out} = \frac{1}{2}\mu_n C_{ox}\frac{W_1}{L_1}\left(V_b - V_{TH1}\right)^2 \tag{4-1}$$

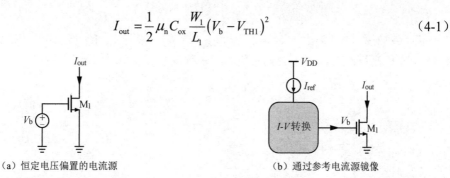

（a）恒定电压偏置的电流源　　　　　　　　（b）通过参考电流源镜像

图 4-1　恒定电压偏置的电流源和通过参考电流源镜像

通过上述表示式我们发现，在 V_b 恒定不变的情况下，I_{out} 受很多因素影响。例如，工艺的偏差会引起 C_{ox}、W_1/L_1 和 V_{TH1} 的变化；μ_n 和 V_{TH1} 都会受到温度的影响。在上述工艺和温度的共同影响下，I_{out} 很难确定。因此，图 4-1（a）所示的恒定电压偏置的电流源并不实用。我们必须采用其他方法对 M_1 进行栅极的偏置。将式（4-1）中的 V_b 提取出来，我们会得到为了使 M_1 输出电流达到 I_{out} 所需要施加的栅极电压

$$V_b = \sqrt{\frac{2I_{out}}{\mu_n C_{ox} \dfrac{W_1}{L_1}}} + V_{TH1} \tag{4-2}$$

假设已有一个电流值确定的电流源 I_{ref} 作为参考，根据式（4-2），通过某种电路结构将该电流转换为偏置电压 V_b，然后利用 V_b 对 M_1 进行偏置，则此时 M_1 的输出电流即对 I_{ref} 的镜像，如图 4-1（b）所示。因为 I-V 转换电路和 M_1 受到相同的工艺和温度影响，因此可以保障 I_{out} 具有确定值，这种电路结构被称为电流镜。

4.2　基本电流镜

利用二极管连接的 MOS 器件可实现第 4.1 节中提到的电流镜结构，如图 4-2（a）所示，以二极管连接的 NMOS 器件作为电流镜为例进行分析。M_1 为采用二极管方式连接的器件，因此当忽略沟道长度调制效应时，其栅极电压可表示为

$$V_b = \sqrt{\frac{2I_{ref}}{\mu_n C_{ox} \dfrac{W_1}{L_1}}} + V_{THn} \tag{4-3}$$

式中，V_{THn} 为 NMOS 器件的阈值电压。因此该结构完成了 I_{ref} 向 V_b 的转换。因为 M_1 和 M_2 的衬底均连接至地线，所以它们都没有体效应问题，M_1 和 M_2 具有相同的阈值电压 V_{THn}。此外，由于工艺和温度对 M_1 和 M_2 的影响是相同的，因此它们具有相同的 C_{ox}、μ_n 和 V_{THn} 的变化。将 V_b 连接至 M_2 的栅极，则当 M_2 工作在饱和区时，其输出电流 I_{out} 可表示为

$$I_{out} = \frac{1}{2}\mu_n C_{ox} \frac{W_2}{L_2}\left(V_b - V_{THn}\right)^2 = \frac{W_2/L_2}{W_1/L_1}I_{ref} \tag{4-4}$$

式（4-4）表明，该电流镜输出电流 I_{out} 是对参考电流 I_{ref} 按一定比例的镜像，镜像比例为 M_2 和 M_1 宽长比的比值，我们可将 M_1 称为参考管，M_2 称为镜像管。

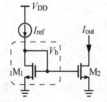

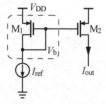

（a）二极管连接的 NMOS 器件作为基本电流镜　　　　（b）二极管连接的 PMOS 器件作为基本电流镜

图 4-2　基本电流镜

图 4-2（a）所示的电流镜所使用的参考电流 I_{ref} 从 V_{DD} 流向 MOS 器件的漏极，因此镜像产生的电流 I_{out} 也流向 MOS 器件的漏极。可以通过 PMOS 器件实现对相反方向参考电流的镜像，如图 4-2（b）所示，参考电流 I_{ref} 和镜像电流 I_{out} 都从器件漏极流出。通常可以将两种电流镜结合使用，以镜像出与参考电流不同流向的输出电流。通常把图 4-2 所示的电流镜称为基本电流镜。电流镜能稳定镜像电流的前提是 MOS 器件均工作在饱和区，在基本电流镜结构中，M_1 始终工作在饱和区，而 M_2 要工作在饱和区需要输出电压 V_{out} 满足一定

关系。对于 NMOS 器件电流镜，V_{out} 需要大于 $V_{\text{b}}-V_{\text{THn}}$，而对于 PMOS 器件电流镜，$V_{\text{out}}$ 需要小于 $V_{\text{b}}+|V_{\text{THp}}|$。

在上述分析中，我们忽略了沟道长度调制效应，这样实际是假设 MOS 器件的输出阻抗为无穷大。但事实上，MOS 器件是具有一定的输出阻抗的。当考虑沟道长度调制效应后，参考电流 I_{ref} 和输出电流 I_{out} 可表示为

$$I_{\text{ref}} = \frac{1}{2}\mu_{\text{n}}C_{\text{ox}}\frac{W_1}{L_1}\left(V_{\text{b}}-V_{\text{THn}}\right)^2\left(1+\lambda V_{\text{b}}\right) \tag{4-5}$$

$$I_{\text{out}} = \frac{1}{2}\mu_{\text{n}}C_{\text{ox}}\frac{W_2}{L_2}\left(V_{\text{b}}-V_{\text{THn}}\right)^2\left(1+\lambda V_{\text{out}}\right) \tag{4-6}$$

由此可知，当 $V_{\text{out}}\neq V_{\text{b}}$ 时，M_1 和 M_2 受沟道长度调制效应的影响不同，导致电流镜像关系不能严格符合式（4-4）。此外，在基本电流镜结构中，M_2 作为电流源使用，其有限的输出阻抗 $r_{\text{o}}\approx(\lambda I_{\text{out}})^{-1}$ 会使输出电流 I_{out} 在 V_{out} 发生较大变化时出现明显变化。由此可知，基本电流镜结构作为电流源使用时并不是很理想，有些电路中需要使用输出阻抗更高的电流镜，因此后面将分析一些具有更高输出阻抗的电流镜结构。

4.3　高输出阻抗电流镜

本节将分析一些常见的具有高输出阻抗特性的电流镜结构，包括共源共栅电流镜、宽摆幅共源共栅电流镜、威尔逊电流镜和阻抗提升型共源共栅电流镜。

4.3.1　共源共栅电流镜

根据 3.4 节中的分析可知，共源共栅放大器具有较高的输出阻抗，可以作为电流源使用。将基本电流镜中的电流源改为共源共栅电流源就形成了共源共栅电流镜，如图 4-3 所示，其中 V_{b1} 和 V_{b2} 均为直流偏置，$V_{\text{b1}}=V_{\text{GS1}}$，$V_{\text{b2}}=V_{\text{GS1}}+V_{\text{GS2}}$。$M_3$ 和 M_4 组成了共源共栅电流源，下面首先分析 M_4 漏极电压 V_{out} 到 M_3 漏极电压 V_X 的增益。根据图 4-3（b）所示的 M_3 和 M_4 的小信号模型，可以得到

$$-g_{\text{m4}}V_X + \frac{V_{\text{out}}-V_X}{r_{\text{o4}}} = \frac{V_X}{r_{\text{o3}}} \tag{4-7}$$

进而得到

$$\frac{V_X}{V_{\text{out}}} = \frac{r_{\text{o3}}}{(g_{\text{m4}}r_{\text{o4}}+1)r_{\text{o3}}+r_{\text{o4}}} \approx \frac{1}{g_{\text{m4}}r_{\text{o4}}} \tag{4-8}$$

由此可知，当 V_{out} 的变化传递到 V_X 处时将衰减 M_4 的本征增益倍，这说明共栅器件 M_4 的存在屏蔽了 V_{out} 对 M_3 漏极电压的影响。因此，当 V_{out} 变化时，M_3 的漏极电压几乎不会变化，维持了输出电流 I_{out} 的稳定。实际上，正是因为这种效应使得共源共栅电流源具有较高的输出阻抗。根据式（3-48），共源共栅电流源的输出阻抗约为 $g_{\text{m4}}r_{\text{o4}}r_{\text{o3}}$，相比于基本电流源，其输出阻抗提升了 $g_{\text{m4}}r_{\text{o4}}$ 倍。

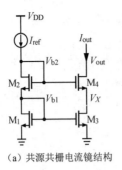

（a）共源共栅电流镜结构

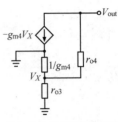

（b）分析 V_{out} 到 V_X 的增益

图 4-3　共源共栅电流镜

接下来分析 I_{out} 与 I_{ref} 的镜像关系。考虑 M_4 的屏蔽作用后，V_{out} 变化时 V_X 几乎不变，而 M_3 的栅极固定偏置为 V_{b1}，因此 I_{out} 也几乎不变。当 $(W_4/L_4)／(W_2/L_2)=(W_3/L_3)／(W_1/L_1)$ 时，$V_{GS4}=V_{GS2}$，因此 $V_X=V_{b2}-V_{GS4}=V_{GS1}=V_{b1}$，则 I_{out} 可以表示为

$$\frac{I_{out}}{I_{ref}}=\frac{W_3/L_3}{W_1/L_1}\frac{1+\lambda V_X}{1+\lambda V_{b1}}=\frac{W_3/L_3}{W_1/L_1} \tag{4-9}$$

通过上述分析我们发现，共源共栅电流镜结构具有较高的电流镜像精度和输出阻抗，但这个优势是以牺牲 V_{out} 的电压余度为代价的。对于基本电流镜，$V_{out}>V_{GS2}-V_{THn}$ 即可使 M_2 工作在饱和区，而对于共源共栅电流镜，$V_{out}>V_{GS3}+V_{GS4}-V_{THn}$ 才可使 M_4 工作在饱和区。

4.3.2　宽摆幅共源共栅电流镜

图 4-3（a）所示的共源共栅电流镜能接受的最低输出电压为 $V_{GS3}+V_{GS4}-V_{THn}=(V_{GS3}-V_{THn})+(V_{GS4}-V_{THn})+V_{THn}=V_{ov3}+V_{ov4}+V_{THn}$，其比共源共栅管结构多消耗了一个 V_{THn} 的电压余度。这主要是因为在该结构中 M_4 的偏置电压为 $2V_{GS}$ 量级，实际上其偏置电压可以更低一些。可采用图 4-4 所示的宽摆幅共源共栅电流镜结构，将共栅管的偏置电压从被镜像支路中分离出来，通过另一条独立支路产生 V_{b2}，这样可使 V_{b2} 取值更加灵活。

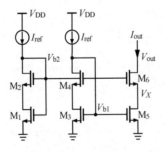

图 4-4　宽摆幅共源共栅电流镜结构

为使 M_5 饱和，需要 $V_X>V_{GS5}-V_{THn}$，通过二极管连接的 M_1 和 M_2 可以设置 $V_{b2}>V_{GS5}-V_{THn}+V_{GS6}$ 以满足 V_X 的要求。这样能够满足 M_6 工作在饱和区的最小 V_{out} 为 $V_{GS5}-V_{THn}+V_{GS6}-V_{THn}=V_{ov5}+V_{ov6}$，相比于普通共源共栅电流镜，宽摆幅共源共栅电流镜的输出电压余度增加了一个阈值电压 V_{THn} 的大小。需要注意的是，V_{b2} 的取值不能过大，否则会使 M_4 工作在线性区。为保证 M_4 工作在饱和区，要求 $V_{b2}<V_{b1}+V_{THn}$，即 $V_{b2}<V_{GS5}+V_{THn}$。因此 V_{b2} 需要满足

$V_{GS5}-V_{THn}+V_{GS6}<V_{b2}<V_{GS5}+V_{THn}$，$V_{b2}$ 的取值范围约为阈值电压减去一个过驱动电压的大小。在通常情况下，MOS 器件的过驱动电压是小于阈值电压的，因此满足上述条件的 V_{b2} 是存在的。

4.3.3　威尔逊电流镜

威尔逊（Wilson）电流镜是另外一种高输出阻抗电流镜，其结构如图 4-5 所示。其使用电流负反馈方式提高输出阻抗，反馈过程分析如下：当 I_{out} 增大时，流过 M_2 的电流也会增大，使 V_X 增大。因为 M_1 被偏置在固定电流 I_{ref} 下，当其栅极电压增大时，为了维持其电流不变，V_Y 会减小。V_Y 的减小使得 V_X 出现减小趋势，抵消了 I_{out} 的增大，进而形成了负反馈，稳定了输出电流 I_{out}。下面来分析威尔逊电流镜的具体电流镜像关系及其输出阻抗。

可将威尔逊电流镜看成电流到电流的放大器，输入信号是 I_{ref}，输出是 I_{out}。通过图 4-6 所示的威尔逊电流镜小信号模型分析电流镜像关系，根据 KCL 可以得到

$$V_Y = \left(I_{ref} - g_{m1}V_X\right)r_{o1} \tag{4-10}$$

$$g_{m2}V_X + \frac{V_X}{r_{o2}} = I_{out} \tag{4-11}$$

$$g_{m3}\left(V_Y - V_X\right) + \frac{-I_{out}R_L - V_X}{r_{o3}} = I_{out} \tag{4-12}$$

将式（4-10）和式（4-11）代入式（4-12），可以得到

$$\frac{I_{out}}{I_{ref}} = \frac{g_{m3}r_{o1}\left(g_{m2}r_{o2}+1\right)r_{o3}}{g_{m1}g_{m3}r_{o1}r_{o2}r_{o3} + g_{m3}r_{o2}r_{o3} + \left(g_{m2}r_{o2}+1\right)R_L + \left(g_{m2}r_{o2}+1\right)r_{o3} + r_{o2}}$$
$$\approx \frac{g_{m2}}{g_{m1}} \tag{4-13}$$

因为 M_1 和 M_2 具有相同的栅源电压 V_X，因此可以得到

$$I_{out} = \frac{W_2/L_2}{W_1/L_1}I_{ref} \tag{4-14}$$

由此可知，威尔逊电流镜输出电流 I_{out} 完成了对参考电流 I_{ref} 的镜像，镜像比例为 M_2 与 M_1 宽长比的比值。

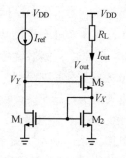

图 4-5　威尔逊电流镜结构

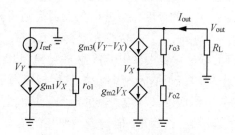

图 4-6　威尔逊电流镜小信号模型

分析威尔逊电流镜的输出阻抗需要借助图 4-7 所示的小信号模型。将参考电流置零（对于电流源即断路），在输出端施加电压 V_Z，通过分析输出电流 I_Z 可得到输出阻抗 $R_{out}=V_Z/I_Z$。

根据 KCL 可以得到

$$\frac{V_Y}{r_{o1}} + g_{m1}V_X = 0 \tag{4-15}$$

$$g_{m2}V_X + \frac{V_X}{r_{o2}} = I_Z \tag{4-16}$$

$$g_{m3}\left(V_Y - V_X\right) + \frac{V_Z - V_X}{r_{o3}} = I_Z \tag{4-17}$$

将式（4-15）和式（4-16）代入式（4-17），得到

$$R_{out} = \frac{V_Z}{I_Z} = \left[g_{m3}r_{o3}\left(g_{m1}r_{o1} + 1\right) + 1\right]\frac{r_{o2}}{g_{m2}r_{o2} + 1} + r_{o3}$$

$$\approx \frac{g_{m1}}{g_{m2}}g_{m3}r_{o3}r_{o1} \tag{4-18}$$

式（4-18）表明，威尔逊电流镜具有与共源共栅电流镜相同数量级的输出阻抗。

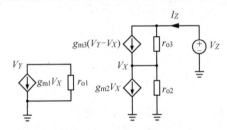

图 4-7　威尔逊电流镜输出阻抗分析小信号模型

在威尔逊电流镜中，$V_Y = V_{GS3} + V_{GS2}$，因此为满足 M_3 工作在饱和区，输出电压需满足 $V_{out} > V_{GS3} + V_{GS2} - V_{THn}$。这说明威尔逊电流镜具有与共源共栅电流镜相同的输出电压余度。由于 V_Y 始终比 V_X 高出一个 V_{GS3}，考虑 M_1 和 M_2 的沟道长度调制效应后，I_{out} 始终与理想值之间存在一个偏差。

4.3.4　阻抗提升型共源共栅电流镜

为进一步提升电流镜的输出阻抗，一种办法是将两层共源共栅电流镜改为三层结构，类似图 3-26 所示的做法。这样可以将电流源的输出阻抗提升至 $g_m{}^2 r_o{}^3$ 量级，但是也将大幅度减小 V_{out} 的余度。可使用负反馈机制代替增加堆叠层数的方式来进一步提升共源共栅电流源的输出阻抗。阻抗提升型共源共栅电流镜结构如图 4-8 所示，将共源共栅电流源中共栅管的栅极偏置由固定偏置改为由 M_4 和 M_5 组成的共源放大器提供。如果 I_{out} 增大，则流过 M_2 的电流也增大，因为 M_2 的栅极接固定电压 V_{b1}，因此其漏极电压 V_X 会增大。V_X 是 M_4 和 M_5 所组成的共源放大器的输入，其输出 V_Y 会减小，抵消了 V_X 增大的趋势，进行形成负反馈维持 I_{out} 的稳定。阻抗提升型共源共栅电流镜的电流镜像关系与基本电流镜的相同，且考虑 M_1 和 M_2 的漏极电压均为 V_{GS} 大小，沟道长度调制效应对它们的影响近似相同，因此镜像关系相比于威尔逊电流镜的也更加准确。

考虑 M_4 和 M_5 所组成的共源放大器增益为 $A_V = -g_{m4}(r_{o4}\|r_{o5})$，则可通过图 4-9 所示的小

信号模型分析阻抗提升型共源共栅电流镜的输出阻抗。根据 KCL 可以得到

$$g_{m3}\left(A_V V_X - V_X\right) + \frac{V_Z - V_X}{r_{o3}} = I_Z \tag{4-19}$$

由于 $V_X = I_Z r_{o2}$，则可以得到

$$R_{out} = \frac{V_Z}{I_Z} = g_{m3} r_{o3} r_{o2}\left(1 - A_V\right) + r_{o2} + r_{o3} \tag{4-20}$$

这表明该结构的输出阻抗是在共源共栅电流镜输出阻抗基础上又放大了 $|A_V| = g_{m4}(r_{o4}\|r_{o5})$ 倍。

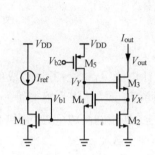

图 4-8　阻抗提升型共源共栅电流镜结构

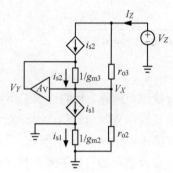

图 4-9　阻抗提升型共源共栅电流镜输出
阻抗分析小信号模型

最后来分析阻抗提升型共源共栅电流镜的输出电压余度。因为 $V_Y = V_{GS3} + V_{GS4}$，所以为使 M_3 工作在饱和区，该电流镜的输出须满足 $V_{out} > V_{GS3} + V_{GS4} - V_{THn}$，其输出电压余度与两层共源共栅电流镜一致。这里需要注意的是，当 V_{out} 很小使 M_3 工作在线性区时，r_{o3} 会减小，但是由于负反馈作用的存在，整体的输出阻抗仍然会比较高，电流源仍可正常工作。所以，V_{out} 的最小电压可以仅为 V_{GS4}。

4.4　非理想因素对电流镜的影响

4.4.1　侧边刻蚀

在前面电流镜原理的分析中，我们认为当参考管和镜像管的栅极长度一样时，镜像管的输出电流会按镜像管栅极宽度与参考管栅极宽度的比值等比例放大参考电流。但遗憾的是，事实并非如此。在半导体集成电路工艺中，对 MOS 器件的栅极进行刻蚀时会出现侧边刻蚀（Side Etching）问题，如图 4-10（a）所示。我们在版图中绘制了宽度为 W 的栅极，当进行栅极刻蚀工艺时，会出现向光刻胶侧下方刻蚀的现象，被称为侧边刻蚀。考虑侧边刻蚀后，实际制作的栅极宽度为 $W' = W - a$，a 为侧边刻蚀宽度，其大小与工艺有关，基本与 W 无关。现在考虑电流镜中的两个晶体管 M_1 和 M_2，其中 M_1 作为参考管，M_2 作为镜像管，它们的宽长比分别 W_1/L 和 W_2/L。M_1 和 M_2 栅极的版图如图 4-10（b）所示，假设 $W_2 = 2W_1$。因为侧边刻蚀问题，实际制作出来的栅极如图 4-10（c）所示，其中 $W_1' = W_1 - a$，$W_2' = W_2 - a$，

$L'=L-a$，因此

$$\frac{W_2'/L'}{W_1'/L'}=\frac{W_2-a}{W_1-a}\neq2 \tag{4-21}$$

这表明，在电流镜结构中，直接扩大镜像管的宽度并不能使镜像输出电流等比例增大。

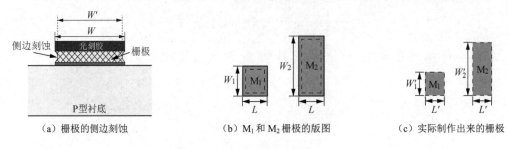

（a）栅极的侧边刻蚀　　　　（b）M_1 和 M_2 栅极的版图　　　（c）实际制作出来的栅极

图 4-10　栅极的刻蚀

为解决这个问题，我们通常采用单元器件方式来设计电流镜，将参考管看成单元器件，按镜像倍数直接复制单元器件，然后将这些复制的器件并联后整体作为镜像管，采用单元器件方式的电流镜如图 4-11 所示。因为每个单元器件均受到相同侧边刻蚀的影响，因此镜像电流与参考电流的倍数关系严格等于所复制的单元器件个数。

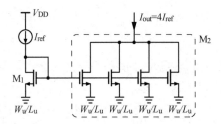

图 4-11　采用单元器件方式的电流镜

4.4.2　电压降

在前面的分析中，我们认为参考管和镜像管的地线都是准确的 0V，这样在栅极电压一样的情况下保证了 V_{GS} 的一致性。但在真实电路中，地线的金属连线会存在寄生电阻，当地线中有电流流过时，会产生电压降（IR-Drop）问题，这使得参考管和镜像管的地线电压出现偏差，进而导致镜像电流不准确。考虑图 4-12 所示的电路，完全相同的 M_1～M_5 分别对参考管 M_0 进行镜像，输出镜像电流 $I_{out}[1]$～$I_{out}[5]$。假设 M_0 连接至可靠的地线上（其源极电压为 0V），而 M_1～M_5 的源极通过具有一定长度的金属线连接至可靠地线上。如果每两个 MOS 器件之间金属线的寄生电阻为 R_P，则镜像器件的源极电压为

$$V_{gnd}[n]=R_P\sum_{i=1}^{n}\sum_{j=i}^{5}I_{out}[j] \tag{4-22}$$

由此可知，随着距离理想地线长度的增加，从左至右镜像管的源极电压在逐渐增大。因为参考管和镜像管的栅极电压均为 V_b，所以镜像管 M_1～M_5 的栅源电压在逐渐减小，这导致它们输出的镜像电流从左至右逐渐变小。

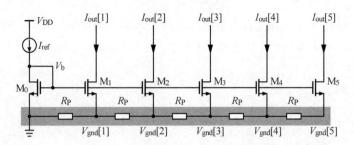

图 4-12　电压降对电流镜的影响分析电路

电压降会导致地线电压的增大，该问题同样存在于电源电压 V_{DD} 上，其会导致电源电压的降低，会对 PMOS 器件电流镜产生类似的影响。当镜像电流 I_{out} 或电流源数量 n 比较大时，电压降会对镜像电流产生显著影响，因此在连接电流镜的地线时要特别考虑寄生电阻。

4.5　电流镜的直流特性仿真分析

4.5.1　基本电流镜的直流特性仿真分析

图 4-13 所示为基本电流镜仿真原理图，其中参考管和镜像管尺寸均为 5μm/500nm，形成 1∶1 的镜像关系，参考电流 I_{ref}=10μA，在输出端施加一个偏置电压 V_{out}。基本电流镜直流特性仿真设置如图 4-14 所示，在 MDE 中设置 DC 仿真参数，从 0V 到 1.8V 遍历 V_{out}。

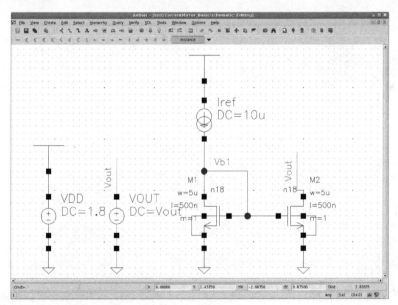

图 4-13　基本电流镜仿真原理图

通过上述仿真可得到输出电流 I_{out} 与输出电压 V_{out} 的关系，则电流镜的输出阻抗 r_{out}=$(\partial I_{out}/\partial V_{out})^{-1}$，基本电流镜输出电流和输出阻抗与输出电压的关系如图 4-15 所示。从图中可看出，基本电流镜输出电流随着输出电压的增大会明显增大，这表明输出阻抗不够高。从 r_{out} 与 V_{out} 的曲线也可看出，输出阻抗最大值约为 1.28MΩ。当 V_{out} 在 100mV 左右时，输

出阻抗 r_{out} 开始显著增大，这表明基本电流镜所能接受的最小输出电压约为 100mV。

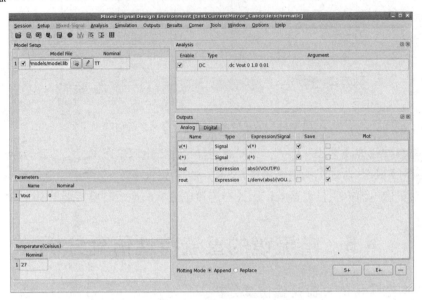

图 4-14　基本电流镜直流特性 DC 仿真参数设置

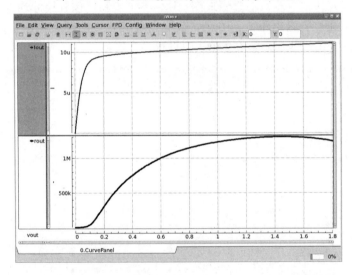

图 4-15　基本电流镜输出电流和输出阻抗与输出电压的关系

4.5.2　共源共栅电流镜的直流特性仿真分析

图 4-16 所示为共源共栅电流镜仿真原理图，参考电流 $I_{ref}=10\mu A$，在输出端施加一个偏置电压 V_{out}。同样在 MDE 中设置 DC 仿真参数，从 0V 到 1.8V 遍历 V_{out}。

共源共栅电流镜输出电流和输出阻抗与输出电压的关系如图 4-17 所示。从图中可看出，当输出电压在 600mV 左右时，共源共栅电流镜输出电流稳定在 10μA 且几乎不随输出电压变化，这表明此时其输出阻抗很高。通过 r_{out} 与 V_{out} 的曲线也可看出，其输出阻抗最大值约为 224MΩ，比基本电流镜输出阻抗大了两个数量级（约为 MOS 器件本征增益倍）。当

V_{out} 在 600mV 左右时，输出阻抗 r_{out} 开始显著升高，这表明共源共栅电流镜所能接受的最小输出电压约为 600mV，远大于基本电流镜允许的最小输出电压。

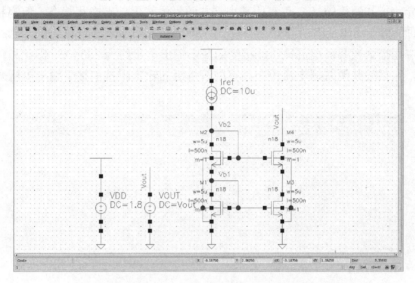

图 4-16　共源共栅电流镜仿真原理图

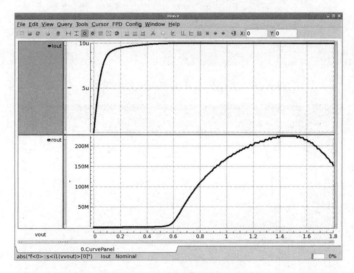

图 4-17　共源共栅电流镜输出电流和输出阻抗与输出电压的关系

4.5.3　宽摆幅共源共栅电流镜的直流特性仿真分析

图 4-18 所示为宽摆幅共源共栅电流镜仿真原理图，参考电流 I_{ref}=10μA，在输出端施加一个偏置电压 V_{out}。其中 I_b 支路的二极管连接器件用于产生偏置电压 V_{b2}。同样在 MDE 中设置 DC 仿真参数，从 0V 到 1.8V 遍历 V_{out}。

宽摆幅共源共栅电流镜输出电流和输出阻抗与输出电压的关系如图 4-19 所示。从图中可看出，当输出电压在 300mV 左右时，宽摆幅共源共栅电流镜输出电流稳定在 10μA 且几乎不随输出电压变化，这表明此时其输出阻抗很高。通过 r_{out} 与 V_{out} 的曲线也可看出，其输出阻抗最大值约为 110MΩ，相比于共源共栅电流镜有所减小，但仍远大于基本电流镜输出阻抗。宽摆幅共源共栅电流镜中共栅管的偏置电压 V_{b2} 相较于共源共栅电流镜中的 V_{b2} 有所减小，这导致了共源管的 V_{DS} 也有所减小。共源管虽然仍处于饱和状态，但饱和程度有所降低，进而使得输出阻抗有所降低。当 V_{out} 在 300mV 左右时，输出阻抗 r_{out} 开始显著升高，这表明了宽摆幅共源共栅电流镜所能接受的最小输出电压约为 300mV。因此相较于共源共栅电流镜，宽摆幅共源共栅电流镜在具有同等量级的输出阻抗前提下输出电压余量增加了约 300mV。

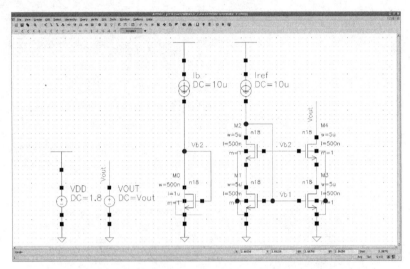

图 4-18　宽摆幅共源共栅电流镜仿真原理图

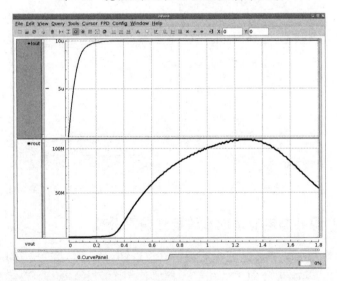

图 4-19　宽摆幅共源共栅电流镜输出电流和输出阻抗与输出电压的关系

4.5.4　威尔逊电流镜的直流特性仿真分析

图 4-20 所示为威尔逊电流镜仿真原理图，参考电流 I_{ref}=10μA，在输出端施加一个偏置

电压 V_{out}。同样在 MDE 中设置 DC 仿真参数，从 0V 到 1.8V 遍历 V_{out}。

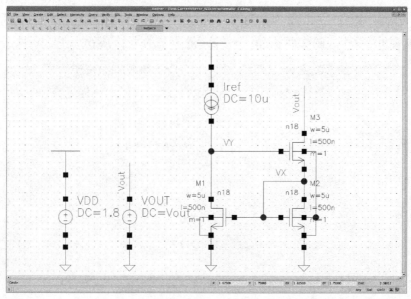

图 4-20 威尔逊电流镜仿真原理图

威尔逊电流镜输出电流和输出阻抗与输出电压的关系如图 4-21 所示。从图中可看出，当输出电压在 600mV 左右时，威尔逊电流镜输出电流稳定在 10μA 且几乎不随输出电压变化，这表明此时其输出阻抗很高。通过 r_{out} 与 V_{out} 的曲线也可看出，其输出阻抗最大值约为 280MΩ，其值与共源共栅电流镜的接近。当 V_{out} 在 600mV 左右时，输出阻抗 r_{out} 开始显著升高，这表明了威尔逊电流镜所能接受的最小输出电压约为 600mV，该值也与共源共栅电流镜允许的最小输出电压基本一致。需要注意的是，在图 4-21 中可以看到，当 V_{out} 小于 200mV 时，威尔逊电流镜输出阻抗很高，但此时其输出电流几乎为 0，这表明此时电流镜并不能正常工作。

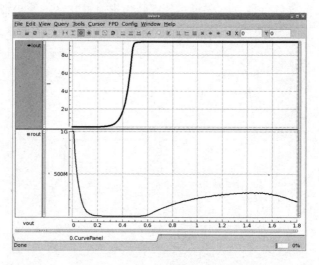

图 4-21 威尔逊电流镜输出电流和输出阻抗与输出电压的关系

4.5.5　阻抗提升型共源共栅电流镜的直流特性仿真分析

图 4-22 所示为阻抗提升型共源共栅电流镜仿真原理图，参考电流 I_{ref}=10μA，在输出端施加一个偏置电压 V_{out}。同样在 MDE 中设置 DC 仿真参数，从 0V 到 1.8V 遍历 V_{out}。

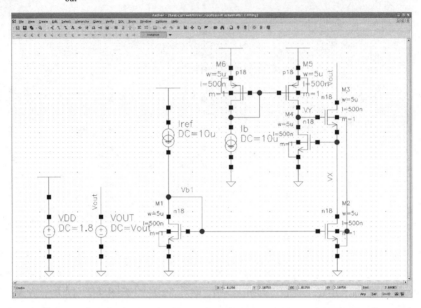

图 4-22　阻抗提升型共源共栅电流镜仿真原理图

阻抗提升型共源共栅电流镜输出电流和输出阻抗与输出电压的关系如图 4-23 所示。从图中可看出，当输出电压在 600mV 左右时，阻抗提升型共源共栅电流镜输出电流稳定在 10μA 且几乎不随输出电压变化，这表明此时其输出阻抗很高。通过 r_{out} 与 V_{out} 的曲线也可看出，其输出阻抗最大值达到了 11GΩ，比基本电流镜输出阻抗大了 4 个数量级。当 V_{out} 在 600mV 左右时，输出阻抗 r_{out} 开始显著升高，这表明了阻抗提升型共源共栅电流镜所能接受的最小输出电压约为 600mV，该值也与共源共栅电流镜允许的最小输出电压基本一致。

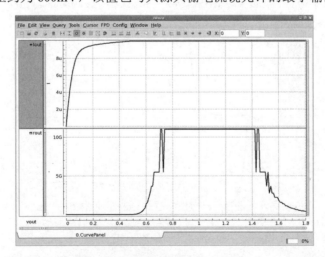

图 4-23　阻抗提升型共源共栅电流镜输出电流和输出阻抗与输出电压的关系

习题

4.1 在图 4-3（a）所示的共源共栅电流镜结构中，I_{ref} 作为电流源工作时，其两端电压至少为 0.4V，则其最大电流值为多少？

4.2 对于图 4-2（a）所示的基本电流镜，其中 $W_1/L_1=W_2/L_2=3\mu m/1\mu m$，$I_{ref}=20\mu A$，$V_{THn}=0.7V$，$\mu_n C_{ox}=220\,\mu F/(V\cdot s)$，假设两个晶体管的漏极电压相同，当考虑工艺偏差使晶体管 W、L 和 V_{THn} 的变化范围为 ±5% 时，输出电流 I_{out} 的最小值和最大值分别是多少？

4.3 如图 4-24 所示，两个相同的 NMOS 器件在系统中用作恒流源，然而 V_X 比 V_Y 大 ΔV。考虑沟道长度调制效应，计算两图中 I_{D1} 和 I_{D2} 的差别。

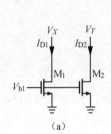
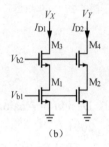

图 4-24　4.3 题图

4.4 对于图 4-25 所示的电路，当 V_{b1} 变化 ΔV 时，流过 M_1 和 M_2 的电流变化量记为 ΔI，求 V_F 和 V_{out} 的变化量。

4.5 在图 4-3（a）所示的电流镜中，$I_{ref}=10\mu A$，设 $I_{out}=10\mu A$，计算所有器件都工作在饱和区时的输出电阻和最小输出电压。其中，$W_1/L_1=W_2/L_2=W_3/L_3=W_4/L_4=5/1$，$V_{THn}=0.7V$，$\mu_n C_{ox}=110\times10^{-6}\,F/(V\cdot s)$，$\lambda=0.04V^{-1}$。

4.6 在图 4-4 所示的宽摆幅共源共栅电流镜结构中，当 $I_{ref}=100\mu A$ 时，确定 V_{b1} 和 V_{b2} 的允许取值范围。其中，$(W/L)_{3,4}=40/1$，$(W/L)_{5,6}=120/1$，$\mu_n C_{ox}=110\times10^{-6}\,F/(V\cdot s)$，$V_{THn}=0.7V$。

4.7 假设所有晶体管均工作在饱和区，计算图 4-26 所示 I_{out} 的大小，其中，$W_1/L_1=100/5$，$W_2/L_2=20/5$，$W_3/L_3=40/5$，$W_4/L_4=50/5$，$I_{ref}=1mA$。

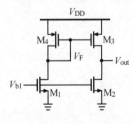
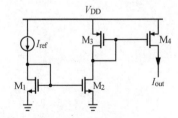

图 4-25　4.4 题图　　　　　　　　　图 4-26　4.7 题图

4.8 假设图 4-3（a）所示的所有晶体管都工作在饱和区，其中，$W_1/L_1=100/5$，$W_2/L_2=20/5$，$W_3/L_3=40/5$，$W_4/L_4=8/5$，$I_{ref}=1mA$。（1）计算 I_{out} 的值；（2）当 $\mu_n C_{ox}=1.4\times10^{-4}\,A/V^2$，$V_{THn}=0.7V$ 时，计算 V_{out} 的最小值。

4.9 假设所有晶体管均工作在饱和区，计算图 4-27 所示电路的小信号电压增益。

4.10　在图 4-28 所示的电路中，假设 $I_1=I_2$，$W_1/L_1=W_2/L_2$，全部晶体管的阈值电压均为 V_{THn}，$V_{ov1}=V_{ov2}=200\mathrm{mV}$，$W_3/L_3$ 需要满足什么条件能够让 M_1 和 M_2 均工作在饱和区？

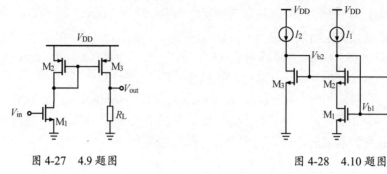

图 4-27　4.9 题图　　　　　　　　图 4-28　4.10 题图

参考文献

[1] RAZAVI B. Design of Analog CMOS Integrated Circuits[M]. New York: The McGraw-Hill Companies, 2001.

[2] ALLEN P E, HOLBERG D R. CMOS Analog Circuit Design[M]. New York: Oxford University Press, 2011.

[3] BAKER R J. CMOS Circuit Design, Layout, and Simulation[M]. Hoboken: John Wiley & Sons, 2019.

第5章

差分放大器

差分放大器可对两个输入信号的电压差进行放大，在很大程度上消除两个输入信号之间的共模信号。差分放大器对共模干扰（如电源电压和温度的干扰）有良好的抵抗能力，是高性能模拟集成电路的主要选择。深入理解差分放大器的基本概念和工作原理对于模拟集成电路设计非常重要，因此本章将重点讨论 CMOS 差分放大器的原理和设计。

5.1 单端与差分工作方式对比

单端工作方式采用一条线路传递信号，其参考电位为某一固定电位，通常为地电位。这种工作方式虽然简单，但也极易受到外界的干扰。如图 5-1（a）所示，采用单端工作方式对输入信号 V_{in} 进行放大，假设 V_{in} 为正弦信号

$$V_{in}(t) = V_{bi} + V_a \sin(\omega t) \tag{5-1}$$

式中，V_{bi} 为共源放大器的输入直流偏置电压；V_a 为正弦信号的幅度；ω 为正弦信号角频率。如果有一个时钟信号 V_{clk} 的连线平行于共源放大器输出 V_{out} 的连线，则两信号之间会形成耦合电容，导致 V_{clk} 对 V_{out} 产生干扰。此外，如果共源放大器的电源上存在噪声，则该噪声也会对 V_{out} 产生影响。上述干扰都是随时间变化的，因此在输出端可以看作叠加了一种时域噪声 $V_n(t)$，因此共源放大器的输出可表示为

$$V_{out}(t) = V_{bo} - A_0 V_a \sin(\omega t) + V_n(t) \tag{5-2}$$

式中，V_{bo} 为共源放大器的直流输出电压；$-A_0$ 为共源放大器在 ω 频率下的增益。在单端工作方式下，外界干扰直接对输出信号产生影响。

差分工作方式采用两条线路传递信号，两信号互为反相，两信号做差后为最终信号。采用差分工作方式将有效消除上述干扰问题。如图 5-1（b）所示，采用两个完全一致的共源放大器对一对输入信号 V_{inp} 和 V_{inn} 进行放大，它们可表示为

$$\begin{cases} V_{inp}(t) = V_{cm,in} + \dfrac{V_a}{2}\sin(\omega t) \\[2mm] V_{inn}(t) = V_{cm,in} - \dfrac{V_a}{2}\sin(\omega t) \end{cases} \tag{5-3}$$

式中，$V_{cm,in}$ 为差分输入信号的共模电平，也是共源放大器的输入直流偏置点。对式（5-3）中差分信号做差后可得到与单端工作方式一样幅度的正弦输入信号。在差分工作方式下，V_{clk} 会对两个共源放大器的差分输出 V_{outn} 和 V_{outp} 产生相同耦合。此外，因为两个放大器使用的是相同的电源 V_{DD}，因此它们也受到相同电源噪声的影响。考虑时钟串扰和电源噪声的影响后，差分输出电压为

$$\begin{cases} V_{outp}(t) = V_{cm,out} + \dfrac{A_0 V_a}{2}\sin(\omega t) + V_n(t) \\ V_{outn}(t) = V_{cm,out} - \dfrac{A_0 V_a}{2}\sin(\omega t) + V_n(t) \end{cases} \tag{5-4}$$

式中，$V_{cm,out}$ 为共模输出电压。差模输出电压为

$$\Delta V_{out}(t) = V_{outp}(t) - V_{outn}(t) = A_0 V_a \sin(\omega t) \tag{5-5}$$

式（5-5）表明在差分工作方式下，外界的共模干扰被消除掉，不会对最终结果产生影响，因此差分电路常被应用在高精度电路中。采用差分工作方式的另一个好处是增大了信号摆幅。对于图 5-1（a）所示的单端电路，其输出电压最大摆幅为 $V_{DD} - V_{ov}$，当采用图 5-1（b）所示的差分电路后，$V_{outp} - V_{outn}$ 的摆幅可以达到 $2(V_{DD} - V_{ov})$。

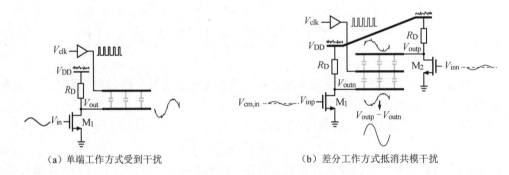

（a）单端工作方式受到干扰　　　　　　　　　　（b）差分工作方式抵消共模干扰

图 5-1　单端和差分电路

5.2　基本差分对原理分析

在图 5-1（b）中，通过两个独立的共源放大器实现了差分工作方式。这种差分放大器存在一个主要问题：当共模输入电压 $V_{cm,in}$ 发生变化时，输入对管 M_1 和 M_2 的栅源电压 V_{GS} 发生变化，进而导致流过 M_1 和 M_2 的偏置电流 I_D 发生变化。这会使输入对管的跨导值发生改变，影响差分放大器增益。此外，共模输出电压 $V_{cm,out} = V_{DD} - I_D R_D$ 也会发生改变，影响差分放大器的输出摆幅。在实际应用中，我们希望差分对的偏置电流不随共模输入电压发生改变，进而保持差分对的基本特性（如输入跨导和共模输出电压）不受共模输入电压的影响。我们可以在图 5-1（b）所示差分对的基础上，引入恒定电流源偏置以使偏置电流 I_D 不依赖于 $V_{cm,in}$，这样便形成了更为实用的基本差分对，其电路如图 5-2 所示。其共模信号和差模信号可表示为

$$\begin{cases} V_{\mathrm{cm,out}} = \dfrac{1}{2}\left(V_{\mathrm{outp}} + V_{\mathrm{outn}}\right) \\[2mm] V_{\mathrm{cm,in}} = \dfrac{1}{2}\left(V_{\mathrm{inp}} + V_{\mathrm{inn}}\right) \\[2mm] \Delta V_{\mathrm{out}} = V_{\mathrm{outp}} - V_{\mathrm{outn}} \\[2mm] \Delta V_{\mathrm{in}} = V_{\mathrm{inp}} - V_{\mathrm{inn}} \end{cases} \tag{5-6}$$

考虑式（5-6）后，差分放大器的输入电压可以表示为

$$\begin{cases} V_{\mathrm{inp}} = V_{\mathrm{cm,in}} + \dfrac{1}{2}\Delta V_{\mathrm{in}} \\[2mm] V_{\mathrm{inn}} = V_{\mathrm{cm,in}} - \dfrac{1}{2}\Delta V_{\mathrm{in}} \end{cases} \tag{5-7}$$

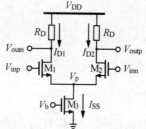

图 5-2　基本差分对电路

在基本差分对中，输入差分对管 M_1 和 M_2 的尺寸相同，且在源极处串联一个尾管 M_3，在一定共模输入电压 $V_{\mathrm{cm,in}}$ 和栅极电压 V_{b} 偏置下 M_3 可工作在饱和区作为电流源为差分输入对管提供固定偏置尾电流 I_{SS}。

5.2.1　基本差分对直流特性分析

5.2.1.1　共模输入-输出特性

对于图 5-2 所示的基本差分对，当共模输入电压 $V_{\mathrm{cm,in}}$ 从 0V 开始增大时，输入对管的偏置电流 $I_{\mathrm{D1}}=I_{\mathrm{D2}}=I_{\mathrm{D}}$ 的变化趋势如图 5-3（a）所示。当 $V_{\mathrm{cm,in}}<V_{\mathrm{THn}}$ 时，输入对管处于截止状态，此时输入对管偏置电流 $I_{\mathrm{D}}=0$，因此共模输出电压 $V_{\mathrm{cm,out}}=V_{\mathrm{DD}}$。当 $V_{\mathrm{cm,in}}$ 增大到 V_{THn} 时，输入对管开启，I_{D} 开始增加，这使得共模输出电压 $V_{\mathrm{cm,out}}=V_{\mathrm{DD}}-I_{\mathrm{D}}R_{\mathrm{D}}$ 开始减小。当 $V_{\mathrm{cm,in}}$ 增大到 $V_1=V_{\mathrm{GS,in}}+V_{\mathrm{ov3}}$ 时，尾管 M_3 工作在饱和区，其中 V_{ov3} 为 M_3 的过驱动电压，$V_{\mathrm{GS,in}}$ 可表示为

$$V_{\mathrm{GS,in}} = \sqrt{\dfrac{I_{\mathrm{SS}}}{\mu_{\mathrm{n}} C_{\mathrm{ox}} \dfrac{W}{L}}} + V_{\mathrm{THn}} \tag{5-8}$$

式中，W/L 为输入差分对管的宽长比。M_3 工作在饱和区后表现为一个电流源，当不考虑其沟道长度调制效应时，其电流维持固定值 I_{SS}。因此当 $V_{\mathrm{cm,in}}>V_1$ 后，输入对管的偏置电流也固定为 $I_{\mathrm{SS}}/2$，共模输出电压固定为 $V_{\mathrm{DD}}-0.5I_{\mathrm{SS}}R_{\mathrm{D}}$。综上所述，当 $V_{\mathrm{cm,in}}$ 从 0V 开始升高时，基本差分对的共模输出电压 $V_{\mathrm{cm,out}}$ 的变化趋势如图 5-3（b）所示。

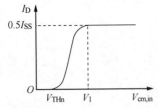

（a）共模输入电压与输入对管偏置电流的关系

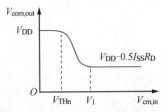
（b）共模输入电压与共模输出电压的关系

图 5-3　共模输入-输出电压特性

需要注意的是，为使基本差分对具有较高的电压增益，输入对管也需要工作在饱和区。当 $V_{\text{cm,in}}>V_1$ 后，$V_{\text{cm,out}}$ 保持不变，因此为使输入对管饱和，$V_{\text{cm,in}}$ 应小于 $V_{\text{cm,out}}+V_{\text{THn}}$，并且 $V_{\text{cm,in}}$ 不能超过 V_{DD}，因此基本差分对所允许的 $V_{\text{cm,in}}$ 的范围如下：

$$V_{\text{GS,in}} + V_{\text{ov3}} \leqslant V_{\text{cm,in}} \leqslant \min\left[V_{\text{DD}} - \frac{I_{\text{SS}}}{2}R_{\text{D}} + V_{\text{THn}}, V_{\text{DD}}\right] \qquad (5\text{-}9)$$

综上所述，对于图 5-2 所示的基本差分对，当 $V_{\text{cm,in}}$ 处于式（5-9）所述的范围内时，差分对的特性基本固定而不再受共模输入电压影响。

5.2.2.2　差模输入-输出特性

当不考虑 M_3 的沟道长度调制效应时，可将其视为大小为 I_{SS} 的电流源。输入对管 M_1 和 M_2 的工作电流之和恒等于 I_{SS}，即 $I_{\text{D1}}+I_{\text{D2}}=I_{\text{SS}}$。当对差分放大器施加差模输入时，两输入支路会对 I_{SS} 重新分配电流，使得 $I_{\text{D1}}\neq I_{\text{D2}}$。当 $V_{\text{inp}}>V_{\text{inn}}$ 时，$I_{\text{D1}}>I_{\text{D2}}$；当 $V_{\text{inp}}<V_{\text{inn}}$ 时，$I_{\text{D1}}<I_{\text{D2}}$。当不同的 I_{D1} 和 I_{D2} 流过电阻负载 R_{D} 时，产生的差分输出为

$$\Delta V_{\text{out}} = V_{\text{outp}} - V_{\text{outn}} = \left(I_{\text{D1}} - I_{\text{D2}}\right)R_{\text{D}} \qquad (5\text{-}10)$$

由此可知，基本差分放大器的工作原理是首先利用输入对管将差模输入转换为两支路的电流差，然后作用在负载上形成差分电压输出。因此，为获得 ΔV_{out} 和 ΔV_{in} 的关系，首先需要分析 $I_{\text{D1}}-I_{\text{D2}}$ 与 ΔV_{in} 的关系。如图 5-2 所示，M_3 的漏极电压记为 V_{p}，则 M_1 和 M_2 的栅源电压分别为 $V_{\text{GS1}}=V_{\text{inp}}-V_{\text{p}}$ 和 $V_{\text{GS2}}=V_{\text{inn}}-V_{\text{p}}$，因此可以得到 $\Delta V_{\text{in}}=V_{\text{GS1}}-V_{\text{GS2}}$。根据式（5-8）可以得到

$$V_{\text{GS1}} = \sqrt{\frac{2I_{\text{D1}}}{\mu_{\text{n}}C_{\text{ox}}\dfrac{W}{L}}} + V_{\text{THn}} \qquad (5\text{-}11)$$

$$V_{\text{GS2}} = \sqrt{\frac{2I_{\text{D2}}}{\mu_{\text{n}}C_{\text{ox}}\dfrac{W}{L}}} + V_{\text{THn}} \qquad (5\text{-}12)$$

因此有

$$\Delta V_{\text{in}} = \sqrt{\frac{2I_{\text{D1}}}{\mu_{\text{n}}C_{\text{ox}}\dfrac{W}{L}}} - \sqrt{\frac{2I_{\text{D2}}}{\mu_{\text{n}}C_{\text{ox}}\dfrac{W}{L}}} \qquad (5\text{-}13)$$

对式（5-13）等号两侧分别进行平方运算，并考虑 $I_{\text{D1}}+I_{\text{D2}}=I_{\text{SS}}$，可以得到

$$\Delta V_{\text{in}}^2 = \frac{2}{\mu_{\text{n}} C_{\text{ox}} \dfrac{W}{L}} \left(I_{\text{SS}} - 2\sqrt{I_{\text{D1}} I_{\text{D2}}} \right) \tag{5-14}$$

通过式（5-14）可以得到

$$4I_{\text{D1}} I_{\text{D2}} = \frac{1}{4} \left(\mu_{\text{n}} C_{\text{ox}} \frac{W}{L} \right)^2 \Delta V_{\text{in}}^4 + I_{\text{SS}}^2 - I_{\text{SS}} \mu_{\text{n}} C_{\text{ox}} \frac{W}{L} \Delta V_{\text{in}}^2 \tag{5-15}$$

考虑到 $4I_{\text{D1}} I_{\text{D2}} = (I_{\text{D1}} + I_{\text{D2}})^2 - (I_{\text{D1}} - I_{\text{D2}})^2 = I_{\text{SS}}^2 - (I_{\text{D1}} - I_{\text{D2}})^2$，结合式（5-15）可以得到

$$\left(I_{\text{D1}} - I_{\text{D2}} \right)^2 = I_{\text{SS}} \mu_{\text{n}} C_{\text{ox}} \frac{W}{L} \Delta V_{\text{in}}^2 - \frac{1}{4} \left(\mu_{\text{n}} C_{\text{ox}} \frac{W}{L} \right)^2 \Delta V_{\text{in}}^4 \tag{5-16}$$

因此得到 $I_{\text{D1}} - I_{\text{D2}}$ 与 ΔV_{in} 的关系为

$$I_{\text{D1}} - I_{\text{D2}} = \sqrt{I_{\text{SS}} \mu_{\text{n}} C_{\text{ox}} \frac{W}{L}} \Delta V_{\text{in}} \sqrt{1 - \frac{\mu_{\text{n}} C_{\text{ox}} \dfrac{W}{L}}{4 I_{\text{SS}}} \Delta V_{\text{in}}^2} \tag{5-17}$$

当 $\Delta V_{\text{in}} \ll \sqrt{\dfrac{4 I_{\text{SS}}}{\mu_{\text{n}} C_{\text{ox}} \dfrac{W}{L}}}$ 时，式（5-17）中第二个根号项将近似为 1，则式（5-17）可近似为

$$I_{\text{D1}} - I_{\text{D2}} \approx \sqrt{I_{\text{SS}} \mu_{\text{n}} C_{\text{ox}} \frac{W}{L}} \Delta V_{\text{in}} \tag{5-18}$$

由此可知，此时 $\Delta I_{\text{D}} = I_{\text{D1}} - I_{\text{D2}}$ 与 ΔV_{in} 满足线性关系，斜率为差分对管的跨导 g_{m}。对式（5-17）求导可以得到

$$\frac{\partial \Delta I_{\text{D}}}{\partial \Delta V_{\text{in}}} = \sqrt{I_{\text{SS}} \mu_{\text{n}} C_{\text{ox}} \frac{W}{L}} \left(\sqrt{1 - \frac{\mu_{\text{n}} C_{\text{ox}} \dfrac{W}{L}}{4 I_{\text{SS}}} \Delta V_{\text{in}}^2} - \frac{\dfrac{\mu_{\text{n}} C_{\text{ox}} \dfrac{W}{L}}{4 I_{\text{SS}}} \Delta V_{\text{in}}^2}{\sqrt{1 - \dfrac{\mu_{\text{n}} C_{\text{ox}} \dfrac{W}{L}}{4 I_{\text{SS}}} \Delta V_{\text{in}}^2}} \right) \tag{5-19}$$

式（5-19）表明，ΔI_{D} 对 ΔV_{in} 的斜率（可以看成差分放大器的有效跨导）会随着 ΔV_{in} 的增大而减小。由此可知，当 ΔV_{in} 增大到一定程度后，差分放大器的有效跨导会偏离 g_{m}，并且逐渐减小。

事实上，当 $|\Delta V_{\text{in}}|$ 足够大时，差分输入对中的一路输入将会独占全部 I_{SS}，而另一路将进入截止状态。我们以 V_{inp} 大于 V_{inn} 的情况为例进行分析，此时 I_{D1} 大于 I_{D2}。当 ΔV_{in} 增大到一定程度时，会出现 $I_{\text{D1}} = I_{\text{SS}}$、$I_{\text{D2}} = 0$ 的情况。此时 M_2 处于临界截止状态（$V_{\text{GS2}} = V_{\text{THn}}$），$\Delta V_{\text{in}}$ 记为 ΔV_{in1}，可表示为

$$\Delta V_{\text{in1}} = V_{\text{GS1}} - V_{\text{THn}} = \sqrt{\frac{2 I_{\text{SS}}}{\mu_{\text{n}} C_{\text{ox}} \dfrac{W}{L}}} \tag{5-20}$$

由此可知，当 $\Delta V_{\text{in}} > \Delta V_{\text{in1}}$ 时，$I_{\text{D1}} - I_{\text{D2}}$ 会达到饱和值 I_{SS}。反之，当 $\Delta V_{\text{in}} < -\Delta V_{\text{in1}}$ 时，$I_{\text{D1}} - I_{\text{D2}}$ 会

达到饱和值 $-I_{SS}$。综上所述，我们可以得到 $I_{D1}-I_{D2}$ 与 ΔV_{in} 的关系，如图 5-4 所示。

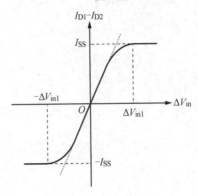

图 5-4　差模输入-输出特性

结合式（5-10）和式（5-17）可以得到 ΔV_{out} 和 ΔV_{in} 的关系为

$$\Delta V_{out} = R_D \sqrt{I_{SS} \mu_n C_{ox} \frac{W}{L}} \Delta V_{in} \sqrt{1 - \frac{\mu_n C_{ox} \frac{W}{L}}{4 I_{SS}} \Delta V_{in}^2} \qquad （5-21）$$

在图 5-4 所示的线性段可以得到 $\partial \Delta V_{out} / \partial \Delta V_{in} = g_m R_D$，该值即基本差分放大器的电压增益 A_{DM}。

5.2.2　基本差分对的小信号分析

5.2.2.1　共模小信号分析

在 5.2.1 节中我们分析到，当忽略 M_3 的沟道长度调制效应时，M_3 可看成一个理想的电流源 I_{SS}，这时基本差分对 $V_{cm,in}$ 的变化不会对 $V_{cm,out}$ 产生影响。但事实上，M_3 存在沟道长度调制效应，其小信号输出阻抗记为 r_{o3}。当 $V_{cm,in}$ 变化时，V_p 会发生相应的变化，导致 I_{SS} 发生变化，因此 $V_{cm,out} = V_{DD} - 0.5 I_{SS} R_D$ 也随之变化。我们将 $V_{cm,in}$ 到 $V_{cm,out}$ 的增益定义为共模增益 A_{CM}。为获得 A_{CM} 的大小，将基本差分对的输入短接至 $V_{cm,in}$，输出短接后为 $V_{cm,out}$，并将 M_3 替换为小信号模型，如图 5-5（a）所示。此时差分对的输入对管和负载电路均为并联，假设差分对中输入对管 M_1 和 M_2 完全一样，两条支路的电阻负载也均为 R_D，则差分对的等效电路如图 5-5（b）所示。该结构等同于带有源极负反馈的共源放大器，其中 r_{o3} 为源极负反馈电阻值，$0.5 R_D$ 为放大器电阻负载值，输入管为 M_1 和 M_2 的并联，因此跨导为 $2 g_m$。考虑式（3-26）所示的带有源极负反馈的共源放大器的增益表达式后，可以得到共模增益为

$$A_{CM} = \frac{\Delta V_{cm,out}}{\Delta V_{cm,in}} = -\frac{g_m R_D}{1 + 2 g_m r_{o3}} \qquad （5-22）$$

该共模增益的存在会影响输出电压摆幅，更重要的是当考虑差分对两个路径的失配后，该共模增益会将共模输入电压放大为差模输出电压，进而降低了差分放大器的共模抑制比，该问题会在后面详细讨论。从式（5-22）可以看出，提高 r_{o3} 可以降低 A_{CM}，因此考虑将 M_3 替换为共源共栅电流镜，这将大幅度降低 A_{CM}，但同时也提高了共模输入电压最小值的要求。

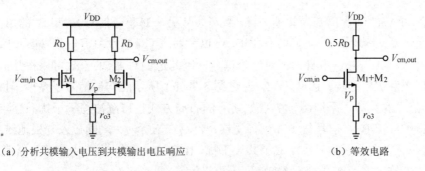

（a）分析共模输入电压到共模输出电压响应　　　　　（b）等效电路

图 5-5　共模小信号分析电路

5.2.2.2　差模小信号分析

考虑差模小信号输入时，基本差分放大器中输入对管的源极可以看成小信号地线，即 $V_p=0$。此时的基本差分对小信号模型如图 5-6 所示，可以很容易得到输出电压的表达式为

$$
\begin{cases}
V_{\text{outp}} = +\dfrac{1}{2}\Delta V_{\text{in}} g_m \left(r_o \parallel R_D\right) \\[2mm]
V_{\text{outn}} = -\dfrac{1}{2}\Delta V_{\text{in}} g_m \left(r_o \parallel R_D\right)
\end{cases}
\tag{5-23}
$$

因此可以得到基本差分对的差模小信号增益为 $A_{\text{DM}}=\Delta V_{\text{out}}/\Delta V_{\text{in}}=g_m(r_o\|R_D)$，当 $r_o \gg R_D$ 时，A_{DM} 近似为 $g_m R_D$，这与第 5.2.1 节中的分析一致。

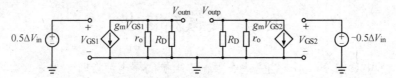

图 5-6　基本差分对小信号模型

5.2.3　差分信号线的版图考虑

通过前面的分析我们了解到，差分放大器可以有效抑制共模干扰，并对差模信号进行放大产生差模输出。为充分发挥差分放大器的优势，我们在对差分信号线版图布局时要尽可能地将干扰信号转变为共模干扰。假设 A+和 A-为一对差分信号，B+和 B-是另一对差分信号，X 为单端信号，如图 5-7（a）所示进行版图布局。在此布局中，X 会通过寄生电容 C_{p1} 耦合到 A+上，B+会通过寄生电容 C_{p2} 耦合到 A-上，因此 X 和 B+对差分信号 A+和 A-的干扰是一种差模干扰，这会对差分输出产生实质影响。此外，从另一对差分信号 B+和 B-的角度考虑，A-会通过寄生 C_{p2} 耦合到 B+上，但 B-没有受到外界干扰，因此 A-对差分信号 B+和 B-的干扰也是一种差模干扰。由此可知，按图 5-7（a）所示的方式进行版图布局会导致两组差分信号均受到无法消除的差模干扰。

采用图 5-7（b）和（c）所示的两种布局方式可以解决上述差模干扰问题。我们首先分析图 5-7（b）所示的布局方式，在该布局中将差分信号 A+和 A-在信号线总长度一半的位置（虚线位置）进行位置交换，这样 X 通过 C_{p1} 同时耦合至一半的 A+和 A-，因此 X 对差分信号 A+和 A-的干扰变成一种共模干扰，经过差分运算后该干扰可被消除。同理，B+对差分信号 A+和 A-的干扰也变为共模干扰。此外，从另一对差分信号 B+和 B-的角度考虑，一半的 A-通过 C_{p2} 耦合至 B+，同时一半的 A+也会通过 C_{p2} 耦合至 B+，这样 B+同时受到 A+和 A-的干扰。A+和 A-本身为一对差分信号，因此它们对 B+的干扰可以相互抵消，从而不会对 B+产生实质影响。由此可知，通过图 5-7（b）所示的布局消除了差模干扰，充分发挥了差分信号的优势。采用图 5-7（c）所示的布局方式也可解决差模干扰问题，在该布局中差分信号 B+和 B-在信号线中部进行交换，然后在 X 和 A+之间插入一根地线 GND。因为 B+和 B-的交换，A-的干扰变成了共模干扰，B+和 B-对 A-的干扰被相互抵消。另外，因为 GND 的存在，X 直接耦合至 GND 而不再干扰 A+。

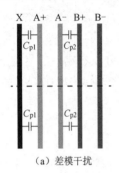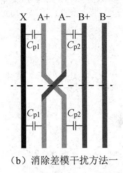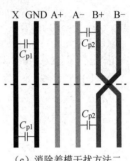

（a）差模干扰　　　　　　　（b）消除差模干扰方法一　　　　　（c）消除差模干扰方法二

图 5-7　差模干扰和消除方法

5.3　共模抑制比

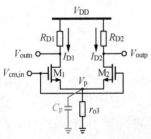

图 5-8　存在电路失配时共模输入电压到差模输出电压响应

在 5.2.2 节中我们分析到，当考虑有限输出阻抗的尾电流源时，差分放大器 $V_{cm,in}$ 的变化会引起 $V_{cm,out}$ 的变化。在此基础上，当两个电阻负载或输入对管存在失配时，该变化将会产生差模输出电压，存在电路失配时共模输入电压到差模输出电压响应如图 5-8 所示。

我们将共模输入电压变化到差模输出电压变化的增益定义为共模输入电压到差模输出电压增益 A_{CM-DM}。下面分析 A_{CM-DM} 的大小。首先，我们仅考虑存在电阻负载失配的情况。此时，电阻负载值分别为 R_{D1} 和 R_{D2}，它们之间的失配程度为 ΔR_D，即 $\Delta R_D = R_{D1} - R_{D2}$，而输入对的跨导均为 g_m。根据式（5-22）可知，$V_{cm,in}$ 转变为差分对管工作电流的跨导为

$$g_{CM} = \frac{\Delta I_{D1,2}}{\Delta V_{cm,in}} = \frac{g_m}{1 + 2g_m r_{o3}} \tag{5-24}$$

因为电阻负载不相同，所以 $V_{cm,in}$ 变化时虽然引起的 I_{D1} 和 I_{D2} 的变化相同，但正负输出变化却不相同，分别表示为

$$\Delta V_{out-} = -\Delta V_{cm,in} \frac{g_m}{1 + 2g_m r_{o3}} R_{D1} \tag{5-25}$$

$$\Delta V_{\text{out}+} = -\Delta V_{\text{cm,in}} \frac{g_{\text{m}}}{1 + 2g_{\text{m}}r_{\text{o3}}} R_{\text{D2}} \tag{5-26}$$

因此可以得到

$$A_{\text{CM-DM}} = \frac{\Delta V_{\text{out}}}{\Delta V_{\text{cm,in}}} = \frac{g_{\text{m}}(R_{\text{D1}} - R_{\text{D2}})}{1 + 2g_{\text{m}}r_{\text{o3}}} = \frac{g_{\text{m}}\Delta R_{\text{D}}}{1 + 2g_{\text{m}}r_{\text{o3}}} \tag{5-27}$$

式（5-27）表明，$A_{\text{CM-DM}}$ 的大小取决于尾电流源的输出阻抗和电阻负载的失配。事实上，电压 V_{p} 处还存在一个对地的寄生电容 C_{p}，该电容主要由输入对管的源极寄生电容和尾电流源管的漏极寄生电容组成，因此当共模输入电压的变化频率升高时，尾电流源的输出阻抗会减小，进而导致 $A_{\text{CM-DM}}$ 升高。

接下来考虑输入对管的失配。此时 $g_{\text{m1}} \neq g_{\text{m2}}$，因此相同 $V_{\text{cm,in}}$ 的变化所引起的两条支路电流的变化不相同，它们可表示为

$$\begin{cases} \Delta I_{\text{D1}} = g_{\text{m1}}\left(\Delta V_{\text{cm,in}} - \Delta V_{\text{p}}\right) \\ \Delta I_{\text{D2}} = g_{\text{m2}}\left(\Delta V_{\text{cm,in}} - \Delta V_{\text{p}}\right) \end{cases} \tag{5-28}$$

因为总的尾电流变为 $\Delta I_{\text{SS}} = \Delta I_{\text{D1}} + \Delta I_{\text{D2}}$，所以 $\Delta V_{\text{p}} = (\Delta I_{\text{D1}} + \Delta I_{\text{D2}})r_{\text{o3}}$，结合式（5-28），$\Delta V_{\text{p}}$ 可表示为

$$\Delta V_{\text{p}} = \frac{(g_{\text{m1}} + g_{\text{m2}})r_{\text{o3}}}{(g_{\text{m1}} + g_{\text{m2}})r_{\text{o3}} + 1}\Delta V_{\text{cm,in}} \tag{5-29}$$

结合式（5-28）和式（5-29）可得到

$$\begin{cases} \Delta V_{\text{out}+} = -\Delta I_{\text{D2}}R_{\text{D2}} = \dfrac{-g_{\text{m2}}R_{\text{D2}}}{(g_{\text{m1}} + g_{\text{m2}})r_{\text{o3}} + 1}\Delta V_{\text{cm,in}} \\[3mm] \Delta V_{\text{out}-} = -\Delta I_{\text{D1}}R_{\text{D1}} = \dfrac{-g_{\text{m1}}R_{\text{D1}}}{(g_{\text{m1}} + g_{\text{m2}})r_{\text{o3}} + 1}\Delta V_{\text{cm,in}} \end{cases} \tag{5-30}$$

因此可以得到同时考虑电阻负载失配、输入对管失配及尾电流输出阻抗时，共模输入电压变化到差模输出电压变化的增益为

$$A_{\text{CM-DM}} = \frac{\Delta V_{\text{out}}}{\Delta V_{\text{cm,in}}} = \frac{g_{\text{m1}}R_{\text{D1}} - g_{\text{m2}}R_{\text{D2}}}{1 + (g_{\text{m1}} + g_{\text{m2}})r_{\text{o3}}} \tag{5-31}$$

通常，我们通过共模抑制比（Common Mode Rejection Ratio，CMRR）来评价差分放大器对共模干扰的抑制能力，其定义为差模增益 A_{DM} 与 $A_{\text{CM-DM}}$ 的比值

$$\text{CMRR} = \frac{A_{\text{DM}}}{A_{\text{CM-DM}}} = \frac{\overline{g_{\text{m}}R_{\text{D}}}}{g_{\text{m1}}R_{\text{D1}} - g_{\text{m2}}R_{\text{D2}}}\left(1 + 2\overline{g_{\text{m}}}r_{\text{o3}}\right) \tag{5-32}$$

其中，

$$\begin{cases} \overline{g_{\text{m}}} = (g_{\text{m1}} + g_{\text{m2}})/2 \\ \overline{R_{\text{D}}} = (R_{\text{D1}} + R_{\text{D2}})/2 \end{cases} \tag{5-33}$$

综上所述，当 $V_{\text{cm,in}}$ 发生变化时，针对差分放大器的输出响应有以下结论：①对于完全对称的差分放大器而言，尾电流源的有限阻抗引起 $V_{\text{cm,out}}$ 变化，进而影响输出电压摆幅；②差分对的非对称性引起差模输出电压，该影响比上一点影响更大；③差分对的非对称既来源于电阻负载又来源于输入跨导，在通常情况下，输入跨导的失配影响更大；④绘制差

分对版图时需要严格考虑匹配，这不仅是为了降低失调，更是为了提升 CMRR；⑤当共模扰动频率升高时，寄生电容会降低尾电流源的输出阻抗，导致共模响应变得严重，即 CMRR 在高频时会减小。

5.4 采用 MOS 器件负载的差分放大器

5.4.1 采用电流源负载的差分放大器

对于采用电阻负载的差分放大器，其差模电压增益为 $g_m R_D$，获取高的增益需要增大 R_D。但是，因为其共模输出电压 $V_{cm,out}=V_{DD}-0.5I_{SS}R_D$，所以增大 R_D 会降低 $V_{cm,out}$，进而影响输出摆幅。可以参考采用电流源负载的共源放大器结构，将差分放大器的电阻负载替换为电流源负载以同时获得较大的输出阻抗和较大的输出摆幅。

采用电流源负载的差分放大器如图 5-9 所示，M_0 作为电流源提供尾电流 I_{SS}，M_3 和 M_4 作为负载电流源，通过合理设置 V_{b2} 使 M_3 和 M_4 的工作电流为 $I_{D1}=I_{D2}=I_{SS}/2$。当共模输出电压满足 $V_{cm,in}-V_{THn}<V_{cm,out}<V_{DD}-V_{ov3,4}$ 时，$M_1 \sim M_4$ 均工作在饱和区，该差分放大器增益为 $g_{m1,2}(r_{o1,2}\|r_{o3,4})$。由此可知，该差分放大器的增益和共模输出电压之间不再相互制约。

但因为制造工艺的偏差，实际上很难保证 $I_{D1}=I_{D2}=I_{SS}/2$，这导致负载电流源和尾电流源之间并不匹配，微弱的电流偏差在共模增益 A_{CM} 的作用下会使得输出电压很大或很小，这将导致 M_3 和 M_4 工作在线性区或 M_0 工作在线性区。例如，当 I_{D1} 和 I_{D2} 均小于 $I_{SS}/2$ 时，$V_{cm,out}$ 会减小，迫使 M_1 和 M_2 工作在线性区，进而使得 $V_{GS1,2}$ 增大，最终迫使 M_0 工作在线性区，使得 I_{SS} 减小以匹配当前的 $I_{D1}+I_{D2}$。反之，当 I_{D1} 和 I_{D2} 均大于 $I_{SS}/2$ 时，$V_{cm,out}$ 会增大，迫使 M_3 和 M_4 工作在线性区，使 I_{D1} 和 I_{D2} 均减小以匹配 $I_{SS}/2$。通过上述分析我们发现，采用电流源负载的差分放大器本身很难实现稳定的 $V_{cm,out}$。我们需要借助共模反馈电路以自适应调节负载电流或尾电流以获得稳定可控的 $V_{cm,out}$。本节只简要介绍一下带有共模反馈的采用电流源负载的差分放大器，如图 5-10 所示，而关于共模反馈更具体的讨论将在第 10 章中展开。

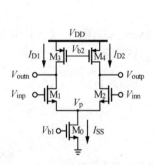

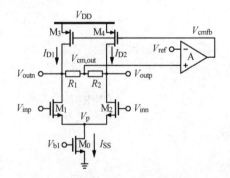

图 5-9 采用电流源负载的差分放大器　　图 5-10 带有共模反馈的采用电流源负载的差分放大器

在带有共模反馈的采用电流源负载的差分放大器中，通过桥接在 V_{outn} 和 V_{outp} 之间的电阻 R_1 和 R_2 检测当前的共模输出电压 $V_{cm,out}$，将其连接至放大器 A 的正输入端。这里需要注意的是，在小信号的角度看检测电阻 R_1 和 R_2 是并联在输出端的，因此为了避免降低差分放大器的输出阻抗，它们的阻值需要很大。放大器 A 的负输入端接参考电压 V_{ref}，其输

出 V_{cmfb} 为负载电流源 M_3 和 M_4 提供栅极偏置。当 $I_{D1}+I_{D2}$ 小于尾电流 I_{SS} 时，$V_{cm,out}$ 会减小，导致放大器 A 的输出 V_{cmfb} 减小，这使得 M_3 和 M_4 的 $|V_{GS}|$ 增大，I_{D1} 和 I_{D2} 均增大。相反，当 $I_{D1}+I_{D2}$ 大于尾电流 I_{SS} 时，$V_{cm,out}$ 会增大，导致放大器 A 的输出 V_{cmfb} 增大，这使得 M_3 和 M_4 的 $|V_{GS}|$ 减小，I_{D1} 和 I_{D2} 均减小。通过上述共模负反馈，可以抵御工艺偏差带来的负载电流和尾电流的失配，最终使得 $V_{cm,out}$ 稳定为 V_{ref}，此时的 V_{cmfb} 刚好可以使得 $I_{D1}+I_{D2}=I_{SS}$。

5.4.2　采用二极管连接的 MOS 器件负载的差分放大器

类似采用二极管连接的 MOS 器件负载的共源放大器，基本差分对的负载也可以采用二极管连接的 MOS 器件，采用二极管连接的 MOS 器件负载的差分放大器如图 5-11 所示。根据式（3-20）可知，该结构差分放大器的差模增益为 $A_{DM}=g_{m1,2}/g_{m3,4}$，该值小于采用电流源负载的差分放大器的差模增益。在该结构中，M_3 和 M_4 无须外接偏置，其将自适应产生 $I_{D3}=I_{D4}=I_{SS}/2$，因此不存在 5.4.1 节中所述的共模输出电压不稳定的问题，其共模输出电压 $V_{cm,out}$ 稳定为 $V_{DD}-|V_{GS3,4}|$。M_3 和 M_4 的栅源电压和跨导可表示为

$$\left|V_{GS3,4}\right| = \left|V_{THp}\right| + \sqrt{\frac{2I_{D3,4}}{\mu_p C_{ox}\dfrac{W_{3,4}}{L_{3,4}}}} = \left|V_{THp}\right| + \sqrt{\frac{I_{SS}}{\mu_p C_{ox}\dfrac{W_{3,4}}{L_{3,4}}}} \tag{5-34}$$

$$g_{m3,4} = \sqrt{2I_{D3,4}\mu_p C_{ox}\frac{W_{3,4}}{L_{3,4}}} = \sqrt{I_{SS}\mu_p C_{ox}\frac{W_{3,4}}{L_{3,4}}} \tag{5-35}$$

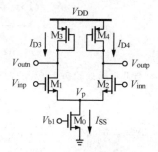

图 5-11　采用二极管连接的 MOS 器件负载的差分放大器

在尾电流 I_{SS} 不变的前提下，减小 M_3 和 M_4 的宽长比可以减小 $g_{m3,4}$ 以提高 A_{DM}，但这同时也会带来 $|V_{GS3,4}|$ 的增大，进而导致 $V_{cm,out}$ 的减小。由此可知，采用二极管连接的 MOS 器件负载的差分放大器与采用电阻负载的差分放大器类似，同样存在增益和共模输出电压之间相互制约的限制。

为缓解上述增益和共模输出电压之间相互制约的问题，可以参考图 3-7 所述方法，在二极管连接的 MOS 器件负载上并联一个电流源负载。采用二极管连接的 MOS 器件和电流源并联负载的差分放大器如图 5-12 所示，栅极偏置在 V_{b2} 下的 M_5 和 M_6 作为电流源负载，它们的存在使得流过 M_3 和 M_4 的电流 $I_{D3,4}$ 变为 $I_{SS}/2-I_{D5,6}$。如式（5-34）所示，当 $I_{D3,4}$ 和 $W_{3,4}/L_{3,4}$ 以相同比例减小时可以维持 $|V_{GS3,4}|$ 不变，进而维持 $V_{cm,out}=V_{DD}-|V_{GS3,4}|$ 不变。因为 $I_{D3,4}$ 和 $W_{3,4}/L_{3,4}$ 均减小，根据式（5-35）可知，$g_{m3,4}$ 会大幅度减小，所以 $A_{DM}=g_{m1,2}/g_{m3,4}$ 得到提升。由此可知，该结构在 $V_{cm,out}$ 不变的前提下，大幅度提升了差分放大器的差模增益。

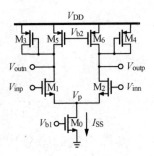

图 5-12　采用二极管连接的 MOS 器件和电流源并联负载的差分放大器

5.4.3　采用交叉耦合负载的差分放大器

采用二极管连接的 MOS 器件和电流源并联负载的差分放大器虽然解决了增益和共模输出电压之间相互制约的问题，但通过减小 $g_{m3,4}$ 来提升 A_{DM} 的效率仍然是较低的。可以通过交叉耦合负载来进一步提升放大器增益，其电路结构如图 5-13（a）所示。首先分析一下从该结构 V_{outp} 和 V_{outn} 看进去的阻抗情况，假设 M_5 和 M_6 具有相同的跨导 g_{mA} 及相同的小信号阻抗 r_o，则分析输出阻抗的小信号模型如图 5-13（b）所示。在 V_{outp} 和 V_{outn} 之间施加电压源 V_X，如果流过的电流为 I_X，则输出阻抗 $R_{outA}=V_X/I_X$。

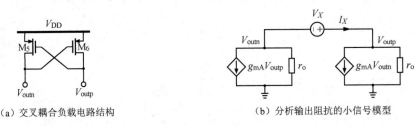

（a）交叉耦合负载电路结构　　　　　　　　（b）分析输出阻抗的小信号模型

图 5-13　交叉耦合负载电路结构和分析输出阻抗的小信号模型

根据 KCL 可以得到

$$I_X = -\frac{V_{outn}}{r_o} - g_{mA}V_{outp} = \frac{V_{outp}}{r_o} + g_{mA}V_{outn} \tag{5-36}$$

可以得到

$$\begin{cases} V_{outp} = \dfrac{1}{1/r_o - g_{mA}}I_X \\[2mm] V_{outn} = -\dfrac{1}{1/r_o - g_{mA}}I_X \end{cases} \tag{5-37}$$

因此得到 R_{outA} 为

$$R_{outA} = \frac{V_X}{I_X} = \frac{V_{outp} - V_{outn}}{I_X} = \frac{2}{1/r_o - g_{mA}} \tag{5-38}$$

通常 $r_o \gg 1/g_{mA}$，因此交叉耦合负载表现为负阻特性。为稳定差分放大器的共模输出电压，在此负载基础上还需要并联图 5-14（a）所示的负载。下面继续分析二极管连接的 MOS 器件负载从差分端看进入的输出阻抗 R_{outB}，假设 M_3 和 M_4 的跨导均为 g_{mB}，小信号阻抗均为 r_o，则分析输出阻抗的小信号模型如图 5-14（b）所示。

同理根据 KCL 可以得到

$$I_X = -\frac{V_{\mathrm{outn}}}{r_{\mathrm{o}}} - g_{\mathrm{mB}}V_{\mathrm{outn}} = \frac{V_{\mathrm{outp}}}{r_{\mathrm{o}}} + g_{\mathrm{mB}}V_{\mathrm{outp}} \tag{5-39}$$

可以得到

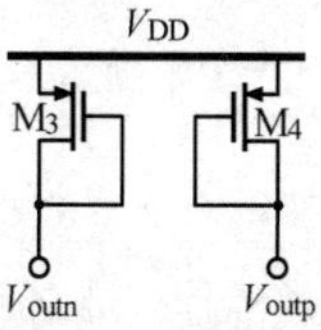

（a）二极管连接的 MOS 器件负载电路结构 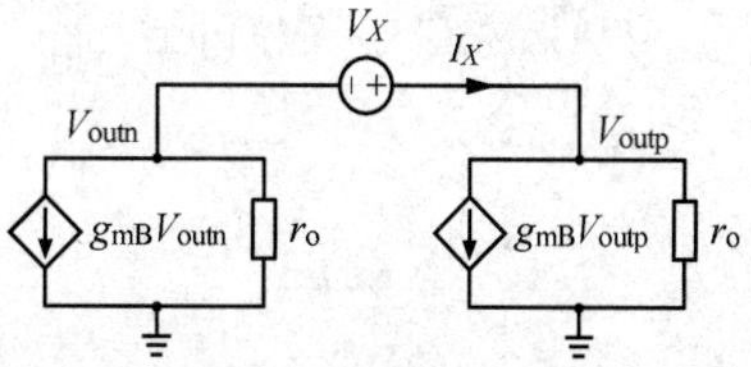　　　　　　（b）分析输出阻抗的小信号模型

图 5-14　二极管连接的 MOS 器件负载电路结构和分析输出阻抗的小信号模型

$$\begin{cases} V_{\mathrm{outp}} = \dfrac{1}{1/r_{\mathrm{o}} + g_{\mathrm{mB}}} I_X \\[3mm] V_{\mathrm{outn}} = -\dfrac{1}{1/r_{\mathrm{o}} + g_{\mathrm{mB}}} I_X \end{cases} \tag{5-40}$$

因此得到 R_{outB} 为

$$R_{\mathrm{outB}} = \frac{V_X}{I_X} = \frac{V_{\mathrm{outp}} - V_{\mathrm{outn}}}{I_X} = \frac{2}{1/r_{\mathrm{o}} + g_{\mathrm{mB}}} \tag{5-41}$$

因此，交叉耦合负载和二极管连接的 MOS 器件负载并联如图 5-15 所示，当交叉耦合负载和二极管连接的 MOS 器件负载并联使用时，从差分输出端看进去的总输出阻抗 R_{tot} 可表示为

$$R_{\mathrm{tot}} = R_{\mathrm{outA}} \parallel R_{\mathrm{outB}} = \frac{V_X}{I_X} = \frac{V_{\mathrm{outp}} - V_{\mathrm{outn}}}{I_X} = \frac{2}{2/r_{\mathrm{o}} + \left(g_{\mathrm{mB}} - g_{\mathrm{mA}}\right)} \tag{5-42}$$

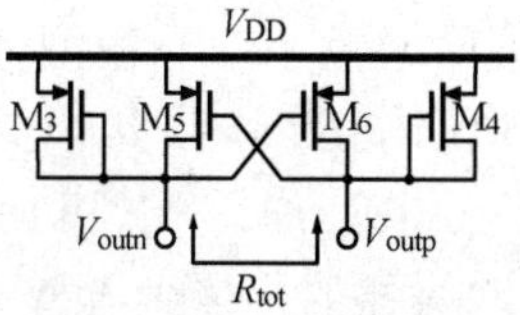

图 5-15　交叉耦合负载和二极管连接的 MOS 器件负载并联

将该负载与差分输入对结合后得到完整差分放大器，采用交叉耦合负载的差分放大器如图 5-16（a）所示。结合式（5-7）所示的输入电压表达式，将输入差分对管用小信号模型替换，如图 5-16（b）所示，用以分析差分放大器的增益，这里假设 $\mathrm{M_1}$ 和 $\mathrm{M_2}$ 的小信号阻抗也均为 r_{o}。可知，有大小为 $0.5\Delta V_{\mathrm{in}}g_{\mathrm{m1,2}}$ 的电流从 V_{outp} 流入，从 V_{outn} 流出，因此落在 ΔV_{out} 的电压为 $0.5\Delta V_{\mathrm{in}}g_{\mathrm{m1,2}}R_{\mathrm{tot}}$。需要注意的是，从差分输出端看进去的输入管的小信号阻抗为 $2r_{\mathrm{o}}$，其与 R_{tot} 是并联关系。因此考虑输入管的阻抗后，可以得到该差分放大器的差模增益为

$$A_{\mathrm{DM}} = \frac{\Delta V_{\mathrm{out}}}{\Delta V_{\mathrm{in}}} = g_{\mathrm{m1,2}} \left[\frac{1}{2/r_{\mathrm{o}} + \left(g_{\mathrm{mB}} - g_{\mathrm{mA}}\right)} \parallel r_{\mathrm{o}} \right] = \frac{g_{\mathrm{m1,2}}}{3/r_{\mathrm{o}} + \left(g_{\mathrm{mB}} - g_{\mathrm{mA}}\right)} \tag{5-43}$$

当 $M_3 \sim M_6$ 取相同宽长比时，$g_{mA} = g_{mB}$，则该增益变为 $g_{m1,2} r_o / 3$。这表明采用交叉耦合负载的差分放大器可以达到与采用电流源负载的差分放大器同等量级的差模增益，同时不需要借助共模反馈电路便可得到稳定的共模输出电压。

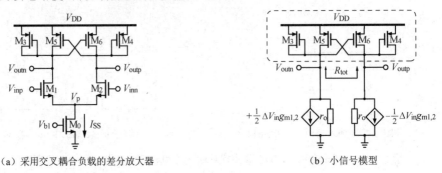

（a）采用交叉耦合负载的差分放大器　　　　　　（b）小信号模型

图 5-16　采用交叉耦合负载的差分放大器和小信号模型

5.5　单端输出差分放大器

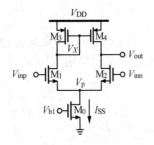

图 5-17　最基本的单端输出
差分放大器

前面分析的差分放大器输入端信号为差分信号，输出端信号也为差分信号，这种结构通常被称为全差分放大器。在有些应用中需要将差分信号放大后以单端形式进行输出，即输出端的电压对地，如图 5-10 所示的放大器 A。最基本的单端输出差分放大器如图 5-17 所示，其负载采用电流镜结构，通过 M_1 将输入信号 V_{inp} 转换成电流后，再借由 M_3 和 M_4 组成的电流镜镜像至输出支路。M_2 将输入信号 V_{inn} 也转换为电流，再与 M_4 所获取的 M_1 转换的电流合并后流过输出阻抗转换为电压输出。

下面通过小信号模型分析单端输出差分放大器的电压增益。为简化分析，假设 M_1 和 M_2 具有相同的跨导 $g_{m1,2}$ 和相同的小信号电阻 $r_{o1,2}$，M_3 和 M_4 具有相同的跨导 $g_{m3,4}$ 和相同的小信号电阻 $r_{o3,4}$，因此单端输出差分放大器的小信号模型如图 5-18 所示。

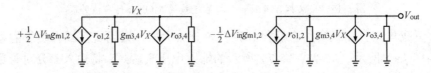

图 5-18　单端输出差分放大器的小信号模型

根据 KCL 可以得到

$$\frac{1}{2} \Delta V_{in} g_{m1,2} + \frac{V_X}{r_{o1,2}} + g_{m3,4} V_X + \frac{V_X}{r_{o3,4}} = 0 \tag{5-44}$$

$$-\frac{1}{2} \Delta V_{in} g_{m1,2} + \frac{V_{out}}{r_{o1,2}} + g_{m3,4} V_X + \frac{V_{out}}{r_{o3,4}} = 0 \tag{5-45}$$

通过式（5-44）求解出 V_X 的表达式，再将其代入式（5-45），得到

$$A_{DM} = \frac{V_{out}}{\Delta V_{in}} = \frac{1}{2} g_{m1,2} \frac{r_{o1,2} + r_{o3,4} + 2g_{m3,4} r_{o1,2} r_{o3,4}}{r_{o1,2} + r_{o3,4} + g_{m3,4} r_{o1,2} r_{o3,4}} \frac{r_{o1,2} r_{o3,4}}{r_{o1,2} + r_{o3,4}} \qquad (5\text{-}46)$$

因为 $g_{m3,4} r_{o1,2} r_{o3,4} \gg r_{o1,2}+r_{o3,4}$，所以 $A_{DM} \approx g_{m1,2}(r_{o1,2} \| r_{o3,4})$，单端输出差分放大器具有与采用电流源负载的差分放大器同等量级的差模电压增益。

　　下面分析单端输出差分放大器的共模特性，如图 5-19（a）所示，在此分析中仍然以小信号电阻代替尾电流源（图中的 r_{o0}）。这里需要注意的是，在 5.2.2 节中分析全差分放大器的共模响应时，将放大器的 V_{outp} 和 V_{outn} 短接在一起形成了共模输出电压。但在单端输出结构中，输出仅有一端 V_{out}，当共模输入电压变化时会直接引起 V_{out} 变化，因此单端输出差分放大器的共模增益 A_{CM} 就类似全差分放大器的 $A_{CM\text{-}DM}$。假设图 5-19（a）所示的电路是对称的，当 $V_{cm,in}$ 发生变化时，V_X 和 V_{out} 会出现相同的变化，因此可将 M_3 和 M_4 看成并联状态。类似图 5-5 的处理方法，单端输出差分放大器的共模响应可等效为图 5-19（b）所示放大器的响应，其中 R_X 为 M_3 和 M_4 输出阻抗的并联，可表示为

$$R_X = \frac{1}{2g_{m3,4}} \| \frac{r_{o3,4}}{2} \qquad (5\text{-}47)$$

参考式（5-22）可得到单端输出差分放大器的共模增益为

$$A_{CM} = \frac{\Delta V_{out}}{\Delta V_{cm,in}} = -\frac{g_{m1,2} \left(g_{m3,4}^{-1} \| r_{o3,4} \right)}{1 + 2g_{m1,2} r_{o0}} \qquad (5\text{-}48)$$

　　由此可知，对于单端输出差分放大器，即使电路完全对称，$V_{cm,in}$ 的变化也会被放大形成 ΔV_{out}。但是，对于全差分放大器，如式（5-32）所示，只有电路出现非对称时，$V_{cm,in}$ 的变化才会形成 ΔV_{out}。这说明对于共模信号的抑制能力来说，全差分放大器比单端输出差分放大器更有优势。

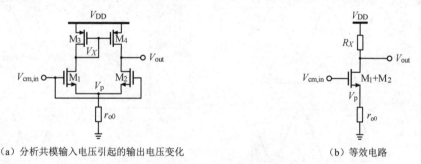

（a）分析共模输入电压引起的输出电压变化　　　　　　　（b）等效电路

图 5-19　单端输出差分放大器的共模特性

5.6　差分放大器仿真分析

5.6.1　基本差分对特性仿真分析

　　基本差分对特性仿真原理图如图 5-20 所示，仿真对象为电源电压 $V_{DD}=1.8V$ 的采用电阻负载的基本差分放大器，其中直流电压源 V_1 和 V_2 提供共模输入电压，V_3 和 V_4 提供正弦

输入信号。

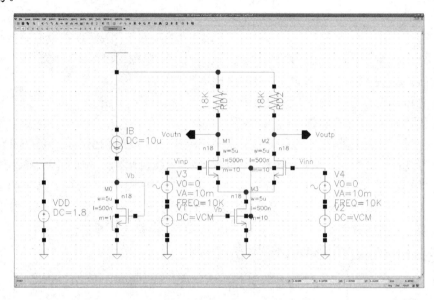

图 5-20　基本差分对特性仿真原理图

为观察差分放大器放大差模输入并抑制共模输入的特性，改变 V_3 和 V_4 的相位，进行瞬态仿真并观察输出。当 V_3 和 V_4 为同相的正弦信号时，同相输入仿真结果如图 5-21（a）所示。此时，V_{outp} 和 V_{outn} 的输出波形完全一样，即差模输出 $\Delta V_{out}=0$。当 V_3 和 V_4 为反相的正弦信号时，反相输入仿真结果如图 5-21（b）所示。此时，V_{outp} 和 V_{outn} 的输出波形也反相，差模输出 ΔV_{out} 是 V_3-V_4 被放大后的电压值。

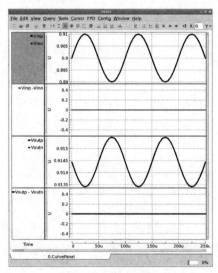

（a）同相输入仿真结果

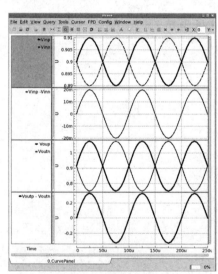

（b）反相输入仿真结果

图 5-21　瞬态仿真结果

从 0V 到 1.8V 遍历 V_1 和 V_2 的电压，进行 DC 仿真。得到共模输入电压与共模输出电压仿真结果，如图 5-22（a）所示。设置 V_3=x，V_4=1.8-x，从 0V 到 1.8V 遍历参数 x，进行

DC 仿真，得到差模输入电压与差模输出电压仿真结果，如图 5-22（b）所示。

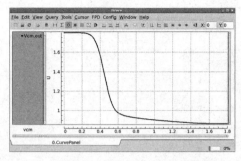
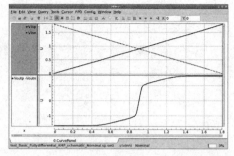

（a）共模输入电压与共模输出电压仿真结果　　　　　　（b）差模输入电压与差模输出电压仿真结果

图 5-22　DC 仿真结果

5.6.2　共模抑制比仿真分析

图 5-20 所示的电路为完全对称状态，因此当输入共模信号时，输出的差模信号为 0，即共模信号到差模信号的增益 $A_{\text{CM-DM}}$=0。但是，如 5.3 节中所述，当差分放大器非对称（失配）时，$A_{\text{CM-DM}}$ 会升高，导致对共模信号的抑制能力降低。这种非对称性既来源于负载又来源于输入管。下面仿真分析当基本差分对出现失配时，其对共模输入电压的响应。在输入管 M_2 的宽长比上加入 5% 的偏差，同时在负载 R_{D2} 上也加入 5% 的偏差，此时基本差分放大器对同相输入的瞬态仿真结果如图 5-23 所示。对比图 5-21（a）所示的仿真结果我们发现，此时差分放大器共模输入电压的变化引起了差模输出，$A_{\text{CM-DM}}$ 不再为 0。

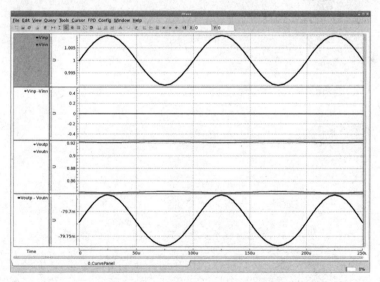

图 5-23　基本差分放大器对同相输入的瞬态仿真结果

对于单端输出差分放大器，如 5.5 节中所述，即使电路完全对称，共模输入电压的变化也会引起输出电压变化。对单端输出差分放大器的共模输入响应特性进行仿真，仿真原理图如图 5-24 所示。当 V_1 和 V_2 的电压从 0.9V 遍历到 1.8V，进行 DC 仿真后，得到 V_{out} 的响应仿真结果如图 5-25 所示。从仿真结果中可知，V_{out} 会随着共模输入电压的变化而变化，

即 $A_{\text{CM-DM}}$ 不为 0。为获取差分放大器的 CMRR，我们可以首先施加差模小信号输入，通过交流（AC）仿真获取 A_{DM}。然后施加共模小信号输入，通过 AC 仿真获取 $A_{\text{CM-DM}}$。最后将两个结果相除得到 CMRR。

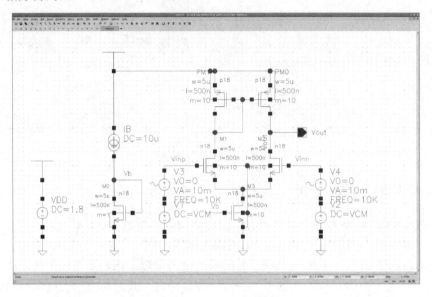

图 5-24　单端输出差分放大器仿真原理图

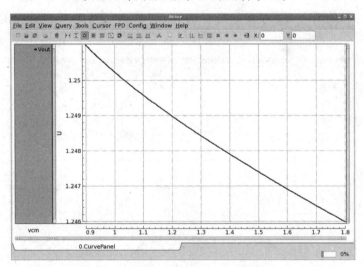

图 5-25　单端输出差分放大器 V_{out} 的响应仿真结果

　　对于单端输出差分放大器，我们可以采用更有效的方式进行仿真以获取 CMRR。单端输出差分放大器 CMRR 仿真原理图如图 5-26 所示，其中 $V_{\text{cm-dc}}$ 为直流共模输入电压，$V_{\text{cm-ac}}$ 为交流小信号共模输入电压。当仅考虑差模增益 A_{DM} 时，$V_{\text{out-ac}} = A_{\text{DM}}[V_{\text{cm-ac}} - (V_{\text{out-ac}} - V_{\text{cm-ac}})]$。当仅考虑共模-差模增益 $A_{\text{CM-DM}}$ 时，$V_{\text{out-ac}} = A_{\text{CM-DM}} V_{\text{cm-ac}}$。根据叠加原理，当上述两种增益同时考虑时有

$$A_{\text{CM-DM}} V_{\text{cm-ac}} + A_{\text{DM}}[V_{\text{cm-ac}} - (V_{\text{out-ac}} + V_{\text{cm-ac}})] = V_{\text{out-ac}} \tag{5-49}$$

整理可得

$$\frac{V_{\text{out-ac}}}{V_{\text{cm-ac}}} = \frac{A_{\text{CM-DM}}}{A_{\text{DM}}+1} \approx \frac{1}{\text{CMRR}} \tag{5-50}$$

由此可知，在进行 AC 仿真时，将 $V_{\text{cm-ac}}$ 幅度设置为 1，则输出的幅度为 CMRR 的倒数。

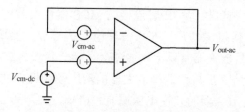

图 5-26　单端输出差分放大器 CMRR 仿真原理图

将图 5-24 所示的单端输出差分放大器按图 5-26 所示的方式进行连接，从 1Hz 到 1GHz 进行 AC 扫描仿真，得到单端输出差分放大器 CMRR 仿真结果如图 5-27 所示。这里需要注意的是，该曲线的幅度以 dB 为单位，因为 $\text{CMRR}=1/V_{\text{out-ac}}$，所以该曲线取相反数后为实际以 dB 为单位的 CMRR 值。从仿真结果可看出，当 $V_{\text{cm-ac}}$ 的频率低于 1MHz 时，该单端输出差分放大器的 CMRR 稳定在 60dB 附近。当频率高于 1MHz 时，其 CMRR 值开始减小。CMRR 随频率升高而减小的原因主要有两点：首先，当频率升高时，与尾电流源并联的寄生电容的阻抗减小，这导致尾电流源输出阻抗减小，使得 $A_{\text{CM-DM}}$ 升高。其次，当频率升高时，与输出端并联的寄生电容的阻抗也减小，这导致放大器输出阻抗减小，使得 A_{DM} 降低。因此，综合考虑上述两点原因，最终导致差分放大器的 CMRR 值会随着频率的升高而减小。

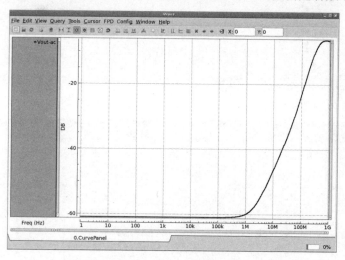

图 5-27　单端输出差分放大器 CMRR 仿真结果

5.6.3　采用 MOS 器件负载的差分放大器增益仿真分析

本节通过 AC 仿真对比分析 5.4 节中讨论的采用电流源负载、二极管连接的 MOS 器件负载和交叉耦合负载的差分放大器的增益区别。为方便后续描述，对不同负载结构的差分放大器进行编号命名。采用电流源负载的差分放大器为 0 号放大器；采用二极管连接的 MOS 器件负载的差分放大器为 1 号放大器；采用二极管连接的 MOS 器件和电流源并联负载的差分放大器为 2 号放大器；采用交叉耦合和二极管连接的 MOS 器件并联负载的差分放大器为 3 号放大器。四种放大器的仿真原理图如图 5-28 所示，它们的尾电流源均为 50μA，输入对管尺寸也全部相同。0 号放大器和 1 号放大器的负载管尺寸相同。2 号放大器在 1 号放大器基础上，通过电流源负载将二极管连接的 MOS 器件负载的电流分走 5/6，这使得二极管连接的 MOS 器件负载阻抗提升了 6 倍，理论上 2 号放大器增益将比 1 号放大器提升 15.6dB。3 号放大器在 1 号放大器基础上，通过交叉耦合负载将二极管连接的 MOS 器件负载的电流分走一半。AC 仿真后得到四种放大器的输出幅频特性曲线，如图 5-29 所示，低频处标尺所标记的数值为放大器的差模电压增益。可知，0 号和 3 号放大器增益最高均为 42dB，1 号放大器增益最低仅为 3.9dB，而 2 号放大器增益比 1 号放大器增益高出 15.1dB。四种放大器的增益关系符合 5.4 节中的分析。

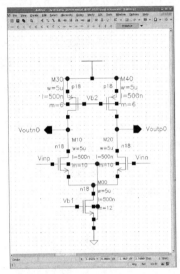

（a）0 号放大器

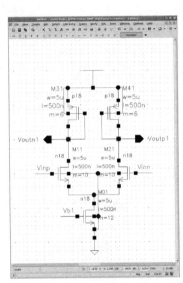

（b）1 号放大器

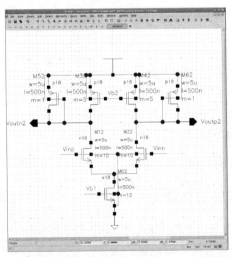

（c）2 号放大器

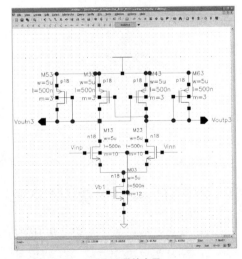

（d）3 号放大器

图 5-28　四种放大器的仿真原理图

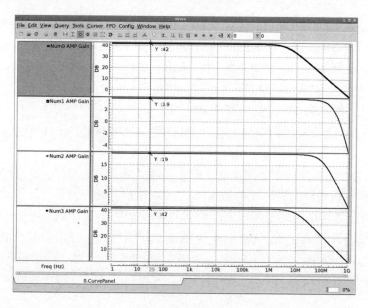

图 5-29　四种放大器的输出幅频特性曲线

习题

5.1　考虑图 5-12 所示的差分放大器，假设 M_1 和 M_2 对称、M_3 和 M_4 对称、M_5 和 M_6 对称，M_0 提供的偏置电流为 I_{SS}，若流过 M_5、M_6 的电流均为 $0.4I_{SS}$，$\mu_n=3\mu_p$，$W_1/L_1=W_3/L_3$，求小信号电压增益。

5.2　考虑图 5-2 所示的基本差分对电路，假设 $(W/L)_{1,2,3}=100/1$，M_3 提供的偏置电流为 $I_{SS}=2mA$，$R_D=2k\Omega$，在采用实际工艺制造电阻时会产生 $\pm0.2\%$ 的偏差。$\mu_n=350\times10^{-4}\ m^2/(V\cdot s)$，$C_{ox}=3.837\times10^{-3}\ F/m^2$，$\lambda_n=0.1V^{-1}$，求放大器的 CMRR。

5.3　在题 5.2 中，若将负载替换为二极管连接的 PMOS 器件，M_4、M_5 分别作为 M_1、M_2 的负载。假设 M_4 和 M_5 的宽长比存在失配 $W_4/L_4=1.05W_5/L_5$，求放大器的 CMRR。

5.4　在图 5-2 所示的基本差分对电路中，$I_{SS}=2mA$，$M_{1,2}$ 的宽长比为 100/1，$\mu_nC_{ox}=110\times10^{-6}\ F/(V\cdot s)$。

（1）当 $V_{inp}-V_{inn}=0V$ 时，求输入对管的过驱动电压。

（2）当 $V_{inp}-V_{inn}=100mV$ 时，分别求出两条支路的电流。

（3）求该情况下的等效跨导 g_m。

5.5　在图 5-9 所示的采用电流源负载的差分放大器中，所有 MOS 器件的宽长比均为 100/1，$I_{SS}=2mA$，$\mu_nC_{ox}=110\times10^{-6}\ F/(V\cdot s)$，$\mu_pC_{ox}=38.3\times10^{-6}\ F/(V\cdot s)$，$\lambda_p=0.2V^{-1}$，$\lambda_n=0.1V^{-1}$。

（1）求小信号差模电压增益。

（2）若共模输入电压为 1.8V，求输出电压摆幅。

5.6　在图 5-2 所示的电路中，由于工艺误差，M_2 的宽度是 M_1 的 a 倍。

（1）若 $V_{inn}=V_{inp}$，求 I_{D1} 和 I_{D2}。

（2）若 $I_{D1}=I_{D2}$，求 ΔV_{in}。

5.7　在图 5-8 所示的电路中，若$(W/L)_{1,2}$=100/5，$\mu_n C_{ox}$=1.4×10⁻⁴ A/V²，R_{D1}=R_{D2}=2kΩ，V_{TH1}=V_{TH2}=0.7V。NMOS 器件尾电流源的输出阻抗 r_{o3}=10kΩ，输出电流 I_{SS}=2mA。

（1）若 R_{D2} 变为 2.01kΩ，计算电路的 CMRR。

（2）若 V_{TH2} 变为 0.702V，计算电路的 CMRR。

（3）若 W_2/L_2 变为 99/5，计算电路的 CMRR。

5.8　考虑图 5-12 所示的差分放大器，若电路是完全对称的，计算电路的小信号差模电压增益。

5.9　考虑图 5-16（a）所示的采用交叉耦合负载的差分放大器，如果忽略沟道长度调制效应，推导差模电压增益的表达式。当$(W/L)_{5,6}$=0.6$(W/L)_{3,4}$时，推导此时的差模电压增益。

5.10　考虑图 5-9 所示的采用电流源负载的差分放大器，$(W/L)_{1\sim4}$=50/1，I_{SS}=1mA，当 $V_{cm,in}$=1.65V 时，求最大的允许输出电压摆幅。其中，C_{ox}=3.837×10⁻³ F/m²，μ_n=350×10⁻⁴ m²/(V·s)，μ_p=100×10⁻⁴ m²/(V·s)，V_{DD}=3.3V，V_{THn}=0.7V，V_{THp}=−0.8V。

5.11　考虑图 5-30 所示的电路，考虑沟道长度调制效应，分析其差模电压增益。

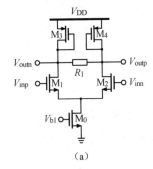 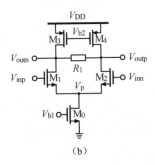

（a）　　　　　　　　　　　　　　　　（b）

图 5-30　5.11 题图

参考文献

[1]　RAZAVI B. Design of Analog CMOS Integrated Circuits[M]. New York: The McGraw-Hill Companies, 2001.

[2]　SANSEN W M C. Analog Design Essentials[M]. Dordrecht: Springer Science & Business Media, 2006.

第6章

放大器的频率特性

在前面，对基本放大器和差分放大器进行分析时都没有考虑 MOS 器件的寄生电容和负载电容的影响，因此这些分析只适用于低频信号。但是，当模拟电路处于高频工作状态时，电容所带来的影响不能被忽略，所以我们有必要了解放大器的频率特性。放大器的频率特性包含两个方面：一是放大器增益的幅度与信号频率的关系，通常称为幅频特性；二是放大器增益的相位与信号频率的关系，通常称为相频特性。

6.1 极点产生的原理

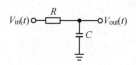

图 6-1 简单的 RC 节点电路

首先考虑图 6-1 所示简单的 RC 节点电路，在电阻 R 的左侧施加输入信号 $V_{in}(t)$，在电阻右侧获得输出信号 $V_{out}(t)$。如果输入信号为一个单位幅度的正弦波 $V_{in}(t)=\sin(\omega t+\phi)$，其中 ω 为角频率，ϕ 为初始相位，下面分析 $V_{out}(t)$ 的具体表达式。

根据 KCL，再结合电容器件的 $I\text{-}V$ 特性，我们可以得到

$$\frac{V_{in}(t)-V_{out}(t)}{R}=C\frac{\mathrm{d}V_{out}(t)}{\mathrm{d}t} \tag{6-1}$$

求解该微分方程可得到 $V_{out}(t)$ 的表达式为（仅考虑与 t 相关的部分）

$$V_{out}(t)=\frac{\mathrm{e}^{-\frac{t}{RC}}}{RC}\int\sin(\omega t+\phi)\mathrm{e}^{\frac{t}{RC}}\mathrm{d}t \tag{6-2}$$

其中积分项为

$$\int\sin(\omega t+\phi)\mathrm{e}^{\frac{t}{RC}}\mathrm{d}t=\frac{1}{\left(\dfrac{1}{RC}\right)^2+\omega^2}\left[\frac{1}{RC}\sin(\omega t+\phi)-\omega\cos(\omega t+\phi)\right]\mathrm{e}^{\frac{t}{RC}} \tag{6-3}$$

因此 $V_{out}(t)$ 的表达式具体为

$$V_{out}(t)=\frac{RC}{1+\left(RC\omega\right)^2}\left[\frac{1}{RC}\sin(\omega t+\phi)-\omega\cos(\omega t+\phi)\right] \tag{6-4}$$

式（6-4）可变形为

$$V_{\text{out}}(t) = \frac{\dfrac{1}{\sqrt{1+(RC\omega)^2}}\sin(\omega t + \phi) - \dfrac{RC\omega}{\sqrt{1+(RC\omega)^2}}\cos(\omega t + \phi)}{\sqrt{1+(RC\omega)^2}} \tag{6-5}$$

仔细观察式（6-5）分子中正余弦项前面的系数，它们刚好为图 6-2 所示的等效直角三角形中角 α 的余弦值和正弦值，即

$$\begin{cases} \cos\alpha = \dfrac{1}{\sqrt{1+(RC\omega)^2}} \\ \sin\alpha = \dfrac{RC\omega}{\sqrt{1+(RC\omega)^2}} \end{cases} \tag{6-6}$$

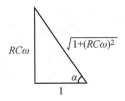

图 6-2　等效直角三角形

考虑上述等效后，式（6-5）可再变形为

$$\begin{aligned} V_{\text{out}}(t) &= \frac{\cos\alpha\sin(\omega t + \phi) - \sin\alpha\cos(\omega t + \phi)}{\sqrt{1+(RC\omega)^2}} \\ &= \frac{1}{\sqrt{1+(RC\omega)^2}}\sin(\omega t + \phi - \alpha) \\ &= A(\omega)\sin\left[\omega t + \phi - \alpha(\omega)\right] \end{aligned} \tag{6-7}$$

根据上述推导我们发现，对于图 6-1 所示的 RC 节点，当输入信号的频率 ω 升高时，输出信号的幅度会出现 $A(\omega)$ 倍变化，并且还会出现大小为 $\alpha(\omega)=\arctan(RC\omega)$ 的相位延后。由此可知，从时域角度描述 RC 节点的传输特性较为复杂。我们可以从频域角度观察 RC 节点的传输特性，输出信号的幅度与频率 ω 之间的关系即幅频特性，输出信号相对输入信号的相位变化与频率 ω 之间的关系即相频特性。如图 6-3 所示，这种 RC 节点的频率特性即一个极点的频率响应，在电压信号传输路径中遇见一个 RC 节点，便会遇见一个极点，极点频率为 $\omega_0=(RC)^{-1}$。当 $\omega=\omega_0$ 时，$A(\omega)=1/\sqrt{2}$，$\alpha(\omega)=45°$，输出信号的幅度变化为 $1/\sqrt{2}$，相位延后 45°（即 $\pi/4$）；当 $\omega \ll \omega_0$ 时，$A(\omega)=1$，$\alpha(\omega)=0°$，输出信号的幅度和相位均与输入信号相同；当 $\omega \gg \omega_0$ 时，$A(\omega)=0$，$\alpha(\omega)=90°$，输出信号的幅度衰减至 0，相位延后 90°（即 $\pi/2$）。

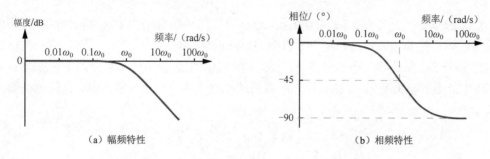

（a）幅频特性　　　　　　　　　　　　　　　　（b）相频特性

图 6-3　RC 节点的频率特性

6.2　传递函数与伯德图

6.2.1　传递函数

在 6.1 节中，通过直接求解微分方程得到的 RC 节点的频率特性，能直接地展现时域与频域之间的关联关系。但在实际电路的信号传输路径中，往往会出现多个 RC 节点，手工求解微分方程几乎不可能。因此，在更多的情况下，需要借助电路系统的传递函数来描述频率特性。这就要求电路是线性时不变系统，模拟集成电路中往往要求 MOS 器件工作在饱和区，此时可以借助 MOS 器件的线性小信号模型来分析电路系统的传递函数。考虑电容阻抗的线性模型为$(sC)^{-1}$，其中 s 为复频率，则单个 RC 节点的传递函数为

$$H(s)=\frac{V_{\text{out}}(s)}{V_{\text{in}}(s)}=\frac{1/sC}{R+1/sC}=\frac{1}{1+\dfrac{s}{\omega_0}} \tag{6-8}$$

在传递函数中使分母为 0 的 s 复频率为极点，在电路中极点往往出现在 s 复平面的左半平面，$s=-\omega_0$。对于电压信号，极点可以看成由电阻和电容的分压形成。当频率升高时，电容的阻抗变小，V_{out} 端分到的电压也减小，传递函数幅度减小。电容器件上的电压是依靠积累的电荷产生的，这些电荷的积累又是依靠电流完成的，因此电容器件两端电压差滞后于流经电容的电流，输入信号的频率越高这种滞后就越严重。这导致了 V_{out} 滞后于 V_{in}，如式（6-7）所示，V_{out} 的相位相比 V_{in} 增加了 $-\alpha$，且随着频率从低到高变化，α 将从 0° 增大到 90°。

在有些情况下，输入信号和输出信号均为电流信号 I_{in} 和 I_{out}，电流信号传输路径中的 RC 节点如图 6-4 所示。此时极点可看作是由电阻和电容的分流形成的，传递函数为

$$H(s)=\frac{I_{\text{out}}(s)}{I_{\text{in}}(s)}=\frac{1/sC}{R+1/sC}=\frac{1}{1+\dfrac{s}{\omega_0}} \tag{6-9}$$

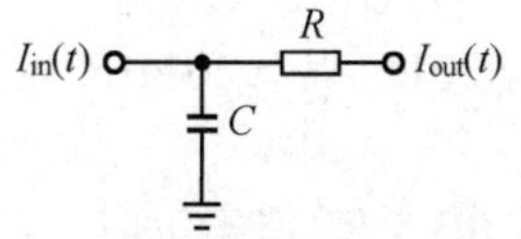

图 6-4　电流信号传输路径中的 RC 节点

传递函数是一个关于 $s=j\omega$ 的复函数，通过取传递函数 $H(s)$ 的幅值和相位可以得到电路系统的幅频特性和相频特性，用于分析电路系统的频率响应。当一个电路的信号传输路径中包含多个 RC 节点时，会出现多个极点。有时电路中也会出现零点，当 s 等于零点频率时，传递函数的幅值变为 0。因此，当电路系统中存在多个极点和零点时，其传递函数可统一表示为

$$H(s) = \frac{A_0\left(1+\dfrac{s}{z_1}\right)\left(1+\dfrac{s}{z_2}\right)...\left(1+\dfrac{s}{z_n}\right)}{\left(1+\dfrac{s}{p_1}\right)\left(1+\dfrac{s}{p_2}\right)...\left(1+\dfrac{s}{p_n}\right)} \tag{6-10}$$

式中，A_0 为电路系统的直流增益；$z_1 \sim z_n$ 为系统的 n 个零点；$p_1 \sim p_n$ 为系统的 n 个极点。

6.2.2　伯德图

针对类似式（6-10）所示的复杂传递函数 $H(s)$，直接求其幅值和相位变得非常困难，对于电路设计人员来说很难快速、有效地获取电路的频率特性。为了解决这个问题，贝尔实验室的荷兰裔科学家亨德里克·韦德·伯德在 1930 年发明了一种利用叠加的方式简单、准确地绘制幅频曲线和相频曲线渐近线图的方法，这种图也被称为伯德图。利用伯德图，电路设计人员可以高效地分析系统的频率特性。本书后面会大量使用伯德图来分析电路特性，本节将对伯德图的基本原理进行介绍。对于仅包含单个极点或零点的简单传递函数而言，其幅频曲线和相频曲线是很容易绘制的，因此伯德图的基本思路是，将包含多个极点和零点的传递函数的取模和取相角的计算转变为，分别对每个极点和零点项单独取模和取相角后再进行叠加的计算。在传递函数中，每个极点或零点项均为复数，为了更清晰地展现两个复数相乘或相除后的模值和相角的变化，可用极坐标形式表示两个复数 F_1 和 F_2

$$\begin{cases} F_1 = \rho_1 e^{j\theta_1} \\ F_2 = \rho_2 e^{j\theta_2} \end{cases} \tag{6-11}$$

式中，ρ_1 和 ρ_2 分别是 F_1 和 F_2 的模值；θ_1 和 θ_2 分别是 F_1 和 F_2 的相角。当两个复数相乘或相除后，模值满足如下关系

$$\begin{cases} |F_1 F_2| = \left|\rho_1 \rho_2 e^{j(\theta_1+\theta_2)}\right| = \rho_1 \rho_2 = |F_1||F_2| \\ \left|\dfrac{F_1}{F_2}\right| = \left|\dfrac{\rho_1}{\rho_2} e^{j(\theta_1-\theta_2)}\right| = \dfrac{\rho_1}{\rho_2} = \dfrac{|F_1|}{|F_2|} \end{cases} \tag{6-12}$$

式（6-12）表明，两个复数相乘后的模值为两个复数模值的乘积，两个复数相除后的模值为两个复数模值的商。如果以 dB 为单位表示模值的大小，则有

$$\begin{cases} 20\lg|F_1 F_2| = 20\lg|F_1||F_2| = 20\lg|F_1| + 20\lg|F_2| \\ 20\lg\left|\dfrac{F_1}{F_2}\right| = 20\lg\dfrac{|F_1|}{|F_2|} = 20\lg|F_1| - 20\lg|F_2| \end{cases} \tag{6-13}$$

经过上述处理后我们发现，以 dB 为模值单位时，两复数乘积的模值变为了两复数模值之和，而两复数相除的模值变为了两复数模值之差。利用复数的这个特点，可以将式（6-10）

所示传递函数的幅频特性曲线转变为多个零点幅频特性曲线之和再减去多个极点的幅频特性曲线，即

$$
\begin{aligned}
|H(\mathrm{j}\omega)|_{\mathrm{dB}} &= 20\lg|A_0| + 20\lg\left|1+\frac{\mathrm{j}\omega}{z_1}\right| + 20\lg\left|1+\frac{\mathrm{j}\omega}{z_2}\right| + \cdots + 20\lg\left|1+\frac{\mathrm{j}\omega}{z_n}\right| - \\
&\quad 20\lg\left|1+\frac{\mathrm{j}\omega}{p_1}\right| - 20\lg\left|1+\frac{\mathrm{j}\omega}{p_2}\right| - \cdots - 20\lg\left|1+\frac{\mathrm{j}\omega}{p_n}\right|
\end{aligned}
\tag{6-14}
$$

由此可知，零点将使系统传递函数的幅度增大，而极点将使系统传递函数的幅度减小。两个复数相乘或相除后相角的变化关系如下

$$
\begin{cases}
\mathrm{angle}(F_1 F_2) = \mathrm{angle}\left(\rho_1\rho_2\mathrm{e}^{\mathrm{j}(\theta_1+\theta_2)}\right) = \theta_1 + \theta_2 = \mathrm{angle}(F_1) + \mathrm{angle}(F_2) \\
\mathrm{angle}\left(\dfrac{F_1}{F_2}\right) = \mathrm{angle}\left(\dfrac{\rho_1}{\rho_2}\mathrm{e}^{\mathrm{j}(\theta_1-\theta_2)}\right) = \theta_1 - \theta_2 = \mathrm{angle}(F_1) - \mathrm{angle}(F_2)
\end{cases}
\tag{6-15}
$$

式（6-15）表明，两复数乘积的相角变为了两复数相角之和，而两复数相除的相角变为了两复数相角之差。利用复数的这个特点，可以将式（6-10）所示传递函数的相频特性曲线转变为多个零点相频特性曲线之和再减去多个极点的相频特性曲线，即

$$
\begin{aligned}
\mathrm{angle}(H(\mathrm{j}\omega)) &= \mathrm{angle}\left(1+\frac{\mathrm{j}\omega}{z_1}\right) + \mathrm{angle}\left(1+\frac{\mathrm{j}\omega}{z_2}\right) + \ldots + \mathrm{angle}\left(1+\frac{\mathrm{j}\omega}{z_n}\right) - \\
&\quad \mathrm{angle}\left(1+\frac{\mathrm{j}\omega}{p_1}\right) - \mathrm{angle}\left(1+\frac{\mathrm{j}\omega}{p_2}\right) - \ldots - \mathrm{angle}\left(1+\frac{\mathrm{j}\omega}{p_n}\right)
\end{aligned}
\tag{6-16}
$$

由此可知，在 s 复平面左半平面的零点和右半平面的极点会使系统传递函数的相位超前，而在 s 复平面右半平面的零点和左半平面的极点会使系统传递函数的相位滞后。

综合观察式（6-14）和式（6-16）我们发现，针对式（6-10）所示的复杂传递函数，无论是其幅频特性曲线还是相频特性曲线，总是可以分解为各个零点和极点频率特性曲线的叠加，这便是伯德图的基本原理。考虑仅含有一个左半平面零点的最基本的传递函数 $H(\mathrm{j}\omega)=1+\mathrm{j}\omega/\omega_0$，其模值和相角分别为

$$
\begin{cases}
|H(\mathrm{j}\omega)|_{\mathrm{dB}} = 20\lg\sqrt{1+\dfrac{\omega^2}{\omega_0^2}} \\
\mathrm{angle}(H(\mathrm{j}\omega)) = \arctan\dfrac{\omega}{\omega_0}
\end{cases}
\tag{6-17}
$$

因此，当 $\omega<\omega_0$ 时，$|H(\mathrm{j}\omega)|_{\mathrm{dB}}=20\lg1=0\mathrm{dB}$；当 $\omega>\omega_0$ 时，$|H(\mathrm{j}\omega)|_{\mathrm{dB}}=20\lg(\omega/\omega_0)$，即频率 ω 每升高 10 倍，传递函数的幅度增加 20dB；当 $\omega<0.1\omega_0$ 时，$\mathrm{angle}(H(\mathrm{j}\omega))=0°$；当 $\omega=\omega_0$ 时，$\mathrm{angle}(H(\mathrm{j}\omega))=45°$；当 $\omega>10\omega_0$ 时，$\mathrm{angle}(H(\mathrm{j}\omega))=90°$。根据上述分析，可使用更为简洁的折线表示出基本的传递函数 $H(\mathrm{j}\omega)=1+\mathrm{j}\omega/\omega_0$ 的伯德图，如图 6-5 所示。

综上所述，利用伯德图，复杂传递函数的频率特性可以通过图 6-5 所示的基本的伯德图叠加表示出来（图 6-5 中的曲线向下翻转镜像，即仅包含一个左半平面极点的传递函数的伯德图）。下面采用一个实例加以说明其过程，考虑一个电路系统的传递函数为

$$H(\mathrm{j}\omega) = \frac{1000\left(1 + \dfrac{\mathrm{j}\omega}{100}\right)}{\left(1 + \dfrac{\mathrm{j}\omega}{10}\right)\left(1 + \dfrac{\mathrm{j}\omega}{1000}\right)} \tag{6-18}$$

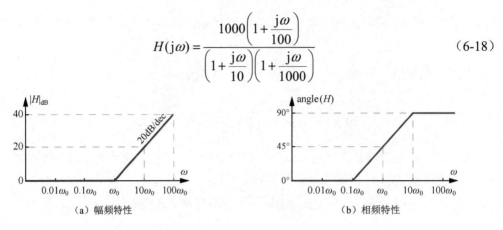

（a）幅频特性　　　　　　　　　　（b）相频特性

图 6-5　基本的传递函数 $H(\mathrm{j}\omega)=1+\mathrm{j}\omega/\omega_0$ 的伯德图

该传递函数包含四个部分：第一个部分为直流增益 1000；第二个部分为一个频率为 100rad/s 的左半平面的零点；第三、四个部分为两个左半平面的极点，它们的频率分别为 10rad/s 和 1000rad/s。为获得传递函数的总体幅频特性，首先绘制出四个部分独立的伯德图，如图 6-6（a）和图 6-6（b）所示。将四个伯德图叠加得到传递函数 $H(\mathrm{j}\omega)$ 完整的伯德图，其幅频特性和相频特性分别如图 6-6（c）和图 6-6（d）所示。

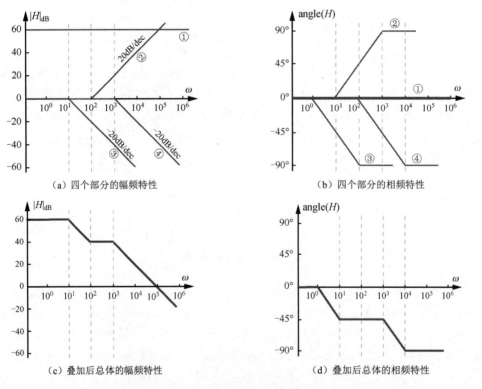

（a）四个部分的幅频特性　　　　　　　　（b）四个部分的相频特性

（c）叠加后总体的幅频特性　　　　　　　　（d）叠加后总体的相频特性

图 6-6　四个部分和叠加后总体的幅频、相频特性

这里需要注意的是，伯德图是对传递函数实际频率特性的渐近线近似，实际频率特性（虚线）与伯德图（实线）对比如图 6-7 所示，其中虚线为式（6-18）所示的实际频率特性

曲线，实线为伯德图近似后的曲线。虽然两种曲线在部分频率处并不完全重合，但是伯德图仍能快速、准确地反映系统的关键频率特性。

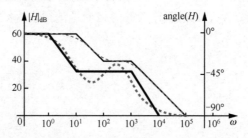

图 6-7　实际频率特性（虚线）与伯德图（实线）对比

6.3　米勒效应

米勒定理指出，连接在电压增益为 A_V 的放大器电路输入端和输出端的阻抗 Z，可以等效拆分成两个拥有相应阻抗的接地器件 $Z_1=Z/(1-A_V)$ 和 $Z_2=Z/(1-A_V^{-1})$，如图 6-8 所示。

（a）输入端、输出端连接阻抗 Z 的理想电压放大器　　　　　　　　（b）等效电路

图 6-8　输入端、输出端连接阻抗 Z 的理想电压放大器和等效电路

由 V_i 通过阻抗 Z 流向 V_o 的电流为 $(V_i-V_o)/Z$，由于图 6-8 所示的两个电路等效，因此由 V_i 流入 Z_1 的电流应满足

$$\frac{V_i}{Z_1} = \frac{V_i - V_o}{Z} \tag{6-19}$$

因此

$$Z_1 = \frac{Z}{1 - \dfrac{V_o}{V_i}} = \frac{Z}{1 - A_V} \tag{6-20}$$

同理，由 V_o 流入 Z_2 的电流应该等于 V_o 通过阻抗 Z 流向 V_i 的电流，因此得到

$$Z_2 = \frac{Z}{1 - \dfrac{V_i}{V_o}} = \frac{Z}{1 - A_V^{-1}} \tag{6-21}$$

考虑在增益为 $-A_V$ 的反相放大器输入端和输出端连接一个电容 C_F，根据米勒定理，该电容可以拆分成两个在输入端和输出端对地的阻抗 Z_1 和 Z_2，如图 6-9 所示。因为电容 C_F 的阻抗可表示为 $Z=1/(sC_F)$，所以 Z_1 和 Z_2 分别为

$$Z_1 = \frac{1}{sC_F(1 + A_V)} \tag{6-22}$$

$$Z_2 = \frac{1}{sC_F\left(1+A_V^{-1}\right)} \tag{6-23}$$

由此可知，图 6-9（a）所示的电路输入端等效对地的电容为 $C_1=C_F(1+A_V)$，输出端等效对地的电容为 $C_2=C_F(1+A_V^{-1})$。

（a）输入端、输出端连接电容 C_F 的理想反相放大器　　　　　　（b）等效电路

图 6-9　输入端、输出端连接电容 C_F 的理想反相放大器和等效电路

通过上述分析我们发现，当一个电容连接在反相放大器输入和输出之间时，在输入端看到的等效电容会被放大 $1+A_V$ 倍，这是米勒定理的一个特殊情况，该现象通常被称为米勒效应。我们可从电荷角度解释米勒效应，假设在 V_i 端出现 ΔV 的阶跃电压，其将被放大器放大在 V_o 端产生 $-A_V\Delta V$ 的电压变化，因此电容 C_F 两极板电压差的总变化为 $(1+A_V)\Delta V$。电容 C_F 中电荷的变化量为 $(1+A_V)\Delta V C_F$，这些电荷均从 V_i 抽取，由于 V_i 端的电压变化仅为 ΔV，因此等效的输入电容为 $(1+A_V)C_F$。同理，在输出端进行分析可得到等效的输出电容为 $(1+A_V^{-1})C_F$，在通常情况下，$A_V \gg 1$，因此输出端的等效电容值即 C_F。考虑米勒效应后，图 6-9（a）所示的电路可近似等效为图 6-10 所示的电路。

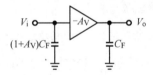

图 6-10　当 $A_V \gg 1$ 时考虑米勒效应后的近似等效电路

6.4　单级放大器的频率特性

6.4.1　共源放大器

考虑共源放大器中 MOS 器件的寄生电容及输出端的负载电容的电路如图 6-11（a）所示。其中，R_S 为输入信号源的内阻值，C_{GS} 为 M_1 栅源寄生电容值，C_{DB} 为 M_1 漏极和衬底之间的寄生电容值，C_{GD} 为 M_1 栅漏寄生电容值，C_L 为输出端的负载电容值。

忽略沟道长度调制效应，此时共源放大器的小信号模型如图 6-11（b）所示，我们在 V_X 和 V_{out} 电压对应的节点处，根据 KCL 可以得到

$$\frac{V_X - V_{in}}{R_S} + V_X C_{GS}s + \left(V_X - V_{out}\right)C_{GD}s = 0 \tag{6-24}$$

$$\left(V_{out} - V_X\right)C_{GD}s + g_m V_X + V_{out}\left(\frac{1}{R_D} + C_{DB}s + C_L s\right) = 0 \tag{6-25}$$

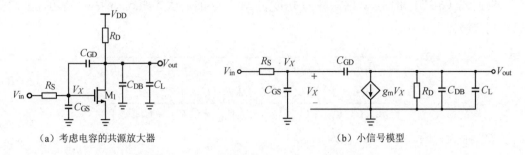

（a）考虑电容的共源放大器　　　　　　　　　　　　（b）小信号模型

图 6-11　考虑电容的共源放大器和小信号模型

结合式（6-24）和式（6-25）可得到 V_{in} 到 V_{out} 的传递函数为

$$A(s)=\dfrac{-g_{\text{m}}R_{\text{D}}\left(1-\dfrac{C_{\text{GD}}}{g_{\text{m}}}s\right)}{R_{\text{S}}R_{\text{D}}\alpha s^2+\left[R_{\text{S}}\left(1+g_{\text{m}}R_{\text{D}}\right)C_{\text{GD}}+R_{\text{S}}C_{\text{GS}}+R_{\text{D}}\left(C_{\text{GD}}+C_{\text{DB}}+C_{\text{L}}\right)\right]s+1}\qquad（6\text{-}26）$$

式中，$\alpha=C_{\text{GD}}C_{\text{GS}}+C_{\text{DB}}C_{\text{GS}}+C_{\text{DB}}C_{\text{GD}}+C_{\text{L}}C_{\text{GS}}+C_{\text{L}}C_{\text{GD}}$。如果 $R_{\text{S}}=0$，那么传递函数中只存在一个极点 $1/[R_{\text{D}}(C_{\text{GD}}+C_{\text{DB}}+C_{\text{L}})]$，很明显该极点对应 V_{out} 节点。如果 $R_{\text{S}}\neq0$，那么可以看出传递函数的分母为关于 s 的二次函数，因此这是一个二阶系统。那么，$H(s)$ 的分母可以写成

$$D=\left(\dfrac{s}{\omega_{\text{p1}}}+1\right)\left(\dfrac{s}{\omega_{\text{p2}}}+1\right)$$

$$=\dfrac{s^2}{\omega_{\text{p1}}\omega_{\text{p2}}}+\left(\dfrac{1}{\omega_{\text{p1}}}+\dfrac{1}{\omega_{\text{p2}}}\right)s+1\qquad（6\text{-}27）$$

式中，ω_{p1} 为主极点（第一极点）；ω_{p2} 为次极点（第二极点）。如果 $\omega_{\text{p2}}\gg\omega_{\text{p1}}$，则式（6-27）中 s 的系数可近似为 $1/\omega_{\text{p1}}$，结合式（6-26）中分母的表达式，可得到

$$\omega_{\text{p1}}=\dfrac{1}{R_{\text{S}}\left(1+g_{\text{m}}R_{\text{D}}\right)C_{\text{GD}}+R_{\text{S}}C_{\text{GS}}+R_{\text{D}}\left(C_{\text{GD}}+C_{\text{DB}}+C_{\text{L}}\right)}\qquad（6\text{-}28）$$

在 6.1 节中我们提到，极点和 RC 节点相对应，那么在图 6-11（a）所示的 V_X 和 V_{out} 处存在两个 RC 节点，分别对应两个极点，那么哪个是主极点呢？这就要看哪个节点处的 RC 值更大，需要分情况讨论。

（1）情况 1。当 C_{GS} 很大，但 $C_{\text{DB}}+C_{\text{L}}$ 不是很大时，那么 ω_{p1} 可进一步近似为

$$\omega_{\text{p1}}\approx\dfrac{1}{R_{\text{S}}\left[\left(1+g_{\text{m}}R_{\text{D}}\right)C_{\text{GD}}+C_{\text{GS}}\right]}\qquad（6\text{-}29）$$

此时主极点出现在 V_X 对应的节点处，那么次极点则出现在 V_{out} 对应的节点处，这说明在 ω_{p1} 处该共源放大器的增益仅下降约 3dB，我们仍可以近似认为此处的放大器增益等于直流增益 $-g_{\text{m}}R_{\text{D}}$，即 $s=0$ 时的增益。因此从 V_X 到 V_{out} 存在米勒效应，C_{GD} 可以分解为一个 V_X 处的对地电容 $(1+g_{\text{m}}R_{\text{D}})C_{\text{GD}}$ 和一个 V_{out} 处的对地电容 $[1+1/(g_{\text{m}}R_{\text{D}})]C_{\text{GD}}\approx C_{\text{GD}}$。从 V_X 处到地的总电容为 $(1+g_{\text{m}}R_{\text{D}})C_{\text{GD}}+C_{\text{GS}}$，再考虑上输入电阻值 R_{S}，则在 V_X 处所得到的极点频率与式（6-29）所示的一致。

根据式（6-27）可知，s^2 的系数为 $1/(\omega_{p1}\omega_{p2})$，$\omega_{p1}$ 的表达式如式（6-29）所示，因此可以得到次极点表达式为

$$\omega_{p2} = \frac{1}{\omega_{p1}} \frac{1}{R_S R_D \left(C_{GD}C_{GS} + C_{DB}C_{GS} + C_{DB}C_{GD} + C_L C_{GS} + C_L C_{GD}\right)}$$

$$= \frac{R_S\left(1 + g_m R_D\right)C_{GD} + R_S C_{GS} + R_D\left(C_{GD} + C_{DB} + C_L\right)}{R_S R_D \left(C_{GD}C_{GS} + C_{DB}C_{GS} + C_{DB}C_{GD} + C_L C_{GS} + C_L C_{GD}\right)} \qquad (6\text{-}30)$$

由于 C_{GS} 很大，因此 ω_{p2} 可近似为

$$\omega_{p2} \approx \frac{1}{R_D\left(C_{GD} + C_{DB} + C_L\right)} \qquad (6\text{-}31)$$

根据米勒效应可知，V_{out} 处对地的总电容为 $C_{GD} + C_{DB} + C_L$，再考虑输出阻抗 R_D，则在 V_{out} 处所得到的极点频率与式（6-29）所示的一致。通过上述分析我们发现，在共源放大器中，如果 C_{GS} 非常大在频率特性中占主导地位，那么放大器的主极点出现在 V_X 处，而次极点出现在 V_{out} 处，且米勒效应成立。由此可知，根据极点与 RC 节点的对应关系，以及米勒效应，可以很容易得到极点的近似表达式，而不需要严格推导系统的传递函数。

（2）情况 2。下面来考虑另外一种情况，如果 $C_{DB} + C_L$ 很大并取代 C_{GS} 成为影响频率特性的主导因素，那么 ω_{p1} 近似为

$$\omega_{p1} \approx \frac{1}{R_D\left(C_{DB} + C_L\right)} \qquad (6\text{-}32)$$

此时主极点出现在 V_{out} 对应的节点处，次极点出现在 V_X 对应的节点处。根据式（6-30），同时考虑 $C_{DB} + C_L$ 很大，则 ω_{p2} 可近似为

$$\omega_{p2} \approx \frac{1}{R_S\left(C_{GS} + C_{GD}\right)} \qquad (6\text{-}33)$$

我们发现，此时 V_X 处的极点表达式中不存在米勒效应的倍乘项。这是因为 V_X 处的极点为次极点，该频率处共源放大器的增益已经衰减到非常小，所以我们不能再利用直流增益来计算米勒效应的倍乘项。因此，我们在采用米勒效应估算电容大小时一定要仔细考虑适用条件。

观察式（6-26）的分子会发现，传递函数中包含一个右半平面的零点 $z_1 = g_m/C_{GD}$。该零点的出现是因为电容 C_{GD} 提供了一个由 V_X 向 V_{out} 的前馈通路。我们也可以根据零点的定义直接获得其表达式，在 $s = z_1$ 时，$H(s) = 0$。这意味着 $V_{out} = 0$，因此在 z_1 频率处流过 C_{GD} 的电流（前馈通路）和流过 M_1 的电流（信号主通路）必须大小相等方向相反。结合图 6-11（b）所示的小信号模型，可得到 $V_X C_{GD} z_1 = g_m V_X$，因此 $z_1 = g_m/C_{GD}$，这与通过传递函数分析到的零点表达式一致。因为前馈通路的电流与信号主通路的电流方向相反，所以零点处于右半平面，其对相位的贡献是负的，这会导致放大器的相位裕度变差，这个问题我们将在第 9 章中详细讨论。

假设 $1/g_m$ 和 R_S 具有相同数量级的电阻值，那么无论是情况 1 还是情况 2，零点的频率都会大于两个极点的频率，因此式（6-26）所示的传递函数 $H(s)$ 的幅频特性伯德图将如图 6-12 所示。当 $\omega < \omega_{p1}$ 时，$H(s)$ 的幅度基本等于放大器的直流增益；当 ω 增大到 ω_{p1} 时，

出现第一个极点，$H(s)$ 的幅度以 -20dB/dec 的速度开始衰减；当 ω 增大到 ω_{p2} 时，出现第二个极点，$H(s)$ 的幅度衰减速度增加到 -40dB/dec；当 ω 增大到 ω_{z1} 时，出现零点，$H(s)$ 的幅度衰减速度减缓到 -20dB/dec。可知，C_{GD} 所提供的前馈通路将零点对应频率以上的高频输入信号传导到输出端，使得在幅频特性中频率超过 ω_{z1} 时，$H(s)$ 的幅度衰减速度减缓。

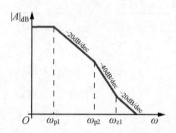

图 6-12　式（6-26）所示的传递函数 $H(s)$ 的幅频特性伯德图

6.4.2　源极跟随器

当考虑源极跟随器中输入管 M_1 的寄生电容及输出端的负载电容后，其电路如图 6-13（a）所示。其中，R_S 为输入信号源的内阻值，C_{GS} 为 M_1 的栅源寄生电容值，C_{GD} 为 M_1 的栅漏寄生电容值，C_L 为输出端负载电容值。当忽略 M_1 和 M_2 的沟道长度调制效应，但考虑 M_1 的体效应时，源极跟随器的小信号模型如图 6-13（b）所示。

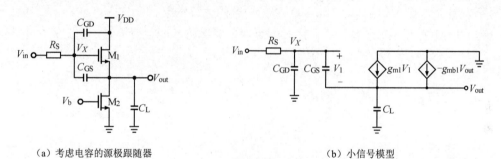

（a）考虑电容的源极跟随器　　　　　　　　　　（b）小信号模型

图 6-13　考虑电容的源极跟随器和小信号模型

在 V_X 和 V_{out} 电压对应的节点处，根据 KCL 可以得到

$$\frac{V_X - V_{in}}{R_S} + V_X C_{GD} s + \left(V_X - V_{out}\right) C_{GS} s = 0 \tag{6-34}$$

$$g_{m1}\left(V_X - V_{out}\right) - g_{mb1} V_{out} = V_{out} C_L s + \left(V_{out} - V_X\right) C_{GS} s \tag{6-35}$$

结合式（6-34）和式（6-35）可得到 V_{in} 到 V_{out} 的传递函数为

$$A(s) = \frac{\dfrac{g_{m1}}{g_{m1} + g_{mb1}}\left(1 + \dfrac{C_{GS}}{g_{m1}} s\right)}{\dfrac{R_S\left(C_{GD} C_L + C_{GD} C_{GS} + C_{GS} C_L\right)}{g_{m1} + g_{mb1}} s^2 + \dfrac{\alpha}{g_{m1} + g_{mb1}} s + 1} \tag{6-36}$$

式中，$\alpha=R_S(g_{m1}C_{GD}+g_{mb1}C_{GD}+g_{mb1}C_{GS})+C_L+C_{GS}$。如果 $R_S=0$，那么传递函数中只存在一个极点 $(g_{m1}+g_{mb1})/(C_L+C_{GS})$，很明显该极点对应 V_{out} 节点。如果 $R_S\neq0$，那么可以看出传递函数也是二阶的。参考分析共源放大器频率特性时的方法，如果次极点 ω_{p2} 远大于主极点 ω_{p1}，则可得到

$$\omega_{p1} = \frac{g_{m1} + g_{mb1}}{R_S\left(g_{m1}C_{GD} + g_{mb1}C_{GD} + g_{mb1}C_{GS}\right) + C_L + C_{GS}} \tag{6-37}$$

$$\omega_{p2} = \frac{g_{m1}C_{GD} + g_{mb1}C_{GD} + g_{mb1}C_{GS} + R_S^{-1}\left(C_L + C_{GS}\right)}{C_{GD}C_L + C_{GD}C_{GS} + C_{GS}C_L} \tag{6-38}$$

下面分情况讨论这两个极点与 V_X 和 V_{out} 节点的对应关系。

（1）情况 1。当 C_{GS} 远大于 C_L 时，C_{GS} 是决定频率特性的主要因素，因此 ω_{p1} 可近似为

$$\omega_{p1} \approx \frac{g_{m1} + g_{mb1}}{R_S\left(g_{m1}C_{GD} + g_{mb1}C_{GD} + g_{mb1}C_{GS}\right)}$$
$$\approx \frac{1}{R_S\left(C_{GD} + \dfrac{g_{mb1}}{g_{m1} + g_{mb1}}C_{GS}\right)} \tag{6-39}$$

此时 ω_{p1} 对应 V_X 节点，且源极跟随器的增益可近似为直流增益 $g_{m1}/(g_{m1}+g_{mb1})$。可以利用米勒效应估算出 ω_{p1} 的大小。根据米勒效应 C_{GS} 等效到 V_X 对小信号地的电容为 $[g_{mb1}/(g_{m1}+g_{mb1})]C_{GS}$，因此 V_X 节点对小信号地的总电容为 $C_{GD}+[g_{mb1}/(g_{m1}+g_{mb1})]C_{GS}$，再考虑信号源内阻 R_S，则可得到与式（6-39）所示一致的估算结果。

（2）情况 2。当 C_L 远大于 C_{GS} 时，C_L 是决定频率特性的主要因素，因此 ω_{p1} 可近似为

$$\omega_{p1} \approx \frac{g_{m1} + g_{mb1}}{C_L} \tag{6-40}$$

此时 ω_{p1} 对应 V_{out} 节点，则 ω_{p2} 对应 V_X 节点，其近似为

$$\omega_{p2} \approx \frac{1}{R_S\left(C_{GD} + C_{GS}\right)} \tag{6-41}$$

V_X 处的极点表达式中也不存在米勒效应的乘倍项。

观察式（6-36）所示的分子，会发现传递函数中包含一个左半平面的零点 $z_1=-g_{m1}/C_{GS}$。这是因为，电容 C_{GS} 提供了一个由 V_X 向 V_{out} 的前馈通路。同理，根据零点的定义可得到 $V_1C_{GS}z_1+V_1g_{m1}=0$，因此 $z_1=-g_{m1}/C_{GS}$，这与传递函数所体现出的零点一致。此外，因为前馈通路与信号主通路的电流方向相同，所以零点处于左半平面，其对相位的贡献是正的。

6.4.3 共栅放大器

在第 3 章中提到过，共栅放大器具有较低的输入阻抗、较高的输出阻抗和单位增益电流放大器倍数，可作为电流缓冲器。本节将分析电容对共栅放大器频率特性的影响。考虑以电流作为输入信号的共栅放大器，如图 6-14（a）所示。C_S 为 M_1 源极对小信号地的总电容值，包含 M_1 的栅源电容值 C_{GS}、源衬电容值 C_{SB} 及信号源的输入电容值 C_{in}。C_D 为 M_1 漏极对小信号地的总电容值，包含 M_1 的栅漏电容值 C_{GD}、漏衬电容值 C_{DB} 及输出端的负载电

容值 C_L。为简化分析，仅考虑 M_1 的体效应，而忽略其沟道长度调制效应，则该共栅放大器的小信号模型如图 6-14（b）所示。

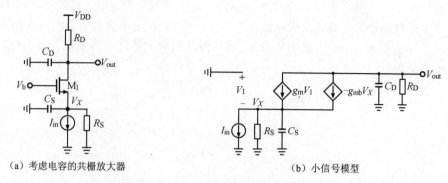

（a）考虑电容的共栅放大器　　　　　　　　（b）小信号模型

图 6-14　考虑电容的共栅放大器和小信号模型

在 V_X 和 V_{out} 电压对应的节点处，根据 KCL 可以得到

$$I_{in} + \frac{V_X}{R_S} + V_X C_S s = -g_m V_X - g_{mb} V_X \tag{6-42}$$

$$-g_m V_X - g_{mb} V_X + V_{out} C_D s + \frac{V_{out}}{R_D} = 0 \tag{6-43}$$

通过式（6-42）可求解出 V_X，再将其代入式（6-43），可得到共栅放大器 I_{in} 到 V_{out} 的传递函数为

$$A(s) = -\frac{g_m + g_{mb}}{g_m + g_{mb} + R_S^{-1} + C_S s} \frac{R_D}{1 + R_D C_D s} \tag{6-44}$$

可以看出，传递函数含有两个极点，一个对应电流输入节点 V_X 处，大小为

$$\omega_{p,in} = \frac{g_m + g_{mb} + R_S^{-1}}{C_S} \tag{6-45}$$

另一个对应输出节点 V_{out} 处，大小为 $1/(R_D C_D)$。可见，两个极点表达式中并没有出现米勒效应的电容乘倍项，故可以将 V_X 和 V_{out} 两个节点看成是相互独立的。由于共栅放大器的输入阻抗为 $1/(g_m+g_{mb})$，因此传递函数中的第一项可以看成 M_1 在 M_1、R_S 和 C_S 三者中所分配的输入电流 I_{in} 的比例。由此可知，$\omega_{p,in}$ 极点是 RC 分流形成的。传递函数中第二项是 R_D 和 C_D 并联的阻抗，这表明 M_1 分得的电流经过共栅放大器缓冲后流过输出阻容并联负载形成输出电压。通过上述分析发现，图 6-14（b）所示的共栅放大器的小信号模型可以进一步简化为图 6-15 所示的等效电路，当频率升高时 C_D 的阻抗降低，导致放大器的增益降低。

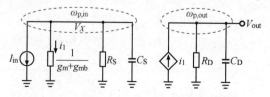

图 6-15　共栅放大器小信号模型等效电路

6.4.4　共源共栅放大器

前面分析了放大器传递函数中极点与电路节点的对应关系。通过观察图 6-16 所示的共源共栅放大器频率特性电路，发现电路中存在 3 个节点 A、B 和 C，分别对应 3 个左半平面的极点 ω_{pA}、ω_{pB} 和 ω_{pC}。采用电阻负载 R_D 的共源共栅放大器的直流增益为 $-g_{m1}R_D$，因此放大器的传递函数可以表示为

$$A(s) = -\frac{g_{m1}R_D}{\left(1+\dfrac{s}{\omega_{pA}}\right)\left(1+\dfrac{s}{\omega_{pB}}\right)\left(1+\dfrac{s}{\omega_{pC}}\right)} \tag{6-46}$$

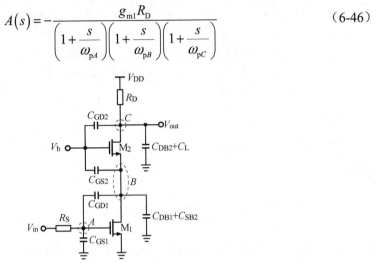

图 6-16　共源共栅放大器频率特性电路

依次分析 3 个极点的表达式。首先分析 A 节点，A 节点是电阻和电容分压形成的极点，其中电阻值为 R_S，电容值为 A 节点的对地总电容 C_A，因此 $\omega_{pA}=1/(R_SC_A)$。C_A 包含 C_{GS1} 和 C_{GD1} 的米勒效应等效电容值。因为 B 节点向上看进去的阻抗为共源共栅放大器输入阻抗 $1/(g_{m2}+g_{mb2})$，所以 A 节点到 B 节点的直流增益为 $-g_{m1}/(g_{m2}+g_{mb2})$。我们采用 A 节点到 B 节点的直流增益来近似估算米勒效应，则 C_{GD1} 等效到 A 节点对地的电容为 $[1+g_{m1}/(g_{m2}+g_{mb2})]C_{GD1}$，因此与 A 节点相关联的极点为

$$\omega_{pA} = \frac{1}{R_S\left[C_{GS1}+\left(1+\dfrac{g_{m1}}{g_{m2}+g_{mb2}}\right)C_{GD1}\right]} \tag{6-47}$$

接下来分析 B 节点，B 节点的输入实际上是 M_1 的电流，因此这个节点是电阻和电容分流形成的极点，电阻值为 B 节点看上去的阻抗 $1/(g_{m2}+g_{mb2})$，电容值为 B 节点的对地总电容值 C_B，因此 $\omega_{pB}=(g_{m2}+g_{mb2})/C_B$。$C_B$ 包含 M_1 的漏衬电容值 C_{DB1}、M_2 的源衬电容值 C_{SB2}、M_2 的栅源电容值 C_{GS2} 及 M_1 的栅漏电容 C_{GD1} 的米勒效应等效电容值。C_{GD1} 等效到 B 节点对地的电容值为 $[1+(g_{m2}+g_{mb2})/g_{m1}]C_{GD1}$，因此与 B 节点相关联的极点为

$$\omega_{pB} = \frac{g_{m2}+g_{mb2}}{C_{DB1}+C_{SB2}+C_{GS2}+\left(1+\dfrac{g_{m2}+g_{mb2}}{g_{m1}}\right)C_{GD1}} \tag{6-48}$$

在通常情况下，M_1 和 M_2 的尺寸大致相同，因此 C_{GD1} 的米勒效应等效电容值并不是很

大。此外，因为 M_1 和 M_2 均工作在饱和区，所以 C_{GD1} 基本是由栅极和漏极的交叠电容形成的，其值很小。这说明式（6-48）所示分母中的第四项可以忽略，因此 ω_{pB} 通常可近似为

$$\omega_{pB} \approx \frac{g_{m2} + g_{mb2}}{C_{DB1} + C_{SB2} + C_{GS2}} \tag{6-49}$$

最后分析 C 节点，该节点是放大器的输出节点，其极点是放大器输出电阻和输出电容并联形成的。共源共栅放大器的输出阻抗为 $(g_{m2}r_{o1}r_{o2})\|R_D \approx R_D$，$C$ 节点的对地总电容值为 C_C，因此 $\omega_{pC} = 1/(R_D C_C)$。$C_C$ 包含 M_2 的栅漏电容值 C_{GD2}、M_2 的漏衬电容值 C_{DB2} 和输出负载电容值 C_L。因此与 C 节点相关联的极点为

$$\omega_{pC} = \frac{1}{R_D \left(C_{DB2} + C_{GD2} + C_L \right)} \tag{6-50}$$

在通常情况下，放大器的负载电容是比较大的，这时 ω_{pC} 可近似为 $1/(R_D C_L)$。以上 3 个极点的相对大小关系取决于实际的设计参数，在通常情况下，R_D 和 C_L 较大，当不考虑信号源内阻值 R_S 时，$\omega_{pC} = 1/(R_D C_C)$ 往往是主极点，而 $\omega_{pB} = (g_{m2} + g_{mb2})/C_B$ 为次极点。

式（6-46）所示的传递函数中并未考虑零点，事实上类似于共源放大器，C_{GD1} 的前馈效应会引入一个右半平面的零点 $z_1 = g_{m1}/C_{GD1}$。但考虑到 M_1 工作在饱和区且作为输入管，C_{GD1} 很小，通常 g_{m1} 很大，这个零点的频率远高于放大器带宽，其作用可以忽略。

6.4.5　差分对

第 5 章讨论了差分放大器在处理模拟信号时的优势，非常有必要对其频率特性进行分析。下面以基本差分对为例分析其频率特性，所采用电路如图 6-17 所示，这里忽略信号源内阻。在基本差分对中，V_p 可以看成小信号地，因此从 V_{inp} 到 V_{outn} 的传递函数与共源放大器的一致，在 V_{outn} 处表现出一个极点 $1/(R_D C_L)$。同理，从 V_{inn} 到 V_{outp} 的传递函数也与共源放大器的一致，在 V_{outp} 处表现出一个极点 $1/(R_D C_L)$。由于在 V_{inn} 和 V_{inp} 所施加的信号分别为 $-\Delta V_{in}/2$ 和 $+\Delta V_{in}/2$，因此从 ΔV_{in} 到 ΔV_{out} 的传递函数与单边电路的传递函数是相同的，并不会叠加两输入支路的极点。图 6-17 所示的基本差分对的差模增益为

$$A_{DM}(s) = \frac{g_{m1,2} R_D}{(1 + R_D C_L s)} = g_{m1,2} \left(R_D \| \frac{1}{C_L s} \right) \tag{6-51}$$

当考虑尾电流源 M_3 的有限输出阻抗 r_{o3} 及输入对管的非对称性时，根据 5.3 节中的分析，差分对的共模输入电压变化将引起差模输出电压。再考虑输出节点的负载电容值 C_L，其共模到差模增益 A_{CM-DM} 可表示为

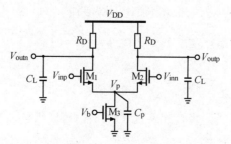

图 6-17　基本差分对频率特性分析电路

$$A_{\text{CM-DM}}(s) = \frac{\Delta V_{\text{out}}}{\Delta V_{\text{cm,in}}} = \frac{\Delta g_{\text{m}}\left(R_{\text{D}} \parallel \dfrac{1}{C_{\text{L}}s}\right)}{1+(g_{\text{m1}}+g_{\text{m2}})r_{\text{o3}}} \tag{6-52}$$

当进一步考虑 V_{p} 点对地的寄生电容值 C_{p} 时，尾电流源的阻抗变为 $r_{\text{o3}}\|(C_{\text{p}}s)^{-1}$，因此 $A_{\text{CM-DM}}$ 变为

$$A_{\text{CM-DM}}(s) = \frac{\Delta V_{\text{out}}}{\Delta V_{\text{cm,in}}} = \frac{\Delta g_{\text{m}}\left(R_{\text{D}} \parallel \dfrac{1}{C_{\text{L}}s}\right)}{1+(g_{\text{m1}}+g_{\text{m2}})\left(r_{\text{o3}} \parallel \dfrac{1}{C_{\text{p}}s}\right)} \tag{6-53}$$

结合式（6-51）和式（6-53）我们可以得到基本差分对 CMRR 的传递函数为

$$\text{CMRR}(s) = \frac{A_{\text{DM}}(s)}{A_{\text{CM-DM}}(s)} = \frac{g_{\text{m1}}+g_{\text{m2}}}{2\Delta g_{\text{m}}}\left[1+(g_{\text{m1}}+g_{\text{m2}})\left(r_{\text{o3}} \parallel \dfrac{1}{C_{\text{p}}s}\right)\right] \tag{6-54}$$

由此可知，随着频率的升高，CMRR 的幅值会减小，即在高频时差分对对共模信号的抑制能力降低。

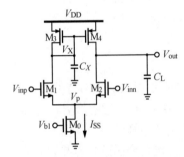

图 6-18　采用电流镜负载的单端输出
差分对频率特性分析电路

以上讨论是针对全差分放大器展开的，下面分析采用电流镜负载的单端输出差分对的频率特性，其电路如图 6-18 所示。其中 C_X 是 V_X 节点处对地的总电容值，其包括 C_{GS3}、C_{GS4}、C_{DB3}、C_{DB1}，以及 C_{GD1} 和 C_{GD4} 的米勒效应等效电容值。

输出端对地的总电容值包括负载电容值 C_{L}、C_{DB4}、C_{DB2}，以及 C_{GD2} 和 C_{GD4} 的米勒效应等效电容值，但在通常情况下，C_{L} 是比较大的，因此我们近似认为输出节点对地总电容值为 C_{L}。采用图 6-19 所示的单端输出差分对的小信号模型分析其传递函数，其中 g_{mn} 和 r_{on} 为 NMOS 器件的跨导和小信号阻抗，g_{mp} 和 r_{op} 为 PMOS 器件的跨导和小信号阻抗。

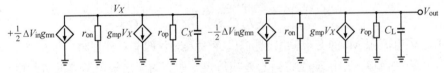

图 6-19　单端输出差分对的小信号模型

在 V_X 和 V_{out} 对应的节点处，根据 KCL 可以得到

$$\frac{1}{2}\Delta V_{\text{in}}g_{\text{mn}} + \frac{V_X}{r_{\text{on}}} + g_{\text{mp}}V_X + \frac{V_X}{r_{\text{op}}} + V_X C_X s = 0 \tag{6-55}$$

$$-\frac{1}{2}\Delta V_{\text{in}}g_{\text{mn}} + \frac{V_{\text{out}}}{r_{\text{on}}} + g_{\text{mp}}V_X + \frac{V_{\text{out}}}{r_{\text{op}}} + V_{\text{out}} C_{\text{L}} s = 0 \tag{6-56}$$

通过式（6-55）可以求解 V_X，将其代入式（6-56），可以得到传递函数为

$$A(s) = \frac{V_{\text{out}}}{\Delta V_{\text{in}}} = \frac{\dfrac{1}{2}g_{\text{mn}}\left(\dfrac{1}{r_{\text{on}}} + \dfrac{1}{r_{\text{op}}} + 2g_{\text{mp}} + C_X s\right)}{\left(\dfrac{1}{r_{\text{on}}} + \dfrac{1}{r_{\text{op}}} + g_{\text{mp}} + C_X s\right)\left(\dfrac{1}{r_{\text{on}}} + \dfrac{1}{r_{\text{op}}} + C_L s\right)} \tag{6-57}$$

观察该传递函数发现其存在一个左半平面零点

$$\omega_z = \frac{1}{\left(r_{\text{on}} \parallel r_{\text{op}} \parallel \dfrac{1}{2g_{\text{mp}}}\right) C_X} \tag{6-58}$$

另外，还包含两个左半平面的极点，因为通常 C_L 远大于 C_X，因此第一极点为

$$\omega_{\text{p1}} = \frac{1}{\left(r_{\text{on}} \parallel r_{\text{op}}\right) C_L} \tag{6-59}$$

第二极点为

$$\omega_{\text{p2}} = \frac{1}{\left(r_{\text{on}} \parallel r_{\text{op}} \parallel \dfrac{1}{g_{\text{mp}}}\right) C_X} \tag{6-60}$$

第一极点与 V_{out} 节点相关联，而第二极点与 V_X 节点相关联。因为 V_X 为电流镜负载的镜像点，所以通常将第二极点称为镜像极点。为更直观地展现 $A(s)$ 的特性，可采用 ω_z、ω_{p1}、ω_{p2} 将其重新表示为

$$A(s) = \frac{\dfrac{1}{2}g_{\text{mn}}\left(r_{\text{on}} \parallel r_{\text{op}} \parallel \dfrac{1}{g_{\text{mp}}}\right)\left(r_{\text{on}} \parallel r_{\text{op}}\right)\left(1 + \dfrac{s}{\omega_z}\right)}{\left(r_{\text{on}} \parallel r_{\text{op}} \parallel \dfrac{1}{2g_{\text{mp}}}\right)\left(1 + \dfrac{s}{\omega_{\text{p1}}}\right)\left(1 + \dfrac{s}{\omega_{\text{p2}}}\right)}$$

$$= \frac{g_{\text{mn}}\left(r_{\text{on}} \parallel r_{\text{op}}\right)\left(r_{\text{on}} + r_{\text{op}} + 2g_{\text{mp}}r_{\text{on}}r_{\text{op}}\right)}{2\left(r_{\text{on}} + r_{\text{op}} + g_{\text{mp}}r_{\text{on}}r_{\text{op}}\right)} \cdot \frac{\left(1 + \dfrac{s}{\omega_z}\right)}{\left(1 + \dfrac{s}{\omega_{\text{p1}}}\right)\left(1 + \dfrac{s}{\omega_{\text{p2}}}\right)} \tag{6-61}$$

通常有 $g_{\text{mp}}r_{\text{op}} \gg 1$，则 $A(s)$ 可近似为

$$A(s) \approx \frac{g_{\text{mn}}\left(r_{\text{on}} \parallel r_{\text{op}}\right)\left(1 + \dfrac{s}{\omega_z}\right)}{\left(1 + \dfrac{s}{\omega_{\text{p1}}}\right)\left(1 + \dfrac{s}{\omega_{\text{p2}}}\right)} \tag{6-62}$$

由此可知，其直流增益为 $A_0 = g_{\text{mn}}(r_{\text{on}} \parallel r_{\text{op}})$，这与 5.5 节中的分析一致。如果 $1/g_{\text{mp}} \ll r_{\text{on}} \parallel r_{\text{op}}$，则式（6-58）所示的零点可近似为 $\omega_z \approx 2g_{\text{mp}}/C_X$，式（6-60）所示的镜像极点可近似为 $\omega_{\text{p2}} \approx g_{\text{mp}}/C_X$。可以看出，相比于全差分放大器的传递函数，单端输出差分放大器多出一个镜像极点，且伴随出现一个与镜像极点很接近的左半平面零点。通常将这样一对频率很接近的零点和极点称为零极点对（Doublet），其会对放大器的响应速度产生一定影响。由此可

知，没有镜像零极点对是全差分放大器相对于单端输出差分放大器的另一个优势。

这个零点可以采用零点的定义直接获得，为简化分析，忽略沟道长度调制效应，那么

$$\frac{1}{2}\Delta V_{in} g_{mn} = -V_X \left(g_{mp} + C_X s \right) \tag{6-63}$$

在零点处 V_{out} 幅度为 0，则须满足

$$-\frac{1}{2}\Delta V_{in} g_{mn} + g_{mp} V_X = 0 \tag{6-64}$$

因此有 $V_X(g_{mp}+C_X z)+g_{mp}V_X=0$，则 $z=-2g_{mp}/C_X$。也可以通过快慢通路的方式来解释该零点的产生，从 V_{inn} 传递到 V_{out} 只有一个极点，为快通路，其传递函数为

$$\frac{V_{out,fast}}{-\frac{1}{2}\Delta V_{in}} = \frac{-A_0}{1+\dfrac{s}{\omega_{p1}}} \tag{6-65}$$

而从 V_{inp} 传递到 V_{out} 需要经过 C_X 和 V_{out} 两处关联的极点，为慢通路，其传递函数为

$$\frac{V_{out,slow}}{\frac{1}{2}\Delta V_{in}} = \frac{A_0}{\left(1+\dfrac{s}{\omega_{p1}}\right)\left(1+\dfrac{s}{\omega_{p2}}\right)} \tag{6-66}$$

在两个通路叠加作用下形成输出 V_{out}，因此

$$\begin{aligned}
\frac{V_{out}}{\Delta V_{in}} &= \frac{\dfrac{1}{2}A_0}{1+\dfrac{s}{\omega_{p1}}}\left(\frac{1}{1+\dfrac{s}{\omega_{p2}}}+1\right) \\[2em]
&= \frac{A_0\left(1+\dfrac{s}{2\omega_{p2}}\right)}{\left(1+\dfrac{s}{\omega_{p1}}\right)\left(1+\dfrac{s}{\omega_{p2}}\right)}
\end{aligned} \tag{6-67}$$

由此可知，传递函数中出现一个左半平面的零点 $z=-2\omega_{p2}$，这说明该零点的产生主要是因为正负输入两条通路信号传递到输出点的速度不一致。

6.5 放大器的频率特性仿真分析

6.5.1 观察多极点系统的频率特性

RC 节点级联如图 6-20 所示，通过电阻和电容分压实现一个极点，并利用增益为 1 的压控电压源实现 3 个极点的级联。其中，R_0=10MΩ，C_0=1/(2π) nF，该节点关联的极点为 f_{p0}=100Hz；R_1=10kΩ，C_1=1/(2π) nF，该节点关联的极点为 f_{p1}=100kHz；R_2=10Ω，C_2=1/(2π)nF，该节点关联的极点为 f_{p2}=100MHz。在 V_{in} 端施加幅度为 1 的交流小信号，因此整个电路系统的传递函数为 $H(s)=V_{out}/V_{in}=V_{out}$。通过 MDE 工具，在 1Hz～1GHz 范围内进行 AC 仿真，得到 V_{out} 节点的幅频特性曲线和相频特性曲线，如图 6-21 所示。从幅频特性曲线可以看出，

频率为 100Hz～100kHz 时，$H(s)$幅度以-20dB/dec 速度衰减；频率为 100kHz～100MHz 时，$H(s)$幅度以-40dB/dec 速度衰减；频率大于 100MHz 以后，$H(s)$幅度以-60dB/dec 速度衰减。从相频特性曲线可以看出，在 100Hz 处 $H(s)$的相位为-45°，在 100kHz 处 $H(s)$的相位为-135°，在 100MHz 处 $H(s)$的相位为-225°+360°=135°。由此可知，$H(s)$中包含 3 个极点，它们的位置与 3 个关联的 RC 节点一致。

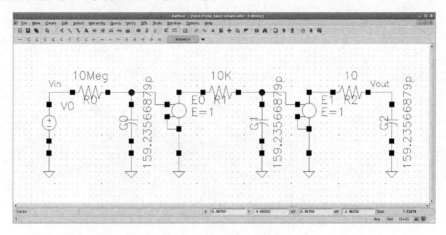

图 6-20　RC 节点级联

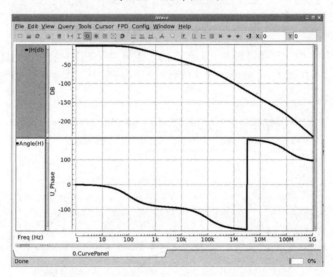

图 6-21　V_{out}节点的幅频特性曲线和相频特性曲线

6.5.2　共源放大器的频率特性仿真分析

通过交流仿真观察共源放大器的频率特性，所采用的仿真原理图如图 6-22 所示。其中信号源内阻值 R_S=10kΩ，电阻负载值 R_D=50kΩ，负载电容值 C_L=10pF。将输入直流偏置设为 0.45V，首先通过 MDE 工具进行 DC 仿真以获取 M_1 的工作状态及相关参数，M_1 的主要参数如下：g_m=150.8μS，C_{GS}=41.2fF，C_{GD}=3.6fF。可发现 C_L 远大于 C_{GS}，因此该共源放大器符合 6.4.1 节中的情况 2。根据情况 2 的理论分析，可以估算出该共源放大器传递函数中的零极点情况：主极点 $\omega_{p1} \approx 1/(R_D C_L) = 2M$ rad/s，次极点 $\omega_{p2} \approx 1/[R_S(C_{GS}+C_{GD})] \approx 2.23G$ rad/s，右半平面零点 $\omega_z \approx g_m/C_{GD} \approx 41.9G$ rad/s。因为 AC 仿真中频率是以 Hz 为单位的，因此将上述零极点的频率估计值转换为 Hz 单位：$f_{p1} \approx 318$kHz，$f_{p2} \approx 355$MHz，$f_z \approx 6.7$GHz。

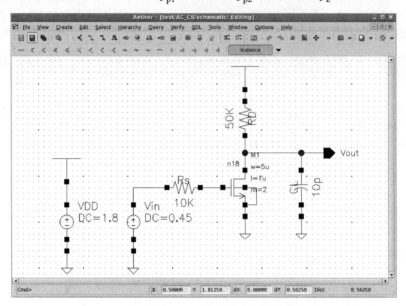

图 6-22　共源放大器交流仿真原理图

将输入电压源的 AC 幅度设置为 1，在 MDE 工具中，在 1Hz～100GHz 范围内进行 AC 仿真，查看 V_{out} 节点的幅频特性曲线和相频特性曲线即得到共源放大器增益的频率特性，仿真结果如图 6-23 所示。

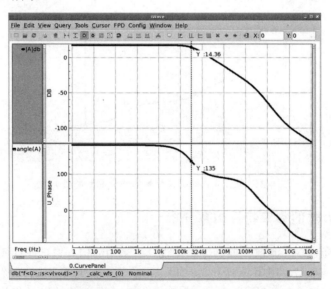

图 6-23　共源放大器增益的频率特性仿真结果

观察图 6-23 所示的幅频特性曲线，可以看出频率在 $f_{p1} \sim f_{p2}$ 时，该共源放大器增益的幅度以-20dB/dec 速度衰减；频率在 $f_{p2} \sim f_z$ 时，增益的幅度以-40dB/dec 速度衰减；当频率大于 f_z 后，增益的幅度再次以-20dB/dec 速度衰减，这与对图 6-12 的分析相符合。再观察图 6-23 所示的相频特性曲线，可以看出该共源放大器增益的相位从 180° 开始随着频率升高不断减小。这是因为共源放大器的直流增益为负值，所以其初始相位为 180°。随着频率升高出现两个左半平面的极点，因此相位会连续衰减，在 $10f_{p2} \approx 3.6$GHz 处相位衰减到 0°。当频率继续升高时，出现右半平面的零点，这使得相位继续衰减。由此可知，右半平面的零点会使得相位裕度降低，进而影响系统稳定性，这个问题会在第 9 章中详细讨论。

6.5.3 源极跟随器的频率特性仿真分析

源极跟随器的频率特性 AC 仿真原理图如图 6-24 所示。源极跟随器采用 PMOS 器件 M_1 作为输入管，信号源内阻值 R_S=100kΩ，负载电容值 C_L=1nF，工作在饱和区的 M_2 作为电流源负载，通过电流镜 M_3 为 M_2 镜像 10μA 的偏置电流。将输入直流偏置设为 0.45V，首先通过 MDE 工具进行 DC 仿真以获取 M_1 的工作状态及相关参数，M_1 的主要参数如下：g_m=103.2μS，g_{mb}=26.5μS，C_{GS}=15.6fF，C_{GD}=2.1fF。可发现 C_L 远大于 C_{GS}，因此该源极跟随器符合 6.4.2 节中的情况 2。根据情况 2 的理论分析，可以估算出该源级跟随器传递函数中的零极点情况：主极点 $\omega_{p1} \approx (g_m+g_{mb})/C_L \approx 130$k rad/s，次极点 $\omega_{p2} \approx 1/[R_S(C_{GS}+C_{GD})] \approx$ 565M rad/s，左半平面零点 $\omega_z \approx g_m/C_{GS} \approx 6.6$G rad/s。将上述零极点的频率估计值转换为 Hz 单位：$f_{p1} \approx 21$kHz，$f_{p2} \approx 90$MHz，$f_z \approx 1$GHz。

将输入电压源的 AC 幅度设置为 1，在 MDE 工具中，在 1Hz～100GHz 范围内进行 AC 仿真，查看 V_{out} 节点的幅频特性曲线和相频特性曲线即得到源极跟随器增益的频率特性，仿真结果如图 6-25 所示。

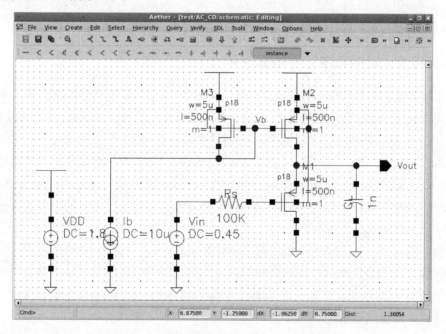

图 6-24 源极跟随器的频率特性 AC 仿真原理图

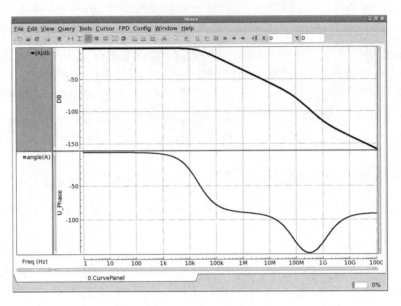

图 6-25　源极跟随器增益的频率特性仿真结果

该源极跟随器增益同样包含两个极点和一个远大于次极点的零点，因此其幅度与频率的变化趋势与 6.5.2 节所述的共源放大器的相似，如图 6-25 所示。但是该源极跟随器增益的相频特性曲线却表现得不一样，该源极跟随器增益的相位从 0° 开始随着频率升高而减小，但当频率升高到一定程度后相位又开始增大。这是因为源极跟随器直流增益为正值，所以其初始相位为 0°。随着频率升高出现两个左半平面的极点，因此相位会连续衰减，在 $f_{p2} \approx 90\mathrm{MHz}$ 处相位衰减到-135°。当频率继续升高时，出现左半平面的零点，这使得相位开始增大，当频率大于 $10f_z \approx 10\mathrm{GHz}$ 以后相位基本稳定在-90°。

6.5.4　共栅放大器的频率特性仿真分析

共栅放大器的频率特性 AC 仿真原理图如图 6-26 所示。其中信号源内阻值 R_S=100kΩ，电阻负载值 R_D=10kΩ，负载电容值 C_L=1nF。将输入直流偏置设为 10μA，首先通过 MDE 工具进行 DC 仿真以获取 M_1 的工作状态及相关参数，M_1 的主要参数如下：g_m=249.9μS，g_{mb}=56.9μS，C_S=65.9fF。可发现 C_L 远大于 C_S，根据 6.4.3 节中的理论分析，可以估算出该共栅放大器的主极点为 $\omega_{p1} \approx 1/(R_D C_L) \approx 100\mathrm{k\ rad/s}$，次极点为 $\omega_{p2} \approx (g_m+g_{mb}+R_S^{-1})/C_S \approx 4.8\mathrm{G\ rad/s}$。共栅放大器的增益传递函数中并不包含零点。将上述极点的频率估计值转换为 Hz 单位：$f_{p1} \approx 15.9\mathrm{kHz}$，$f_{p2} \approx 764\mathrm{MHz}$。

将输入电流源的 AC 幅度设置为 1，在 MDE 工具中，在 1Hz～100GHz 范围内进行 AC 仿真，查看 V_{out} 节点的幅频特性曲线和相频特性曲线即得到共栅放大器增益的频率特性，仿真结果如图 6-27 所示。可知，该共栅放大器在 15.9kHz 和 764MHz 附近出现两个极点，表现为典型的双极点系统频率特性。

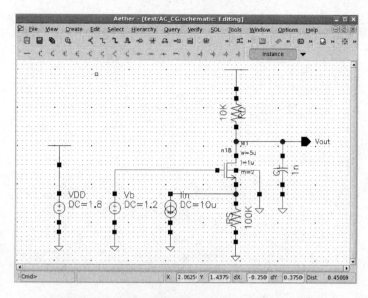

图 6-26　共栅放大器的频率特性 AC 仿真原理图

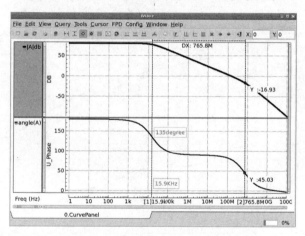

图 6-27　共栅放大器增益的频率特性仿真结果

6.5.5　共源共栅放大器的频率特性仿真分析

共源共栅放大器的频率特性 AC 仿真原理图如图 6-28 所示。其中信号源内阻值 R_S=1MΩ，电阻负载值 R_D=100kΩ，负载电容值 C_L=10nF。将输入直流偏置设为 0.45V，首先通过 MDE 工具进行 DC 仿真以获取 M_1 和 M_2 的工作状态及相关参数，M_1 和 M_2 的主要参数如下：g_{m1}=168.7μS，C_{GS1}=168.4fF，C_{GD1}=7.4fF，g_{m2}=170.4μS，g_{mb2}=38.4μS，C_{GS2}=167.5fF。根据 6.4.4 节中的式（6-47）、式（6-48）和式（6-50），可以得到系统中三个极点频率为 f_{pA}≈875kHz，f_{pB}≈180MHz，f_{pC}≈16kHz，另外在 f_z≈3.6GHz 处还存在一个右半平面的零点。将输入电压源的 AC 幅度设置为 1，在 MDE 工具中，在 1Hz～100GHz 范围内进行 AC 仿真，查看 V_{out} 节点的幅频特性曲线和相频特性曲线即得到共源共栅放大器增益的频率特性，仿真结果如图 6-29 所示。可知，$A(s)$ 中 3 个极点和 1 个零点出现的位置与上述理论计算值基本相符。当不考虑 R_S 时，该共源共栅放大器可近似看成仅包含 f_{pB} 和 f_{pC} 的双极点系统。

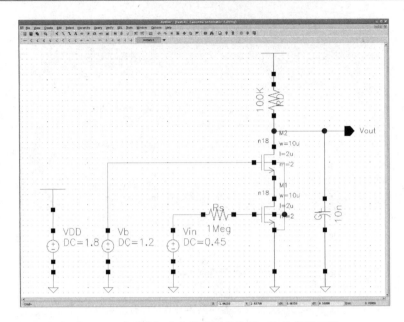

图 6-28　共源共栅放大器的频率特性 AC 仿真原理图

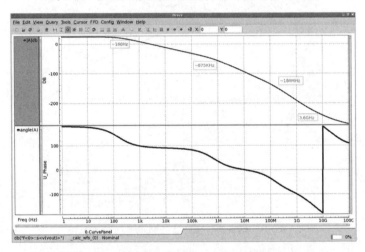

图 6-29　共源共栅放大器增益的频率特性仿真结果

6.5.6　差分放大器的频率特性仿真分析

6.5.6.1　全差分输出情况

全差分放大器的频率特性 AC 仿真原理图如图 6-30 所示。其中电阻负载值 $R_{\text{D1,D2}}=$ 18kΩ，负载电容值 $C_{0,1}=$10pF。将共模输入电压值 V_{CM} 设为 1V，首先通过 MDE 工具进行 DC 仿真以获取 M_1 和 M_2 的工作状态及相关参数，它们具有相同的参数：$g_{\text{m}}=1.02\text{mS}$，$g_{\text{ds}}=r_{\text{o}}^{-1}=6.53\mu\text{S}$，$C_{\text{GD}}=18.2\text{fF}$。这里没有考虑输入信号源的内阻，因此根据 6.4.5 节中的分析，可以很容易判断出该全差分放大器仅含有一个极点位于输出节点处，其频率为 $f_{\text{p}}\approx1/[2\pi(r_{\text{o}}\|R_{\text{D}})C_{\text{L}}]\approx989\text{kHz}$。此外，由于输入对管的 C_{GD} 的前馈作用，系统中还存在一个右半平面的零点，其频率为 $f_{\text{z}}\approx g_{\text{m}}/(2\pi C_{\text{GD}})\approx8.9\text{GHz}$。

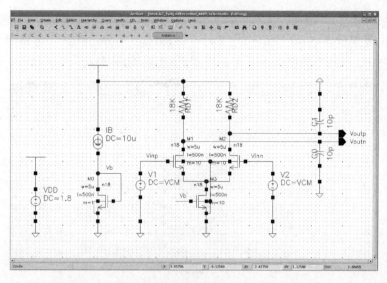

图 6-30　全差分放大器的频率特性 AC 仿真原理图

将正向输入电压源的 AC 幅度设置为 1，反向输入电压源的 AC 幅度设置为-1，这样设置的好处是 V_{out+} 的输出与 ΔV_{out} 是相同的，直接观察 V_{out+} 的特性即可。在 MDE 工具中，在 1Hz～100GHz 范围内进行 AC 仿真，查看 V_{out+} 节点的幅频特性曲线和相频特性曲线即得到全差分放大器增益的频率特性，仿真结果如图 6-31 所示。可知，$A(s)$ 的幅度在频率为 f_p～f_z 时，呈-20dB/dec 速度衰减；当频率大于 f_z 后，$A(s)$ 的幅度保持不变。$A(s)$ 的相位在 f_p 处为 $-45°$，在 f_z 处为-135°，仿真结果与理论分析一致。需要注意的是，f_z 的频率远远大于系统带宽，因此在通常情况下，这个零点的作用是可以被忽略的。

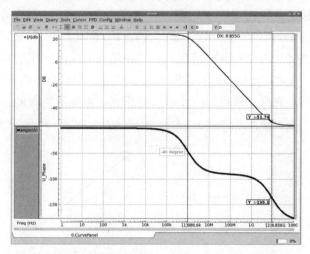

图 6-31　全差分放大器增益的频率特性仿真结果

6.5.6.2　单端输出情况

单端输出差分放大器的频率特性 AC 仿真原理图如图 6-32 所示。将共模输入电压 V_{CM} 设为 1V，首先通过 MDE 工具进行 DC 仿真以获取 NMOS 输入对管和 PMOS 电流镜负载管的工作状态及相关参数，具体参数：g_{mn}=1.02mS，g_{mp}=176.9μS，$g_{dsn}=r_{on}^{-1}$=5.1μS，

$g_{dsp} = r_{op}^{-1} = 3.3\mu S$，$C_{GSp} = 140.6fF$。根据 6.4.5 节中的分析，可以判断该单端输出差分放大器在输出节点处出现主极点 $f_{p1} \approx 1/[2\pi(r_{on}||r_{op})C_L] \approx 133.8kHz$，另外还存在一个镜像极点 $f_{p2} \approx g_{mp}/(4\pi C_{GSp}) \approx 100MHz$ 及其相关联的左半平面零点 $f_z = 2f_{p2} \approx 200MHz$。

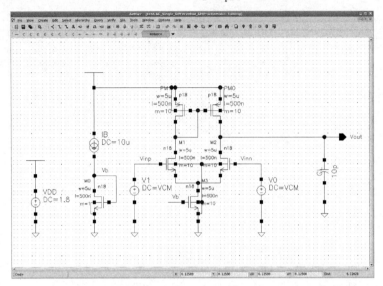

图 6-32 单端输出差分放大器的频率特性 AC 仿真原理图

将正向输入电压源的 AC 幅度设置为 0.5，反向输入电压源的 AC 幅度设置为-0.5，在 MDE 工具中，在 1Hz～100GHz 范围内进行 AC 仿真，查看 V_{out} 节点的幅频特性曲线和相频特性曲线即得到单端输出差分放大器增益的频率特性，仿真结果如图 6-33 所示。可知，$A(s)$在 f_{p1} 处出现主极点，在 f_{p2} 和 f_z 处出现一个零极点对。由于 f_z 处于左半平面，因此其对相位的贡献是正的，刚好抵消了 f_{p2} 对相位的负的贡献。因此在相频特性曲线中，在 200MHz 附近出现了相位稍微降低后又升高的情况。当频率继续升高时，我们发现 $A(s)$的幅度不再减小，而其相位还在衰减，这是由输入管的 C_{GD} 的前馈作用所引入的右半平面零点导致的。但这个右半平面的零点频率通常远远大于放大器带宽，因此可以忽略其作用。

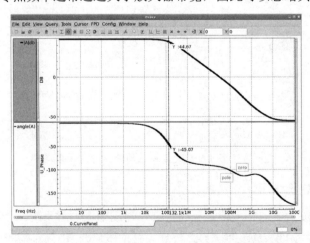

图 6-33 单端输出差分放大器增益的频率特性仿真结果

习题

6.1 假设一个系统具有 N 个相同的左半平面极点 ω_p,当其幅度减小 3dB 时,对应的频率为多少?

6.2 估算图 6-34 所示电路的极点。

6.3 仅考虑电容 C_1,忽略其他电容,计算图 6-35 所示电路的输入阻抗 Z_X。

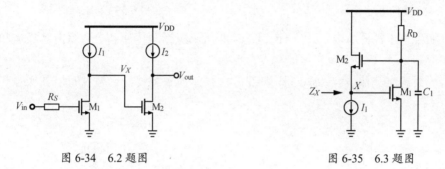

图 6-34 6.2 题图   图 6-35 6.3 题图

6.4 写出图 6-36 所示电路的传递函数。

6.5 在图 6-14 所示的共栅放大器电路中,忽略体效应,计算电路的极点。其中 $I_{in}=1mA$, $C_S=0.1fF$, $C_D=0.03fF$, $W_1/L_1=100/5$, $\mu_n C_{ox}=1.4\times10^{-4}\,A/V^2$, $R_S=R_D=1k\Omega$。

6.6 计算图 6-37 所示电路分别在高频和低频下的增益。

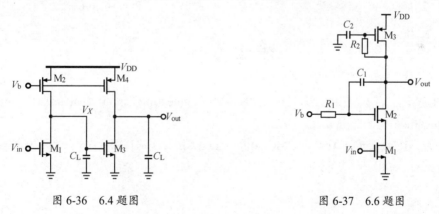

图 6-36 6.4 题图   图 6-37 6.6 题图

6.7 在图 6-17 所示的电路中,若将其负载更改为二极管连接的 MOS 器件,试求其传递函数和输出极点。

6.8 对于图 6-38 所示的共源共栅放大器,仅考虑图中所画电容,忽略体效应和沟道长度调制效应,写出其传递函数。

6.9 如果一个放大器的直流增益为 A_0,有两个左半平面极点 ω_{p1} 和 ω_{p2},一个右半平面零点 ω_z,且 $\omega_{p2}\gg\omega_z\gg\omega_{p1}$,画出幅频特性和相频特性伯德图。

6.10 假设 $\lambda=0$,求图 6-39 所示电路的传递函数并写出其极点和零点表达式。

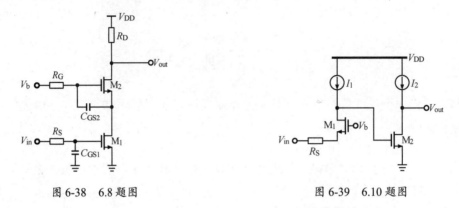

图 6-38　6.8 题图　　　　　　　　图 6-39　6.10 题图

6.11　如果忽略其他电容，$\lambda \neq 0$，计算图 6-40 所示电路的传递函数并写出其极点和零点表达式。

6.12　如果忽略其他电容，$\lambda \neq 0$，计算图 6-41 所示电路的传递函数并写出其极点和零点表达式。

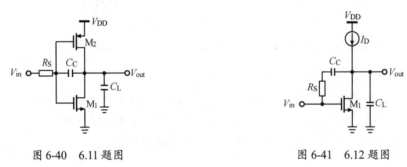

图 6-40　6.11 题图　　　　　　　　图 6-41　6.12 题图

参考文献

[1]　HAYT W H，KEMMERLY J，DURBIN S M. Engineering Circuit Analysis[M]. New York: The McGraw-Hill Companies, 1971.

[2]　RAZAVI B. Design of Analog CMOS Integrated Circuits[M]. New York: The McGraw-Hill Companies, 2001.

第7章

带隙基准电路

电压基准电路是模拟集成电路中不可或缺的重要单元模块，它为电路系统提供稳定可靠的直流参考电压。电压基准的精确性直接影响电路的精度，如模数转换器或数模转换器的转换精度。带隙基准电路是一种常用的能够产生与电源无关且具有优异温度稳定性的高精度直流参考电压的电压基准电路。本章将重点分析带隙基准电路的工作原理。

7.1 带隙基准电路的基本原理

典型的混合信号系统如图 7-1 所示，在一个典型的混合信号系统中，往往需要多个参考电压。此外，为了避免参考电压之间产生串扰，通常使用多个参考电压产生电路。在这样的系统中，包含多个片上 DC-DC 转换器的电源管理模块需要一个参考电压。ADC 和 DAC 还需要其他的高精度参考电压，以便在低电源电压供电的条件下也能达到较高的转换精度和速度。毫无疑问，参考电压的精度决定了集成电路系统可实现的最高性能。

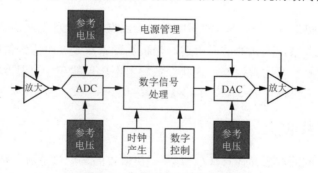

图 7-1 典型的混合信号系统

带隙基准电路可以提供稳定准确的参考电压，因此常被应用在上述混合信号系统中。此外，带隙基准电路具有极低的电源电压和温度敏感性。那么带隙基准电路是如何产生一个不受温度变化影响的电压的呢？假设有两种电压，分别具有正的温度系数和负的温度系数，那么如果我们以某种特定权重将这两种电压相加，可使结果显现出零温度系数。带隙基准电路正是利用了这种方法，其基本工作原理如图 7-2 所示。其中，双极晶体管的基极

发射极电压 V_{BE} 具有负温度系数,其会随着温度升高而近似线性减小。而热电压 $V_T=kT/q$ 具有正温度系数,其随着温度升高而线性增大(其中 k 为玻尔兹曼常数,T 为热力学温度,q 为电子电荷量)。对 V_T 电压乘以一个系数 G,以使 GV_T 和 V_{BE} 具有近似相反的温度系数,将二者叠加后可获得温度系数很小的参考电压 $V_{ref}=V_{BE}+GV_T$。

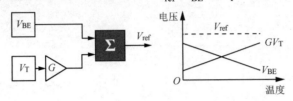

图 7-2　带隙基准电路的基本工作原理

7.1.1　负温度系数电压

双极晶体管的集电极电流 I_C 与基极发射极电压 V_{BE} 之间的关系为

$$V_{BE} = V_T \ln\left(\frac{I_C}{I_S}\right) \tag{7-1}$$

式中,I_S 是双极晶体管的饱和电流,正比于 $\mu k T n_i^2$,k 为玻尔兹曼常数,T 为热力学温度,μ 为少数载流子的迁移率,n_i 为硅的本征载流子浓度。这些参数与温度的关系为 $\mu \propto T^m$,$n_i^2 \propto T^3 \exp[-E_g/(kT)]$,其中 $E_g \approx 1.12\text{eV}$ 为硅的带隙能量(也称为禁带宽度)。因此 I_S 可表示为

$$I_S = \alpha T^{m+4} \exp\left(-\frac{E_g}{kT}\right) \tag{7-2}$$

式中,α 为一常数。为简化分析,假定 I_C 被偏置为固定值,因此可以得到 V_{BE} 的温度系数为

$$\frac{\partial V_{BE}}{\partial T} = \frac{V_{BE} - (4+m)V_T - E_g / q}{T} \tag{7-3}$$

式中,$m \approx -1.5$。根据式(7-3),V_{BE} 的温度系数与温度有关,这说明图 7-2 所示的 V_{BE} 与 T 并不是严格的线性关系。因此如前面所述,当正温度系数是一个固定值时,带隙基准电路中正、负温度系数补偿会出现误差,这就导致参考电压仅能在一个温度点上获得零温度系数。当 V_{BE} 近似为 750mV、$T=300\text{K}$ 时,$\partial V_{BE}/\partial T \approx -1.5\text{mV/℃}$。

7.1.2　正温度系数电压

如果有两个相同的双极晶体管($I_{S1}=I_{S2}=I_S$),偏置的集电极电流分别为 I_0 和 I_0/n,当忽略基极电流时,它们的基极发射极电压差值为

$$\Delta V_{BE} = V_{BE1} - V_{BE2}$$
$$= V_T \ln\left(\frac{I_0}{I_{S1}}\right) - V_T \ln\left(\frac{I_0/n}{I_{S2}}\right) = V_T \ln n \tag{7-4}$$

因此得到 ΔV_{BE} 的温度系数为

$$\frac{\partial \Delta V_{\text{BE}}}{\partial T} = \frac{k}{q} \ln n > 0 \tag{7-5}$$

从式（7-5）可以看出，ΔV_{BE} 具有正温度系数。可采用图 7-3 所示的电路产生 ΔV_{BE}，图中两条支路总电流均偏置为 I_0，左边支路连接一个 PNP 型双极晶体管 Q_1，右边支路连接 n 个与左侧相同的 PNP 型双极晶体管 Q_2。因此，当忽略基极电流时，Q_1 的集电极电流为 I_0，而 Q_2 的集电极电流为 I_0/n。（注：后面所述的无论是 PNP 型还是 NPN 型双极晶体管，均使用 V_{BE} 表示基极发射极电压差的绝对值。）

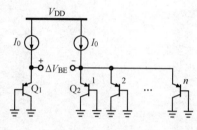

图 7-3 产生 ΔV_{BE} 的电路

7.1.3 零温度系数电压

利用前面所述的正、负温度系数的电压，结合公式 $V_{\text{ref}} = V_{\text{BE}} + G V_{\text{T}}$，可以设计一个零温度系数的参考电压

$$V_{\text{ref}} = V_{\text{BE}} + \beta \Delta V_{\text{BE}} = V_{\text{BE}} + (\beta \ln n) V_{\text{T}} \tag{7-6}$$

因为在室温 $T = 300\text{K}$ 时，$\partial V_{\text{BE}}/\partial T \approx -1.5\text{mV/℃}$，$\partial V_{\text{T}}/\partial T \approx 0.087\text{mV/℃}$，因此当 $G = \beta \ln n \approx 17.2$ 时，V_{ref} 在 300K 附近达到零温度系数。结合式（7-1）、式（7-2）和式（7-6），可以将 V_{ref} 重新表示为

$$V_{\text{ref}} = \left[\ln I_{\text{C}} - \ln \alpha - (m+4) \ln T + \beta \ln n \right] V_{\text{T}} + \frac{E_{\text{g}}}{q} \tag{7-7}$$

由式（7-7）可知，当正、负温度系数相互补偿时，V_{ref} 近似为 $V_{\text{bg}} = E_{\text{g}}/q$。$V_{\text{ref}}$ 与硅的带隙能量直接相关，约为 1.2V，因此把产生这种参考电压的电路称为带隙基准电路。

通过上述分析发现，正、负温度系数电压的获取都依赖于双极晶体管。标准 P 衬底 CMOS 工艺通常可提供 PNP 型双极晶体管，其版图及器件截面图如图 7-4（a）所示。N 阱作为 PNP 型双极晶体管的基极（B），在 N 阱中加入 P+掺杂区形成 PNP 型双极晶体管的发射极（E），在 N 阱外围加入环形 P+掺杂区作为 PNP 型双极晶体管的集电极（C）。这种 PNP 型双极晶体管的集电极位于 P 型衬底上，因此其必须连接至最低电位（通常为地）。偏置电流 I_0 从发射极流入，为形成 V_{BE} 电压，其基极也要连接至地。事实上，也可以使用 NPN 型双极晶体管实现上述具有正温度系数或负温度系数的电压。与标准 P 衬底 CMOS 工艺相兼容的 NPN 型双极晶体管版图及器件截面图如图 7-4（b）所示，P 型衬底作为 NPN 型双极晶体管的基极（B），在 P 衬底中加入 N+掺杂区作为 NPN 型双极晶体管的发射极（E），在基极的外围加入环形 N 阱作为 NPN 型双极晶体管的集电极（C）。为形成 V_{BE} 电压，需要将这种 NPN 型双极晶体管基极和集电极连接在一起，并连接至偏置电流 I_0，而其发射极连接至地。这里需要特别注意的是，在上述连接状态下，基极电压为 $V_{BE}>0$。而 NPN 型双极晶体管的基极为 P 型衬底，这与其仅能连接至地矛盾。为解决该问题，如图 7-4（b）所示，在上述结构基础上，还需要加入一个深 N 阱。该深 N 阱与环形 N 阱相连，将环形 N 阱内部的 P 型衬底与外部的 P 型衬底完全隔离开。这样，NPN 型双极晶体管的基极是一个独立的 P 型掺杂区域，不再受外部 P 型衬底电位的限制，这样便可形成正偏 V_{BE} 电压。但是，并不是所有的标准 P 衬底 CMOS 工艺都能提供这种结构的 NPN 型双极晶体管，因此在更多情况下使用 PNP 型双极晶体管来实现带隙基准电路。

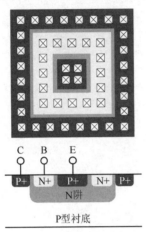

（a）PNP 型双极晶体管版图及器件截面图

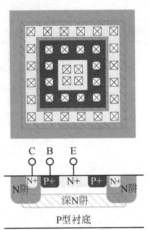

（b）NPN 型双极晶体管版图及器件截面图

图 7-4　标准 N 阱 CMOS 工艺中的双极晶体管结构

通常使用温漂系数 TC 来衡量参考电压的温度稳定性，它的单位是 ppm/℃，其中 ppm 表示百万分之一。该单位表示当温度变化 1℃时，参考电压变化的百万分比。

$$TC = \frac{V_{max} - V_{min}}{V_{mean}(T_{max} - T_{min})} \times 10^6 \quad (\text{ppm/℃}) \tag{7-8}$$

式中，V_{max} 表示参考电压的最大值；V_{min} 表示参考电压的最小值；V_{mean} 表示参考电压的平均值；T_{max} 表示最高温度；T_{min} 表示最低温度。

7.2　常用的带隙基准电路结构

7.2.1　在放大器输出端产生参考电压

通过图 7-5 所示的电路，可以在放大器 A_0 的输出端完成 V_{BE} 与 $\beta\ln(nV_T)$ 的相加。电路中 Q_1 和 Q_2 均为 PNP 型双极晶体管，其中 Q_1 的发射极面积为 A，Q_2 的发射极面积为 nA，其采用 n 个发射极面积为 A 的晶体管并联实现。由于放大器 A_0 具有虚短特性，节点 X 和节点 Y 具有相同的电压，即 $V_X=V_Y$。当 R_1 和 R_2 相等时，流过这两个电阻的电流 $I_1=I_2$。假设放大器 A_0 的输入阻抗为无穷大，则电流 I_1 和 I_2 成为 Q_1 和 Q_2 的偏置电流。节点 X 和节点 Z 的电压差满足图 7-3 所示的状态，因此 $V_X-V_Z=\Delta V_{BE}=V_T\ln n$，又因为 $V_X=V_Y$，所以 V_Y-

$V_Z=V_{\mathrm{T}}\ln n$。因此流过 R_3 的电流 $I_2=V_{\mathrm{T}}\ln n/R_3$。最终可以得到 V_{ref} 表达式为

$$V_{\mathrm{ref}} = V_{\mathrm{BE2}} + GV_{\mathrm{T}} = V_{\mathrm{BE2}} + \left[\left(1+\frac{R_2}{R_3}\right)\ln n\right]V_{\mathrm{T}} \tag{7-9}$$

如 7.1.3 节中描述，当 $G=(1+R_2/R_3)\ln n\approx17.2$ 时，V_{ref} 在 300K 达到零温度系数。由于 n 被取了自然对数，因此增大 n 来提高 G 的效率很低。通常 n 可以取为 8，这样在设计版图时方便 Q_1 和 Q_2 形成共质心匹配，此时 $R_2/R_3=7.27$。

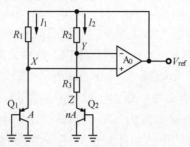

图 7-5　在放大器输出端产生参考电压的带隙基准电路

图 7-5 所示电路的工作前提是放大器 A_0 具有虚短特性，这样才能认为节点 X 和节点 Y 的电压是相等的，这就要求整个系统必须处于负反馈状态。该电路中同时存在正反馈和负反馈两种反馈系数，其中正反馈系数 β_{P} 为 V_{ref} 在节点 X 处的分压比例，负反馈系数 β_{N} 为 V_{ref} 在节点 Y 处的分压比例。下面分析这两个反馈系数的大小关系。从 Q_1 和 Q_2 发射极看进去的阻抗分别记为 R_{Q1} 和 R_{Q2}。为简化分析，忽略双极晶体管的基极电流，因此 $R_{\mathrm{Q1}}=\partial V_{\mathrm{BE1}}/\partial I_1=V_{\mathrm{T}}/I_1$，同理 $R_{\mathrm{Q2}}=\partial V_{\mathrm{BE2}}/\partial I_2=V_{\mathrm{T}}/I_2$。因为 $I_1=I_2$，所以 $R_{\mathrm{Q1}}=R_{\mathrm{Q2}}$，将其记为 R_{Q}。因此可以得到

$$\beta_{\mathrm{P}} = \frac{R_{\mathrm{Q}}}{R_1+R_{\mathrm{Q}}} \tag{7-10}$$

$$\beta_{\mathrm{N}} = \frac{R_3+R_{\mathrm{Q}}}{R_2+R_3+R_{\mathrm{Q}}} \tag{7-11}$$

因为 $R_1=R_2$，所以 β_{N} 大于 β_{P}，这表明系统处于负反馈状态。反馈过程描述如下，当 V_{ref} 出现升高趋势时，节点 X 和节点 Y 处的电压均会增大。但是由于反馈系数 β_{P} 小于反馈系数 β_{N}，因此 V_Y 增大的幅度会大于 V_X 的，这使得放大器 A_0 的差分输入变为负值，进而抵消 V_{ref} 增大的趋势，形成负反馈。由此可知，在连接放大器 A_0 输入端时，要特别注意其极性，须将放大器的负输入端连接至反馈系数大的路径，才能形成负反馈以使带隙基准电路正常工作。

上述分析是基于理想放大器得到的，而实际上放大器 A_0 的有限直流增益和等效输入失调电压 V_{OS} 会使 V_X 和 V_Y 不再精确相等，而是出现一个误差 $V_{\mathrm{err}}=V_X-V_Y=V_{\mathrm{OS}}+V_{\mathrm{ref}}/A_0$。这使得 R_3 两端的电压差变为 $V_{\mathrm{T}}\ln n-V_{\mathrm{err}}$。为降低 V_{err} 对 V_{ref} 的影响，通常要求 V_{err} 要远小于 $V_{\mathrm{T}}\ln n$，因此增大 n 会降低 V_{err} 带来的影响，但这会增大电路面积。通常在低电源电压工艺下，V_{OS} 的影响会更大一些，因此在这种情况下带隙基准电路往往不需要放大器具有很高的直流增

益，具有更少器件失配的简单的电流镜负载差分放大器（或再级联一级共源放大器）基本
可以满足需求。

7.2.2　利用 PTAT 电流产生参考电压

在图 7-5 所示的电路中，$I_2=V_T\ln n/R_3$，具有正温度系数。这种电流被称为与绝对温度
成正比（Proportional to Absolute Temperature，PTAT）的电流，即 PTAT 电流。可以通过
图 7-6 所示的电路产生 PTAT 电流。其中 M_1 和 M_2 尺寸相同，它们的栅极电压均由放大
器输出提供，因此 $I_1=I_2$。同样因为放大器 A_0 负反馈作用的存在，使得 $V_X=V_Y$，因此 R_1 两
端电压差为 $V_T\ln n$，则 $I_1=I_2=V_T\ln n/R_1$，表现出 PTAT 特性。通过相同尺寸的晶体管 M_3 对
此电流进行镜像，得到 PTAT 电流源 $I_{PTAT}=V_T\ln n/R_1$。可以通过增加更多的镜像晶体管以
产生更多的 PTAT 电流源，为更多模拟电路提供电流偏置。为什么要给模拟电路提供 PTAT
电流而不是与温度无关的电流呢？因为 MOS 晶体管沟道中的载流子迁移率往往会随着
温度的升高而降低，这导致模拟电路的性能也降低，如放大器的带宽。因此设计者更偏向
在高温环境中使用较大的偏置电流，以维持模拟电路的性能基本保持不变。PTAT 电流源
正好具备这种特性，在温度较高时，其提供的电流也会相应变大，进而补偿迁移率减小带
来的模拟电路性能损失。需要注意的是，电阻 R_1 的精度直接决定了 PTAT 电流的精度。
在 CMOS 工艺中多使用精度较高的多晶硅电阻来实现 R_1，但其阻值偏差仍高达 20%以
上，因此在模拟集成电路中通常需要使用 trimming 方法对 R_1 进行调节修正。

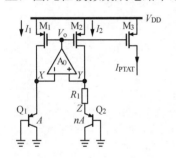

图 7-6　PTAT 电流产生电路

下面分析 PTAT 电流产生电路的反馈状态。从图 7-6 中
可看出，该结构也存在从 V_o 反馈到放大器输入端 V_X 和 V_Y
的两种反馈路径。放大器的 V_o 到节点 X 类似一个共源放大
器，其增益为 $V_X/V_o=-g_{m1,2}R_Q$，其中 $g_{m1,2}$ 为 M_1 和 M_2 的跨
导，即负反馈系数 $\beta_N=-g_{m1,2}R_Q$。同理，V_o 到节点 Y 的增益
为 $V_Y/V_o=-g_{m1,2}(R_1+R_Q)$，则正反馈系数 $\beta_P=-g_{m1,2}(R_1+R_Q)$。
由此可知，$\beta_N>\beta_P$，这表明该系统整体处于负反馈状态。反
馈过程描述如下：当 V_o 出现增大趋势时，电流 I_1 和 I_2 都会
变小。这会导致 V_X 和 V_Y 均减小，但是因为节点 X 向下看
进去的阻抗为 R_Q，其小于节点 Y 向下看进去的阻抗 R_1+R_Q，因此 V_Y 将减小得更多。这使
得放大器的差分输入变小，进而抵消了 V_o 增大的趋势，形成负反馈。这里需要注意的是，
对比图 7-5 和图 7-6 我们发现，放大器正负输入与 Q_1 和 Q_2 支路的对应关系刚好是相反
的，这主要是因为图 7-6 所示结构的两种反馈系数均为负值。

PTAT 电流产生电路存在两种简并状态，其中一种是如上描述的正常工作状态，而另外
一种则是锁死状态。如果电路上电后 V_o 高于 $V_{DD}-|V_{THp}|$，则 M_1 和 M_2 均不导通，两条支路
无电流，进而使得 V_X 和 V_Y 均为 0V。此时电路处于稳定的锁死状态，不能正常工作。需要
通过启动电路保证电路上电时能进入正常工作状态，待 PTAT 电流产生电路正常工作后，
启动电路需要自行关断。启动电路的结构有很多种，以图 7-7 所示的结构为例来介绍其工
作原理。在 V_{DD} 上电过程中，M_4 对 C_1 进行充电，使得 M_3 和 M_4 的栅极电压增大。M_3 对 M_6

的栅极进行充电，使得 M_6 导通。M_6 导通后将 V_o 拉低，这迫使 M_1 和 M_2 进入导通状态，对 PTAT 电流产生电路强制注入电流以使其进入正常工作状态。当 PTAT 电流产生电路启动后，节点 Y 的电压会增大使得 M_7 导通。M_7 将 M_6 的栅极电压拉低，迫使其关断，关闭启动电路对 PTAT 电流产生核心电路的影响。当 C_1 充电至 $V_{DD}-|V_{THp}|$ 后，M_3 和 M_4 也关断，因此当 PTAT 电流产生电路启动后，启动电路本身的静态功耗变为 0。当 V_{DD} 下电时，M_5 会导通，将 C_1 中存储的电荷泄放掉，以为下次 PTAT 电流产生电路上电做好准备。

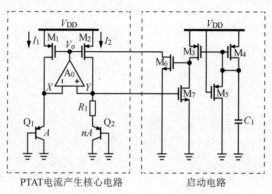

图 7-7 PTAT 电流产生核心电路及其启动电路

当 PTAT 电流流过电阻时，在电阻两端便产生了具有正温度系数的电压。将该电压与 V_{BE} 串联，则可产生零温度系数电压。可以通过图 7-8（a）所示的电路构成带隙基准电路，其中 $R_2=R_3$，因此仍能保持 $V_X=V_Y$ 而不影响上述负反馈过程。该结构中流过 R_2 的电流为 $V_T\ln n/R_1$，因此 V_{ref} 可表示为

$$V_{ref} = V_{BE1} + \left(\frac{R_2}{R_1}\ln n\right)V_T \tag{7-12}$$

当 $(R_2/R_1)\ln n \approx 17.2$ 时，V_{ref} 在 300K 达到零温度系数。此外，也可以通过图 7-8（b）所示的电路构成带隙基准电路，其直接将图 7-6 所示的 I_{PTAT} 流入 R_2 和 Q_3 的串联结构，因此 V_{ref} 的表达式与式（7-12）所示的相同。需要注意的是，图 7-8 所示的通过 PTAT 电流产生带隙基准电路的方法也同样受到放大器有限直流增益和失调电压的影响。此外，电流镜 M_1 和 M_2 的匹配性也会影响 V_{ref} 的精度。

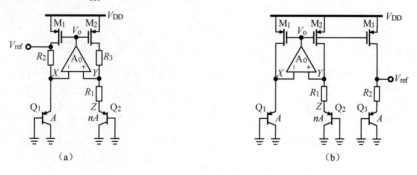

图 7-8 通过 PTAT 电流产生带隙基准电路的两种方法

7.3　高级带隙基准电路

7.3.1　低电源电压带隙基准电路

对于低功耗模拟集成电路，其电源电压往往较低，甚至低于 1V。然而 7.2 节所分析的带隙基准电路产生的参考电压约为 1.2V，因此这种结构无法在低电源电压集成电路系统中使用。此时，可通过图 7-9 所示的电路结构产生具有更低幅度的参考电压。

在该结构中，$I_a=V_T\ln n/R_1$ 是 PTAT 电流。节点 X 的电压为 V_{BE1}，则 $I_b=V_{BE1}/R_2$。因此 M_1 和 M_2 的漏极电流均为 $I_a+I_b=V_T\ln n/R_1+V_{BE1}/R_2$。将该电流镜像至 M_3，则在 R_3 上形成参考电压

$$V_{ref} = \frac{R_3}{R_2}\left[V_{BE1} + \left(\frac{R_2}{R_1}\ln n\right)V_T\right] \tag{7-13}$$

由此可知，参考电压表达式中增加了一个缩放系数 R_3/R_2，其并不会对参考电压的温度系数产生影响。因此，同样当 $(R_2/R_1)\ln n\approx17.2$ 时，V_{ref} 在 300K 附近达到零温度系数。设置缩放系数 R_3/R_2 小于 1，可以灵活获取具有更低电压值的参考电压 V_{ref}。

上述结构虽然解决了在低供电条件下 V_{ref} 高于电源电压的问题，但其对放大器输入管的选择仍有一定限制。因为放大器的输入电压为 V_{BE}，如果选择 NMOS 器件作为放大器输入管，为使得输入管和 NMOS 器件尾电流源管均工作在饱和区，则需要在最高温度下（此时 V_{BE} 最低）满足 $V_{BE,min}>V_{THn}+2V_{ov}$，这通常需要使用低阈值 NMOS 器件才能满足上述条件。如果选择 PMOS 器件作为放大器输入管，为使输入管和 PMOS 器件尾电流管均工作在饱和区，则要求最低的 V_{DD} 满足 $V_{DD,min}>V_{BE,min}+|V_{THp}|+2V_{ov}$。由此可知，如果选择 PMOS 器件作为放大器输入管，其通常要求电源大于 1V，因此在低电源电压条件下不能选择 PMOS 器件作为放大器输入管。可以在图 7-9 所示的低电源电压带隙基准电路基础上加以改进，使其能够在低电源电压时仍能使用 PMOS 器件作为放大器的输入管，改进后的电路如图 7-10 所示。

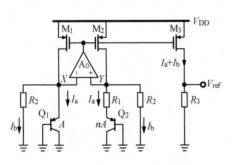
图 7-9　低电源电压带隙基准电路

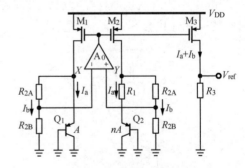
图 7-10　采用 PMOS 器件作为放大器输入管的
低电源电压带隙基准电路

将电阻 R_2 拆分成两个电阻 R_{2A} 和 R_{2B} 的串联（$R_2=R_{2A}+R_{2B}$），因此放大器的负输入端电压为 $V_{inn}=(R_{2B}/R_2)V_X$，正输入端电压为 $V_{inp}=(R_{2B}/R_2)V_Y$。在放大器负反馈作用下 $V_{inn}=V_{inp}$，

因此该结构仍能满足 $V_X=V_Y$，则 V_{ref} 的表达式与式（7-13）所示的一致。不同于图 7-9 所示电路的是，因为 R_{2A} 和 R_{2B} 分压的作用，图 7-10 所示电路放大器的输入电压减小为 $(R_{2B}/R_2)V_{BE}$，所以要求最低的 V_{DD} 变为 $V_{DD,min}>(R_{2B}/R_2)V_{BE,min}+|V_{THp}|+2V_{ov}$。通过减小 R_{2B}/R_2 的值，可以使 $(R_{2B}/R_2)V_{BE,min}+|V_{THp}|+2V_{ov}$ 小于 1V，这样在小于 1V 的低电源电压下放大器仍然可以采用普通 PMOS 器件作为输入管，而不再需要采用特殊的低阈值 NMOS 器件作为输入管。

7.3.2 高阶温度补偿带隙基准电路

在 7.1.1 节中提到，V_{BE} 的正温度系数与温度 T 有关，即 V_{BE} 与温度 T 并不是理想的线性关系。在一阶温度补偿带隙基准电路中，仅通过具有固定负温度系数的 ΔV_{BE} 并不能完全补偿 V_{BE} 的温度变化，其温度特性如图 7-11 所示。

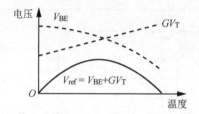

图 7-11 一阶温度补偿带隙基准电路的温度特性

事实上，V_{BE} 的温度特性可以表示为

$$V_{BE}(T)=V_{bg}(T_r)-\frac{T}{T_r}\left[V_{bg}(T_r)-V_{BE}(T_r)\right]-(\eta-x)V_T\ln\left(\frac{T}{T_r}\right) \tag{7-14}$$

式中，T_r 为某一参考温度；$V_{bg}(T_r)$ 表示在参考温度下硅的带隙电压；$V_{BE}(T_r)$ 表示在参考温度下双极晶体管的 V_{BE}；η 是一个与温度无关但与工艺相关的常数，一般为 3.6～4；x 表示流经双极晶体管的电流与温度相关的特性，如果是 PTAT 电流，则 $x=1$，如果是与温度无关的电流，则 $x=0$。由式（7-14）可知，V_{BE} 与温度 T 的非线性主要来源于式中的自然对数项。

高精度模拟集成电路，如高精度 ADC 或 DAC，往往需要参考电压具有更小的温漂系数。采用一阶温度补偿的带隙基准电路并不能满足上述要求，我们可以采用高阶温度补偿进一步抵消 V_{BE} 中的非线性部分以减小带隙基准电路的温漂系数。一种典型的高阶温度补偿低电源电压带隙基准电路如图 7-12 所示，下面分析其工作原理。该电路在低电源电压带隙基准电路基础上增加了高阶补偿项，如图 7-12 中虚线框内电路所示。在放大器 A_0 负反馈作用下，该结构中的 V_X 仍然等于 V_Y，因此流过双极晶体管 Q_1 和 Q_2 的电流均为 PTAT 电流，$I_{PTAT}=V_T\ln n/R_1$。根据式（7-14）可得到 Q_1 的发射极基极电压差为

$$V_{BE1}=V_{bg}(T_r)-\frac{T}{T_r}\left[V_{bg}(T_r)-V_{BE}(T_r)\right]-(\eta-1)V_T\ln\left(\frac{T}{T_r}\right) \tag{7-15}$$

由于节点 X 和节点 Y 的电压均为 V_{BE1}，因此流经电阻 R_2 的电流为 V_{BE1}/R_2。因为 V_{BE1} 具有负温度系数，所以 V_{BE1}/R_2 是一个具有负温度系数的电流，我们称之为与绝对温度互补

（Complementary to Absolute Temperature，CTAT）的电流，即 CTAT 电流，$I_{CTAT}=V_{BE1}/R_2$。I_{PTAT} 和 I_{CTAT} 合并后构成零温度系数的电流，因此流过 Q_3 的电流可近似看成具有零温度系数，因此

$$V_{BE3} = V_{bg}(T_r) - \frac{T}{T_r}\left[V_{bg}(T_r) - V_{BE}(T_r)\right] - \eta V_T \ln\left(\frac{T}{T_r}\right) \tag{7-16}$$

因此在电阻 R_3 上会形成从右至左的一个非线性电流

$$I_{NL} = \frac{V_{BE3} - V_{BE1}}{R_3} = -\frac{V_T}{R_3}\ln\left(\frac{T}{T_r}\right) \tag{7-17}$$

I_{NL} 具有对数特性的温度系数，通过其产生具有对数特性温度系数的电压 V_{NL} 可以补偿 V_{BE} 中的非线性部分，这就是该高阶温度补偿的核心思路。

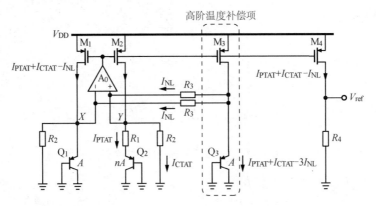

图 7-12　一种典型的高阶温度补偿低电源电压带隙基准电路

当考虑 I_{NL} 的存在后，流经 M_1 和 M_2 的电流为 $I_{PTAT}+I_{CTAT}-I_{NL}$，因此流经 Q_3 的电流实际为 $I_{PTAT}+I_{CTAT}-3I_{NL}$，但这并不影响流过 Q_3 的电流具有零温度系数的近似条件。将 M_1 和 M_2 的电流镜像至 M_4，则在电阻 R_4 上形成参考电压

$$\begin{aligned}
V_{ref} &= \left(I_{PTAT} + I_{CTAT} - I_{NL}\right)R_4 \\
&= \left[\frac{V_T \ln n}{R_1} + \frac{V_{BE1}}{R_2} + \frac{V_T \ln\left(\dfrac{T}{T_r}\right)}{R_3}\right]R_4 \\
&= \frac{R_4}{R_2}\left[V_{BE1} + \left(\frac{R_2}{R_1}\ln n\right)V_T + \frac{R_2}{R_3}\ln\left(\frac{T}{T_r}\right)V_T\right]
\end{aligned} \tag{7-18}$$

通过调节 $R_2/R_3 = \eta-1$，V_{BE1} 中的非线性成分将被消除，理论上通过该方法可以获得零温度系数的 V_{ref}，但实际上其不能将 V_{ref} 的温漂系数减小至零。这主要是因为 I_{PTAT} 和 I_{CTAT} 并不是理想的，电路中使用的电阻器件本身也具有一定的温度系数，此外电路中的放大器和电流镜结构也存在失配所造成的精度问题。但即使是这样，该结构仍然补偿了部分高阶温度系数，在保持低电压特性的同时实现了更小的温漂系数。高阶温度补偿带隙基准电路的温度特性如图 7-13 所示。

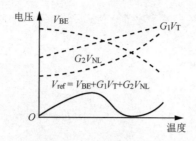

图 7-13　高阶温度补偿带隙基准电路的温度特性

7.4　实例电路仿真

在 Aether 的 Schematic 工具中编辑图 7-14 所示的原理图用以仿真 V_{BE} 的温度特性，Q_0 为 PNP 型双极晶体管，其发射极面积为 10μm×10μm，电源电压为 1.8V，发射极电流固定偏置为 15μA。

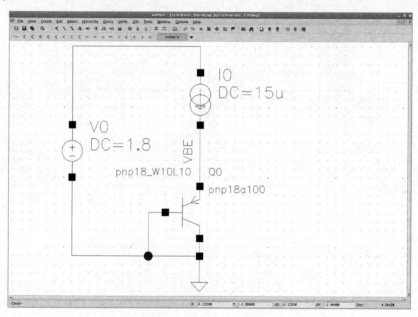

图 7-14　V_{BE} 的温度特性仿真原理图

在 MDE 工具中，在-40～80℃范围内以 1℃步长进行 DC 温度扫描仿真，参数设置如图 7-15 所示。V_{BE} 的温度特性仿真结果如图 7-16 所示，V_{BE} 随着温度升高而减小，表现出负的温度系数。为了具体查看其温度系数，计算 V_{BE} 对 T 的导数，如图 7-16 下半部分所示的曲线，V_{BE} 的温度系数是随温度变化的。为了让带隙基准电路能够在室温 27℃左右时达到零温度系数，选择 V_{BE} 的温度系数为 $\partial V_{BE}/\partial T \approx -1.74$mV/℃，此时 V_{BE} 约为 0.71V。

带隙基准电路中的放大器采用具有电流镜负载的差分放大器，其结构如图 7-17 所示。对该放大器进行 AC 仿真，获得其增益的幅频特性曲线和相频特性曲线如图 7-18 所示，该放大器的直流增益约为 48.3dB。

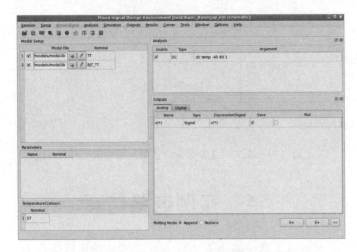

图 7-15　DC 温度扫描仿真参数设置

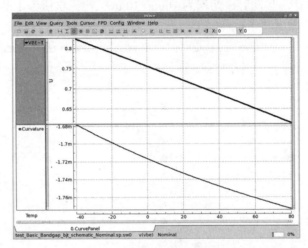

图 7-16　V_{BE} 的温度特性仿真结果

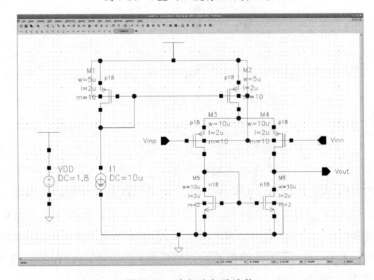

图 7-17　差分放大器结构

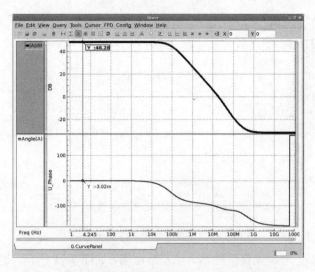

图 7-18　放大器增益的幅频特性曲线和相频特性曲线

采用图 7-8（b）所示结构设计带隙基准电路，取双极晶体管的比例系数 $n=8$。将带隙基准电路的偏置电流设置为 15μA，则电阻 $R_1=26\text{mV}\times\ln8/15\mu\text{A}\approx3.6\text{k}\Omega$。热电压 V_T 的温度系数为 $\partial V_T/\partial T\approx0.087\text{mV}/℃$，为在 27℃ 左右实现零温度系数需要 R_2 的取值满足 $1.74=0.087(R_2/R_1\times\ln8)$，因此 $R_2\approx34.6\text{k}\Omega$。按以上初步计算的参数设计基本带隙基准电路，如图 7-19 所示。对电路进行 DC 温度扫描仿真，发现零温度系数出现的温度偏高，可对电阻值 R_2 在 34.6kΩ 附近进行微调。如图 7-20 所示，当 R_2 取为 34kΩ 时，V_{ref} 刚好在 27℃ 达到零温度系数。通过工具中的 Calculator 计算得到，在 -40～80℃ 范围内，V_{ref} 的最大值为 1.213V，最小值为 1.211V，平均值为 1.212V，根据式（7-8）可计算得到 V_{ref} 的温漂系数为 13.8 ppm/℃。

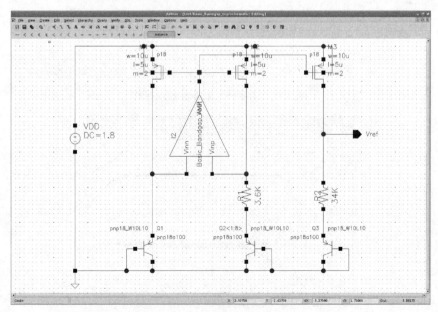

图 7-19　基本带隙基准电路

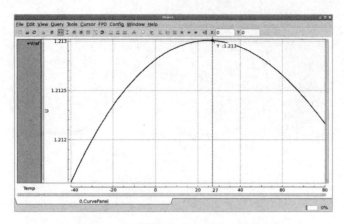

图 7-20　基本带隙基准电路的温度特性

添加启动电路后，形成完整的基本带隙基准电路，如图 7-21 所示。通过瞬态仿真查看其电路启动过程，仿真结果如图 7-22 所示。其中 0～1ms 为上电过程，3～4ms 为下电过程。上电时 V_A 会形成一个脉冲电压，并将 V_B 充电至 1.75V 附近，下电时将 V_B 放电至 0.1V 附近。

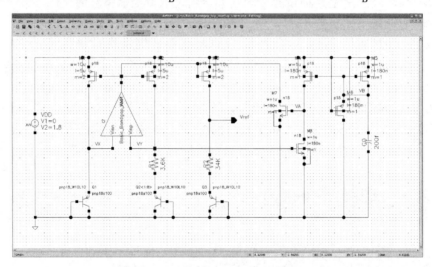

图 7-21　完整的基本带隙基准电路

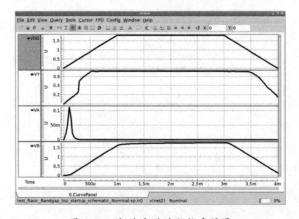

图 7-22　电路启动过程仿真结果

　　参考图 7-9 所示的低电源电压带隙基准电路结构，设计图 7-23 所示的低电源电压带隙基准电路，其中 $R_3=0.5R_2$。其输出的参考电压约为基本带隙基准电路所输出参考电压的一半，低电源电压带隙基准电路的温度特性仿真结果如图 7-24 所示。

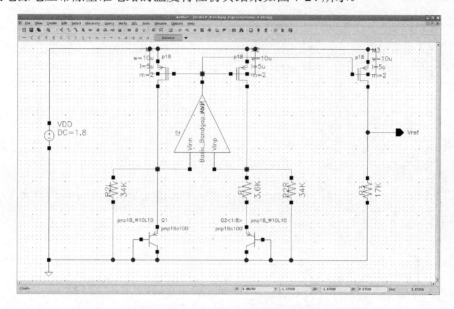

图 7-23　低电源电压带隙基准电路

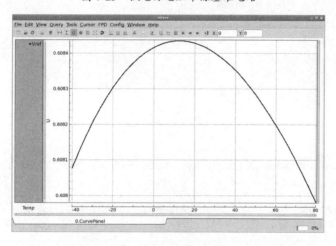

图 7-24　低电源电压带隙基准电路的温度特性仿真结果

习题

　　7.1　如图 7-5 所示的带隙基准电路，$R_3=2k\Omega$，并且流过 R_3 的电流为 $25\mu A$，确定输出零温度电压时 R_1、R_2 及 n 的值。

　　7.2　如图 7-9 所示的低电源电压带隙基准电路，其中运算放大器的输入失调电压为 V_{os}，推导 V_{os} 对 V_{ref} 的影响。

7.3　电阻 $R_1=R_2$，求运算放大器输入失调电压 V_{os} 对图 7-25 所示电路输出电压的影响。

7.4　如图 7-26 所示，假设 M_1、M_2 和 M_3 尺寸相同，且运算放大器为理想运算放大器，求输出电压 V_{out} 的表达式，并描述电路的优点。

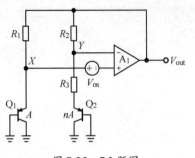
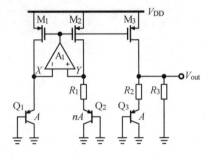

图 7-25　7.3 题图　　　　　　　　图 7-26　7.4 题图

7.5　假设 M_1、M_2 和 M_3 尺寸相同，求运算放大器输入失调电压 V_{os} 对图 7-27 所示电路输出电压的影响。

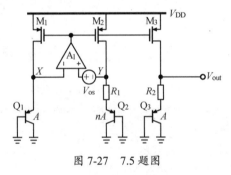

图 7-27　7.5 题图

参考文献

[1]　SZE S M. Semiconductor Devices: Physics and Technology[M]. New York: John Wiley & Sons, 2008.

[2]　RAZAVI B. Design of Analog CMOS Integrated Circuits[M]. New York: The McGraw-Hill Companies, 2001.

[3]　MOK P K T, LEUNG K N. Design Considerations of Recent Advanced Low-Voltage Low-Temperature-Coefficient CMOS Bandgap Voltage Reference[C]. Proceedings of the IEEE 2004 Custom Integrated Circuits Conference, 2004: 635-642.

第8章

噪声

在模拟集成电路中，将除目标信号以外的电信号统称为噪声。噪声限制了模拟集成电路正确识别信号的最小幅度，直接影响模拟集成电路的信号识别精度。噪声主要可以分为本征噪声和外部噪声。本征噪声是指诸如晶体管、电阻等电子器件自身所固有的噪声。外部噪声主要是指由电源电压、参考电压、偏置电压、衬底电压和串扰等引入的噪声。不同于外部噪声，本征噪声是电路的固有噪声，无法被彻底消除，对信号识别精度的影响更为重要。本章将重点分析电路的本征噪声，包括热噪声和闪烁噪声。

8.1 噪声的基本概念

在实际电路中，时域噪声是随机出现的，表现为电压或电流的幅度在时间上的随机波动。随机波动的电压噪声或电流噪声如图 8-1 所示。由于噪声的幅度是随机的，是不能被预测的，因此只能通过长期观察，在统计学基础上对噪声进行研究。

虽然噪声的幅度不能被预测，但是在很多情况下，电路中的噪声源能显示出固定的平均功率，平均功率是可以被预测的。如果一个周期性的电压 $v(t)$ 施加在一个负载电阻 R_L 上，则 R_L 消耗的平均功率可表示为

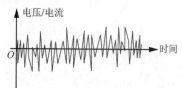

图 8-1 随机波动的电压噪声或电流噪声

$$P_{av} = \frac{1}{T} \int_{-T/2}^{+T/2} \frac{v^2(t)}{R_L} \mathrm{d}t \qquad (8\text{-}1)$$

P_{av} 可以被看成电压 $v(t)$ 在 R_L 上产生的平均热能。如果 $v(t)$ 不是周期信号，而是一个随机信号，则必须长时间对其进行观察，此时在 R_L 上产生的平均热能可表示为

$$P_{av} = \lim_{T \to \infty} \frac{1}{T} \int_{-T/2}^{+T/2} \frac{v^2(t)}{R_L} \mathrm{d}t \qquad (8\text{-}2)$$

为了简化计算，在通常情况下，我们只考虑作用在单位电阻上的噪声功率，噪声平均功率可表示为

$$P_{av} = \lim_{T \to \infty} \frac{1}{T} \int_{-T/2}^{+T/2} x^2(t) \mathrm{d}t \qquad (8\text{-}3)$$

式中，$x(t)$表示噪声的电压或电流幅度随时间的变化关系。这里，P_{av}的单位是 V^2 或 A^2，而不是 W。这样我们也可以为噪声定义一个均方根幅度$x_{rms}=\sqrt{P_{av}}$。

8.1.1　噪声的功率谱密度

为了更详细地描述噪声特性，我们需要知道在不同频率处噪声的平均功率，即功率谱密度（Power Spectral Density，PSD），也称其为噪声谱，以衡量噪声大小。噪声的 PSD 被定义为每个频率信号在 1Hz 带宽内的噪声功率。噪声波形 $x(t)$ 的 PSD 用 $S_x(f)$ 表示，定义为在频率 f 附近 1Hz 带宽内 $x(t)$ 的平均功率。噪声的 PSD 的计算过程如图 8-2 所示，将 $x(t)$ 施加到一个中心频率为 f_n、带宽为 1Hz 的带通滤波器中，计算滤波器输出的平均功率，即得到 $S_x(f_n)$。利用不同中心频率的带通滤波器重复上述过程，可以得到 $x(t)$ 的 PSD 的完整波形 $S_x(f)$。因为 $S_x(f)$ 上的每个值都是在 1Hz 带宽内测量的，所以单位为 V^2/Hz 或 A^2/Hz。噪声的 PSD 反映了噪声的频谱特性，通过 PSD 可以计算在任意 $f_1 \sim f_2$ 频率范围内，噪声的平均功率和均方根幅度，即

$$x_{rms}^2 = P_{f_1, f_2} = \int_{f_1}^{f_2} S_x(f) \mathrm{d}f \qquad (8\text{-}4)$$

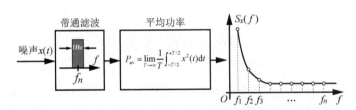

图 8-2　噪声的 PSD 的计算过程

将 PSD 为 $S_{in}(f)$ 的噪声施加到一个传递函数为 $H(s)$ 的线性时不变系统上，则该系统输出噪声的 PSD 可表示为

$$S_{out}(f) = S_{in}(f) \left| H(2\pi \mathrm{j} f) \right|^2 \qquad (8\text{-}5)$$

由此可知，噪声的 PSD 可以被系统的传递函数整形，如图 8-3 所示。$x_{in}(t)$ 的 PSD 为 $S_{in}(f)$，经过截止频率为 $f_{cut\text{-}off}$ 的低通系统 $H(s)$ 后，高频成分被抑制，输出的 $x_{out}(t)$ 显示出相比于输入更慢的变化，PSD 的最高频率也被限制在 $f_{cut\text{-}off}$，使得噪声的平均功率减小，为消除噪声的影响提供了思路。

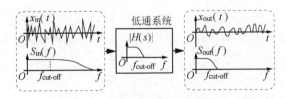

图 8-3　噪声的 PSD 被传递函数整形

8.1.2 噪声的幅度分布

噪声的幅度分布如图 8-4 所示，通过对 $x(t)$ 的波形进行长时间的采样，并对各种噪声幅度 X 出现的次数进行统计，我们可以得到噪声幅度的直方图分布。对直方图中的采样数进行归一化处理，可得到每种噪声幅度出现的概率，这个概率分布被称为概率密度函数（Probability Density Function，PDF），记为 $P_X(x)$。通过噪声的 PDF 我们可以估计噪声的幅度处于 $X_1<X<X_2$ 范围内的概率值为

$$P_{X_1,X_2} = \int_{X_1}^{X_2} P_X(x)\mathrm{d}x \tag{8-6}$$

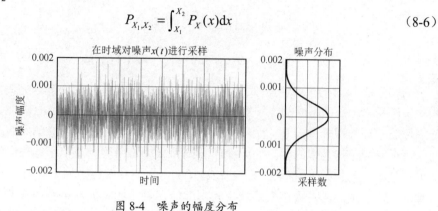

图 8-4 噪声的幅度分布

正态分布是一种非常重要的噪声 PDF。在统计学中，中心极限定理指出，如果将具有任意 PDF 的多个不相关随机过程叠加，则总和的 PDF 接近于正态分布。例如，电阻的噪声是由大量电子随机运动造成的，因为每个电子都是相对独立的，所以电阻总的噪声幅度服从正态分布。对于幅度服从正态分布的噪声，其均值为 μ，标准差为 σ，PDF 为

$$P_X(x) = \frac{1}{\sigma\sqrt{2\pi}}\exp\frac{-(x-\mu)^2}{2\sigma^2} \tag{8-7}$$

以 Δt 间隔对噪声幅度进行 n 次采样，可估计均值 μ 和标准差 σ 分别为

$$\mu = \frac{\sum\limits_{i=1}^{n} x(i\times\Delta t)}{n} \tag{8-8}$$

$$\sigma = \sqrt{\frac{\sum\limits_{i=1}^{n}\left[x(i\times\Delta t)-\mu\right]^2}{n}} \tag{8-9}$$

在通常情况下，当采样次数 n 足够大时，通过式（8-9）计算的标准差 σ 可近似看成该噪声的均方根幅度 x_{rms}，因此利用噪声的频率分布和幅度分布分别通过式（8-4）和式（8-9）可计算噪声的均方根幅度。噪声的 PSD 和 PDF 分别从频率和时域两个角度衡量了噪声的大小。需要注意的是，有些噪声虽然具有相同的 PDF，但是 PSD 可能并不相同，反之亦然。

8.1.3 噪声的叠加

在电路中，产生噪声的因素很多，我们往往需要把多个噪声的影响叠加起来获得总噪声。对于确定的电压或电流信号，我们可以利用电路的叠加原理直接获得总和信号。对于

随机噪声，我们并不能直接将其叠加。在分析噪声时，由于更关心的是噪声的平均功率，因此需要计算的是多个噪声叠加后的平均功率。假设有两个噪声 $x_1(t)$ 和 $x_2(t)$，平均功率分别为 P_{av1} 和 P_{av2}，则两个噪声叠加后的总噪声平均功率为

$$
\begin{aligned}
P_{av} &= \lim_{T \to \infty} \frac{1}{T} \int_{-T/2}^{+T/2} \left[x_1(t) + x_2(t) \right]^2 dt \\
&= \lim_{T \to \infty} \frac{1}{T} \int_{-T/2}^{+T/2} x_1^2(t) dt + \lim_{T \to \infty} \frac{1}{T} \int_{-T/2}^{+T/2} x_2^2(t) dt + \\
&\quad \lim_{T \to \infty} \frac{1}{T} \int_{-T/2}^{+T/2} 2x_1(t) x_2(t) dt \\
&= P_{av1} + P_{av2} + \lim_{T \to \infty} \frac{1}{T} \int_{-T/2}^{+T/2} 2x_1(t) x_2(t) dt
\end{aligned}
\tag{8-10}
$$

为获取式（8-10）中等号右侧第三项的值，我们需要考虑两个噪声之间的相关性。如果噪声 $x_1(t)$ 和 $x_2(t)$ 是由不同的电子器件产生的，它们之间通常是非相关的，则式（8-10）中等号右侧第三项的积分值为 0，$P_{av}=P_{av1}+P_{av2}$。这表明，非相关噪声叠加后的总噪声平均功率等于每个噪声平均功率的和。如果噪声 $x_1(t)$ 和 $x_2(t)$ 是由同一个电子器件产生的，则它们之间通常是相关的。如果更特殊一点，$x_1(t)=x_2(t)$，它们具有相同的平均功率 $P_{av1,2}$，那么在这种情况下，叠加后的总噪声平均功率为 $4P_{av1,2}$，可见此时的噪声叠加就等同于噪声的均方根幅度直接相加。

根据上述原理，我们可以通过总噪声平均功率计算叠加后总噪声的均方根幅度。下面以 3 个电压噪声 $v_{n1}(t)$、$v_{n2}(t)$ 和 $v_{n3}(t)$ 为例来说明叠加后总噪声均方根电压的计算方法。这里假设 3 个噪声的均方根电压均为 $v_{n\text{-rms}}$。如图 8-5（a）所示，当 3 个噪声为非相关噪声时，总噪声均方根电压为

$$
v_{ntot\text{-rms}} = \sqrt{v_{n\text{-rms}}^2 + v_{n\text{-rms}}^2 + v_{n\text{-rms}}^2} = \sqrt{3} v_{n\text{-rms}}
\tag{8-11}
$$

如图 8-5（b）所示，当 3 个噪声为相关噪声，且完全相同时，总噪声均方根电压为

$$
v_{ntot\text{-rms}} = 3 v_{n\text{-rms}}
\tag{8-12}
$$

由此可知，在对多个噪声进行叠加时，首先要判断噪声之间的相关性，对于非相关噪声，我们可以使用平均功率叠加计算总噪声的平均功率。对于完全相关噪声，我们可以先使用均方根幅度直接叠加计算总噪声均方根幅度，再利用均方根幅度的平方得到平均功率值。

（a）非相关噪声叠加 　　　　　　　　　（b）相关噪声叠加

图 8-5　噪声叠加

因为噪声是一种随机事件，所以我们可以通过统计学的原理来理解上述叠加过程。在统计学中，3 个互不相关的随机变量 X_1、X_2 和 X_3，标准差分别为 σ_1、σ_2 和 σ_3，方差分别为

$\sigma_1{}^2$、$\sigma_2{}^2$ 和 $\sigma_3{}^2$。叠加后得到 $X_{tot}=X_1+X_2+X_3$，方差为 $\sigma_1{}^2+\sigma_2{}^2+\sigma_3{}^2$，类似于非相关噪声平均功率的叠加。如果将 X_1 叠加 3 次，相当于将 3 个完全相关的随机变量进行叠加，则叠加后，$X_{tot}=3X_1$ 的方差为 $9\sigma_1{}^2$，标准差为 $3\sigma_1$，类似于完全相关噪声均方根幅度的叠加。

8.1.4　等效输入噪声

考虑图 8-6 所示的电路 A 和电路 B，电路 A 具有 10 倍增益，电路 B 具有 1 倍增益。对两个电路均输入均方根电压为 $v_{i\text{-}rms}=10\text{mV}$ 的正弦信号，电路 A 输出的正弦信号均方根电压为 $v_{o\text{-}rms}=100\text{mV}$，电路 B 输出的正弦信号均方根电压为 $v_{o\text{-}rms}=10\text{mV}$。当仅考虑电路中器件所引入的本征噪声时，在电路 A 的输出端可以观测到均方根电压为 $v_{n\text{-}rms}=1\text{mV}$ 的随机噪声，在电路 B 的输出端可以观测到均方根电压为 $v_{n\text{-}rms}=0.2\text{mV}$ 的随机噪声。通过上述描述，我们可以直接判断电路 A 的噪声水平高于电路 B 的噪声水平吗？事实上，这个判断并不正确，我们可以在电路的输出端计算一下信噪比（SNR）$v_{o\text{-}rms}/v_{n\text{-}rms}$，会发现，电路 A 的 SNR=100，电路 B 的 SNR=50，实际上，电路 A 的噪声水平是低于电路 B 的噪声水平的。这主要是由于两个电路具有不同的增益，电路 A 具有更高的增益，因此在输出端表现出更大幅度的噪声。因此，我们在对比电路的噪声水平时往往需要将输出端的噪声等效折算到输入端，即等效输入噪声，可以规避电路增益对噪声的影响。在图 8-6 中，电路 A 的等效输入噪声均方根电压为 1mV/10=0.1mV，电路 B 的等效输入噪声均方根电压为 0.2mV/1=0.2mV，由此可知，电路 A 的等效输入噪声小于电路 B 的。

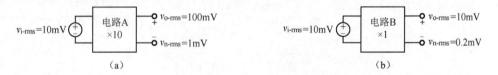

图 8-6　电路 A 和电路 B 的噪声对比

当将多个非相关的具有不同增益和不同输出噪声的电路级联后，我们可以根据 8.1.3 节和本节中关于噪声叠加和等效输入噪声的理论计算总体电路的等效输入噪声和输出噪声。如图 8-7 所示，3 个非相关电路的增益分别为 A_1、A_2 和 A_3，输出噪声均方根电压分别为 $v_{o1\text{-}rms}$、$v_{o2\text{-}rms}$ 和 $v_{o3\text{-}rms}$，则在输出端观测到的噪声均方根电压可表示为

$$v_{otot\text{-}rms}^2 = \left(A_2 A_3 v_{o1\text{-}rms}\right)^2 + \left(A_3 v_{o2\text{-}rms}\right)^2 + \left(v_{o3\text{-}rms}\right)^2 \tag{8-13}$$

等效输入噪声均方根电压为

$$v_{i\text{-}rms}^2 = \frac{v_{otot\text{-}rms}^2}{\left(A_1 A_2 A_3\right)^2} \tag{8-14}$$

$$= \left(\frac{v_{o1\text{-}rms}}{A_1}\right)^2 + \left(\frac{v_{o2\text{-}rms}}{A_1 A_2}\right)^2 + \left(\frac{v_{o3\text{-}rms}}{A_1 A_2 A_3}\right)^2$$

观察式（8-14）我们发现，等效输入噪声均方根电压也可以通过将 3 个电路的输出噪声先分别折算到输入端，再进行功率叠加的方式获得。

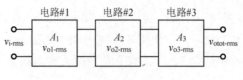

图 8-7　多级电路级联

8.2　本征噪声类型及产生机理

8.2.1　电阻热噪声

在热平衡状态下，导体内部的载流子（通常是电子）在热扰动作用下做杂乱无章的运动，这种载流子的随机运动可产生噪声电流，并在导体两端产生噪声电压，这种噪声被称

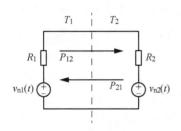

图 8-8　处于不同温度的两个电阻的噪声能量交换

为电阻热噪声。1926 年，贝尔实验室的 John B. Johnson 发现了该噪声并进行了首次测量。1928 年，贝尔实验室的 Harry Nyquist 对该噪声进行了理论分析，因此电阻热噪声也被称为 Johnson-Nyquist 噪声。

为了分析电阻热噪声的 PSD，我们考虑图 8-8 所示连接方式的两个电阻 R_1 和 R_2，假设连接线为理想导线。电阻 R_1 的温度为 T_1，产生的噪声等效为 $v_{n1}(t)$，均方根电压为 $v_{n1\text{-rms}}$。电阻 R_2 的温度为 T_2，产生的噪声等效为 $v_{n2}(t)$，均方根电压为 $v_{n2\text{-rms}}$。噪声 $v_{n1}(t)$ 传递至 R_2 的功率 P_{12} 为

$$P_{12} = \frac{v_{2\text{-rms}}^2}{R_2} = \frac{v_{n1\text{-rms}}^2}{R_2} \frac{R_2^2}{(R_1 + R_2)^2} \tag{8-15}$$

式中，$v_{2\text{-rms}}$ 表示 $v_{n1\text{-rms}}$ 落在 R_2 上的分压。同理可得噪声 $v_{n2}(t)$ 传递至 R_1 的功率 P_{21} 为

$$P_{21} = \frac{v_{1\text{-rms}}^2}{R_1} = \frac{v_{n2\text{-rms}}^2}{R_1} \frac{R_1^2}{(R_1 + R_2)^2} \tag{8-16}$$

式中，$v_{1\text{-rms}}$ 表示 $v_{n2\text{-rms}}$ 落在 R_1 上的分压。当 $T_1 = T_2$ 时，R_1 和 R_2 处于热平衡状态，根据热力学第二定律，两个电阻的净能量传递为 0，即 $P_{12} = P_{21}$，有

$$\frac{v_{n1\text{-rms}}^2}{R_1} = \frac{v_{n2\text{-rms}}^2}{R_2} \tag{8-17}$$

由式（8-17）可知，电阻热噪声的平均功率与电阻的阻值成正比。当 $T_1 \neq T_2$ 时，两个电阻的净能量传递不为 0，其正比于温度差，即 $(P_{12} - P_{21}) \propto (T_1 - T_2)$。当 $T_2 = 0\text{K}$ 时，$P_{21} = 0$，因此 $P_{12} \propto T_1$。结合式（8-15）我们会发现，电阻热噪声的平均功率与温度成正比。我们在图 8-8 所示电路的中间位置插入一个理想的带通滤波器并不会改变上述分析结果，即在任意频率范围上述分析均成立，表明 R_1 和 R_2 的噪声 PSD 应该具有相同的函数形态，两者仅在函数幅度上有区别，即 $S_1(f) = \alpha S_2(f)$。其中，$S_1(f)$ 为 R_1 的电阻热噪声 PSD；$S_2(f)$ 为 R_2 的电阻热噪声 PSD。综上所述，电阻热噪声的 PSD 均具有相同的函数形态，且与电阻阻值和温度分别成正比。

通过理想传输线连接 R_1 和 R_2 如图 8-9 所示，通过一个长度为 L 的理想传输线连接电阻 R_1 和 R_2，两个电阻的阻值均为 R 且处于相同温度 T 下。因为 $R_1=R_2$，所以 $S_1(f)=S_2(f)$。下面通过该模型分析电阻热噪声 PSD 的具体表达式。在 df 频段内，噪声 $v_{n1}(t)$ 的平均功率为 $S_1(f)df$，根据式（8-15），经过传输线传递至 R_2 的微分功率为

$$dP = \frac{1}{4R}S_1(f)df \tag{8-18}$$

同理可得，在 df 频段内，噪声 $v_{n2}(t)$ 经过传输线传递至 R_1 的微分功率与式（8-18）相同。如果能量在传输线中传递的速度记为 v，则在传输线中传递的时间 $\tau=L/v$。同时考虑在 τ 内两个电阻热噪声的能量传递，传输线中包含的能量为 $dE=2\tau dP$，结合式（8-18）可得

$$dE = \frac{1}{2R}\tau S_1(f)df \tag{8-19}$$

在某一时刻将图 8-9 所示的两个电阻与传输线的连接断开，在断开瞬间，传输线中存在从左至右和从右至左的两股能量传递。假设我们可以使用一根理想导线将传输线首尾相连，这样传输线中的能量 dE 被束缚在其中，两个相反方向传递的能量会在传输线中形成电磁波的驻波现象。根据驻波的特点，在 L 长度内应该出现整数 n 倍个驻波的半波长，

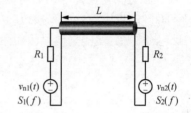

图 8-9 通过理想传输线连接 R_1 和 R_2

即 $L=n\lambda/2$，其中 λ 为驻波波长。能量在传输线中传递的速度为 v，即驻波的传播速度为 v，因此驻波的频率为

$$f = \frac{v}{\lambda} = \frac{n}{2}\frac{v}{L} = \frac{n}{2\tau} \tag{8-20}$$

由此可知，传输线中驻波的频率取值间隔固定为 $1/(2\tau)$，因此在 df 频率范围内，传输线中驻波的个数为 $m=2\tau df$。根据能量均分定理，系统中每个自由度包含的能量均为 $kT/2$，其中 k 为玻尔兹曼常数。由于每个驻波都以电磁波形式存在，包含电场和磁场两个自由度，因此每个驻波的能量为 kT，在 df 频率范围内，传输线中所包含的能量为

$$dE = mkT = 2\tau kTdf \tag{8-21}$$

结合式（8-19）和式（8-21）可得到

$$\frac{1}{2R}\tau S_1(f)df = 2\tau kTdf \tag{8-22}$$

由此可以得到电阻热噪声的 PSD 为

$$S_1(f) = 4kTR \tag{8-23}$$

由式（8-23）可知，电阻热噪声的 PSD 与频率 f 无关，是一种白噪声。实际上，理想的白噪声并不存在，因为会导致噪声的能量为无穷大，所以式（8-23）在一定频率范围内才能成立。是什么因素导致 $S_1(f)$ 与 f 有关呢？在上述分析中，虽然我们认为每个驻波的能量为 kT，但事实上严格的表达式为

$$E(f) = \frac{hf}{e^{\frac{hf}{kT}} - 1} \tag{8-24}$$

式中，h 为普朗克常量。当 f 比较小时，$hf \ll kT$，$e^{hf/(kT)} \approx hf/kT + 1$，$E(f) \approx kT$，与上述分析一致。当 f 比较大时，上述近似条件不再成立，此时我们必须严格使用式（8-24）来计算驻波能量，因此电阻热噪声的 PSD 变为

$$S_1(f) = 4kTR \frac{\dfrac{hf}{kT}}{e^{\frac{hf}{kT}} - 1} \tag{8-25}$$

由式（8-25）可知，当频率足够高时，电阻热噪声的 PSD 将降至 0，表明电阻热噪声的总平均功率是有限的。在室温下，当 $hf = kT$ 时，可得到 $f = 6.3 \times 10^{12}$Hz。由此可知，$S_1(f)$ 在高达约 10THz 的频率下都是平坦的，在更高的频率时才会出现下降情况。对通常的电路来说，将电阻热噪声看成一种白噪声是足够精确的。

我们在分析电阻热噪声时可以采用两种等效电路结构：使用 PSD 为 $S(f) = 4kTR$（单位为 V^2/Hz）的电压源 $v_n(t)$ 来模拟，如图 8-10（a）所示；使用 PSD 为 $S(f) = 4kT/R$（单位为 A^2/Hz）的电流源 $i_n(t)$ 来模拟，如图 8-10（b）所示。

（a）串联电压源模拟电阻热噪声　　　　　　　（b）并联电流源模拟电阻热噪声

图 8-10　模拟电阻热噪声

8.2.2　kT/C 噪声

对于一阶低通滤波器，在电容上的热噪声被称为 kT/C 噪声。考虑图 8-11 所示的等效电路，我们来分析 kT/C 噪声的均方根电压。

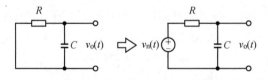

图 8-11　一阶低通滤波器产生的噪声

通过串联电压源 $v_n(t)$ 来模拟电阻 R 所产生的热噪声，其 PSD 为 $S_n(f) = 4kTR$。从 $v_n(t)$ 到 $v_o(t)$ 的传递函数为

$$H(s) = \frac{1}{1 + RCs} \tag{8-26}$$

根据式（8-5），可以得到输出端的热噪声 PSD 为

$$\begin{aligned} S_o(f) &= S_n(f) \left| H(2\pi \mathrm{j}f) \right|^2 \\ &= \frac{4kTR}{1 + \left(2\pi RCf\right)^2} \end{aligned} \tag{8-27}$$

因此，电阻的白噪声经过一阶低通滤波器整形后，输出端的 PSD 表现为低通特性，在输出

端的总噪声功率为

$$P_{otot} = \int_0^\infty \frac{4kTR}{1+\left(2\pi RCf\right)^2}\mathrm{d}f$$

$$= \frac{2kT}{\pi C}\arctan u \mid_{u=0}^{u=\infty}$$　　　　　　（8-28）

$$= \frac{kT}{C}$$

式（8-28）表明了 kT/C 噪声的总功率，同时也表明了这种噪声名字的来源。我们需要注意 kT/C 的单位为 V^2，也可以通过 $\sqrt{kT/C}$ 计算在输出端测得的总均方根噪声电压。在室温下，对于 1pF 电容，其 kT/C 噪声的均方根电压为 64.4μV。由式（8-28）可知，在确定温度下，我们只能通过增大电容来降低 kT/C 噪声。

通常为了简化分析，习惯上将总噪声功率表示为

$$P_{tot} = \int_0^\infty S_n\left(f\right)\left|H\left(2\pi\mathrm{j}f\right)\right|^2\mathrm{d}f$$

$$= S_n\left(f\right)B_n$$　　　　　　（8-29）

式中，B_n 为噪声带宽。当 $H(2\pi\mathrm{j}f)$ 为一阶系统时，可得到

$$P_{tot} = 4kTRB_n = \frac{kT}{C}$$　　　　　　（8-30）

因此 $B_n=1/(4RC)$。因为一阶系统的极点频率为 $1/(2\pi RC)$，单位为 Hz，所以一阶系统的噪声带宽为极点频率的 π/2 倍。这个结论对我们简化电路噪声分析非常有帮助。

8.2.3　MOS 晶体管噪声

8.2.3.1　热噪声

MOS 晶体管同样存在热噪声，主要是由 MOS 晶体管沟道中载流子随机热运动造成的。如图 8-12（a）所示，工作在饱和区的 MOS 晶体管的沟道热噪声可以用一个并联在源漏两端的电流源来模拟，PSD 为

$$\overline{i_n^2} = 4kT\gamma g_m$$　　　　　　（8-31）

式中，g_m 为 MOS 晶体管的跨导；γ 是一个与工艺相关的系数。对于长沟道晶体管，通常取 $\gamma=2/3$；对于短沟道器件，γ 往往更大。将式（8-31）除以 g_m^2，沟道热噪声电流源可以转换为串联在栅极的噪声电压源，如图 8-12（b）所示，该电压源的 PSD 为

$$\overline{v_n^2} = \frac{4kT\gamma}{g_m}$$　　　　　　（8-32）

（a）等效为电流源　　　　　　　　　　　　　　　（b）等效为电压源

图 8-12　MOS 晶体管的沟道热噪声

事实上，MOS 晶体管中除了沟道贡献热噪声，其栅极、源极和漏极的寄生电阻同样会贡献电阻热噪声。由于源极和漏极均会通过金属连接，而栅极通过多晶硅连接，多晶硅的方块电阻远大于金属的方块电阻，因此通常栅极的寄生电阻所贡献的热噪声是主要考虑的对象。对于宽度为 W 的栅极，其寄生电阻值为 R_G，热噪声等效为串联在栅极的噪声电压源，PSD 为 $4kTR_G$。我们可以通过图 8-13 所示的方法降低栅极的电阻热噪声，将宽度为 W 的栅极变为插指状结构，如果插指数量为 n，则每个插指的宽度为 W/n，每个插指的寄生电阻为 R_G/n，将 n 个插指并联，栅极的总寄生电阻变为 R_G/n^2。通过这种方式，栅极的热噪声 PSD 变为 $4kTR_G/n^2$，降低至原来的 $1/n^2$。需要注意的是，MOS 晶体管栅极电阻热噪声通常在 W/L 非常大的情况下较为显著，若尺寸较小，则这种噪声往往可以被忽略。为简化分析，本书在后续分析中均忽略 MOS 晶体管栅极寄生电阻所贡献的热噪声。

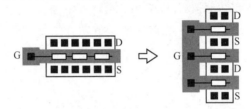

图 8-13　减小 MOS 晶体管栅极寄生电阻的方法

8.2.3.2　RTS 噪声

在 MOS 晶体管中，硅衬底与栅氧化层的界面处存在缺陷，形成陷阱能级。这些缺陷会随机捕获或释放沟道中的电子，如图 8-14 所示。

对于小尺寸 MOS 晶体管，这种随机事件会造成沟道中电流的突然跳跃，RTS 噪声实例如图 8-15 所示。这种噪声被称为随机电报信号（Random Telegraph Signal，RTS）噪声。RTS 噪声也被称为爆米花噪声，因为其被扬声器播放出来时听起来类似爆米花的声音。RTS 噪声是一种低频噪声，功率会随着频率的升高而降低。下面具体分析 RTS 噪声的 PSD。

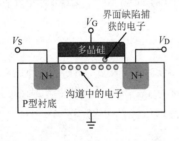

图 8-14　MOS 晶体管界面缺陷捕获电子示意图

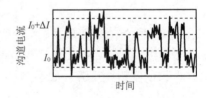

图 8-15　RTS 噪声实例

RTS 噪声可通过图 8-16 所示的模型进行描述。由一个陷阱能级所产生的 RTS 噪声具有二值化特点，高电流状态记为状态 1（电流幅度为 ΔI），低电流状态记为状态 0（电流幅度为 0）。状态 1 持续的时间长度记为 t_1，平均值为 τ_1。状态 0 持续的时间长度记为 t_0，平均值为 τ_0。单位时间内从状态 1 转变为状态 0（电流幅度从上到下变化）的概率为 P_1，单位时间内从状态 0 转变为状态 1（电流幅度从下到上变化）的概率为 P_0。

分析状态 1 未发生转变的概率如图 8-17 所示。$A_1(t)$ 表示从 0 时刻到 t 时刻，状态 1 未发生转变的概率。$A_1(t+\mathrm{d}t)$ 表示从 0 时刻到 $t+\mathrm{d}t$ 时刻，状态 1 未发生转变的概率，也表示从 0 时刻到 t 时刻状态 1 未发生转变，且从 t 时刻到 $t+\mathrm{d}t$ 时刻状态 1 也未发生转变的概率。在 $\mathrm{d}t$ 时间内，状态 1 未发生转变的概率为 $1-\mathrm{d}t\times P_1$，有 $A_1(t+\mathrm{d}t)=A_1(t)(1-\mathrm{d}t\times P_1)$，可得到如下微分方程

$$\frac{A_1(t+\mathrm{d}t)-A_1(t)}{\mathrm{d}t}=\frac{\mathrm{d}A_1(t)}{\mathrm{d}t}=-A_1(t)P_1 \tag{8-33}$$

因为 0 时刻状态 1 不会发生变化，因此有 $A_1(0)=1$，则式（8-33）的解为

$$A_1(t)=\mathrm{e}^{-P_1t} \tag{8-34}$$

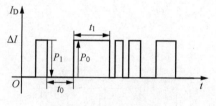

图 8-16　RTS 噪声模型

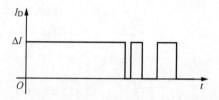

图 8-17　分析状态 1 未发生转变的概率

从 0 时刻到 t 时刻，状态 1 未发生转变，在 t 到 $t+\mathrm{d}t$ 时间内，状态 1 发生转变，这种情况出现的概率为 $A_1(t)P_1\mathrm{d}t$。在发生上述情况时，状态 1 的持续时间为 t，数学期望为状态 1 的平均持续时间 τ_1 为

$$\tau_1=\int_0^\infty tA_1(t)P_1\mathrm{d}t=\int_0^\infty t\mathrm{e}^{-P_1t}P_1\mathrm{d}t=\frac{1}{P_1} \tag{8-35}$$

同理可得到状态 0 的平均持续时间 τ_0 为

$$\tau_0=\int_0^\infty tA_0(t)P_0\mathrm{d}t=\int_0^\infty t\mathrm{e}^{-P_0t}P_0\mathrm{d}t=\frac{1}{P_0} \tag{8-36}$$

由此可知，每种状态的平均持续时间与其发生转变的概率互为倒数。

从状态 1 开始经过时间 t 发生偶数次转变的情况示例如图 8-18（a）所示，发生的概率记为 $P_{11}(t)$。从状态 1 开始经过时间 t 发生奇数次转变的情况示例如图 8-18（b）所示，发生的概率记为 $P_{10}(t)$。由于上述两种情况必然会有一种情况发生，因此 $P_{11}(t)+P_{10}(t)=1$。

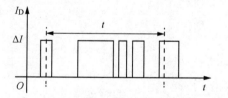

（a）从状态 1 开始经过时间 t 发生偶数次转变的情况示例

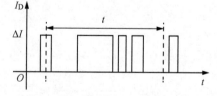

（b）从状态 1 开始经过时间 t 发生奇数次转变的情况示例

图 8-18　从状态 1 开始经过时间 t 发生转变的情况示例

根据上述定义，$P_{11}(t+\mathrm{d}t)$ 表示从状态 1 开始经过时间 $t+\mathrm{d}t$ 发生偶数次转变的概率。如图 8-19 所示，$P_{11}(t+\mathrm{d}t)$ 可以分为两种情况：情况一为从状态 1 开始经过时间 t 发生奇数次转变，然后在 $\mathrm{d}t$ 时间内发生 1 次转变，概率为 $P_{10}(t)\mathrm{d}t/\tau_0$；情况二为从状态 1 开始经过时间 t 发生偶数次转变，然后在 $\mathrm{d}t$ 时间内未发生转变，概率为 $P_{11}(t)(1-\mathrm{d}t/\tau_1)$。因此可以得到

$$P_{11}(t+dt) = P_{10}(t)\frac{dt}{\tau_0} + P_{11}(t)\left(1-\frac{dt}{\tau_1}\right) \tag{8-37}$$

因为 $P_{10}(t)=1-P_{11}(t)$，所以可以得到如下微分方程

$$\frac{dP_{11}(t)}{dt} + P_{11}(t)\left(\frac{1}{\tau_0}+\frac{1}{\tau_1}\right) = \frac{1}{\tau_0} \tag{8-38}$$

从状态 1 开始，因为在 0 时刻不会发生转变，即发生转变次数为偶数，所以有边界条件 $P_{11}(0)=1$，式（8-38）的解为

$$P_{11}(t) = \frac{\tau_1}{\tau_0+\tau_1} + \frac{\tau_0}{\tau_0+\tau_1}e^{-\left(\frac{1}{\tau_0}+\frac{1}{\tau_1}\right)t} \tag{8-39}$$

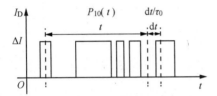 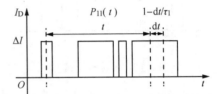

（a）从状态 1 开始经过时间 t 发生奇数次转变，然后在 dt 时间内发生 1 次转变　　（b）从状态 1 开始经过时间 t 发生偶数次转变，然后在 dt 时间内未发生转变

图 8-19　$P_{11}(t+dt)$ 的两种情况示例

到目前为止，我们已经较为详细地描述了 RTS 噪声事件发生的概率。下面借助维纳-欣钦定理（Wiener-Khinchine Theorem）获得 RTS 噪声的 PSD。维纳-欣钦定理告诉我们，平稳信号的功率谱密度函数和自相关函数是一对傅里叶变换，因此在上述分析的基础上，我们要继续分析 RTS 噪声的自相关函数。

如果 RTS 噪声的电流幅度随时间的变化函数表示为 $x(t)$，那么 $x(t)$ 为状态 1 的概率为 $\tau_1/(\tau_0+\tau_1)$。从状态 1 开始，在时间 τ 内发生偶数次转变的概率为 $P_{11}(\tau)$，这也是从状态 1 开始经过时间 τ 后仍为状态 1 的概率。因此，RTS 噪声在时间 τ 内的自相关函数为

$$c(\tau) = E\left[x(t)x(t+\tau)\right]$$
$$= \left(\Delta I\right)^2 \frac{\tau_1}{\tau_0+\tau_1}P_{11}(\tau) \tag{8-40}$$

我们只关心 RTS 噪声中交流成分的 PSD，因此可以得到

$$S(\omega) = \frac{\tau_0\tau_1\left(\Delta I\right)^2}{\left(\tau_0+\tau_1\right)^2}F[e^{-\left(\frac{1}{\tau_0}+\frac{1}{\tau_1}\right)\tau}] = \frac{2\tau_0\tau_1\left(\Delta I\right)^2}{\left(\tau_0+\tau_1\right)^2}\int_0^\infty e^{-\left(\frac{1}{\tau_0}+\frac{1}{\tau_1}\right)\tau}\cos\left(\omega\tau\right)d\tau$$
$$= \frac{2\left(\Delta I\right)^2}{\left(\tau_0+\tau_1\right)\left[\left(\frac{1}{\tau_0}+\frac{1}{\tau_1}\right)^2+\omega^2\right]} \tag{8-41}$$

为简化分析，我们假设 $\tau_0=\tau_1=\tau$，则得到时间常数为 τ 的一种陷阱能级所贡献的 RTS 噪声电流的 PSD 为

$$S(\omega) = \frac{(\Delta I)^2 \tau}{4 + (\omega \tau)^2} \tag{8-42}$$

在对数坐标系中 RTS 噪声的 PSD 如图 8-20 所示。RTS 噪声的功率表现为低频特性，当频率大于 $1/\tau$（单位为 rad/s）时，RTS 噪声的功率以-20dB/dec 的速度衰减。

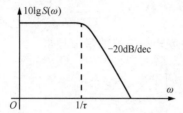

图 8-20　RTS 噪声的 PSD（对数坐标系）

8.2.3.3 闪烁噪声

在较大尺寸的 MOS 晶体管中，考虑多种陷阱能级共同贡献 RTS 噪声，则总和表现为闪烁噪声。在分析闪烁噪声 PSD 之前，我们首先介绍一种概率分布，即幂律分布（Power Law）。幂律分布的共性是绝大多数事件的规模很小，只有少数事件规模相当大，如地震的强度与数量、陨石的大小与数量、城市的规模与数量等。MOS 晶体管中栅氧化层和硅衬底的界面缺陷符合这种分布，陷阱能级的时间常数 τ 越大，界面缺陷的数量 N 就越小，即 $N(\tau)=k/\tau$。其中，k 为一个正比例系数。对具有各种时间常数 τ 的 RTS 噪声积分，得到闪烁噪声电流的 PSD 为

$$S(\omega) = \int_0^\infty N(\tau) \frac{(\Delta I)^2 \tau}{4 + (\omega \tau)^2} \mathrm{d}\tau = \int_0^\infty \frac{k(\Delta I)^2}{4 + (\omega \tau)^2} \mathrm{d}\tau$$
$$= \frac{1}{\omega} \int_0^\infty \frac{k(\Delta I)^2}{4 + (\omega \tau)^2} \mathrm{d}\omega\tau \tag{8-43}$$

通过 $u = \frac{\omega \tau}{2}$ 进行积分变换，式（8-43）变为

$$S(\omega) = \frac{k(\Delta I)^2}{2\omega} \int_0^\infty \frac{1}{1 + u^2} \mathrm{d}u = \frac{k(\Delta I)^2}{2\omega} \arctan u \Big|_0^\infty$$
$$= \frac{k\pi(\Delta I)^2}{4} \frac{1}{\omega} \tag{8-44}$$

由式（8-44）可知，闪烁噪声的 PSD 与频率成反比，这种噪声也被称为 1/f 噪声。当 MOS 晶体管的栅极面积变大时，各种陷阱能级的作用将被平均化，进而使闪烁噪声变弱，即闪烁噪声的 PSD 与 WL 成反比。闪烁噪声通常可以用一个串联在栅极上的电压源来模拟，PSD 可近似表示为

$$\overline{v_n^2} = \frac{K}{C_{ox} WL} \frac{1}{f} \tag{8-45}$$

式中，C_{ox} 为栅氧化层单位面积电容；K 是一个与栅氧化层-硅衬底界面的清洁度及工艺强烈相关的常量。由式（8-45）可知，要减小闪烁噪声，就必须增大器件面积。

对于一个给定的 MOS 晶体管，我们同时考虑沟道热噪声和闪烁噪声，则总噪声的 PSD 如图 8-21 所示。当频率较低时，总噪声表现为 $1/f$ 噪声特性；当频率较高时，$1/f$ 噪声功率变得很低，总噪声表现为热噪声特性。热噪声 PSD 与 $1/f$ 噪声 PSD 相同的频率点被称为转角频率 f_C，有

$$4kT\gamma g_{\mathrm{m}} = \frac{K}{C_{\mathrm{ox}}WL}\frac{1}{f_{\mathrm{C}}}g_{\mathrm{m}}^2 \tag{8-46}$$

转角频率 f_C 通常用于度量闪烁噪声所干扰的最大频带。

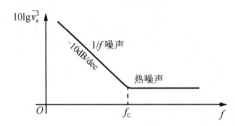

图 8-21　MOS 晶体管总噪声的 PSD（对数坐标系）

8.3　单级放大器的噪声

8.3.1　共源放大器的噪声

采用电流源负载的共源放大器的等效噪声模型如图 8-22 所示。其中，$\overline{i_{\mathrm{n1,T}}^2}$ 和 $\overline{i_{\mathrm{n1,f}}^2}$ 分别模拟 M_1 的沟道热噪声和闪烁噪声，$\overline{i_{\mathrm{n2,T}}^2}$ 和 $\overline{i_{\mathrm{n2,f}}^2}$ 分别模拟 M_2 的沟道热噪声和闪烁噪声。在以下分析中，沟道热噪声的 γ 取 2/3，并且假设 NMOS 器件和 PMOS 器件具有相同的 C_{ox}。由于上述噪声均是非相关噪声，所以输出噪声为全部噪声功率的叠加。同时考虑共源放大器输出阻抗为 $r_{\mathrm{o1}}\|r_{\mathrm{o2}}$，因此共源放大器的输出噪声为

$$
\begin{aligned}
\overline{v_{\mathrm{n,out}}^2} &= \left(\overline{i_{\mathrm{n1,T}}^2} + \overline{i_{\mathrm{n2,T}}^2} + \overline{i_{\mathrm{n1,f}}^2} + \overline{i_{\mathrm{n2,f}}^2}\right)\left(r_{\mathrm{o1}}\|r_{\mathrm{o2}}\right)^2 \\
&= \left(\frac{8}{3}kTg_{\mathrm{m1}} + \frac{8}{3}kTg_{\mathrm{m2}} + \frac{K_{\mathrm{N}}}{C_{\mathrm{ox}}W_1 L_1}\frac{1}{f}g_{\mathrm{m1}}^2 + \frac{K_{\mathrm{P}}}{C_{\mathrm{ox}}W_2 L_2}\frac{1}{f}g_{\mathrm{m2}}^2\right)\left(r_{\mathrm{o1}}\|r_{\mathrm{o2}}\right)^2
\end{aligned}
\tag{8-47}
$$

考虑共源放大器的增益为 $g_{\mathrm{m1}}(r_{\mathrm{o1}}\|r_{\mathrm{o2}})$，可得到该放大器的等效输入噪声为

$$
\begin{aligned}
\overline{v_{\mathrm{n,in}}^2} &= \frac{\overline{v_{\mathrm{n,out}}^2}}{g_{\mathrm{m1}}^2\left(r_{\mathrm{o1}}\|r_{\mathrm{o2}}\right)^2} \\
&= \frac{8kT}{3g_{\mathrm{m1}}}\left(1 + \frac{g_{\mathrm{m2}}}{g_{\mathrm{m1}}}\right) + \frac{K_{\mathrm{N}}}{C_{\mathrm{ox}}W_1 L_1 f} + \frac{K_{\mathrm{P}}}{C_{\mathrm{ox}}W_2 L_2 f}\frac{g_{\mathrm{m2}}^2}{g_{\mathrm{m1}}^2}
\end{aligned}
\tag{8-48}
$$

通过提高 M_1 的跨导，同时降低 M_2 的跨导，可以降低共源放大器的等效输入噪声，当 $g_{\mathrm{m1}} \gg g_{\mathrm{m2}}$ 时，式（8-48）可近似为

$$\overline{v_{\mathrm{n,in}}^2} = \frac{8kT}{3g_{\mathrm{m1}}} + \frac{K_{\mathrm{N}}}{C_{\mathrm{ox}}W_1 L_1 f} \tag{8-49}$$

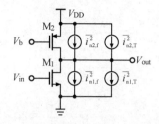

图 8-22　采用电流源负载的共源放大器的等效噪声模型

8.3.2　源极跟随器的噪声

源极跟随器的等效噪声模型如图 8-23 所示。考虑源极跟随器的输出阻抗为 $1/(g_{m1}+g_{mb1})$，则输出噪声为

$$
\overline{v_{n,out}^2} = \left(\overline{i_{n1,T}^2} + \overline{i_{n2,T}^2} + \overline{i_{n1,f}^2} + \overline{i_{n2,f}^2} \right) \left(\frac{1}{g_{m1}+g_{mb1}} \right)^2
$$

$$
= \left(\frac{8}{3}kTg_{m1} + \frac{8}{3}kTg_{m2} + \frac{K_N}{C_{ox}W_1L_1}\frac{1}{f}g_{m1}^2 + \frac{K_N}{C_{ox}W_2L_2}\frac{1}{f}g_{m2}^2 \right) \left(\frac{1}{g_{m1}+g_{mb1}} \right)^2 \tag{8-50}
$$

考虑源极跟随器的增益为 $g_{m1}/(g_{m1}+g_{mb1})$，可得到等效输入噪声为

$$
\overline{v_{n,in}^2} = \overline{v_{n,out}^2} \frac{(g_{m1}+g_{mb1})^2}{g_{m1}^2}
$$

$$
= \frac{8kT}{3g_{m1}}\left(1 + \frac{g_{m2}}{g_{m1}}\right) + \frac{K_N}{C_{ox}f}\left(\frac{1}{W_1L_1} + \frac{1}{W_2L_2}\frac{g_{m2}^2}{g_{m1}^2} \right) \tag{8-51}
$$

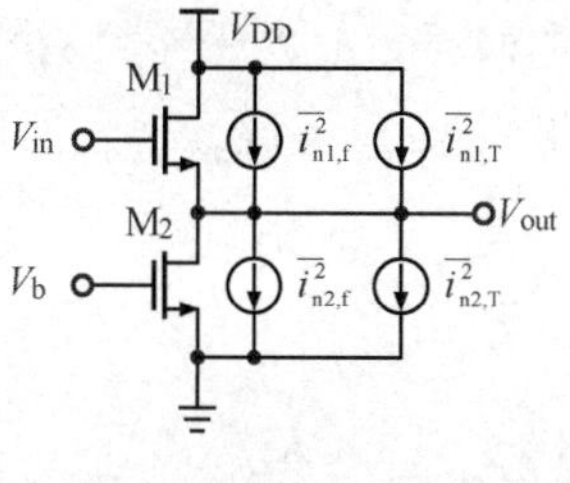

图 8-23　源极跟随器的等效噪声模型

通过上述分析可知，事实上，源极跟随器和共源放大器具有相同的等效输入噪声 PSD 表达式。

8.3.3　共栅放大器的噪声

共栅放大器的等效噪声模型如图 8-24 所示。其中，$\overline{i_{nR_D,T}^2}$ 模拟 R_D 的热噪声。考虑共栅放大器的输出阻抗近似为 R_D，因此共栅放大器的输出噪声为

$$
\overline{v_{n,out}^2} = \left(\overline{i_{n1,T}^2} + \overline{i_{n1,f}^2} + \overline{i_{nR_D,T}^2} \right) R_D^2 = \left(\frac{8}{3}kTg_{m1} + \frac{K_N}{C_{ox}W_1L_1}\frac{1}{f}g_{m1}^2 + \frac{4kT}{R_D} \right) R_D^2 \tag{8-52}
$$

当忽略 M_1 的体效应时，共栅放大器的增益为 $g_{m1}R_D$，等效输入噪声为

$$\overline{v_{n,in}^2} = \frac{\overline{v_{n,out}^2}}{\left(g_{m1}R_D\right)^2} = \frac{4kT}{g_{m1}}\left(\frac{2}{3} + \frac{1}{g_{m1}R_D}\right) + \frac{K_N}{C_{ox}W_1L_1f} \tag{8-53}$$

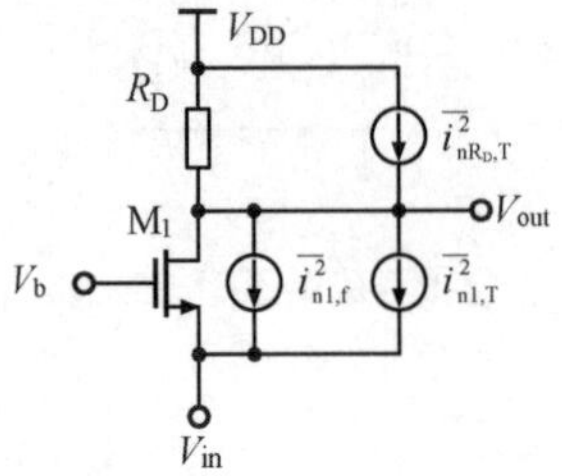

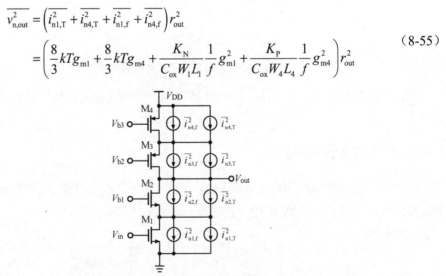

图 8-24　共栅放大器的等效噪声模型

当以电流信号作为共栅放大器的输入时，为分析输出噪声，将输入电流置为 0，对于 M_1 来说，总电流为 0，即 $I_{D1}+i_{n1}=0$。由此可知，伴随 M_1 的噪声电流 i_{n1}，总有一个与之大小相同、方向相反的电流 I_{D1} 与之抵消，在输出端不会产生噪声。此时，共栅放大器的输出噪声等于 $4kTR_D$，等效输入噪声电流为

$$\overline{i_{n,in}^2} = \frac{4kT}{R_D} \tag{8-54}$$

8.3.4　共源共栅放大器的噪声

共源共栅放大器的噪声模型如图 8-25 所示。其中，M_2 为共栅极器件，当忽略 M_1 的沟道长度调制效应时，对于 M_2 来说，$I_{D2}+i_{n2}=0$，从而 M_2 对输出噪声没有影响。同理，M_3 也为共栅极器件，当忽略 M_4 的沟道长度调制效应时，M_3 对输出噪声也没有影响。由此可知，在共源共栅放大器中，共栅极器件 M_2 和 M_3 几乎不会对输出噪声做出贡献，可以忽略它们的噪声。考虑共源共栅放大器输出阻抗 $r_{out} = \left(g_{m2}r_{o2}r_{o1}\right) \| \left(g_{m3}r_{o3}r_{o4}\right)$，因此共源共栅放大器的输出噪声为

$$\begin{aligned}\overline{v_{n,out}^2} &= \left(\overline{i_{n1,T}^2} + \overline{i_{n4,T}^2} + \overline{i_{n1,f}^2} + \overline{i_{n4,f}^2}\right)r_{out}^2 \\ &= \left(\frac{8}{3}kTg_{m1} + \frac{8}{3}kTg_{m4} + \frac{K_N}{C_{ox}W_1L_1}\frac{1}{f}g_{m1}^2 + \frac{K_P}{C_{ox}W_4L_4}\frac{1}{f}g_{m4}^2\right)r_{out}^2\end{aligned} \tag{8-55}$$

图 8-25　共源共栅放大器的等效噪声模型

考虑共源共栅放大器的增益 $g_{m1}(g_{m2}r_{o2}r_{o1}) \| (g_{m3}r_{o3}r_{o4})$，可得到该放大器的等效输入噪声为

$$\overline{v_{n,in}^2} = \frac{\overline{v_{n,out}^2}}{(g_{m1}r_{out})^2}$$

$$= \frac{8kT}{3g_{m1}}\left(1 + \frac{g_{m4}}{g_{m1}}\right) + \frac{K_N}{C_{ox}W_1L_1f} + \frac{K_P}{C_{ox}W_2L_2f}\frac{g_{m4}^2}{g_{m1}^2} \qquad (8\text{-}56)$$

在此基础上，我们进一步分析折叠式共源共栅放大器的噪声，等效噪声模型如图 8-26 所示。这里同样忽略共栅极器件的噪声。为简化表达式，假设 $1/f$ 噪声的系数 K 相同，考虑折叠式共源共栅放大器输出阻抗 $r_{out} = (g_{m2}r_{o2}r_{o1}) \| (g_{m3}r_{o3}r_{o4})$，因此折叠式共源共栅放大器的输出噪声为

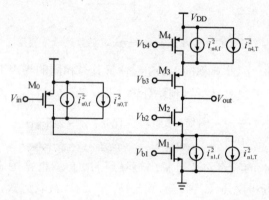

图 8-26　折叠式共源共栅放大器的等效噪声模型

$$\overline{v_{n,out}^2} = \left(\overline{i_{n0,T}^2} + \overline{i_{n1,T}^2} + \overline{i_{n4,T}^2} + \overline{i_{n0,f}^2} + \overline{i_{n1,f}^2} + \overline{i_{n4,f}^2}\right)r_{out}^2$$

$$= \left[\frac{8}{3}kT(g_{m0} + g_{m1} + g_{m4}) + \frac{K}{C_{ox}}\frac{1}{f}\left(\frac{g_{m0}^2}{W_0L_0} + \frac{g_{m1}^2}{W_1L_1} + \frac{g_{m4}^2}{W_4L_4}\right)\right]r_{out}^2 \qquad (8\text{-}57)$$

考虑折叠式共源共栅放大器的增益 $g_{m0}(g_{m2}r_{o2}r_{o1}) \| (g_{m3}r_{o3}r_{o4})$，可得到该放大器的等效输入噪声为

$$\overline{v_{n,in}^2} = \frac{\overline{v_{n,out}^2}}{(g_{m0}r_{out})^2}$$

$$= \frac{8kT}{3g_{m0}}\left(1 + \frac{g_{m1}}{g_{m0}} + \frac{g_{m4}}{g_{m0}}\right) + \frac{K}{C_{ox}f}\left(\frac{1}{W_0L_0} + \frac{1}{W_1L_1}\frac{g_{m1}^2}{g_{m0}^2} + \frac{1}{W_4L_4}\frac{g_{m4}^2}{g_{m0}^2}\right) \qquad (8\text{-}58)$$

8.4　差分放大器的噪声

基本五管差分放大器的等效噪声模型如图 8-27 所示，当电路完全对称时，尾电流源 M_0 的噪声是一种共模噪声，对差分输出端不会贡献噪声。前面在对单端电路的噪声分析时，我们的基本思路是将全部噪声电流的功率叠加，总噪声电流作用在输出阻抗上形成输出噪

声电压。这种方法并不能直接用在图 8-27 所示的差分放大器中，主要是因为 M_1 和 M_2 的噪声是非相关的，V_P 节点不再是交流地。在这种情况下，我们需要先将各个噪声分别折算到输入端，然后在输入端进行功率的叠加。

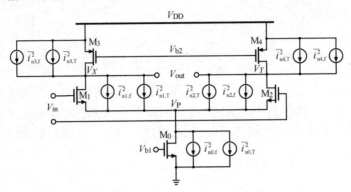

图 8-27　基本五管差分放大器的等效噪声模型

考虑电路是对称的，因此对称的 MOS 晶体管具有相同的噪声 PSD。输入管 M_1 和 M_2 的热噪声和闪烁噪声可以很容易折算到差分输入端，有

$$\overline{v_{nA,in}^2} = \frac{2\left(\overline{i_{n1,T}^2} + \overline{i_{n1,f}^2}\right)}{g_{m1}^2} = \frac{16}{3}\frac{kT}{g_{m1}} + \frac{2K_N}{C_{ox}W_1L_1}\frac{1}{f} \tag{8-59}$$

下面分析 M_3 和 M_4 的噪声对差分输出端噪声的贡献。根据图 8-28 所示的电路，我们首先分析电流源负载栅极电压 V_n 到差分输出 V_Y-V_X 的增益表达式，小信号模型如图 8-29 所示。

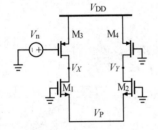

图 8-28　计算电流源负载栅极电压到
差分输出的增益

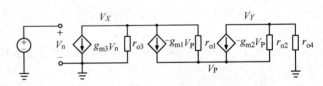

图 8-29　电流源负载栅极电压到
差分输出的小信号模型

在 V_X、V_Y 和 V_P 三个节点，根据 KCL 可以得到如下 3 个等式：

$$g_{m3}V_n + \frac{V_X}{r_{o3}} + \frac{V_Y}{r_{o4}} = 0 \tag{8-60}$$

$$-V_P g_{m2} + \frac{V_Y - V_P}{r_{o2}} + \frac{V_Y}{r_{o4}} = 0 \tag{8-61}$$

$$-V_P g_{m1} + \frac{V_X - V_P}{r_{o1}} - V_P g_{m2} + \frac{V_Y - V_P}{r_{o2}} = 0 \tag{8-62}$$

考虑电路是对称的，有 $g_{m1} = g_{m2}$，$r_{o1} = r_{o2}$，$r_{o3} = r_{o4}$，根据式（8-62）可得到

$$V_P = \frac{V_X + V_Y}{2(g_{m1}r_{o1} + 1)} \tag{8-63}$$

将式（8-63）代入式（8-61），可以得到

$$V_X = \frac{2r_{o1} + r_{o3}}{r_{o3}} V_Y \tag{8-64}$$

结合式（8-60）和式（8-64），可以得到

$$V_X = -g_{m3}V_n \frac{r_{o3}(2r_{o1} + r_{o3})}{2(r_{o1} + r_{o3})} \tag{8-65}$$

$$V_Y = -g_{m3}V_n \frac{r_{o3}^2}{2(r_{o1} + r_{o3})} \tag{8-66}$$

将式（8-66）减去式（8-65），得到

$$V_Y - V_X = g_{m3}V_n \frac{r_{o1}r_{o3}}{r_{o1} + r_{o3}} \tag{8-67}$$

由式（8-67）可知，M_3 的噪声电流乘以 r_{o1} 和 r_{o3} 的并联电阻就得到了差分输出噪声电压，再将输出噪声除以差分放大器增益便得到了等效输入噪声。因此 M_3 和 M_4 贡献的等效输入噪声为

$$\overline{v_{nB,in}^2} = \frac{2\left(\overline{i_{n3,T}^2} + \overline{i_{n3,f}^2}\right)(r_{o1} \parallel r_{o3})^2}{g_{m1}^2(r_{o1} \parallel r_{o3})^2} = \frac{16}{3}\frac{kTg_{m3}}{g_{m1}^2} + \frac{2K_P}{C_{ox}W_3L_3}\frac{1}{f}\frac{g_{m3}}{g_{m1}^2} \tag{8-68}$$

结合式（8-59）和式（8-68），差分放大器等效输入总噪声电压为

$$\overline{v_{n,in}^2} = \frac{16}{3}\frac{kT}{g_{m1}}\left(1 + \frac{g_{m3}}{g_{m1}}\right) + \frac{2K_N}{C_{ox}W_1L_1}\frac{1}{f} + \frac{2K_P}{C_{ox}W_3L_3}\frac{1}{f}\frac{g_{m3}}{g_{m1}^2} \tag{8-69}$$

8.5 噪声特性仿真分析

利用 Aether 对共源共栅放大器的噪声进行仿真分析，首先设计仿真原理图，如图 8-30 所示。其中，M_1 是输入管，Multiplier 设置为参数 xx。然后按图 8-31（a）所示的设置，在 1Hz～1GHz 范围内进行 AC 仿真，以获取放大器的幅频特性曲线和相频特性曲线，AC 仿真结果如图 8-31（b）所示。从 AC 仿真结果可以看出，该共源共栅放大器的直流增益约为 79dB，−3dB 带宽约为 10kHz。在频率低于 10kHz 时，我们可以将放大器的增益近似看成 79dB 恒定不变。

接下来进行直流工作点仿真，根据仿真结果获得 $g_{m1}=783\mu S$、$g_{m4}=106\mu S$。此时可以看作 $g_{m1} \gg g_{m4}$，根据式（8-56），我们可以将该共源共栅放大器的等效输入噪声 PSD 近似为

$$\overline{v_{n,in}^2} \approx \frac{8kT}{3g_{m1}} + \frac{K_N}{C_{ox}W_1L_1f} \tag{8-70}$$

由此可知，该共源共栅放大器的等效输入噪声主要由输入管 M_1 决定。

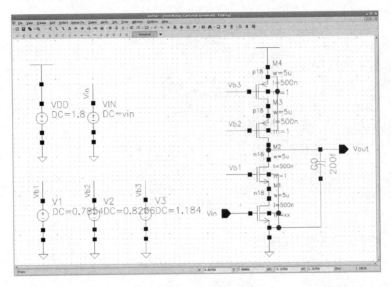

图 8-30　仿真原理图

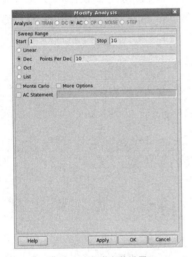

（a）AC 仿真参数设置

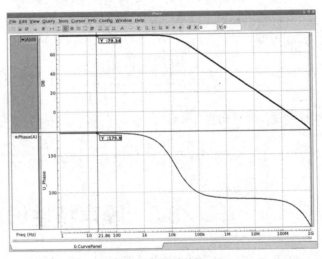

（b）AC 仿真结果

图 8-31　AC 仿真参数设置和结果

在 MDE 中进行 NOISE 仿真，参数设置如图 8-32 所示。这里需要注意，在 MDE 中进行 NOISE 仿真的同时一定要加上 AC 仿真，NOISE 仿真分析的频率范围与 AC 仿真的一致。将参数 xx 设置为 1、2、4，分别进行 3 次 NOISE 仿真，获得在不同参数 xx 时该放大器的噪声特性。

随着参数 xx 的增大，M_1 的跨导增大，栅极面积也增大，使得放大器等效输入噪声的 PSD 变小。在 1kHz 频率处，NOISE 仿真结果如图 8-33 所示。观察该仿真结果，mm1 表示 M_1 晶体管的噪声参数，id 表示热噪声，fn 表示闪烁噪声，随着 xx 增大，id 和 fn 均减小。当 xx 为 1、2、4 时，该放大器在 1kHz 频率处的等效输入噪声分别约为 $275\mathrm{nV}/\sqrt{\mathrm{Hz}}$、$180\mathrm{nV}/\sqrt{\mathrm{Hz}}$、$113\mathrm{nV}/\sqrt{\mathrm{Hz}}$，等效输入噪声在逐步降低，与式（8-70）的描述相符。

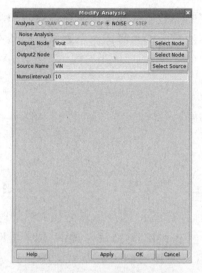

图 8-32 NOISE 仿真参数设置

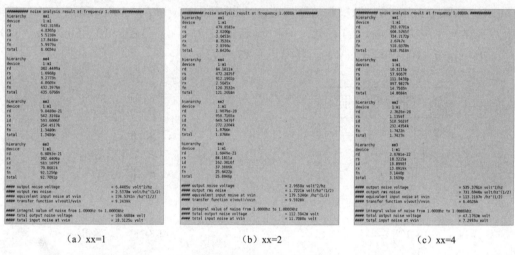

(a) xx=1   (b) xx=2   (c) xx=4

图 8-33 NOISE 仿真结果

习题

8.1 求图 8-34 所示电路的等效输入噪声，忽略体效应和沟道长度调制效应。

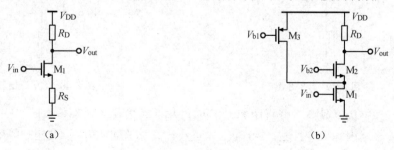

(a)   (b)

图 8-34 8.1 题图

8.2 求图 8-35 所示电路的等效输入噪声，忽略体效应和沟道长度调制效应。

8.3 求图 8-36 所示电路的等效输入噪声，忽略体效应和沟道长度调制效应。

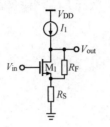

图 8-35 8.2 题图

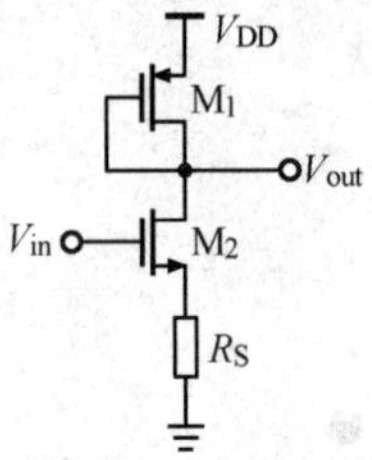

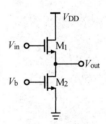

图 8-36 8.3 题图

8.4 假设 $g_{m3,4}=0.2g_{m5,6}$，计算图 8-37 所示差分放大器的等效输入热噪声。

8.5 一个共栅极电路包含一个 $W/L=100/0.1$ 的 NMOS 器件，偏置电流 $I_D=1\text{mA}$，负载电阻为 $1\text{k}\Omega$，不考虑体效应，求等效输入热噪声电压。（$C_{ox}=3.837\times10^{-3}$ F/m^2，$\mu_n=350\times10^{-4}$ m^2/(V·s)，$\mu_p=100\times10^{-4}$ m^2/(V·s)，热噪声系数 $\gamma=2/3$）

8.6 如图 8-38 所示，源极跟随器偏置电流为 0.1mA，$(W/L)_1=3000$，确定 $(W/L)_2$ 使得 M_2 对等效输入热噪声电压的贡献是 M_1 贡献的 1/5。（$C_{ox}=3.837\times10^{-3}$ F/m^2，$\mu_n=350\times10^{-4}$ m^2/(V·s)，$\mu_p=100\times10^{-4}$ m^2/(V·s)，热噪声系数 $\gamma=2/3$）

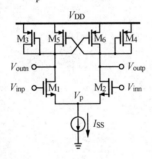

图 8-37 8.4 题图

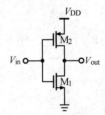

图 8-38 8.6 题图

8.7 在 1kHz 到 2kHz 频率范围内，计算 MOS 器件电流源的热噪声和 1/f 噪声。

8.8 计算图 8-39 所示电路的等效输入噪声电压，假设 M_1 和 M_2 均工作在饱和区。

8.9 忽略闪烁噪声，分析图 8-40 所示结构的等效输入热噪声电压。

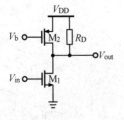

图 8-39 8.8 题图

图 8-40 8.9 题图

8.10 忽略闪烁噪声，分析图 8-41 所示结构的等效输入热噪声电压。

8.11 忽略闪烁噪声且 $g_{m3,4}=0.7g_{m5,6}$，$g_{m1}=g_{m2}$，求图 8-42 所示结构的等效输入热噪声。

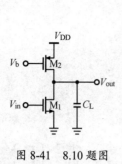

图 8-41 8.10 题图

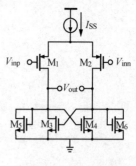

图 8-42 8.11 题图

参考文献

[1] RAZAVI B. Design of Analog CMOS Integrated Circuits[M]. New York: The McGraw-Hill Companies, 2001.

[2] NYQUIST H. Thermal Agitation of Electric Charge in Conductors[J]. Physical Review, 1928, 32(1): 110-113.

[3] KOGAN S. Electronic Noise and Fluctuations in Solids[M]. New York: Cambridge University Press, 1996.

第9章

反馈和稳定性

贝尔实验室的 Harold Black 在 1927 年发明了负反馈放大器，这就是我们所知的反馈原理的起源。反馈是模拟集成电路中广泛应用的一种非常有效的技术。利用正反馈技术可以实现振荡电路。负反馈以牺牲一些增益为代价，可抑制电子元器件的非线性，提高系统的线性度。本章所提到的反馈主要是指负反馈，虽然负反馈具有很好的特性，但是若设计不当，也可能会使系统不稳定。因此当放大器处于负反馈工作状态时，我们需要重点分析系统的稳定性。本章将从负反馈的基本原理出发，阐述负反馈对电路系统的影响，最终对系统稳定性展开分析。

9.1 反馈机制

基本的负反馈系统如图 9-1（a）所示。其中，A 为开环增益，β 为反馈系数。定义 $T=\beta A$ 为环路增益，可通过图 9-1（b）所示的电路计算得到。将输入 V_I 置 0，断开环路，在断开处的左端施加信号 V_X，经过环路回到断开处右端的信号为 V_Y，则 $T=-V_Y/V_X$。在本例中，$V_Y=-V_X A\beta$，很明显 $T=\beta A$。这里需要注意，广义的开环增益和反馈系数与频率有关，可写为 $A(s)$ 和 $\beta(s)$：$A(s)$ 被称为前馈网络；$\beta(s)$ 被称为反馈网络。

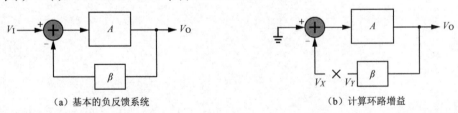

（a）基本的负反馈系统　　　　　　　　　　（b）计算环路增益

图 9-1　基本的负反馈系统和计算环路增益

负反馈系统具有一些优点，下面逐一进行分析。首先，负反馈可以降低增益灵敏度，如图 9-1（a）所示，$(V_\text{I}-\beta V_\text{O})A=V_\text{O}$，有

$$\frac{V_\text{O}}{V_\text{I}} = \frac{A}{1+\beta A} \tag{9-1}$$

当 $\beta A \gg 1$ 时，V_I 到 V_O 的增益近似为 $1/\beta$。我们发现，该闭环系统增益主要由反馈系数 β 决

定，环路增益 βA 越大，闭环增益对 A 的变化越不敏感。例如，当前馈网络为一个共源放大器时，$A=g_m r_o$，g_m 和 r_o 均会受到工艺、电压和温度（PVT）的影响，因此其开环增益 A 是很不准确的，具有很强的非线性。当处于闭环系统时，只要 A 的量级足够大，系统增益就固定为 $1/\beta$，这里的反馈系数 β 可通过无源器件（电阻或电容）的组合实现，具有相对更高的精确性和 PVT 稳定性，可降低增益灵敏度和系统非线性。

其次，负反馈可以实现带宽的提升。考虑图 9-1（a）所示前馈网络的传递函数为

$$A(s) = \frac{A_0}{1 + \dfrac{s}{\omega_0}} \tag{9-2}$$

式中，A_0 为开环系统直流增益；ω_0 为开环系统的主极点（-3dB 带宽）。此时，闭环系统的传递函数为

$$\frac{V_O(s)}{V_I(s)} = \frac{A(s)}{1 + \beta A(s)} = \frac{\dfrac{A_0}{1 + \beta A_0}}{1 + \dfrac{s}{(1 + \beta A_0)\omega_0}} \tag{9-3}$$

由式（9-3）可知，当环路直流增益 $T_0 = \beta A_0$ 远大于 1 时，闭环系统的直流增益相较开环系统的直流增益降低了 βA_0 倍，闭环系统的-3dB 带宽相较开环系统的-3dB 带宽提升了 βA_0 倍。系统的-3dB 带宽直接决定了对输入信号的响应速度。由此可知，负反馈系统以牺牲增益为代价，同比例提升了系统的-3dB 带宽和响应速度。

最后，负反馈会对输入阻抗和输出阻抗产生影响，具体影响与反馈的结构有关，这个问题将在 9.2 节中进行详细分析。

9.2　反馈类型

如图 9-1（a）所示，反馈系统在前馈网络的输出端检测信号，并以一定比例返回输入端。输出信号有可能是电压信号，也可能是电流信号，因此在输出端有检测电压信号和检测电流信号两种形式。如图 9-2（a）所示，当对输出电压信号 V_{out} 进行检测时，检测电路类似一个电压表，并联在输出端，这种检测方式被称为并联检测。如图 9-2（b）所示，当对输出电流信号 I_{out} 进行检测时，检测电路类似一个电流表，串联在输出端，这种检测方式被称为串联检测。

（a）检测电压信号　　　　　　　　　　　（b）检测电流信号

图 9-2　检测信号

反馈网络输出的反馈信号与输入信号相加时，可以是电压相加，类似两个电压源的串联，被称为串联反馈，如图 9-3（a）所示；也可以是电流相加，类似两个电流源的并联，

被称为并联反馈，如图 9-3（b）所示。

（a）电压相加　　　　　　　　　　　（b）电流相加

图 9-3　反馈网络输出的反馈信号与输入信号相加

　　总结反馈系统中的信号检测和信号返回机制，如表 9-1 所示。对不同检测和返回方式进行组合，可形成 4 种反馈类型，如表 9-2 所示，分别为电压-电压反馈、电流-电压反馈、电压-电流反馈、电流-电流反馈。这里需要注意，在反馈类型表述中，短横线左侧的为检测端类型，短横线右侧的为返回端类型。

表 9-1　信号检测与信号返回机制

项目	电压	电流
信号检测	电压表 V_{out}	I_{out} 电流表 R_L
信号返回	V_I V_F	I_I I_F

表 9-2　反馈类型

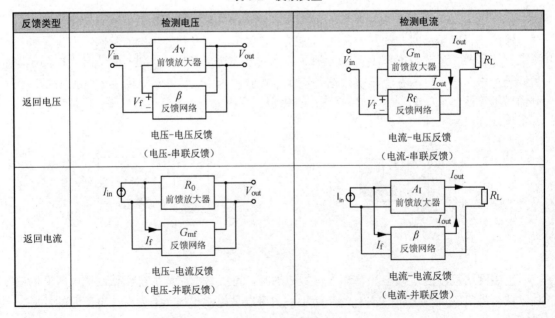

反馈类型	检测电压	检测电流
返回电压	电压-电压反馈（电压-串联反馈）	电流-电压反馈（电流-串联反馈）
返回电流	电压-电流反馈（电压-并联反馈）	电流-电流反馈（电流-并联反馈）

虽然 4 种反馈类型均具有降低增益灵敏度和提升-3dB 带宽的作用，但是它们对输入阻抗和输出阻抗的影响却不一样。下面逐一分析 4 种反馈类型的特点，重点讨论对输入阻抗和输出阻抗的影响。为简化分析，在以下分析中，我们不考虑前馈网络和反馈网络的频率特性。此外，反馈网络在检测电压信号时被看成理想电压表，具有无穷大的输入阻抗；反馈网络在检测电流信号时被看成理想电流表，具有零输入阻抗；反馈网络在返回电压信号时，表现为理想电压源，具有零输出阻抗；反馈网络在返回电流信号时，表现为理想电流源，具有无穷大的输出阻抗。因此，反馈网络自身不会对前馈网络的输出阻抗和输入阻抗产生影响。

9.2.1 电压-电压反馈

图 9-4 所示为电压-电压反馈结构，输出端通过并联检测电压，输入端通过串联进行电压相加。前馈电压放大器的输入为电压信号，输出也为电压信号，具有无量纲的电压增益 A_V。首先通过电压放大系数为 A_V 的压控电压源来模拟前馈电压放大器的增益特性，然后通过 R_{in} 和 R_{out} 分别模拟输入阻抗和输出阻抗。反馈网络可检测电压信号，并返回电压信号，因此我们通过电压放大系数为 β 的压控电压源模拟输出。由此可知，该反馈系统的反馈系数为无量纲的常数 β。如图 9-4 所示，定义反馈误差 $V_e=V_{in}-V_f=V_{in}-\beta V_{out}$，因此 $(V_{in}-\beta V_{out})A_V=V_{out}$，可以得到电压-电压反馈放大器的增益为

$$\frac{V_{out}}{V_{in}}=\frac{A_V}{1+\beta A_V} \tag{9-4}$$

由式（9-4）可知，当 A_V 足够大时，电压-电压反馈放大器的增益近似为 $1/\beta$，电压增益灵敏度降低，V_e 近似为 0，这就是放大器处于负反馈状态时具有虚短特性的来源。我们也可以用另外一种思路分析虚短特性，假设 A_V 为无穷大，考虑 V_{out} 会有非无穷大的特定电压值，因此 $V_{in}-\beta V_{out}$ 必然为 0，即 $V_e=0$。考虑虚短特性后，我们可以用另外一种方法快速分析负反馈放大器的增益。首先找到反馈系统中反馈误差 V_e 的表达式，直接令其为 0，便可快速得到输入到输出的增益，对于图 9-4 所示的电压-电压反馈结构，增益为 $1/\beta$。

采用图 9-5 所示的电路分析电压-电压反馈放大器的输出阻抗。将输入 V_{in} 置 0，在输出端接入电压源 V_X，如果流出电流为 I_X，则电压-电压反馈放大器的输出阻抗 $R'_{out}=V_X/I_X$。

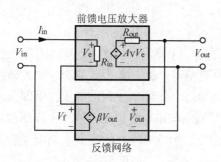

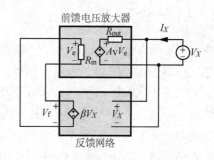

图 9-4 电压-电压反馈结构　　　　图 9-5 电压-电压反馈放大器的输出阻抗分析

由于 $V_{in}=0$，则 $V_e=-V_f=-\beta V_X$，流过电阻 R_{out} 的电流为 I_X，因此可以得到

$$I_X = \frac{V_X - A_V V_e}{R_{out}} = \frac{V_X + \beta A_V V_X}{R_{out}} \qquad (9\text{-}5)$$

由式（9-5）可得

$$R'_{out} = \frac{V_X}{I_X} = \frac{R_{out}}{1 + \beta A_V} \qquad (9\text{-}6)$$

由式（9-6）可知，电压-电压反馈放大器的输出阻抗降低到原值的 $(1+\beta A_V)^{-1}$。

采用图 9-6 所示的电路分析电压-电压反馈放大器的输入阻抗。在输入端接入电压源 V_X，如果流出电流为 I_X，则电压-电压反馈放大器的输入阻抗 $R'_{in}=V_X/I_X$。

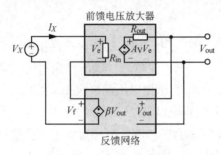

图 9-6　电压-电压反馈放大器的输入阻抗分析

如图 9-6 所示，$V_e=V_X-V_f=V_X-\beta V_{out}$，且 $V_e=I_X R_{in}$。因为输出端仅连接了反馈网络，无其他负载电阻，所以 $V_{out}=A_V V_e$。综合上述分析，可以得到

$$I_X R_{in} = V_X - \beta A_V I_X R_{in} \qquad (9\text{-}7)$$

进而可以得到

$$R'_{in} = \frac{V_X}{I_X} = \left(1 + \beta A_V\right) R_{in} \qquad (9\text{-}8)$$

由式（9-8）可知，电压-电压反馈放大器的输入阻抗增加到原值的 $1+\beta A_V$ 倍。

通过上述分析可知，电压-电压反馈降低了输出阻抗，提升了输入阻抗，这使得放大器更容易将电压输出至后级电路，更容易从前级电路获得电压信号，使电路更接近于一个理想电压放大器。

9.2.2　电流-电压反馈

图 9-7 所示为电流-电压反馈结构，输出端通过串联检测电流，输入端通过串联进行电压相加。前馈放大器的输入为电压信号，输出为电流信号，因此其为前馈跨导放大器，增益 G_m 具有西门子量纲。我们首先通过跨导为 G_m 的压控电流源来模拟前馈放大器的增益特性，然后同样使用 R_{in} 和 R_{out} 模拟阻抗特性。在该反馈结构中，反馈网络检测电流信号，并返回电压信号，通过跨阻为 R_f 的流控电压源模拟输出。由此可知，该反馈系统的反馈系数 R_f 具有欧姆量纲，$V_e=V_{in}-V_f=V_{in}-R_f I_{out}$，因此 $(V_{in}-R_f I_{out})G_m=I_{out}$，进而可以得到电流-电压反馈放大器的增益为

$$\frac{I_{\text{out}}}{V_{\text{in}}} = \frac{G_m}{1 + R_f G_m} \qquad (9\text{-}9)$$

由此可知，该反馈使得放大器的跨导增益灵敏度降低。当 G_m 非常大时，根据虚短特性，$V_e \approx 0$，电流-电压反馈放大器的增益为 $1/R_f$。

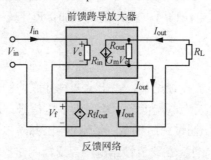

图 9-7 电流-电压反馈结构

采用图 9-8 所示的电路分析电流-电压反馈放大器的输出阻抗，其计算方法与分析电压-电压反馈放大器输出阻抗的相同，即 $R'_{\text{out}} = V_X/I_X$。由于 $V_{\text{in}} = 0$，因此 $V_e = -R_f I_X$。在输出节点根据 KCL 可以得到

$$G_m V_e + \frac{V_X}{R_{\text{out}}} - I_X = 0 \qquad (9\text{-}10)$$

由式（9-10）可得到

$$R'_{\text{out}} = \frac{V_X}{I_X} = \left(1 + R_f G_m\right) R_{\text{out}} \qquad (9\text{-}11)$$

由式（9-11）可知，电流-电压反馈放大器的输出阻抗增加到原值的 $1 + R_f G_m$ 倍。

采用图 9-9 所示的电路分析电流-电压反馈放大器的输入阻抗，其计算方法与分析电压-电压反馈放大器输入阻抗的相同，即 $R'_{\text{in}} = V_X/I_X$。

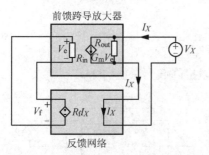
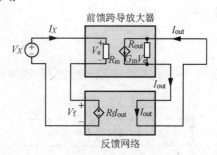

图 9-8 电流-电压反馈放大器的输出阻抗分析　　图 9-9 电流-电压反馈放大器的输入阻抗分析

如图 9-9 所示，$V_e = V_X - V_f = V_X - R_f I_{\text{out}}$。考虑电流 I_X 流过 R_{in}，则 $V_e = I_X R_{\text{in}}$。因为输出端仅连接了反馈网络，无其他负载电阻，所以 $I_{\text{out}} = G_m V_e$。综合上述分析，可以得到

$$I_X R_{\text{in}} = V_X - R_f G_m I_X R_{\text{in}} \qquad (9\text{-}12)$$

进而可以得到

$$R'_{\text{in}} = \frac{V_X}{I_X} = \left(1 + R_{\text{f}} G_{\text{m}}\right) R_{\text{in}} \tag{9-13}$$

由式（9-13）可知，电流-电压反馈放大器的输入阻抗也增加到原值的 $1 + R_{\text{f}} G_{\text{m}}$ 倍。通过上述分析我们发现，电流-电压反馈提升了输出阻抗和输入阻抗，更容易接收前级电路的电压信号并向后级电路输出电流信号，使得电路更加接近于一个理想的跨导放大器。

9.2.3　电压-电流反馈

图 9-10 所示为电压-电流反馈结构，输出端通过并联检测电压，输入端通过并联进行电流相加。前馈放大器的输入为电流信号，输出为电压信号，因此其为前馈跨阻放大器，增益 R_0 具有欧姆量纲。我们通过跨阻为 R_0 的流控电压源模拟前馈放大器的增益特性，同样使用 R_{in} 和 R_{out} 模拟阻抗特性。在该反馈结构中，反馈网络检测电压信号，并返回电流信号，我们通过跨导为 G_{mf} 的压控电流源来模拟输出。由此可知，该反馈系统的反馈系数 G_{mf} 具有西门子量纲。

在该结构中，$I_{\text{e}} = I_{\text{in}} - I_{\text{f}} = I_{\text{in}} - G_{\text{mf}} V_{\text{out}}$，因此 $(I_{\text{in}} - G_{\text{mf}} V_{\text{out}}) R_0 = V_{\text{out}}$，进而可以得到电压-电流反馈放大器的增益为

$$\frac{V_{\text{out}}}{I_{\text{in}}} = \frac{R_0}{1 + G_{\text{mf}} R_0} \tag{9-14}$$

由此可知，该反馈使得放大器的跨阻增益灵敏度降低。当 R_0 非常大时，根据虚短特性，$I_{\text{e}} \approx 0$，电压-电流反馈放大器的增益为 $1/G_{\text{mf}}$。

采用图 9-11 所示的电路分析电压-电流反馈放大器的输出阻抗，$R'_{\text{out}} = V_X/I_X$。由于 $I_{\text{in}} = 0$，因此 $I_{\text{e}} = -G_{\text{mf}} V_X$，流过 R_{out} 的电流为 I_X，有

$$\frac{V_X - R_0 I_{\text{e}}}{R_{\text{out}}} = I_X \tag{9-15}$$

由式（9-15）可得到

$$R'_{\text{out}} = \frac{V_X}{I_X} = \frac{R_{\text{out}}}{1 + G_{\text{mf}} R_0} \tag{9-16}$$

由式（9-16）可知，电压-电流反馈放大器的输出阻抗降低到原值的 $(1 + G_{\text{mf}} R_0)^{-1}$。

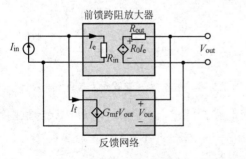

图 9-10　电压-电流反馈结构

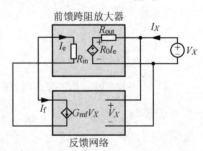

图 9-11　电压-电流反馈放大器的输出阻抗分析

采用图 9-12 所示的电路分析电压-电流反馈放大器的输入阻抗，$R'_{\text{in}} = V_X/I_X$。在该电路

中，$I_e=I_X-G_{mf}V_{out}$。考虑电流 I_e 流过 R_{in}，则 $V_X=I_eR_{in}$。因为输出端仅连接了反馈网络，无其他负载电阻，所以 $V_{out}=R_0I_e$。在输入节点根据 KCL 可以得到

$$I_X = V_X / R_{in} + G_{mf}R_0V_X / R_{in} \tag{9-17}$$

进而可以得到

$$R'_{in} = \frac{V_X}{I_X} = \frac{R_{in}}{1 + G_{mf}R_0} \tag{9-18}$$

由式（9-18）可知，电压-电流反馈放大器输入阻抗也降低到原值的 $(1+G_{mf}R_0)^{-1}$。通过上述分析可知，电压-电流反馈降低了输出阻抗和输入阻抗，更容易接收前级电路的电流信号并向后级电路输出电压信号，使得电路更加接近于一个理想的跨阻放大器。

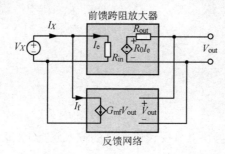

图 9-12 电压-电流反馈放大器的输入阻抗分析

9.2.4 电流-电流反馈

图 9-13 所示为电流-电流反馈结构，输出端通过串联检测电流，输入端通过并联进行电流相加。前馈放大器的输入为电流信号，输出也为电流信号，因此其具有无量纲的电流增益 A_I。我们通过电流放大系数为 β 的流控电流源来模拟前馈放大器的增益特性，同样使用 R_{in} 和 R_{out} 模拟阻抗特性。在该结构中，反馈网络检测电流信号，并返回电流信号，通过电流放大器系数为 β 的流控电流源来模拟输出，因此反馈系数 β 为无量纲的常数。在该结构中，$I_e=I_{in}-I_f=I_{in}-\beta I_{out}$，因此 $(I_{in}-\beta I_{out})A_I=I_{out}$，进而可以得到电流-电流反馈放大器的增益为

$$\frac{I_{out}}{I_{in}} = \frac{A_I}{1 + \beta A_I} \tag{9-19}$$

由此可知，该反馈使得放大器的电流增益灵敏度降低。当 A_I 非常大时，根据虚短特性，$I_e \approx 0$，电流-电流放大器的增益为 $1/\beta$。

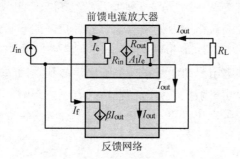

图 9-13 电流-电流反馈结构

采用图 9-14 所示的电路分析电流-电流反馈放大器的输出阻抗，$R'_{out}=V_X/I_X$。由于 $I_{in}=0$，因此 $I_e=-\beta I_X$。在输出节点根据 KCL 可以得到

$$A_I I_e + \frac{V_X}{R_{out}} - I_X = 0 \tag{9-20}$$

由式（9-20）可得到

$$R'_{out} = \frac{V_X}{I_X} = (1 + \beta A_I) R_{out} \tag{9-21}$$

由式（9-21）可知，电流-电流反馈放大器的输出阻抗增加到原值的 $1+\beta A_I$ 倍。

采用图 9-15 所示的电路分析电流-电流反馈放大器的输入阻抗，$R'_{in}=V_X/I_X$。在该电路中，$I_e=I_X-\beta I_{out}$。考虑电流 I_e 流过 R_{in}，则 $V_X=I_e R_{in}$。因为输出端仅连接了反馈网络，无其他负载电阻，所以 $I_{out}=A_I I_e$。在输入节点根据 KCL 可得到

$$I_X = V_X / R_{in} + \beta A_I V_X / R_{in} \tag{9-22}$$

进而可以得到

$$R'_{in} = \frac{V_X}{I_X} = \frac{R_{in}}{1 + \beta A_I} \tag{9-23}$$

由式（9-23）可知，电流-电流反馈放大器的输入阻抗降低到原值的 $(1+\beta A_I)^{-1}$。通过上述分析可知，电流-电流反馈增加了输出阻抗并降低了输入阻抗，更容易接收前级电路的电流信号并向后级电路输出电流信号，使得电路更加接近于一个理想的电流放大器。

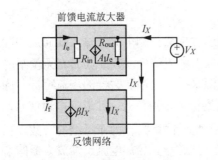 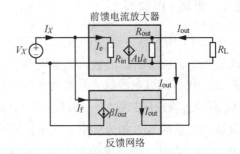

图 9-14　电流-电流反馈放大器的输出阻抗分析　　图 9-15　电流-电流反馈放大器的输入阻抗分析

9.2.5　反馈结构总结

反馈结构的特性总结如表 9-3 所示，4 种负反馈结构均使得放大器增益灵敏度降低。通过观察我们发现，并联检测或相加会使相应端口的阻抗降低，降低比例与增益降低比例相同；串联检测或相加会使相应端口的阻抗升高，升高比例与增益降低比例相同。需要注意，在以上分析中，我们均假定了反馈网络在检测输出信号和返回输入信号时是理想的，即反馈网络本身的输入阻抗和输出阻抗不会对前馈放大器产生影响。当考虑反馈网络的阻抗特性时，整体系统的阻抗分析将变得非常复杂，不过上述分析在大多数情况下指导我们的设计是足够的。

表 9-3　反馈结构的特性总结

反馈类型	前馈类型	检测机制	返回机制	前馈增益	反馈系数	系统增益	输出阻抗	输入阻抗
电压-电压	电压放大器	并联检测	串联相加	A_V	β	$\dfrac{V_{out}}{V_{in}} = \dfrac{A_V}{1+\beta A_V}$	$\dfrac{R_{out}}{1+\beta A_V}$	$(1+\beta A_V)R_{in}$
电流-电压	跨导放大器	串联检测	串联相加	G_m	R_f	$\dfrac{I_{out}}{V_{in}} = \dfrac{G_m}{1+R_f G_m}$	$(1+R_f G_m)R_{out}$	$(1+R_f G_m)R_{in}$
电压-电流	跨阻放大器	并联检测	并联相加	R_0	G_{mf}	$\dfrac{V_{out}}{I_{in}} = \dfrac{R_0}{1+G_{mf} R_0}$	$\dfrac{R_{out}}{1+G_{mf} R_0}$	$\dfrac{R_{in}}{1+G_{mf} R_0}$
电流-电流	电流放大器	串联检测	并联相加	A_I	β	$\dfrac{I_{out}}{I_{in}} = \dfrac{A_I}{1+\beta A_I}$	$(1+\beta A_I)R_{out}$	$\dfrac{R_{in}}{1+\beta A_I}$

9.2.6　反馈实例分析

本节将结合几个具体电路实例来分析电路反馈类型及理想状态下反馈系统增益的表达式。我们在分析反馈放大器时，首先要判断其反馈类型，通常可以遵循如下原则：在判断检测机制时，检测点和输出电压在同一点，是电压检测或并联检测，如果不在同一点，则为电流检测或串联检测；在判断信号返回机制时，如果返回信号和输入信号接在同一信号端，则为并联相加或电流相加，否则为串联相加或电压相加。在判断好反馈类型后，需要写出反馈误差 V_e 或 I_e 的表达式，令其为 0，即可直接得到理想状态下反馈系统增益的表达式。

（1）实例 1。

实例 1 的电路如图 9-16 所示，由于检测点在 V_{out} 处，因此为并联检测。R_1 和 R_2 组成反馈网络，返回信号 V_f 并没有直接连接在 V_{in} 端，因此为串联相加。综上可知，该结构为电压-电压反馈放大器，反馈系数为 $R_1/(R_1+R_2)$，电压反馈误差 V_e 为 M_1 的栅源电压（需要注意，这里分析时，仅考虑信号变化部分，即交流部分，因此固定的阈值电压 V_{TH} 被忽略）

$$V_e = \Delta V_{in} - \frac{R_1}{R_1 + R_2}\Delta V_{out} \tag{9-24}$$

令 V_e=0，得到

$$\frac{\Delta V_{out}}{\Delta V_{in}} = 1 + \frac{R_2}{R_1} \tag{9-25}$$

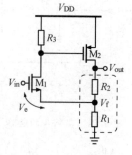

图 9-16　实例 1 的电路

（2）实例 2。

实例 2 的电路如图 9-17 所示，由于检测点与 V_{out} 重合，因此为并联检测。R_1 为反馈网络，返回信号与输入信号在同一节点，因此为并联相加。综上可知，该结构为电压-电流反馈放大器，反馈系数为 $1/R_1$，反馈误差 I_e 为输入电流 ΔI_{in} 与流过 R_1 电流的差，有

$$I_e = \Delta I_{\text{in}} - \frac{\Delta V_{\text{out}}}{R_1} \tag{9-26}$$

令 $I_e=0$，得到

$$\frac{\Delta V_{\text{out}}}{\Delta I_{\text{in}}} = R_1 \tag{9-27}$$

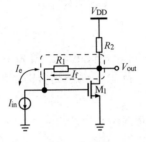

图 9-17　实例 2 的电路

（3）实例 3。

实例 3 的电路如图 9-18 所示，由于检测点不在 V_{out} 处，而是在 M_2 的源极，因此检测的是电流信号。R_1 和 R_2 组成反馈网络，返回信号与输入信号在同一节点，均为 M_1 的栅极，因此为并联相加。综上可知，该结构为电流-电流反馈放大器，反馈系数为 $R_2/(R_1+R_2)$。

该结构的反馈误差 $I_e=I_{\text{in}}-I_f$（其中 I_f 为流过 R_1 的电流，方向如图 9-18 所示）。令 I_e 为 0，则 $I_f=\Delta I_{\text{in}}$。考虑 M_1 的栅极为交流地，则 M_2 的源极电压为 $-\Delta I_{\text{in}}R_1$，流过 R_2 的电流为 $-\Delta I_{\text{in}}R_1/R_2$。根据 KCL，可得到流过 M_2 的电流（流过 R_4 的电流）为 $-\Delta I_{\text{in}}(1+R_1/R_2)$。该电流在输出端形成 $\Delta V_{\text{out}}=R_4\Delta I_{\text{in}}(1+R_1/R_2)$，有

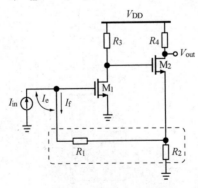

图 9-18　实例 3 的电路

$$\frac{\Delta V_{\text{out}}}{\Delta I_{\text{in}}} = R_4\left(1 + \frac{R_1}{R_2}\right) \tag{9-28}$$

　　由式（9-28）可知，该反馈放大器的增益具有欧姆量纲，与 9.2.4 节中的分析并不一致。这是因为该电流-电流反馈放大器的实际输出虽应为 M_2 的电流，但在该电路中取了 V_{out} 节点作为输出，其电压是 M_2 的电流作用在 R_4 上的结果，使得整体增益表现为电阻特性。

　　（4）实例 4。

　　实例 4 的电路如图 9-19 所示，由于检测点与输出节点相同，因此为并联检测。R_1、R_2 和 M_1 共同组成反馈网络，返回信号处于 M_2 的源极位置，与输入信号处于相同节点，因此为并联相加。综上可知，该结构为电压-电流反馈放大器，反馈系数为 $g_{m1}R_1/(R_1+R_2)$。其信号返回机制描述如下：反馈网络检测 V_{out}，通过 R_1 和 R_2 形成一定比例的分压，作用在 M_1 的栅极，最后通过 M_1 的跨导 g_{m1} 将电压转换为反馈电流作用在输入端。如果流过 M_1 的电流为 I_f，则反馈误差 $I_e=\Delta I_{in}-I_f$。令 I_e 为 0，得到 $\Delta I_{in}=I_f$。根据上述反馈机制可以写出 I_f 的表达式为

$$I_f = \left(\frac{R_1}{R_1+R_2} \Delta V_{out} \right) g_{m1} \tag{9-29}$$

因此得到

$$\frac{\Delta V_{out}}{\Delta I_{in}} = \frac{1}{g_{m1}} \left(1 + \frac{R_2}{R_1} \right) \tag{9-30}$$

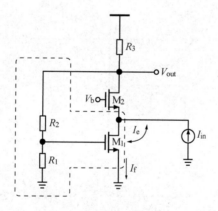

图 9-19　实例 4 的电路

9.3　相位裕度

9.3.1　环路稳定性

　　在前面的章节中，我们分析到负反馈虽具有很好的特性，但是若设计不当，也可能会使系统不稳定。考虑图 9-1（a）所示的负反馈系统，假设前馈放大器的传递函数为 $A(s)$，反馈系数 β 为无量纲的常数，则环路增益传递函数为 $T(s)=\beta A(s)$，因此该闭环系统的传递函数可表示为

$$H(s) = \frac{V_O(s)}{V_I(s)} = \frac{A(s)}{1+T(s)} \qquad (9\text{-}31)$$

观察式（9-31）可知，如果在某一频率 ω_u 处使得 $T(s=j\omega_u)=-1$，则环路增益会趋向于无穷大，电路会发生振荡。此条件可表示为 $|T(j\omega_u)|=1$，$\text{angle}T(j\omega_u)=-180°$。这里需要注意，由于负反馈本身贡献一个 $-180°$ 相移，因此在 ω_u 处环路总的相移达到了 $360°$，说明反馈回来的信号与原输入信号同相，也就是说，环路相移大到能够使负反馈变为正反馈。又因为此时环路增益的幅度为 1，所以振荡的幅度会持续增大，最后维持稳定的振荡。上述条件被称为巴克豪森判据，是系统能够出现振荡的必要条件。

根据信号与系统的相关理论，闭环系统 $H(s)$ 的时域冲激响应与其极点位置（极点位置为特征方程的根）是相关的。闭环系统的极点在复平面内可表示为 $P=\sigma_p+j\omega_p$ 的形式，其中，实部对应冲激响应中的指数波形部分，虚部对应冲激响应中的正弦/余弦波形部分。闭环系统的极点位置与系统的时域冲激响应如图 9-20 所示。

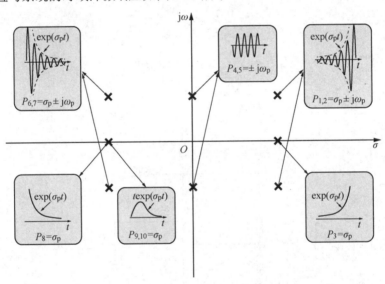

图 9-20　闭环系统的极点位置与系统的时域冲激响应

（1）当闭环系统存在一对共轭复数极点 $P_{1,2}=\sigma_p\pm j\omega_p$，且实部大于零时，系统时域冲激响应为

$$h(t) = e^{\sigma_p t}\sin\left(\omega_p t\right) \qquad (9\text{-}32)$$

此时，系统的时域响应表现为幅度呈指数级上升的正弦振荡波形，系统不稳定。

（2）当闭环系统存在实数极点 $P_3=\sigma_p$，且大于零时，冲激响应为

$$h(t) = e^{\sigma_p t} \qquad (9\text{-}33)$$

此时，系统的时域响应表现为呈指数级上升波形，系统并不稳定。

（3）当系统存在一对共轭纯虚数极点 $P_{4,5}=\pm j\omega_p$ 时，系统时域冲激响应为

$$h(t) = \sin\left(\omega_p t\right) \qquad (9\text{-}34)$$

此时，系统的时域响应表现为等幅振荡的正弦波形，系统也是不稳定的。

（4）当闭环系统存在一对共轭复数极点 $P_{6,7}=\sigma_\mathrm{p}\pm\mathrm{j}\omega_\mathrm{p}$，且实部小于零时，系统时域冲激响应表达式与式（9-32）相同，因为 $\sigma_\mathrm{p}<0$，所以表现为幅度呈指数级衰减的正弦波形，系统是稳定的。

（5）当闭环系统存在实数极点 $P_8=\sigma_\mathrm{p}$，且小于零时，冲激响应表达式与式（9-33）相同，因为 $\sigma_\mathrm{p}<0$，所以表现为呈指数级衰减波形，系统是稳定的。

（6）当闭环系统存在两个相同实数极点 $P_{9,10}=\sigma_\mathrm{p}$，且小于零时，冲激响应表达式为在式（9-33）前面乘以时间 t。因为 $\sigma_\mathrm{p}<0$，所以最终仍表现为呈指数级衰减波形，系统稳定。

通过上述分析可知，当闭环系统极点的实部 $\sigma_\mathrm{p}<0$ 时，系统是稳定的；当 $\sigma_\mathrm{p}\geqslant0$ 时，系统是不稳定的。这意味着，闭环系统的极点或特征根只有落在复平面的左半平面时，系统才是稳定的。这里需要注意，闭环系统极点中的虚部会引入正弦/余弦波形，说明即使系统是稳定的，也会影响系统信号的响应时间。

9.3.2 相位裕度的定义

如果要保证闭环系统稳定，那么当 $|T(s)|=1$ 时，$\mathrm{angle}T(s)$ 需要大于 $-180°$，即环路增益的相移要小于 $180°$。我们将环路增益幅度为 1（0dB）所对应的频率点称为增益交点，为了使闭环系统稳定，在增益交点处，环路增益的相移需要距离 $-180°$ 一定距离，这个距离就被定义为相位裕度（Phase Margin，PM）。环路增益的伯德图如图 9-21 所示。

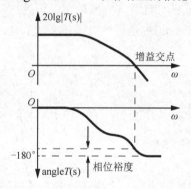

图 9-21　环路增益的伯德图

由于 $T(s)=\beta A(s)$，因此反馈系数 β 减小，$T(s)$ 的幅频曲线会向下移动，进而使得增益交点向原点方向移动。β 的变化并不会影响 $T(s)$ 的相频曲线，因此该增益交点的变化会使 PM 增大，使得反馈系统更加稳定。由此可知，反馈系统稳定性最差的情况出现在 $\beta=1$ 时，因此我们通常直接分析前馈放大器 $A(s)$ 的伯德图以获得最差的 PM。PM 的大小直接决定了闭环系统极点的位置，只有在 PM>0 时，闭环系统的极点才能处于左半平面，这样闭环系统是稳定的。下面分析在不同 PM 取值下，闭环系统在增益交点处的增益幅度。假设 ω_u 为增益交点处的频率，则 $|T(\mathrm{j}\omega_\mathrm{u})|=1$，因此 $|A(\mathrm{j}\omega_\mathrm{u})|=1/\beta$。

（1）当 PM=30° 时，$\mathrm{angle}T(\mathrm{j}\omega_\mathrm{u})=-150°$，$T(\mathrm{j}\omega_\mathrm{u})$ 为 $\mathrm{e}^{-\mathrm{j}150°}\approx-0.866-0.5\mathrm{j}$，则

$$|H(\mathrm{j}\omega_\mathrm{u})|=\frac{|A(\mathrm{j}\omega_\mathrm{u})|}{|1+T(\mathrm{j}\omega_\mathrm{u})|}\approx\frac{1/\beta}{|0.134-0.5\mathrm{j}|}\approx\frac{1.93}{\beta} \tag{9-35}$$

（2）当 PM=45° 时，angle$T(j\omega_u)$=−135°，$T(j\omega_u)$ 为 $e^{-j135°}$ ≈−0.707−0.707j，则

$$|H(j\omega_u)| = \frac{|A(j\omega_u)|}{|1+T(j\omega_u)|} \approx \frac{1/\beta}{|0.293-0.707j|} \approx \frac{1.31}{\beta} \qquad (9\text{-}36)$$

（3）当 PM=60° 时，angle$T(j\omega_u)$=−120°，$T(j\omega_u)$ 为 $e^{-j120°}$ ≈−0.5−0.866j，则

$$|H(j\omega_u)| = \frac{|A(j\omega_u)|}{|1+T(j\omega_u)|} \approx \frac{1/\beta}{|0.5-0.866j|} \approx \frac{1}{\beta} \qquad (9\text{-}37)$$

（4）当 PM=90° 时，angle$T(j\omega_u)$=−90°，$T(j\omega_u)$ 为 $e^{-j90°}$ =−j，则

$$|H(j\omega_u)| = \frac{|A(j\omega_u)|}{|1+T(j\omega_u)|} = \frac{1/\beta}{|1-j|} \approx \frac{0.707}{\beta} \qquad (9\text{-}38)$$

在不同 PM 取值情况下，闭环系统的幅频特性曲线如图 9-22（a）所示：横坐标频率通过增益交点处频率进行归一化处理，即 ω/ω_u；纵坐标幅度通过低频闭环增益进行归一化处理，即 $20\lg|\beta T(j\omega_u)|$。综上所述，PM 越小，增益交点处闭环系统的增益越大。当 PM=0 时，增益交点处闭环系统的增益变为无穷大，系统不稳定。在不同 PM 取值情况下，闭环系统的时域阶跃响应波形如图 9-22（b）所示。虽然 PM>0 能够保证闭环系统的最终响应是稳定的，但是较小的 PM 会使响应初期接近振荡，呈现欠阻尼振荡特性（减幅振荡）。这种欠阻尼振荡往往会增加闭环系统达到最终稳定状态所消耗的时间。当 PM 很大时，闭环系统响应呈过阻尼状态。在这种情况下，响应虽然很稳定，但速度减慢。为了兼顾闭环系统的响应稳定性和速度，通常认为 PM=60° 是一个合适的数值。

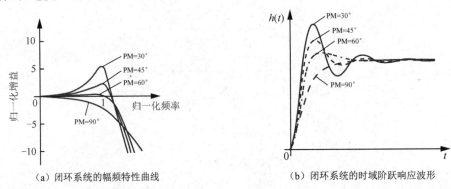

（a）闭环系统的幅频特性曲线　　　　　　（b）闭环系统的时域阶跃响应波形

图 9-22　闭环系统的幅频特性曲线和时域阶跃响应波形

9.3.3　相位裕度的计算

正如 9.3.2 节中的分析，反馈系统稳定性最差的情况出现在 β=1 时，因此我们通常直接分析前馈放大器 $A(s)$ 的伯德图以获得最差的 PM。下面讨论最差 PM 的计算方法。假设前馈放大器具有 n 个零点和 n 个极点，则其传递函数可表示为

$$A(s) = \frac{A_0\left(1+\dfrac{s}{z_1}\right)\left(1+\dfrac{s}{z_2}\right)...\left(1+\dfrac{s}{z_n}\right)}{\left(1+\dfrac{s}{p_1}\right)\left(1+\dfrac{s}{p_2}\right)...\left(1+\dfrac{s}{p_n}\right)} \qquad (9\text{-}39)$$

式中，A_0 为前馈放大器的直流增益；$z_1 \sim z_n$ 为 n 个零点频率；$p_1 \sim p_n$ 为 n 个极点频率。增益交点频率 ω_u 使得 $|A(j\omega_u)|=0\text{dB}$，由此可知，前馈放大器的增益交点频率为其单位增益带宽频率，将其表示为 ω_{GBW}。因此根据 PM 的定义，可以得到

$$\text{PM} = \text{angle} A(j\omega_{\text{GBW}}) - (-180^\circ)$$

$$= 180^\circ + \text{angle}\left(1 + \frac{j\omega_{\text{GBW}}}{z_1}\right) + \text{angle}\left(1 + \frac{j\omega_{\text{GBW}}}{z_2}\right) + \cdots + \text{angle}\left(1 + \frac{j\omega_{\text{GBW}}}{z_n}\right) -$$

$$\text{angle}\left(1 + \frac{j\omega_{\text{GBW}}}{p_1}\right) - \text{angle}\left(1 + \frac{j\omega_{\text{GBW}}}{p_2}\right) - \cdots - \text{angle}\left(1 + \frac{j\omega_{\text{GBW}}}{p_n}\right) \qquad (9\text{-}40)$$

$$= 180^\circ + \arctan\left(\frac{\omega_{\text{GBW}}}{z_1}\right) + \arctan\left(\frac{\omega_{\text{GBW}}}{z_2}\right) + \cdots + \arctan\left(\frac{\omega_{\text{GBW}}}{z_n}\right) -$$

$$\arctan\left(\frac{\omega_{\text{GBW}}}{p_1}\right) - \arctan\left(\frac{\omega_{\text{GBW}}}{p_2}\right) - \cdots - \arctan\left(\frac{\omega_{\text{GBW}}}{p_n}\right)$$

在放大器中，极点通常都出现在左半平面，因此根据式（9-40），每出现一个这样的极点就会使 PM 降低 90°。对于零点来说，根据式（9-40），每出现一个左半平面的零点就会使 PM 增加 90°，而每出现一个右半平面的零点就会使 PM 降低 90°。这就是我们不希望在放大器传递函数中出现右半平面零点的原因，其会降低 PM，进而降低闭环系统的稳定性。

下面考虑一种简化情况，当零点频率远大于 ω_{GBW} 时，我们往往可以忽略零点的影响。更进一步简化，如果放大器传递函数中仅含有两个极点，则变为经典的二阶系统，传递函数为

$$A(s) = \frac{A_0}{\left(1 + \dfrac{s}{p_1}\right)\left(1 + \dfrac{s}{p_2}\right)} \qquad (9\text{-}41)$$

此时，PM 可表示为

$$\text{PM} = 180^\circ - \arctan\left(\frac{\omega_{\text{GBW}}}{p_1}\right) - \arctan\left(\frac{\omega_{\text{GBW}}}{p_2}\right) \qquad (9\text{-}42)$$

对于仅含有两个极点的放大器，我们可以通过图 9-23 所示的两个三角形直观看到 PM 与单位增益带宽 ω_{GBW}、主极点频率 p_1 和次极点频率 p_2 的具体关系。其中，$\varPhi_1 = \arctan(\omega_{\text{GBW}}/p_1)$，$\varPhi_2 = \arctan(\omega_{\text{GBW}}/p_2)$，因此 $\text{PM} = 180^\circ - \varPhi_1 - \varPhi_2$。可知，增大 ω_{GBW} 会使 $\varPhi_1$ 和 $\varPhi_2$ 变大，进而使 PM 减小。事实上，因为单位增益带宽 $\omega_{\text{GBW}} = A_0 p_1$，所以 $\varPhi_1 = \arctan(A_0)$。因为 A_0 通常是一个很大的值，所以 $\varPhi_1$ 几乎为 90°，PM 可近似表示为 $\text{PM} \approx 90^\circ - \varPhi_2$。由此可知，对于双极点放大器，降低单位增益带宽或提升次极点频率均可增大 PM。在通常情况下，放大器的单位增益带宽是由电路系统的响应时间确定的，不能随意更改，因此为了增大 PM，我们通常需要提升次极点的频率。

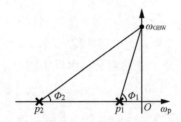

图 9-23　二阶系统相位裕度计算

9.3.4　二阶系统的时域瞬态响应

在所关心频率范围内仅有两个极点的放大器是在模拟集成电路设计中经常出现的一种放大器，其闭环传递函数表示的是一个二阶系统。对于式（9-41）所示的双极点放大器，将其用在反馈系数为 β 的负反馈系统中，则闭环系统的传递函数为

$$H(s) = \frac{\dfrac{A_0}{1+\beta A_0}}{\dfrac{1}{(1+\beta A_0)\,p_1 p_2}s^2 + \dfrac{p_1 + p_2}{(1+\beta A_0)\,p_1 p_2}s + 1} \tag{9-43}$$

为简化式（9-43），我们定义以下三个参数：

$$H_0 = \frac{A_0}{1+\beta A_0} \tag{9-44}$$

$$p_0 = \sqrt{(1+\beta A_0)\,p_1 p_2} \tag{9-45}$$

$$k = \frac{p_1 + p_2}{2\sqrt{(1+\beta A_0)\,p_1 p_2}} = \frac{p_1 + p_2}{2 p_0} \tag{9-46}$$

式中，k 被称为二阶系统的阻尼系数。将两个极点的比例定义为极点分离系数 $\alpha = p_2/p_1$，则阻尼系数又可以表示为

$$k = \frac{1+\alpha}{2\sqrt{(1+\beta A_0)\,\alpha}} \tag{9-47}$$

结合上述定义的参数后，式（9-43）所示的二阶闭环系统的传递函数可重新表示为

$$H(s) = \frac{H_0}{\left(\dfrac{s}{p_0}\right)^2 + 2k\left(\dfrac{s}{p_0}\right) + 1} \tag{9-48}$$

正如前面所述，闭环系统的时域响应是由特征根决定的。由式（9-48）可知，令分母为零的解，即闭环系统的特征根，是由阻尼系数 k 决定的。下面讨论不同 k 取值情况下，特征根的表达式及时域响应波形。

（1）当 $k>1$ 时，闭环系统有两个负实数特征根，分别为 $-k_1 p_0$ 和 $-k_2 p_0$，其中

$$\begin{cases} k_1 = k - \sqrt{k^2 - 1} \\ k_2 = k + \sqrt{k^2 - 1} \end{cases} \tag{9-49}$$

根据图 9-20 可知，此时闭环系统的时域冲激响应表现为过阻尼响应，时域表达式为

$$h(t) = 1 - \frac{1}{2\sqrt{k^2 - 1}} \left[\frac{1}{k_1} \exp(-k_1 p_0 t) - \frac{1}{k_2} \exp(-k_2 p_0 t) \right] \tag{9-50}$$

（2）当 $k=1$ 时，闭环系统有两个相同的负实数根 $-p_0$。此时闭环系统的时域冲激响应表现为临界阻尼响应，时域表达式为

$$h(t) = 1 - (1 + p_0 t) \exp(-p_0 t) \tag{9-51}$$

（3）当 $0<k<1$ 时，闭环系统有一对共轭复数特征根，分别为 $-k_1 p_0$ 和 $-k_2 p_0$。其中，k_1 和 k_2 的表达式与式（9-49）相同，因为 $0<k<1$，所以其中的根号项表现为纯虚数。这两个复数特征根的实部均为 $-k p_0$，因此它们都处于左半平面，此时闭环系统仍然是稳定的，时域冲激响应表现为减幅振荡，系统表现为欠阻尼响应，时域表达式为

$$h(t) = 1 - \left[\frac{k}{\sqrt{1-k^2}} \sin(\sqrt{1-k^2}\, p_0 t) + \cos(\sqrt{1-k^2}\, p_0 t) \right] \exp(-k p_0 t) \tag{9-52}$$

（4）当 $k=0$ 时，闭环系统有一对共轭纯虚数特征根，分别为 $+jp_0$ 和 $-jp_0$。根据图 9-20，此时闭环系统时域冲激响应表现为等幅振荡，系统是不稳定的。

通过上述分析可知，阻尼系数 $k>0$ 时的二阶闭环系统均是稳定的。通常我们不仅要关注系统的稳定性，还要关注时域响应的速度。对于二阶系统来说，临界阻尼状态是兼顾稳定性与响应速度的最佳状态。通过式（9-47）可知，阻尼系数 k 的表达式较为复杂，很难在设计放大器时直接获取 k，有什么简单的方法可以让我们快速确定 k？在 9.3.2 节中，我们分析了 PM 的大小也决定系统的响应状态，事实上，PM 和 k 之间是有一定关联的。根据 9.3.3 节中二阶系统 PM 的计算方法，可得到

$$\begin{aligned} \mathrm{PM} &\approx 90^\circ - \arctan\left(\frac{\omega_{\mathrm{GBW}}}{p_2} \right) \\ &\approx 90^\circ - \arctan\left(\frac{A_0 p_1}{p_2} \right) \\ &\approx 90^\circ - \arctan\left(\frac{A_0}{\alpha} \right) \end{aligned} \tag{9-53}$$

根据式（9-53），可以通过 PM 表示极点分离系数

$$\alpha \approx \frac{A_0}{\tan\left(90^\circ - \mathrm{PM}\right)} \tag{9-54}$$

将式（9-54）代入式（9-47），可得到

$$k \approx \frac{1 + \dfrac{A_0}{\tan(90^\circ - \mathrm{PM})}}{2\sqrt{(1 + \beta A_0)\dfrac{A_0}{\tan(90^\circ - \mathrm{PM})}}} \tag{9-55}$$

在通常情况下，放大器的直流增益 A_0 很大，当 $\beta=1$ 时，式（9-55）可近似为

$$k \approx \frac{1}{2\sqrt{\tan(90^\circ - \mathrm{PM})}} \tag{9-56}$$

式（9-56）表明了相位裕度 PM 与阻尼系数 k 之间的关系。由此可知，这两个参数均能

够反映闭环系统的稳定性，但在反映系统稳定性时又有所不同：相位裕度 PM 可通过 AC 仿真伯德图直接获得，但是其不能直观反映出系统的具体时域响应波形；阻尼系数 k 能够直观反映出系统的具体时域响应波形，但其却很难直接通过仿真获得。通过式（9-56），我们可在仿真获得 PM 后计算得到 k，因此结合 PM 和 k 可以更好地判断系统的时域响应状态。PM 和 k 的关系曲线如图 9-24 所示。当 PM=76° 时，$k=1$，系统会处于临界阻尼响应状态。实际上，为了让放大器具有更好的响应稳定性和速度，需要让其 PM 达到 76° 左右。根据式（9-53），当 PM=76° 时，$p_2 \approx 4\omega_{GBW}$。由此可知，对于双极点放大器，为使其闭环系统处于临界阻尼状态，其次极点频率需要达到约 4 倍的单位增益带宽频率。

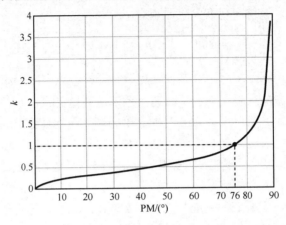

图 9-24　PM 和 k 的关系曲线

9.4　用根轨迹法分析系统稳定性

根轨迹是开环系统某一参数从零变到无穷时，闭环系统特征方程的根（闭环系统极点）在 s 复平面上变化的轨迹。与单纯的 AC 频域分析相比，通过根轨迹可十分简便地看出系统中某一参数对闭环系统时域响应的影响，其提供了更多有关放大器性能的信息，是一种分析放大器系统稳定性的有效方法。考虑一般情况下放大器的传递函数

$$A(s) = \frac{Z(s)}{P(s)} \tag{9-57}$$

式中，$Z(s)$ 包含全部的零点；$P(s)$ 包含全部的极点。将该放大器用于反馈系数为 β 的负反馈系统，则闭环系统的传递函数为

$$H(s) = \frac{Z(s)}{P(s) + \beta Z(s)} \tag{9-58}$$

因此闭环系统的特征方程为 $P(s)+\beta Z(s)=0$，其解为特征根。当 β 由零变化到无穷时，闭环系统的特征根由开环放大器的极点变化到开环放大器的零点，这个变化轨迹就是根轨迹。在根轨迹图中，通常用"×"表示开环系统的极点位置，用"○"表示开环系统的零点位置，下面举例进行分析。

假设有一个放大器，其传递函数为

$$A(s) = \frac{100}{\left(1 + \dfrac{s}{10^6}\right)\left(1 + \dfrac{s}{2 \times 10^6}\right)\left(1 + \dfrac{s}{4 \times 10^6}\right)}$$

$$= \frac{8 \times 10^{20}}{(s + 10^6)(s + 2 \times 10^6)(s + 4 \times 10^6)} \tag{9-59}$$

可知，其含有 3 个左半平面的极点 $p_1 \sim p_3$，频率分别为 1 Mrad/s、2 Mrad/s 和 4 Mrad/s。将该放大器用于反馈系数为 β 的负反馈系统，则闭环系统的特征方程为

$$(s + 10^6)(s + 2 \times 10^6)(s + 4 \times 10^6) + \left(8 \times 10^{20}\right)\beta = 0 \tag{9-60}$$

　　根据信号与系统相关理论（不作为本书的讨论内容），我们可得到以 β 为参数的根轨迹，如图 9-25 所示。我们也可以借助 MATLAB 软件绘制根轨迹。对于上面的例子，我们可先通过指令 sys=zpk{[],[-1e6 -2e6 -4e6],8e20} 定义放大器开环传递函数，再通过指令 rlocus(sys) 直接绘制以反馈系数 β 为参数的根轨迹。

　　由图 9-25 可知，当 β 从零开始增大时，闭环系统有两个特征根先分别从 p_1 和 p_2 出发，相互靠近，然后离开实轴分别进入第二、三象限，最后进入右半平面的第一、四象限；另外，还有一个特征根从 p_3 出发，沿着实轴向负无穷远变化。根据 9.3.1 节的讨论我们知道，特征根只有处于左半平面时闭环系统才是稳定的。因此，当 β 增大到使得特征根落到虚轴时，就是系统变得不稳定的临界点，该点发生在 $\beta=0.108$ 时。此时环路增益的伯德图如图 9-26 所示，增益交点频率处的相移为$-180°$，PM=0，系统不稳定。这里需要注意，

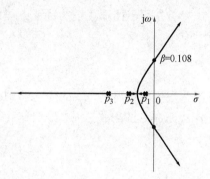

图 9-25　以 β 为参数的根轨迹

由于式（9-60）所示的放大器直流增益和反馈系数均在相同位置，因此实际上也可以直接把直流环路增益作为根轨迹分析的参数。

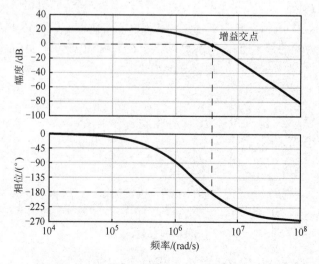

图 9-26　当 $\beta=0.108$ 时，环路增益的伯德图

在上述分析中我们发现，通过直接绘制开环放大器传递函数的根轨迹，可得到在反馈系数 β 变化时，闭环系统特征根的变化轨迹。有时我们不仅要分析反馈系数或环路增益变化对特征根的影响，例如，当我们需要分析某个极点或零点频率变化对特征根的影响时，如何使用根轨迹方法呢？在这种情况下，我们还需要对闭环系统的特征方程做一些数学变形，将要分析的参数在数学形式上变换到反馈系数所在的位置绘制根轨迹。下面举例分析，假设有一个双极点放大器，其传递函数为

$$A(s) = \frac{1000}{\left(1 + \dfrac{s}{10^3}\right)\left(1 + \dfrac{s}{p_X}\right)} \tag{9-61}$$

可知，该放大器的直流增益为 60dB，有两个左半平面的极点，其中一个频率为 1 krad/s，另外一个频率为 p_X rad/s。下面将该放大器用于反馈系数为 $\beta=1$ 的负反馈系统，分析当 p_X 取何值时，闭环系统是稳定的。

首先写出闭环系统的特征方程为

$$1 + \beta A(s) = 1 + \frac{1000}{\left(1 + \dfrac{s}{10^3}\right)\left(1 + \dfrac{s}{p_X}\right)} = 0 \tag{9-62}$$

因为我们需要针对 p_X 的变化绘制根轨迹，所以需要将式（9-62）所示的特征方程变换为 $1 + p_X H(s) = 0$ 的形式，有

$$1 + p_X \frac{s + 1.001 \times 10^6}{s(s + 10^3)} = 0 \tag{9-63}$$

因此可以得到

$$H(s) = \frac{s + 1.001 \times 10^6}{s(s + 10^3)} \tag{9-64}$$

因为式（9-63）和式（9-62）具有相同的特征根，所以式（9-64）所示传递函数的根轨迹就反映了当参数 p_X 从零变化到无穷时，该放大器闭环系统的特征根在 s 复平面内的变化轨迹。根轨迹如图 9-27 所示，其中，虚线轨迹从 $H(s)$ 的极点 -1 krad/s 出发，终止在负无穷远处；实线轨迹从 $H(s)$ 的极点 0 rad/s 出发，终止在 $H(s)$ 的零点 -1.001 Mrad/s 处。

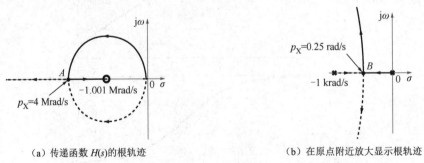

（a）传递函数 $H(s)$ 的根轨迹 　　　　　（b）在原点附近放大显示根轨迹

图 9-27　根轨迹

结合 9.3.1 节和 9.3.4 节的分析可知，对于二阶系统，当闭环系统的两个特征根相同且处于左半平面的实轴上时，时域瞬态响应将表现为临界阻尼状态。观察图 9-27（a）可

知，当 p_X=4 Mrad/s 时，两条根轨迹刚好在 A 点重合，即在 A 点有两个相同的负实数根，此时闭环系统应为临界阻尼状态。根据式（9-62），此时放大器的主极点为 1 krad/s，p_X 为次极点，因此单位增益带宽 ω_{GBW}=1000×1 krad/s=1 Mrad/s。p_X=4ω_{GBW}，即次极点频率刚好是单位增益带宽频率的 4 倍，放大器相位裕度为 76°，这与 9.3.4 节中的分析一致。当 p_X=4 Mrad/s 时，放大器的伯德图如图 9-28 所示。

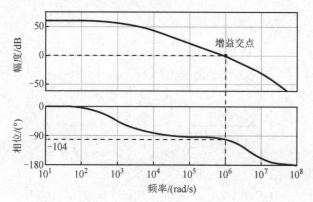

图 9-28　当 p_X=4 Mrad/s 时，放大器的伯德图

当我们对图 9-27（a）所示根轨迹在原点处放大查看时，可看见更多细节，如图 9-27（b）所示。当 p_X=0.25 rad/s 时，两条根轨迹刚好在 B 点重合，即在 B 点也存在两个相同的负实数根，此时闭环系统也为临界阻尼状态。此时放大器的主极点为 p_X，次极点为 1 krad/s，因此单位增益带宽 ω_{GBW}=1000× p_X=250 rad/s。次极点频率刚好是单位增益带宽频率的 4 倍，放大器相位裕度为 76°，此时放大器的伯德图如图 9-29 所示。这里需要说明的是，在根轨迹中，A 点和 B 点均可使闭环系统处于临界阻尼状态，但它们的时域瞬态响应速度却有很大不同。这主要是因为在 A 点放大器的单位增益带宽为 1 Mrad/s，而在 B 点的仅为 250 rad/s。

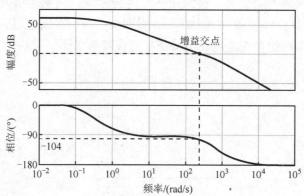

图 9-29　当 p_X=0.25 rad/s 时，放大器的伯德图

通过上述分析，我们知道了根轨迹在分析闭环系统稳定性时的便捷性。通过根轨迹，我们可以快速对多极点放大器的频率补偿进行分析。我们再次考虑传递函数式（9-59）所示的放大器，正如前面的分析，当该放大器处于闭环系统工作，且反馈系数 β<0.108 时，闭环系统才能稳定。如果我们要求当 β=1 时，该闭环系统也能够稳定，那么需要对该放大器的

频率进行补偿，可以增加一个左半平面的零点以补偿相位。假设零点频率为 z_X，则需要分析 z_X 为多大时系统能够稳定。此时，仅通过伯德图查看 PM 很难快速获得所需的 z_X，而通过根轨迹方法却可以快速得到所需 z_X 的范围。下面利用根轨迹方法来分析能够使系统稳定的 z_X 取值范围。考虑增加的零点后，放大器的传递函数变为

$$A(s) = \frac{100\left(1 + \dfrac{s}{z_X}\right)}{\left(1 + \dfrac{s}{10^6}\right)\left(1 + \dfrac{s}{2 \times 10^6}\right)\left(1 + \dfrac{s}{4 \times 10^6}\right)} \tag{9-65}$$

当反馈系数 $\beta = 1$ 时，闭环系统的特征方程为

$$1 + \frac{100\left(1 + \dfrac{s}{z_X}\right)}{\left(1 + \dfrac{s}{10^6}\right)\left(1 + \dfrac{s}{2 \times 10^6}\right)\left(1 + \dfrac{s}{4 \times 10^6}\right)} = 0 \tag{9-66}$$

将式（9-66）变换为 $1 + z_X H(s) = 0$ 的形式，有

$$1 + z_X \frac{s^3 + \left(7 \times 10^6\right)s^2 + \left(1.4 \times 10^{13}\right)s + 8.08 \times 10^{20}}{\left(8 \times 10^{20}\right)s} = 0 \tag{9-67}$$

因此通过绘制以下传递函数的根轨迹，可得到闭环系统特征根随 z_X 的变化规律：

$$H(s) = \frac{s^3 + \left(7 \times 10^6\right)s^2 + \left(1.4 \times 10^{13}\right)s + 8.08 \times 10^{20}}{\left(8 \times 10^{20}\right)s} \tag{9-68}$$

该传递函数有 3 个零点和 1 个原点处的极点，通过 MATLAB 可获得其根轨迹，如图 9-30 所示。当 0 rad/s< z_X <7.8 Mrad/s 时，闭环系统全部特征根均处于左半平面，此时闭环系统是稳定的。需要注意的是，当 z_X 取值太小（z_X <1 Mrad/s）时，闭环系统的一对共轭特征根的虚部频率将会很高，会对闭环系统的时域瞬态响应引入较为严重的减幅振荡，进而使系统达到稳定状态的时间加长。由此可知，我们在通过根轨迹分析系统稳定性的同时，也要兼顾系统的响应速度，即特征根的虚部频率不宜过高。

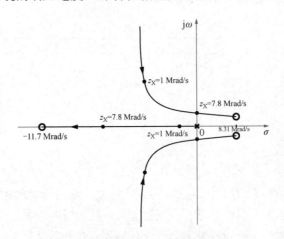

图 9-30　通过根轨迹分析频率补偿

9.5 两级放大器的频率补偿

当要求放大器具有高增益和宽输出电压摆幅时，两级放大器结构是常被采用的。两级放大器往往具有多个极点或零点，因此需要对其进行频率补偿以提升闭环使用时的稳定性。

9.5.1 米勒补偿

采用米勒补偿的两级放大器如图 9-31 所示，将具有电流镜负载的单端输出差分放大器与共源放大器级联，形成了两级放大器。首先分析直流工作点，当放大器处于平衡状态（V_{inp} 与 V_{inn} 相等）时，M_7 的漏极电压等于 M_6 的栅极电压，第二级放大器输入管 M_8 的栅极电压与 M_6 的栅极电压相同，则 $V_{\text{GS8}}=V_{\text{GS6}}$，$M_6$ 的偏置电流 I_{D6} 和 M_8 的偏置电流 I_{D8} 满足

$$\frac{I_{\text{D8}}}{I_{\text{D6}}} = \frac{W_8/L_8}{W_6/L_6} \tag{9-69}$$

尾管 M_2 的偏置电流为 I_{D2}，则 $I_{\text{D6}}=I_{\text{D2}}/2$。又因为 M_3 与 M_8 具有相同的偏置电流，且 M_2 和 M_3 具有相同的栅源电压，所以

$$\frac{W_8/L_8}{W_6/L_6} = \frac{2I_{\text{D3}}}{I_{\text{D2}}} = 2\left(\frac{W_3/L_3}{W_2/L_2}\right) \tag{9-70}$$

当 M_8、M_6、M_3 和 M_2 的尺寸满足式（9-70）时，在平衡态时，该放大器的输出不会使 M_3 或 M_8 进入线性区工作。

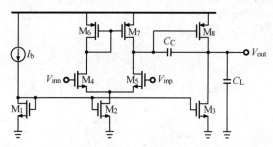

图 9-31 采用米勒补偿的两级放大器

我们首先考虑不存在电容 C_C 的情况，同时忽略第一级放大器中的镜像极点，此时该两级放大器存在两个极点，分别在第一级输出位置和第二级输出位置。如果第一级的输出阻抗为 R_{o1}，第一级的负载电容值为 C_1（主要由 C_{GD5}、C_{GD7}、C_{GS8} 及 C_{GD8} 的米勒效应值组成），则与第一级输出关联的极点为 $1/(R_{\text{o1}}C_1)$。如果第二级的输出阻抗为 R_{o2}，则与第二级输出关联的极点为 $1/(R_{\text{o2}}C_L)$。在通常情况下，负载电容 C_L 会大于 C_1，R_{o1} 会大于 R_{o2}（这是因为两级放大器通常由第一级提供主要增益来源，第二级提供更高的负载驱动能力），因此这两个极点会非常接近。此时，可以认为放大器有两个主极点，根据图 9-23，放大器的 PM 较低。

为解决上述问题，我们可以增大桥接在第一级输出和第二级输出之间的米勒补偿电容值 C_C，通过 M_8 的米勒效应使第一级的负载电容值变为 $C_1+(1+g_{\text{m8}}R_{\text{o2}})C_C$。因为 $g_{\text{m8}}R_{\text{o2}} \gg 1$，

所以第一级的负载电容值可近似表示为 $g_{m8}R_{o2}C_C$。与第一级输出关联的极点变为 $1/(g_{m8}R_{o1}R_{o2}C_C)$，其相比于未加 C_C 时明显向原点移动，此时其变为主极点 p_1。另外，增加 C_C 还带来了一个好处，对于第二级放大器来说形成了电压-电压负反馈，反馈系数 $\beta=C_C/(C_C+C_1)$，当 $C_C \gg C_1$ 时，$\beta \approx 1$。根据 9.2.1 节中的分析，第二级的输出阻抗将降低为

$$R'_{o2} = \frac{R_{o1}}{1+g_{m8}R_{o1}} \approx \frac{1}{g_{m8}} \tag{9-71}$$

与第二级输出关联的极点变为 g_{m8}/C_L，其相比于未加 C_C 时明显向远离原点方向移动，此时其变为次极点 p_2。由此可知，米勒补偿使得两个极点相互远离，一个更加靠近原点，另一个更加远离原点，进而提升了 PM，这种效应被称为极点分裂。我们需要注意的是，类似共源放大器电容 C_{GD} 的前馈效应，米勒补偿电容 C_C 也会带来前馈效应，进而引入一个零点 g_{m8}/C_C。因为该前馈效应对 V_{out} 的影响与信号通路 M_8 对 V_{out} 的影响是反相的，所以该零点将位于右半平面，将影响 PM 的提升效果。

下面具体分析采用米勒补偿电容的两级放大器的传递函数，所使用的小信号模型如图 9-32 所示。在 V_X 和 V_{out} 节点根据 KCL 可以得到

$$g_{m4}\Delta V_{in} + C_1 s V_X + \frac{V_X}{R_{o1}} + C_C s(V_X - V_{out}) = 0 \tag{9-72}$$

$$C_C s(V_{out} - V_X) + g_{m8}V_X + C_L s V_{out} + \frac{V_{out}}{R_{o2}} = 0 \tag{9-73}$$

结合式（9-72）和式（9-73），可以得到放大器的传递函数：

$$A(s) = \frac{g_{m4}g_{m8}R_{o1}R_{o2}\left(1 - \dfrac{sC_C}{g_{m8}}\right)}{1 + s[R_{o1}(C_1+C_C) + R_{o2}(C_L+C_C) + g_{m8}R_{o1}R_{o2}C_C] + s^2 R_{o1}R_{o2}(C_1C_L + C_CC_1 + C_CC_L)} \tag{9-74}$$

由式（9-74）可知，$A(s)$ 中含有两个极点，因此其分母可以写成如下形式：

$$1 + \left(\frac{1}{p_1} + \frac{1}{p_2}\right)s + \frac{1}{p_1 p_2}s^2 \tag{9-75}$$

当 $p_2 \gg p_1$ 时，可得到

$$p_1 = \frac{1}{R_{o1}(C_1+C_C) + R_{o2}(C_L+C_C) + g_{m8}R_{o1}R_{o2}C_C} \approx \frac{1}{g_{m8}R_{o1}R_{o2}C_C} \tag{9-76}$$

$$p_2 = \frac{1}{R_{o1}R_{o2}(C_1C_L + C_CC_1 + C_CC_L)p_1} = \frac{g_{m8}C_C}{C_1C_L + C_CC_1 + C_CC_L} \approx \frac{g_{m8}}{C_L} \tag{9-77}$$

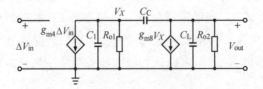

图 9-32　采用米勒补偿电容的两级放大器的小信号模型

　　另外，观察式（9-74）的分子我们发现，$A(s)$中含有一个右半平面的零点，大小为

$$z_1 = \frac{g_{m8}}{C_C} \tag{9-78}$$

计算得到的两个极点和一个零点的位置与前面的分析一致。考虑两级放大器的直流增益为 $A_0 = g_{m4}g_{m8}R_{o1}R_{o2}$，可得到单位增益带宽为 $\omega_{GBW} \approx A_0 p_1 \approx g_{m4}/C_C$。结合 p_1、p_2、z_1 和 ω_{GBW} 的表达式，根据式（9-40），可得到放大器的 PM 为

$$
\begin{aligned}
PM &= 180^\circ - \arctan\left(\frac{\omega_{GBW}}{p_1}\right) - \arctan\left(\frac{\omega_{GBW}}{p_2}\right) - \arctan\left(\frac{\omega_{GBW}}{z_1}\right) \\
&= 180^\circ - \arctan\left(A_0\right) - \arctan\left(\frac{\omega_{GBW}}{p_2}\right) - \arctan\left(\frac{\omega_{GBW}}{z_1}\right) \\
&\approx 90^\circ - \arctan\left(\frac{\omega_{GBW}}{p_2}\right) - \arctan\left(\frac{\omega_{GBW}}{z_1}\right)
\end{aligned} \tag{9-79}
$$

　　由式（9-79）可知，右半平面的零点会降低 PM，使得米勒补偿效果变差。为了降低这个零点的影响，需要将其调节到较高频率处，通常选择 $z_1 \geq 10\omega_{GBW}$，即 $g_{m8} \geq 10\,g_{m4}$，这样 PM 将变为

$$PM \approx 84.3^\circ - \arctan\left(\frac{\omega_{GBW}}{p_2}\right) \approx 84.3^\circ - \arctan\left(\frac{g_{m4}}{g_{m8}}\frac{C_L}{C_C}\right) \tag{9-80}$$

　　如果要求 PM=76°，则 p_2 需要达到 $6.9\omega_{GBW}$。又因为 $g_{m8} \geq 10\,g_{m4}$，所以 $C_C \geq 0.69C_L$。通过上述分析我们发现，对于采用米勒补偿的两级放大器，在给定要求的负载电容 C_L 下，如果要达到较高的 PM，则 C_C 往往也较大。因此，如果要达到一定的 ω_{GBW} 要求，那么要求第一级放大器的输入跨导 g_{m4} 比较大。为了提高零点频率，对第二级放大器的输入跨导 g_{m8} 提出了更高要求。由此可知，采用米勒补偿的两级放大器在特定的 C_L 和 ω_{GBW} 约束下，如果要实现较高的 PM，那么其功耗往往会较高。为了改善上述功耗高的问题，我们可以在米勒补偿基础上做一些改进，在 9.5.2 节中将主要讨论相关的方法。

　　需要注意的是，上述分析均忽略了第一级放大器电流镜负载所引入的镜像极点及伴随其的零点。根据 6.4.5 节中的分析，处于左半平面的零极点对的频率分别为 $p_m = g_{m6}/C_X$ 和 $z_m = 2g_{m6}/C_X$。其中，C_X 是 M_6 栅极节点对地的总寄生电容。为了避免零极点对对 PM 产生影响，要求其频率远大于 ω_{GBW}。

9.5.2　消除零点对米勒补偿影响的方法

　　米勒效应的反馈通路与前馈通路如图 9-33 所示。米勒效应主要是由 C_C 的反馈通路引起的，与此同时 C_C 也引入了一个前馈通路。由于 V_X 到 V_{out} 的增益为负值，因此该前馈效应对 V_{out} 的影响与主信号通路是反相的，该零点将位于右半平面。将这个零点推到较远处，可以降低其对 PM 的影响，但也带来了功耗高的问题。

　　为了消除这个零点问题，我们需要减弱或消除前馈通路，同时为了保持米勒效应，反馈通路要被保留。下面讨论几种实现上述要求的方法。

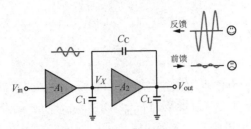

图 9-33　米勒效应的反馈通路与前馈通路

9.5.2.1　通过源极跟随器阻断前馈通路

通过源极跟随器阻断前馈通路如图 9-34 所示，在输出端和 C_C 的右极板之间插入一个源极跟随器，通过源极跟随器完成反馈信号的传递，同时完全阻断了前馈通路。这样做可以有效消除右半平面的零点问题，但是源极跟随器本身也会增加电路功耗。此外，为了保证 M_1 工作在饱和区，该方法限制了 V_{out} 的电压摆幅。

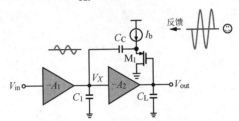

图 9-34　通过源极跟随器阻断前馈通路

9.5.2.2　通过调零电阻削弱前馈通路

带有调零电阻的米勒补偿两级放大器如图 9-35 所示，在前馈路径上增加一个电阻 R_Z 可以削弱前馈效应，进而改变该零点位置。这个电阻的存在改变了零点位置，通常称之为调零电阻。加入调零电阻后，零点位置变为

$$z_1 = -\frac{1}{C_C\left(R_Z - \dfrac{1}{g_{m8}}\right)} \tag{9-81}$$

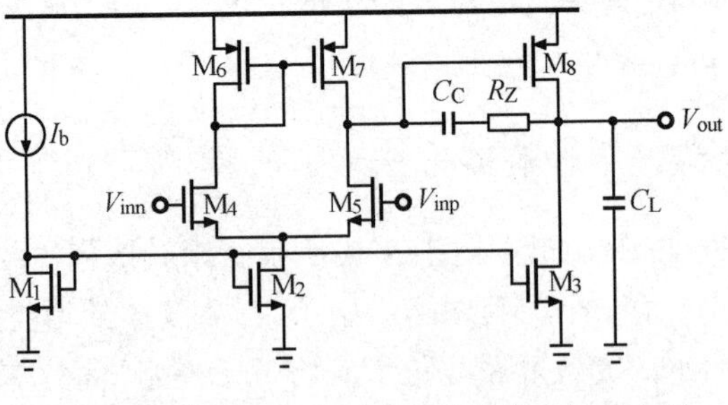

图 9-35　带有调零电阻的米勒补偿两级放大器

由式（9-81）可知，当 $R_Z = 1/g_{m8}$ 时，z_1 将被调节到无穷远处，不再对 PM 产生影响。通常可采用与 M_8 具有相同尺寸工作在线性区的 MOS 晶体管来充当电阻 R_Z，以使其阻值更加接近 $1/g_{m8}$。实际上，当考虑工艺偏差后，很难做到 R_Z 严格等于 $1/g_{m8}$，通常设置 R_Z 略大

于 $1/g_{m8}$，这样可将零点调节至左半平面。将零点调节至左半平面，不会明显改变原极点位置，R_Z 的经验取值范围为 $1/g_{m8}<R_Z<R_{o2}/10$。

9.5.2.3　Cascode 补偿

米勒效应主要是由流经反馈通路的电流产生的，因此保留反馈通路的核心是保留其电流。通过虚地点阻断前馈通路如图 9-36 所示，构建一个虚地点，将 C_C 连接在虚地点和输出端之间，然后在虚地点和 V_X 之间施加一个电流源，其电流大小刚好等于流经 C_C 的电流。通过这样的方法，反馈通路的电流被保留下来，同时阻断了前馈通路。

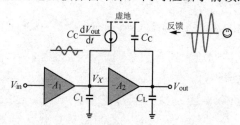

图 9-36　通过虚地点阻断前馈通路

图 9-36 所示电路的小信号模型如图 9-37 所示，V_{out} 对时间 t 的导数在 s 域可表示为 sV_{out}，因此在 V_X 和 V_{out} 两个节点处根据 KCL 可以得到

$$g_{m1}V_{in} + \frac{V_X}{R_{o1}} + V_X C_1 s - V_{out} C_C s = 0 \tag{9-82}$$

$$\frac{V_{out}}{R_{o2}} + V_{out} C_L s + g_{m2} V_X + V_{out} C_C s = 0 \tag{9-83}$$

根据式（9-82）可以得到 V_X 的表达式为

$$V_X = \frac{V_{out} R_{o1} C_C s - g_{m1} R_{o1} V_{in}}{1 + R_{o1} C_1 s} \tag{9-84}$$

将式（9-84）代入式（9-83），可以得到

$$A(s) = \frac{V_{out}}{V_{in}}(s)$$

$$\approx \frac{g_{m1} g_{m2} R_{o1} R_{o2}}{1 + g_{m2} R_{o1} R_{o2} C_C s + R_{o1} R_{o2} C_1 (C_L + C_C) s^2} \tag{9-85}$$

由式（9-85）可知，此时放大器的传递函数中仅包含两个极点，而不再出现零点。根据 9.5.1 节获取二阶系统极点频率的方法，可以得到式（9-86）所示的传递函数中存在的两个极点，分别为

$$p_1 = \frac{1}{R_{o1}(g_{m2} R_{o2} C_C)} \tag{9-86}$$

$$p_2 = \frac{C_C}{C_1} \frac{g_{m2}}{C_L + C_C} \tag{9-87}$$

通过上述分析我们发现，经这种方法补偿后系统不再出现零点，且主极点频率表达式与普通米勒补偿结构的相同，第一级输出节点的对地电容为 $g_{m2}R_{o2}C_C$，C_C 的米勒效应仍然

存在。此外，在通常情况下，$C_C \gg C_1$，所以第二极点的频率也要远高于普通米勒补偿结构的。这说明这种频率补偿方法的极点分裂效应更加明显。下面具体讨论上述补偿方法的电路实现方法。

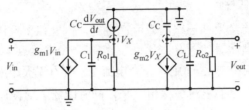

图 9-37　通过虚地点阻断前馈通路的小信号模型

在第 3 章中了解到，共栅放大器是一个理想的电流缓冲器，因此可以使用共栅放大器实现上述补偿方法中的电流缓冲，并在其输入端构建虚地点。第一级的输入信号电流需要与反馈电流合并后流经负载电阻形成第一级的输出电压，因此第一级放大器需要采用 Cascode 结构，采用 Cascode 补偿的两级放大器如图 9-38 所示，通常称之为 Cascode 补偿。在 Cascode 补偿中，米勒电容 C_C 不再连接至第一级的输出节点，而是连接至第一级 Cascode 结构中共栅极的源极端（图中 V_Y 节点）。根据 4.3.1 节中的分析可知，V_X 到 V_Y 的增益非常小，约为 MOS 晶体管本征增益的倒数，即 $(g_m r_o)^{-1}$，因此 V_Y 节点可以看成一个虚地点。该虚地点阻断了 V_X 经由 C_C 向 V_{out} 传输的前馈通路。而流经 C_C 的反馈电流与流经第一级输入管的信号电流合并后经过共栅管 M_{CG} 缓冲，流过负载电阻 R_{o1} 后形成 V_X，米勒效应被保留。

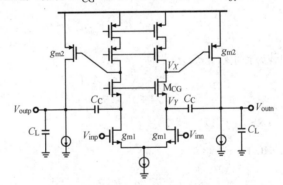

图 9-38　采用 Cascode 补偿的两级放大器

结合式（9-86）和式（9-87），我们可得到采用 Cascode 补偿的两级放大器的 PM：

$$\text{PM} \approx 90° - \arctan\left(\frac{\omega_{GBW}}{p_2}\right) \approx 90° - \arctan\left(\frac{g_{m1}}{g_{m2}}\frac{C_L + C_C}{C_C}\frac{C_1}{C_C}\right) \tag{9-88}$$

在通常情况下，$C_L > C_C$，$C_1 \ll C_C$，所以式（9-88）中 C_1/C_C 项会大幅度改善 PM。对比式（9-88）和式（9-80）发现，在相同参数设定下，Cascode 补偿会比普通米勒补偿实现更高的 PM；或者在相同 PM 和 ω_{GBW} 的约束下，Cascode 补偿相比于普通米勒补偿可以使用更小的补偿电容和第一级输入跨导，进而实现更低的功耗。最后要说明的是，在使用 Cascode 补偿时，要注意图 9-38 所示 V_Y 节点引入的寄生极点，需要设置其频率远大于 ω_{GBW}，以使它不会对补偿效果产生明显影响。

9.6 两级放大器的相位裕度仿真分析

使用 Aether 对两级放大器进行 AC 仿真,获得不同频率补偿状态下的 PM 参数。在 Schematic 工具中编辑原理图,各器件参数如图 9-39 所示,两级放大器采用普通米勒补偿。使用 MDE 工具进行 DC 仿真,获得该两级放大器的主要参数如下:负载电容 C_L=5pF,米勒补偿电容 C_C=3.45pF,第一级放大器输入跨导 g_{m4}=0.2mS,第二级放大器输入跨导 g_{m8}=2.25mS。

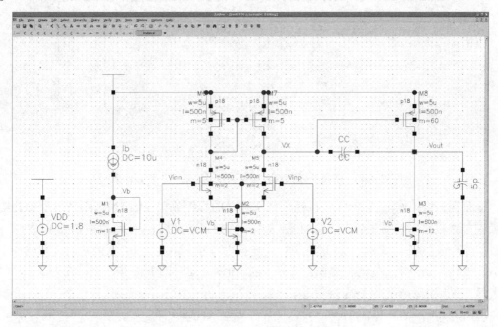

图 9-39 各器件参数

可得 $g_{m8}\approx11g_{m4}$,C_C=0.69C_L,根据 9.5.1 节中的分析,此时两级放大器的理论 PM 应在 76° 附近。通过 Aether MDE 工具对该电路进行 AC 仿真,获得 V_{out} 处的伯德图,如图 9-40 所示。可知,该两级放大器的增益约为 84dB,PM 约为 73°,基本符合 9.5.1 节中的理论预测值。此外,通过图 9-40 还观察到,该两级放大器的单位增益带宽约为 8.7MHz(54.6 Mrad/s),这与理论值 g_{m4}/C_C=58 Mrad/s 也非常接近。采用米勒补偿的两级放大器虽然实现了较高的 PM 值,代价也很明显。为了实现更好的极点分裂效果,g_{m8} 达到了 11 倍的 g_{m4},这导致第二级放大器的偏置电流是第一级的 6 倍。在通常情况下,第二级的高偏置电流并不会有效提升放大器的响应速度(主要是指摆率),其仅仅实现了 PM 的提升,这使得其功耗效率并不高。如图 9-39 所示,按电流镜比例计算,第一级放大器的偏置电流 I_{b1} 约为 20μA,在放大器进入转换状态时第一级的负载电容值为 C_C,则第一级放大器的摆率为 $I_{b1}/C_C\approx5.8\times10^6$ V/s(关于放大器的转换状态和摆率参数将会在第 10 章中进行详细讨论)。而第二级放大器的偏置电流 I_{b2} 约为 120μA,其负载电容值为 C_L,则第二级放大器的摆率为 $I_{b2}/C_L\approx24\times10^6$ V/s。两级放大器的总体摆率是由两级中的最小摆率决定的,因此第二级的高摆率并不会有效提升放大器的总体摆率。

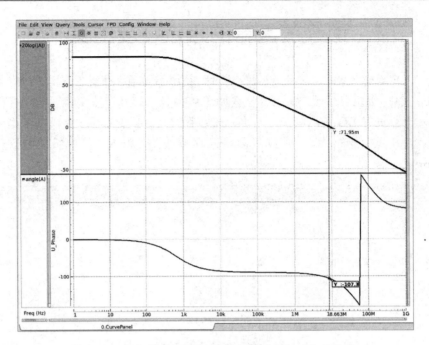

图 9-40　采用普通米勒补偿的两级放大器 AC 仿真结果

　　下面观察去掉 C_C 后，即不采用任何频率补偿的两级放大器的 PM。不使用米勒补偿的两级放大器原理图如图 9-41 所示。根据 9.5.1 节中的分析可知，此时放大器在 V_X 和 V_{out} 两个节点处形成的极点非常接近，因此 PM 一定会非常小。通过 Aether MDE 工具对该电路进行 AC 仿真，获得 V_{out} 处的伯德图，如图 9-42 所示。此时的 PM 非常小，约为 3°，两级放大器不采用米勒补偿时稳定性很差。

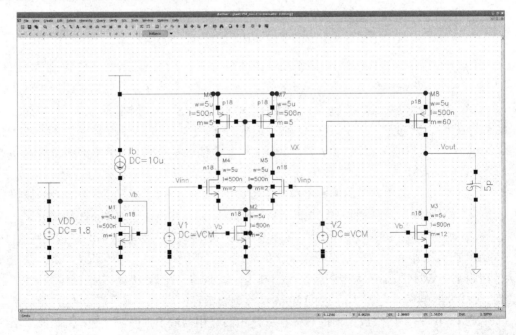

图 9-41　不使用米勒补偿的两级放大器原理图

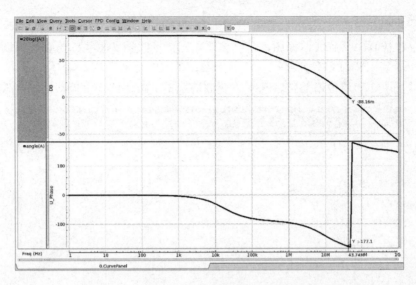

图 9-42　不使用米勒补偿的两级放大器 AC 仿真结果

正如 9.5.2 节所述，在米勒补偿基础上增加调零电阻可改变零点位置，进而放宽对第二级输入跨导的需求，降低功耗。下面对采用调零电阻 R_Z 的两级放大器进行仿真分析，其原理图如图 9-43 所示，在该电路中补偿电容仍为 3.45pF，且第一级放大器的参数不改变。第二级放大器的偏置电流降至 60μA，在负载电容值仍为 5pF 的情况下，第二级放大器的偏置电流仍不会成为限制两级放大器总体摆率的关键因素。在上述参数条件下，通过 Aether MDE 进行 DC 仿真，第二级放大器输入跨导降低至 g_{m8}=1.12mS。第二级放大器 PMOS 器件和 NMOS 器件的输出导纳分别为 g_{dsp}=4.65μS 和 g_{dsn}=6.12μS，因此第二级放大器本身的输出阻抗 R_{o2} 约为 92kΩ。

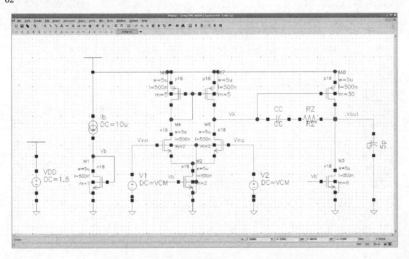

图 9-43　采用调零电阻的两级放大器原理图

在不同的 R_Z 下分别对图 9-43 所示电路进行 AC 仿真，获得两级放大器的伯德图，如图 9-44 所示。随着 R_Z 从 100Ω 增大到 2kΩ，两级放大器在增益交点处的相移逐渐减小，即 PM 在逐渐增大。根据 g_{m8} 和 R_{o2} 的取值，结合式（9-81），得到可将零点调节至左半平面又不明显改变原极点位置的 R_Z 的经验取值范围为 893Ω~9.2kΩ。取 R_Z=1.1kΩ 后，对两级放大器进行 AC 仿真，得到其伯德图，带有调零电阻的两级放大器 AC 仿真结果如图 9-45 所示。此时两级放大器的 PM 约为 73°，单位增益带宽约为 8.7MHz。因此，采用 R_Z 后，在两级放大器的 PM 和单位增益带宽基本不变的情况下，总体偏置电流从 140μA 降至 80μA。

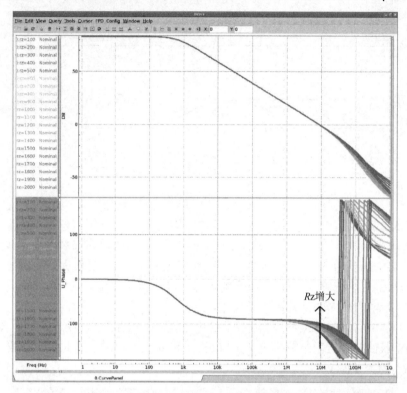

图 9-44　两级放大器的伯德图

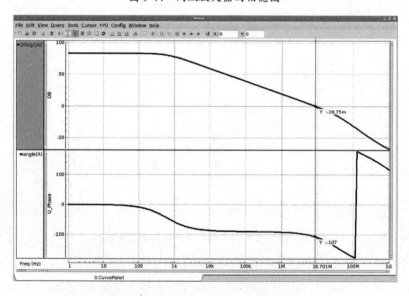

图 9-45　带有调零电阻的两级放大器 AC 仿真结果

习题

9.1　判断图 9-46 所示电路的反馈类型，并计算输入阻抗、输出阻抗及电压增益，$\lambda=\gamma=0$。

9.2　求图 9-47 所示电路的电压增益，$\lambda=\gamma=0$。

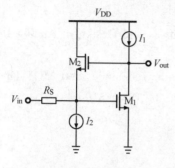

图 9-46　9.1 题图

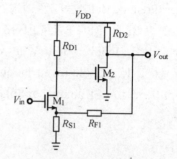

图 9-47　9.2 题图

9.3　一个双极点系统放大器低频增益 A_V=40dB，$\omega_{p2}=10\omega_{GBW}$，求相位裕度。

9.4　已知一个放大器有两个极点和一个右半平面零点，假设零点频率 ω_{z1} 大于 $8\omega_{GBW}$，当相位裕度为 60° 时，求次极点频率 ω_{p2} 和 ω_{GBW} 的关系。

9.5　对于一个有两个极点和一个右半平面零点的运算放大器，请证明：如果零点大于增益带宽积的 10 倍，要想获得 45° 的相位裕度，第二极点必须高于 1.22 倍增益带宽积。

9.6　在图 9-48 所示的放大器中，已知单位增益带宽 GBW=1MHz，p_2=5GBW，零点 z=3GBW，C_1=C_2=20pF，M_5 的偏置电流为 40μA，M_7 的偏置电流为 200μA，只考虑第一级输出和第二级输出处的两个极点，忽略其他寄生电容，求 W_1/L_1、W_6/L_6 及 C_C。[C_{ox}=3.837×10^{-3} F/m^2，μ_n=350×10^{-4} m^2/(V·s)，μ_p=100×10^{-4} m^2/(V·s)]

9.7　一个单位增益闭环放大器在增益交点附近的闭环增益比低频处闭环增益高出 60%，求相位裕度。

9.8　在图 9-49 所示的电路中，假设$(W/L)_{1,2}$=50、$(W/L)_{3,4}$=100，如果 I_{SS}=2mA，放大器增益误差不超过 10%，最大闭环增益是多少？[C_{ox}=3.837×10^{-3} F/m^2，μ_n=350× 10^{-4} m^2/(V·s)，λ_p=0.2 V^{-1}，λ_n=0.1 V^{-1}]

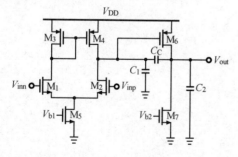

图 9-48　9.6 题图

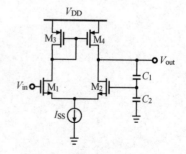

图 9-49　9.8 题图

参考文献

[1] RAZAVI B. Design of Analog CMOS Integrated Circuits[M]. New York: The McGraw-Hill Companies, 2001.

[2] OPPENHEIM A V, WILLSKY A S, NAWAB S H. Signals and Systems[M]. Upper Saddle River: Prentice Hall, 1997.

[3] GRAY P R, HURST P J, LEWIS S H, et al. Analysis and Design of Analog Integrated Circuits[M]. Hoboken: John Wiley & Sons, 2009.

[4] AHUJA B K. An Improved Frequency Compensation Technique for CMOS Operational Amplifiers[J]. IEEE Journal of Solid-State Circuits, 1983, 18(6): 629-633.

第 10 章

运算放大器

通常将高增益的差分放大器称为运算放大器（简称运放）。这里所谓的高增益是指当用运放实现一个负反馈系统时，放大器的增益足够高，以使反馈误差小到可以忽略不计，即虚短特性是成立的。运放可实现对模拟信号的加、减、乘和除等数学运算，是模拟集成电路和混合信号集成电路中的重要组成部分，其性能好坏往往直接决定了系统的最高精度。

10.1 运算放大器的性能参数

如图 10-1 所示，按输出端的情况划分，运放即高增益的差分放大器主要分为差分输入单端输出型和差分输入差分输出型（也称为全差分运放）。在 CMOS 工艺下，运放的输入端通常是 MOS 晶体管的栅极，因此在低频下运放的输入阻抗是极高的，我们通常认为此时运放具有虚断特性，即输入电流小到可以忽略不计。下面以图 10-2 所示的差分共源共栅运放为例，介绍运放的基本参数。

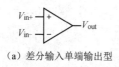

（a）差分输入单端输出型

（b）差分输入差分输出型

图 10-1 两种运放

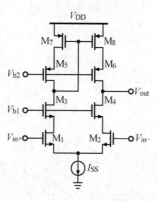

图 10-2 差分共源共栅运放

10.1.1 增益

运放的开环增益决定了使用运放的负反馈系统的精度。考虑图 10-3 所示的反馈系统，如果要求其闭环增益为 10，且增益误差小于 1%，那么运放的开环增益最小值为多少呢？如图 10-3 所示，闭环系统的反馈系数 $\beta=R_2/(R_1+R_2)$，假设运放的开环增益为 A_0，根据第 9 章中反馈的相关理论，可得到系统的环路增益为 $T_0=\beta A_0$，闭环系统的增益可表示为

$$\frac{V_{\text{out}}}{V_{\text{in}}} = \frac{1}{\beta}\frac{T_0}{1+T_0} = \frac{1}{\beta}\left(1 - \frac{1}{1+T_0}\right) \tag{10-1}$$

因为 $T_0 \gg 1$，因此式（10-1）可近似为

$$\frac{V_{\text{out}}}{V_{\text{in}}} \approx \frac{1}{\beta}\left(1 - \frac{1}{T_0}\right) \tag{10-2}$$

由式（10-2）可知，该闭环系统的理想增益值为 $1/\beta$，增益误差为 $1/T_0$，该误差与时间无关，被称为静态误差。因此为满足上述闭环增益误差要求，需要 $\beta A_0>100$，即运放的开环增益 A_0 至少需要达到 60dB。

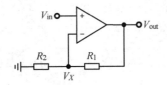

图 10-3　使用运放的负反馈系统

10.1.2 带宽

运放的带宽主要有三种描述方式，分别是 -3dB 带宽、单位增益带宽（Unity-Gain Bandwidth，UBW）和增益带宽积（Gain-Bandwidth Product，GBW）。下面以一个双极点运放为例对上述三种带宽的定义进行说明，该双极点运放的伯德图如图 10-4 所示，其中 A_0 为直流增益，p_1 为主极点，p_2 为次极点。运放的 -3dB 带宽是指当运放增益降低到比直流增益低 3dB 时的频率，此频率即运放的主极点频率 p_1（注意图 10-4 中的频率单位为 rad/s，除以 2π 后转换为 Hz 单位）。当运放处于开环工作状态时，-3dB 带宽决定了其瞬态响应速度。运放的单位增益带宽是指当运放增益降低至 1，即 0dB 时的频率，该频率也就是运放的增益交点 ω_{GBW}。运放的增益带宽积是指运放的增益值与当前频率值的乘积。双极点运放的传递函数可以表示为

$$A(s) = \frac{A_0}{\left(1+\frac{s}{p_1}\right)\left(1+\frac{s}{p_2}\right)} \tag{10-3}$$

因此其增益与频率的关系为

$$|A(\omega)| = \frac{A_0}{\sqrt{1+\left(\frac{\omega}{p_1}\right)^2}\sqrt{1+\left(\frac{\omega}{p_2}\right)^2}} \tag{10-4}$$

　　观察式（10-4）发现，当频率 $\omega \ll p_1$ 时，根号中的平方项会远小于 1，运放的增益就近似固定为 A_0，这就是通常称 A_0 为低频增益或直流增益的原因。当频率 $\omega = p_1$ 时，$|A(\omega)| \approx A_0/\sqrt{2}$，因此 $20\lg(|A(\omega)|)=20\lg(A_0)-3\text{dB}$，这就是称 p_1 为-3dB 带宽的原因。当 $p_1 < \omega < p_2$ 时，式（10-4）可近似为

$$|A(\omega)| \approx \frac{A_0 p_1}{\omega} \tag{10-5}$$

　　由此可知，在此段频率范围内 GBW=$|A(\omega)|\omega$ 基本固定为 $A_0 p_1$。当运放具有较好的 PM 时，增益交点一定出现在 p_1 和 p_2 之间，因此当 $|A(\omega)|=1$ 时，$\omega = A_0 p_1$。在这种情况下，单位增益带宽与增益带宽积在数值上是相等的，所以本书中通常用 ω_{GBW} 表示单位增益带宽频率。当运放处于反馈系数为 β 的闭环系统时，闭环系统增益变为 $1/\beta$，闭环系统的-3dB 带宽为 $\beta\omega_{\text{GBW}}$。运放的 ω_{GBW} 决定了闭环系统的时域瞬态响应速度，所以通常用 ω_{GBW} 来描述运放闭环工作时的响应速度。

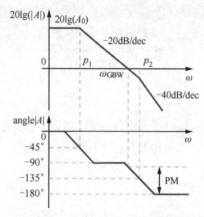

图 10-4　双极点运放的伯德图

　　由图 10-4 可知，当运放的 PM 较大时，p_2 距离 ω_{GBW} 较远，因此在 ω_{GBW} 以内的频率下运放表现得类似于一个单极点系统，我们可以使用单极点传递函数近似描述运放的频率特性。假设图 10-3 所示的运放可以近似为单极点系统，其传递函数可写为

$$A(s) = \frac{A_0}{1 + \dfrac{s}{p_1}} \tag{10-6}$$

因此闭环系统的传递函数为

$$H(s) = \frac{\dfrac{A_0}{1 + \beta A_0}}{1 + \dfrac{s}{(1 + \beta A_0) p_1}} \tag{10-7}$$

　　由式（10-7）可知，在负反馈作用下闭环系统的增益降低至开环增益的 $(1+\beta A_0)^{-1}$，而-3dB 带宽由 p_1 增加至 $(1+\beta A_0)p_1 \approx \beta\omega_{\text{GBW}}$。在图 10-3 所示电路的 V_{in} 端施加一个幅度为 V_{step} 的阶跃信号，则输出在频域可写为

$$V_{out}(s) = \frac{V_{step}}{s} \frac{\dfrac{A_0}{1+\beta A_0}}{1+\dfrac{s}{(1+\beta A_0)p_1}} \tag{10-8}$$

对式（10-8）进行反拉普拉斯变换，得到 V_{out} 的时域表达式为

$$V_{out}(t) = V_{step} \frac{A_0}{1+\beta A_0}\left(1-e^{-\frac{t}{\tau}}\right) \approx V_{step}\left(1+\frac{R_1}{R_2}\right)\left(1-\frac{1}{\beta A_0}\right)\left(1-e^{-\frac{t}{\tau}}\right) \tag{10-9}$$

式中，τ 被称为时间常数，表达式为

$$\tau = \frac{1}{(1+\beta A_0)p_1} \approx \frac{1}{\beta \omega_{GBW}} \tag{10-10}$$

在式（10-9）中，误差项 $e^{-t/\tau}$ 随时间 t 增大而减小，通常将其称为动态误差。例如，当要求动态误差小于 1% 时，$e^{-t/\tau}<1\%$，因此需要 $t>4.6\tau$。为了降低动态误差需要增加运放的响应时间，但在实际应用中，往往是所要求的电路系统工作速度决定响应时间的值为 t_{setup}，因此需要 $\tau<t_{setup}/4.6$，这就要求 $\omega_{GBW}>4.6/(\beta t_{setup})$。这表明，更高的动态误差要求、更小的反馈系数和更短的响应时间都会提升对运放 ω_{GBW} 的要求。

10.1.3　相位裕度（PM）

通过 PM 可以快速判断运放处于闭环工作状态时的稳定性，其可通过 AC 仿真得到的伯德图直接获取。在第 9 章中已对 PM 进行了详细的讨论。

10.1.4　摆率

如图 5-4 所示，当运放的差分输入信号超过一定程度后，差分输入对中的一路输入将会独占全部偏置电流 I_{SS}，此时运放进入非线性状态，其几乎全部偏置电流都会用来给负载电容充电或放电。在这种情况下，运放输出信号的变化速率固定为 I_{SS}/C_L，即摆率（Slew Rate）。

10.1.5　电源抑制比

在电路系统中，电源中往往存在噪声，影响系统精度。运放需要具备一定抑制电源噪声的能力，以降低电源噪声的影响。电源抑制比（PSRR）描述了运放对电源噪声的抑制能力，是指从运放输入到运放输出的增益除以从电源到运放输出的增益。通过图 10-5 所示的电路进行 AC 仿真，可在运放输出端直接获得 PSRR。其中，$V_{cm,in}$ 提供共模输入电压，v_{ac} 为叠加在 V_{DD} 上的小信号。假设从运放输入到输出的增益为 A_V，从电源到输出的增益为 A_{VDD}，则根据叠加定理可以得到

$$A_V(0-V_{out}) + A_{VDD}v_{ac} = V_{out} \tag{10-11}$$

根据式（10-11）可得到

$$\frac{V_{out}}{v_{ac}} = \frac{A_{VDD}}{1+A_V} \approx \frac{1}{PSRR} \tag{10-12}$$

因此，当 $v_{ac}=1$ 时，在 V_{out} 处观察到的幅频特性曲线的倒数为 PSRR 随频率的变化关系。

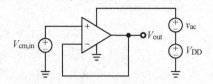

图 10-5　运放 PSRR 仿真

10.1.6　共模抑制比

共模抑制比（CMRR）用于衡量运放对共模信号的抑制能力，其定义为运放的差模增益除以运放的共模增益。在 5.3 节中已详细讨论过 CMRR。通过图 10-6 所示的电路进行 AC 仿真，可在运放输出端直接获得 CMRR。其中，$V_{cm,in}$ 提供共模输入电压，v_{ac} 为叠加在 $V_{cm,in}$ 上的小信号。假设运放的差模增益为 A_{DM}，运放的共模增益为 A_{CM}，则根据叠加定理可以得到

$$A_{CM}v_{ac} + A_{DM}\left[v_{ac} - (V_{out} + v_{ac})\right] = V_{out} \tag{10-13}$$

根据式（10-13）可得到

$$\frac{V_{out}}{v_{ac}} = \frac{A_{CM}}{1 + A_{DM}} \approx \frac{1}{CMRR} \tag{10-14}$$

当 $v_{ac}=1$ 时，在 V_{out} 处观察到的幅频特性曲线的倒数即 CMRR 随频率的变化关系。

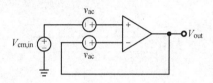

图 10-6　运放 CMRR 仿真

10.1.7　信号摆幅

运放的信号摆幅主要包括输入信号摆幅和输出信号摆幅。其中输入信号摆幅是指能够让输入管工作在饱和区的电压范围。例如，对于图 10-2 所示的差分共源共栅运放，为使 M_2 开启，要求 $V_{in} > V_{ov0} + V_{GS2}$，其中 V_{ov0} 为尾电流源的过驱动电压；为使 M_2 处于饱和状态，要求 $V_{b1} - V_{GS4} > V_{in} - V_{TH2}$，因此输入信号范围为 $V_{ov0} + V_{GS2} < V_{in} < V_{b1} - V_{GS4} + V_{TH2}$。输出信号摆幅是指能够让运放输出路径上的晶体管处于饱和状态的电压范围。对于图 10-2 所示的电路，输出信号需要满足 $V_{b1} - V_{TH4} < V_{out} < V_{b2} + |V_{TH6}|$ 才能够让 M_4 和 M_6 处于饱和状态。

10.2　一级运算放大器

最简单的一级运放如图 10-7 所示，其为单端输出运放，偏置尾电流由 M_6 和 M_5 所形成的电流镜结构提供。为使输入管能够开启，共模输入电压 $V_{cm,in}$ 应满足 $V_{cm,in} > V_{ov5} + V_{GS2}$。此

外，为使 M_2 和 M_4 处于饱和状态，输出电压 V_{out} 的范围为 $V_{cm,in}-V_{TH2}<V_{out}<V_{DD}-|V_{ov4}|$，由此可知，$V_{cm,in}$ 会限制 V_{out} 的电压摆幅。单位增益电压缓冲器如图 10-8 所示，将该运放的 V_{in-} 连接至 V_{out}，形成反馈系数为 1 的负反馈系统，闭环系统增益为 $A_0/(1+A_0)\approx1$，即单位增益负反馈。在这种情况下，V_{out} 会严格等于 V_{in}，并且在电压-电压反馈作用下闭环系统的输出阻抗降低，又因为输入端是 MOS 器件的栅极，所以输入阻抗极高。可以使用这种结构作为电压缓冲器，微弱的 V_{in} 信号经过该结构后即可驱动一定大小的负载电阻或负载电容。

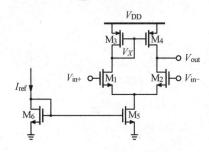

图 10-7　最简单的一级运放

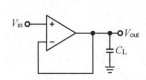

图 10-8　单位增益电压缓冲器

将图 10-7 所示运放的电流镜负载换为电流源负载，即得到简单的全差分运放，如图 10-9 所示。NMOS 电流镜和 PMOS 电流镜结构分别为尾电流源 M_5 和负载电流源 M_3、M_4 提供偏置。需要注意的是，由于工艺偏差，M_5 的电流并不一定严格等于 M_3 和 M_4 的电流之和，这会导致共模输出电压不可控。需要采用共模反馈电路以获得确定的共模输出电压，这个问题在后面会详细讨论。

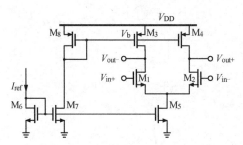

图 10-9　简单的全差分运放

在第 5 章中讨论过，图 10-9 所示的全差分运放相比于图 10-7 所示的单端输出运放具有更高的 CMRR。此外，这两种结构的差分增益均可表示为 $g_{m1}(r_{o1}\|r_{o3})$，在通常情况下，该增益仅能达到几十，在深亚微米工艺下甚至很难超过 20。为了获得更高的增益，可以采用共源共栅（Cascode）结构。具有单端输出的共源共栅运放如图 10-10 所示，为形成宽摆幅的单端输出，运放负载采用宽摆幅共源共栅电流镜。图中虚线框内的电路为偏置电路，用于产生运放中共栅极器件的栅极偏置电压，以及为尾电流源提供镜像电流。其中 M_{16} 为二极管连接的 NMOS 器件，它所形成的栅源电压提供了 V_{b1}，即 $V_{b1}=V_{GS16}$。因此为了获得较大的 V_{b1}，M_{16} 的宽长比往往是很小的，通常可使用多个 NMOS 器件串联等效延长 L，以获得较高的电压 V_{GS16}。二极管连接的 M_{14} 提供了 V_{b2}，其设计思路与 M_{16} 的是相同的。根据 3.4 节中的分析，可以得到共源共栅运放的增益为 $g_{m2}(g_{m4}r_{o4}r_{o2}\|g_{m6}r_{o6}r_{o8})$，在通常情况下

可以达到 60dB 以上。

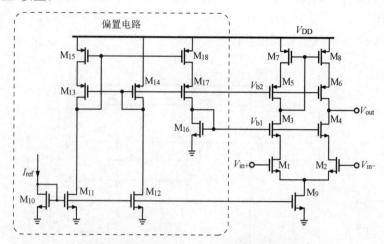

图 10-10　具有单端输出的共源共栅运放

对于单端输出的共源共栅运放，为使 M_2 工作在饱和区，要求共模输入电压满足 $V_{ov9}+V_{GS2}<V_{cm,in}<V_{b1}-V_{GS4}+V_{TH2}$。由此可知 V_{b1} 的最小取值为 $V_{ov9}+V_{GS2}+V_{GS4}-V_{TH2}=V_{ov9}+V_{ov2}+V_{GS4}$。在运放的输出端，为使 M_4 和 M_6 均工作在饱和区，要求输出电压为 $V_{b1}-V_{TH4}<V_{out}<V_{b2}+|V_{TH6}|$。为使 M_8 工作在饱和区，要求 $V_{b2}<V_{DD}-|V_{GS6}|-|V_{ov8}|$。综合上述 V_{b1}、V_{b2} 和 V_{out} 的取值范围可以得到 $V_{ov9}+V_{ov2}+V_{GS4}-V_{TH4}<V_{out}<V_{DD}-|V_{GS6}|-|V_{ov8}|+|V_{TH6}|$，即 $V_{ov9}+V_{ov2}+V_{ov4}<V_{out}<V_{DD}-|V_{ov6}|-|V_{ov8}|$。由此可知，单端输出的共源共栅运放的输出摆幅为电源电压减去 5 个过驱动电压。当电源电压为 3.3V，过驱动电压取 0.2V 时，其输出摆幅为 2.3V。下面考虑当其处于单位增益负反馈时的输出摆幅，此时 V_{out} 连接至 V_{in-}。为满足 M_2 工作在饱和区，要求 $V_{b1}-V_{GS4}>V_{out}-V_{TH2}$。为使 M_4 工作在饱和区，要求 $V_{out}>V_{b1}-V_{TH4}$。同时满足上述条件时，V_{out} 需要满足 $V_{b1}-V_{TH4}<V_{out}<V_{b1}-V_{GS4}+V_{TH2}$。由此可知，此时运放的输出摆幅仅为 $V_{TH2}-V_{ov4}$。当晶体管阈值电压为 0.7V，过驱动电压取 0.2V 时，连接成单位负反馈状态的共源共栅运放的输出摆幅仅为 0.5V。所以，单端输出的共源共栅运放并不适合作为电压缓冲器使用。

值得注意的是，给共源共栅结构中 NMOS 共栅极器件提供偏置电压的器件必须是 NMOS 器件，相应地给 PMOS 共栅极器件提供偏置电压的器件必须是 PMOS 器件。这主要是因为，在实际电路中 MOS 器件的参数会存在工艺角偏差，这种偏差对相同类型器件参数的影响是相同的，因此产生偏置的器件与被偏置的器件均采用相同器件类型可有效抵消工艺偏差对运放性能带来的影响。例如，当 NMOS 器件和 PMOS 器件的阈值电压均偏大时，即处于 ss 工艺角，此时 $V_{b2}=V_{DD}-|V_{GS14}|$ 会偏小，而 $V_{b1}=V_{GS16}$ 会偏大。因为 $M_5\sim M_8$ 也是 PMOS 器件，它们的阈值电压同样偏大，所以并不会对 V_{out} 的最大值 $V_{b2}+|V_{TH6}|$ 产生太大影响。此外，M_8 的漏极电压为 $V_{b2}+|V_{GS6}|$，也不会对 $|V_{DS8}|$ 产生太大影响。同理考虑 NMOS 器件一侧，阈值电压的偏大也不会对 V_{out} 的最小值及 V_{DS2} 产生太大影响。但是，如果反过来，用 M_{16} 提供 V_{b2}，M_{14} 提供 V_{b1}，这种情况下的运放将出现严重的问题。此时，V_{b2} 将偏大，会导致 M_8 漏极电压 $V_{b2}+|V_{GS6}|$ 偏大，$|V_{DS8}|$ 进而变小，严重时会导致 M_8 进入线性区工作。同理，V_{b1} 会偏小，导致 M_2 的漏极电压减小，严重时会促使 M_2 进入线性区工作。

将负载改为宽摆幅共源共栅电流源，则单端输出共源共栅运放变为全差分共源共栅运放，如图 10-11 所示。全差分结构相比于单端输出结构，不存在镜像零极点对问题，且具有更优异的 CMRR，但同时需要使用共模反馈电路。

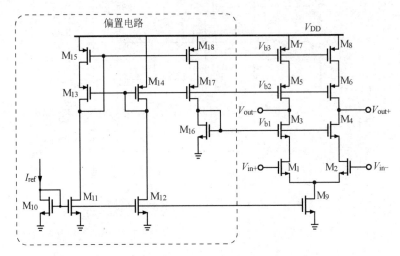

图 10-11　全差分共源共栅运放

通过上述分析发现，共源共栅运放存在几个主要的缺点：输出摆幅受限于共模输入电压、输出摆幅较小、很难实现单位增益负反馈连接。为了克服这些缺点，可以采用折叠式共源共栅运放。全差分折叠式共源共栅运放电路结构如图 10-12 所示，其中虚线框内的电路为偏置电路。正如 3.5 节中的分析，在折叠式共源共栅运放中，输入对管被向上或向下折叠，不再层叠在共栅极上，进而使得对偏置电压的选择更加灵活。为满足输入对管工作在饱和区，要求 $V_{cm,in} > V_{GS2} + V_{ov11}$。从输出端向上和向下看进去均为宽摆幅共源共栅电流源负载，为使输出路径上的晶体管均能工作在饱和区，输出电压的最小值应为 $V_{ov10} + V_{ov8}$，输出电压的最大值为 $V_{DD} - |V_{ov6}| - |V_{ov4}|$，因此输出摆幅为电源电压减去 4 个过驱动电压。当电源电压为 3.3V，过驱动电压取 0.2V 时，其输出摆幅为 2.5V。如果将 M_9 的栅极连接从 V_{b1} 改变为 V_{out-}，那么全差分折叠式共源共栅运放变为单端输出折叠式共源共栅运放。再将 V_{out+} 连接至 V_{in-}，则形成单位增益负反馈电压缓冲器。此时，为使全部晶体管均能工作在饱和区，要求 $V_{GS2} + V_{ov11} < V_{out} < V_{DD} - |V_{ov6}| - |V_{ov4}|$，因此输出摆幅为电源电压减去 4 个过驱动电压，再减去 1 个阈值电压。当电源电压为 3.3V，阈值电压为 0.7V，过驱动电压取 0.2V 时，此电压缓冲器的输出摆幅为 1.8V，远大于单位增益负反馈状态下共源共栅运放所能达到的输出摆幅。

对于图 10-12 所示的全差分折叠式共源共栅运放，从折叠点看上去的小信号阻抗为 M_2 和 M_4 小信号阻抗的并联，这使得从输出端向上看进去的小信号阻抗变为 $g_{m6}r_{o6}(r_{o4}\|r_{o2})$，其值将略小于共源共栅电流镜的输出阻抗。因此，折叠式共源共栅运放的小信号增益可以写为 $g_{m2}\{[g_{m6}r_{o6}(r_{o4}\|r_{o2})]\|(g_{m8}r_{o8}r_{o10})\}$，其数值会略低于普通共源共栅运放的增益。这种折叠方式还会带来另外两个缺点：第一个缺点是功耗的增加，这个问题在 3.5 节中也进行过分析。由于需要给折叠后的输入对管提供额外的偏置电流（由图 10-12 所示的 M_{11} 提供），因此折

叠式共源共栅运放的总偏置电流会大于普通共源共栅运放的。对于图 10-12 所示的电路，在通常情况下，M_{11} 设置为与 M_3 和 M_4 具有相同的电流，因此在相同输入管尺寸和偏置电流状态下，折叠式共源共栅运放的功耗是普通共源共栅运放功耗的两倍。第二个缺点是 PM 降低。在第 6 章的分析中，共源共栅放大器的次极点通常出现在输入管的漏极，折叠式共源共栅运放的输入管漏极位置连接了 3 个晶体管，因此该位置的对地寄生电容变得更大。这使得折叠式共源共栅运放的次极点频率会低于普通共源共栅运放次极点的，进而导致在相同单位增益带宽条件下折叠式共源共栅运放的 PM 降低。

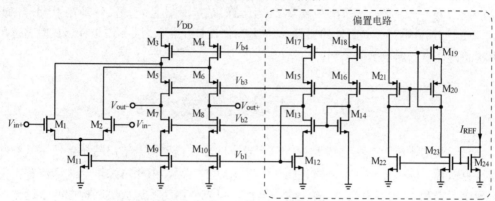

图 10-12　全差分折叠式共源共栅运放电路结构

下面分析折叠式共源共栅运放的噪声特性。由图 10-12 可知，偏置电路中晶体管的噪声会对偏置电压 $V_{b1} \sim V_{b4}$ 引入噪声，但需要注意的是，这些偏置电压对运放主体所引入的噪声均为共模噪声，因此当运放具有较好的 CMRR 时，这些噪声并不会对差分输出产生影响。所以，折叠式共源共栅运放的噪声基本全部来源于运放主体部分。根据 8.3.4 节和 8.4 节中的分析，可以得到折叠式共源共栅运放的输出噪声为

$$\overline{v_{n,out}^2} = 2\left(\overline{i_{n1,T}^2} + \overline{i_{n3,T}^2} + \overline{i_{n9,T}^2} + \overline{i_{n1,f}^2} + \overline{i_{n3,f}^2} + \overline{i_{n9,f}^2} \right) r_{out}^2$$

$$= \left[\frac{16}{3}kT\left(g_{m1} + g_{m3} + g_{m9}\right) + \frac{2K}{C_{ox}}\frac{1}{f}\left(\frac{g_{m1}^2}{W_1 L_1} + \frac{g_{m3}^2}{W_3 L_3} + \frac{g_{m9}^2}{W_9 L_9} \right) \right] r_{out}^2 \qquad (10\text{-}15)$$

式中，r_{out} 表示折叠式共源共栅运放的输出阻抗。因此其增益可表示为 $g_{m1}r_{out}$，可得到该运放的等效输入噪声为

$$\overline{v_{n,in}^2} = \frac{\overline{v_{n,out}^2}}{\left(g_{m1}r_{out} \right)^2}$$

$$= \frac{16kT}{3g_{m1}}\left(1 + \frac{g_{m3}}{g_{m1}} + \frac{g_{m9}}{g_{m1}} \right) + \frac{2K}{C_{ox}f}\left(\frac{1}{W_1 L_1} + \frac{1}{W_3 L_3}\frac{g_{m3}^2}{g_{m1}^2} + \frac{1}{W_9 L_9}\frac{g_{m9}^2}{g_{m1}^2} \right) \qquad (10\text{-}16)$$

由式（10-16）可知，通过增大输入管 M_1 的跨导并降低电流源管 M_3 和 M_9 的跨导可以有效降低运放的等效输入噪声。因为 $g_m = 2I_D/V_{ov}$，所以在确定的偏置电流状态下，提高 M_3 和 M_9 的过驱动电压可使运放的等效输入噪声降低，但其代价是损失了输出信号摆幅。由此可知，在设计运放时，往往需要在各种参数间进行折中。

　　最后需要注意的是运放的偏置电路，由图 10-12 可知，折叠式共源共栅运放的偏置电路也为共源共栅结构。实际上，运放主体是对偏置电路的一种镜像。在通常情况下，M_{17} 和 M_{18} 与 M_{19} 具有相同的偏置电流，因此 $(W/L)_{17}=(W/L)_{18}=(W/L)_{19}$，同理 $(W/L)_{15}=(W/L)_{16}=(W/L)_{20}$。而 M_3 和 M_4 的偏置电流将是 M_{19} 的 N 倍，因此 $(W/L)_3=(W/L)_4=N(W/L)_{19}$。假设 M_{23} 和 M_{24} 具有相同的尺寸，则 M_{19} 的电流为 I_{REF}。为使 M_{11} 的电流为 NI_{REF}，并考虑 M_{11} 是对 M_{12} 的镜像，则要求 $(W/L)_{11}=N(W/L)_{12}$。在这种情况下，输入管的偏置电流为 $(N/2)I_{REF}$，因此 M_9 和 M_{10} 的偏置电流也为 $(N/2)I_{REF}$，这就要求 $(W/L)_9=(W/L)_{10}=(N/2)(W/L)_{12}$。同理，$(W/L)_5=(W/L)_6=(N/2)(W/L)_{20}$，$(W/L)_7=(W/L)_8=(N/2)(W/L)_{13}$。由此可知，当确定了 M_{19}、M_{20}、M_{12} 和 M_{13} 的尺寸后，运放主体的器件尺寸就基本确定下来了。因此在设计运放时，应在偏置电路的设计上运用更多的精力。

10.3　两级运算放大器

　　一级运放的增益为 $g_m r_o$，因此为了获得较高的增益需要提升输出阻抗。使用共源共栅结构可有效提升输出阻抗，但同时也损失了输出电压摆幅。由此可知，一级运放并不能同时实现高增益和大输出摆幅。为解决这个问题，可以使用两个运放级联构成两级运放，第一级提供高增益，第二级提供大输出摆幅。一种简单的两级运放结构如图 10-13 所示，两级电路均采用共源运放，因此总增益为 $[g_{m2}(r_{o2}\|r_{o4})]\times[g_{m6}(r_{o6}\|r_{o9})]$。这两级运放的增益与共源共栅运放的增益大小相近，但其输出摆幅更大，可达到 $V_{DD}-V_{ov9}-|V_{ov6}|$。在第 9 章中讨论过，每个 RC 节点均会引入一个极点，因此两级运放通常有两个关键极点。根据 9.5.1 节中的分析，此两级运放需要使用米勒补偿以分裂两个关键极点，进而提升 PM。

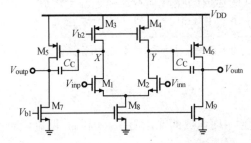

图 10-13　一种简单的两级运放结构

　　为了实现更高的增益，可将第一级运放改为共源共栅运放，如图 10-14 所示。采用共源共栅运放的两级运放的总增益可表示为

$$A_V=[g_{m2}(g_{m4}r_{o4}r_{o2})\|(g_{m6}r_{o6}r_{o8})]\times[g_{m10}(r_{o10}\|r_{o13})] \tag{10-17}$$

该增益达到了 $(g_m r_o)^3$ 的数量级，而输出摆幅仍然为 $V_{DD}-2V_{ov}$ 数量级。根据 9.5.1 节中的分析，此时可以采用更为有效的 Cascode 补偿提升 PM。以图 10-14 所示的两级运放为例，再来分析两级运放的噪声特性。假设第一级运放的等效输入噪声为 $\overline{v_{n1,in}^2}$，第二级运放的等效输入噪声为 $\overline{v_{n2,in}^2}$，因此两级运放的总等效输入噪声为

$$\overline{v_{n,in}^2} = \overline{v_{n1,in}^2} + \frac{\overline{v_{n2,in}^2}}{\left[g_{m2} \left(g_{m4} r_{o4} r_{o2} \right) \| \left(g_{m6} r_{o6} r_{o8} \right) \right]^2} \tag{10-18}$$

由式（10-18）可知，第二级运放的噪声几乎不会对两级运放的总等效输入噪声产生影响，因此两级运放的总等效输入噪声基本等于第一级运放的等效输入噪声。结合 8.3.4 节和 8.4 节中的分析，可以得到采用共源共栅运放的两级运放的等效输入噪声为

$$\overline{v_{n,in}^2} = \frac{16kT}{3 g_{m1}} \left(1 + \frac{g_{m7}}{g_{m1}} \right) + \frac{2K}{C_{ox} f} \left(\frac{1}{W_1 L_1} + \frac{1}{W_7 L_7} \frac{g_{m7}^2}{g_{m1}^2} \right) \tag{10-19}$$

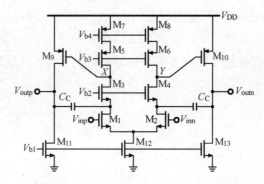

图 10-14　采用共源共栅运放的两级运放

通过上述分析我们知道，两级运放可以同时实现高增益和大输出摆幅。但是其缺点也很明显，第二级电路的加入增加了电路功耗。此外，两级运放往往需要进行频率补偿才能获得较好的 PM，因此其不容易实现较大的单位增益带宽。

10.4　增益提升运算放大器

10.4.1　增益提升技术

在某些高精度模拟集成电路中，运放需要具有更高的直流增益。如果使用一级运放实现高增益，那么关键是提升运放输出阻抗。通过三层共源共栅结构可将运放增益提升至 $(g_m r_o)^3$ 的数量级。但这种方法有两个显著的缺点：第一，每增加一层共源共栅器件，信号通路中便会增加一个极点。为了获得足够高的 PM，其单位增益带宽往往较小。第二，更多晶体管的层叠导致输出摆幅变得更小。正如 10.3 节中的讨论，通过运放级联实现多级运放，可在大幅度提升增益的同时不损失输出摆幅。由于每级运放在整体传递函数中至少引入一个极点，因此在反馈系统中使用这样的多级运放很难保证系统的稳定性。为保证多级运放具有足够高的 PM，往往需要进行极其复杂的频率补偿。因此，在实际应用中，很少采用两级以上的运放。

下面介绍一种能有效提升一级运放增益而又不显著影响其频率特性的方法，即增益提升（Gain Boosting）技术。实际上，在 4.3.4 节中已经介绍过用该方法可以提升电流源输出

阻抗。将该方法应用在共源共栅运放中，可进一步提升共源共栅结构的输出阻抗，进而提升运放增益。增益提升技术只是提高了运放的输出阻抗，其对运放的输入跨导和负载电容并没有影响，所以该技术不会改变运放的单位增益带宽。增益提升技术相当于降低了运放主极点频率，进而提升了直流增益，保持增益带宽积不变。采用增益提升技术的共源共栅运放如图 10-15 所示，其中 A_{add} 为辅助运放的增益。在该运放中，辅助运放和主运放工作在负反馈状态下，使得 V_Y 的变化总是抵消 V_X 的变化。这说明辅助运放的存在，使得电压 V_X 更加稳定，降低了 V_{out} 变化对 V_X 的影响，从而产生更高的输出阻抗。结合 4.3.4 节中的分析，图 10-15 所示电路的输出阻抗可表示为 $r_{\text{out}} \approx g_{m2} r_{o2} r_{o1}(A_{\text{add}}+1)$。最简单的辅助运放可以通过图 10-7 所示的单端输出简单运放实现，那么 A_{add} 的幅度为 $g_m r_o$。因此，采用增益提升技术的共源共栅运放的增益达到了 $(g_m r_o)^3$ 的数量级，类似三层共源共栅运放的增益。其好处是输出摆幅和带宽可以做到与普通共源共栅运放的没有太大区别。

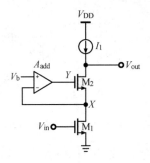

图 10-15 采用增益提升技术的共源共栅运放

通过上述分析可知，增益提升技术在提升运放输出阻抗方面具有明显优势。增益提升技术使得运放的增益提升了辅助运放的增益倍。但有一个问题需要讨论，那就是辅助运放的单位增益带宽问题。辅助运放的单位增益带宽需满足什么样的条件才能使增益提升后的运放仍然可近似为单极点系统呢？下面针对这个问题展开详细讨论。假设辅助运放是一个单极点系统，其传递函数为

$$A_{\text{add}}(s) = \frac{A_{\text{add}}}{1 + \dfrac{s}{\omega_2}} \tag{10-20}$$

式中，A_{add} 为辅助运放的直流增益；ω_2 为其主极点频率。因此，辅助运放的单位增益带宽 $\omega_4 = A_{\text{add}}\omega_2$。假设主运放的输入跨导为 g_m，输出阻抗为 r_{out}，驱动负载电容值为 C_L，则其传递函数为

$$A_{\text{main}}(s) = g_m \left(r_{\text{out}} \parallel \frac{1}{sC_L} \right) = \frac{A_{\text{main}}}{1 + \dfrac{s}{\omega_3}} \tag{10-21}$$

式中，$A_{\text{main}} = g_m r_{\text{out}}$ 为主运放的直流增益；$\omega_3 = 1/(r_{\text{out}} C_L)$ 为主运放的主极点频率。因此，主运放的单位增益带宽 $\omega_5 = A_{\text{main}}\omega_3 = g_m / C_L$。事实上，也可以把式（10-21）看成 r_{out} 形成的增益与 C_L 形成的增益的并联

$$A_{\text{main}}(s) = (g_m r_{\text{out}}) \| \frac{g_m}{sC_L} \tag{10-22}$$

当对主运放使用增益提升技术后，其总增益变为

$$A_{\text{tot}}(s) = g_m Z_{\text{tot}} = (g_m Z_{\text{out}}) \| (g_m Z_L)$$

$$= \left[g_m r_{\text{out}} \left(\frac{A_{\text{add}}}{1 + s/\omega_2} + 1 \right) \right] \| \frac{g_m}{sC_L} \tag{10-23}$$

根据式（10-23）可以画出 $g_m Z_{\text{tot}}$、$g_m Z_{\text{out}}$ 和 $g_m Z_L$ 三种增益的伯德图，当 $\omega_4 < \omega_3$ 时，三种增益的伯德图如图 10-16 所示。对于增益 $g_m Z_{\text{out}}$，当频率小于 ω_2 时，其幅度约为 $g_m r_{\text{out}}(A_{\text{add}}+1)$；当频率处于 ω_2 和 ω_4 之间时，其幅度呈-20dB/dec 速度衰减；当频率大于 ω_4 时，其幅度降低至主运放的直流增益 $g_m r_{\text{out}}$，这是因为此时频率已超过辅助运放的单位增益带宽，辅助运放的增益降低至 1 以下而不再起作用。对于增益 $g_m Z_L$，其幅度一直呈-20dB/dec 速度衰减，在主运放单位增益带宽 ω_5 处，其幅度降低至 1。当频率小于 ω_3 时，$|g_m Z_{\text{out}}| < |g_m Z_L|$，考虑 $A_{\text{tot}}(s)$ 是 $g_m Z_{\text{out}}$ 和 $g_m Z_L$ 在数学上的并联运算，所以此时 $|A_{\text{tot}}(s)|$ 略低于 $|g_m Z_{\text{out}}|$，$|A_{\text{tot}}(s)|$ 的形态几乎与 $|g_m Z_{\text{out}}|$ 保持一致。当频率大于 ω_3 时，$|g_m Z_{\text{out}}| > |g_m Z_L|$，此时 $|A_{\text{tot}}(s)|$ 的形态几乎与 $|g_m Z_L|$ 保持一致。由此可知，$A_{\text{tot}}(s)$ 在辅助运放的单位增益带宽 ω_4 处出现一个零点，在 ω_3 处出现一个极点，它们组成了一个零极点对。这使得频率在 ω_5 以内，$A_{\text{tot}}(s)$ 不可近似成单极点系统，导致运放的时域响应变得更加复杂。

观察图 10-16 发现，$A_{\text{tot}}(s)$ 中会出现零点的主要原因：当频率大于 ω_4 后，$g_m Z_{\text{out}}$ 的幅度变为固定值而不再随频率降低，而且此时 $|g_m Z_{\text{out}}| < |g_m Z_L|$，两个增益并联后 $g_m Z_{\text{out}}$ 的幅度在 ω_4 处不再衰减的特性被保留下来，因此等效为出现一个零点。由此可知，为解决上述问题，可以设置 $\omega_4 > \omega_3$，使得频率大于 ω_4 后，$|g_m Z_{\text{out}}| > |g_m Z_L|$，这样两个增益并联运算后 $g_m Z_{\text{out}}$ 的幅度在 ω_4 处不再衰减的特性被减弱。

当 $\omega_4 > \omega_3$ 时，$g_m Z_{\text{tot}}$、$g_m Z_{\text{out}}$ 和 $g_m Z_L$ 三种增益的伯德图如图 10-17 所示。在 $\omega_1 < \omega < \omega_4$ 范围内，$|g_m Z_{\text{out}}| > |g_m Z_L|$，所以 $|A_{\text{tot}}(s)|$ 的形态几乎与 $|g_m Z_L|$ 保持一致。频率在 ω_5 以内，$A_{\text{tot}}(s)$ 仍然可以近似成单极点系统。此时，运放的增益带宽积基本保持不变，所以 $\omega_1 = \omega_3/A_{\text{add}}$。但需要注意的是，虽然 $g_m Z_L$ 和 $g_m Z_{\text{out}}$ 的并联运算大幅度减弱了在 ω_4 处 $g_m Z_{\text{out}}$ 幅度转折对 $A_{\text{tot}}(s)$ 的影响，但是 $A_{\text{tot}}(s)$ 在 ω_4 处仍然会存在一个微小的幅度转折，即存在一个零点和极点频率差非常小的零极点对，后面会详细分析这个零极点对的影响。

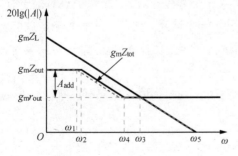

图 10-16　$g_m Z_{\text{tot}}$、$g_m Z_{\text{out}}$ 和 $g_m Z_L$ 三种增益的伯德图（当 $\omega_4 < \omega_3$ 时）

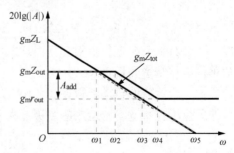

图 10-17　$g_m Z_{\text{tot}}$、$g_m Z_{\text{out}}$ 和 $g_m Z_L$ 三种增益的伯德图（当 $\omega_4 > \omega_3$ 时）

下面定量分析采用增益提升技术后运放的频率特性，将式（10-23）重新整理为

$$A_{tot}(s) = \frac{g_m r_{out}(A_{add}+1)\left[1+\dfrac{s}{(A_{add}+1)\omega_2}\right]}{s(A_{add}+1)r_{out}C_L\left[1+\dfrac{s}{(A_{add}+1)\omega_2}\right]+\dfrac{s}{\omega_2}+1}$$

$$\approx \frac{g_m r_{out}(A_{add}+1)\left(1+\dfrac{s}{\omega_4}\right)}{\dfrac{A_{add}}{\omega_3\omega_4}s^2+\left(\dfrac{A_{add}}{\omega_3}+\dfrac{A_{add}}{\omega_4}\right)s+1}$$

（10-24）

观察式（10-24）发现，$A_{tot}(s)$中存在一个左半平面的零点，位于ω_4处。此外，$A_{tot}(s)$中还存在两个极点。当$\omega_4 \ll \omega_3$时，$A_{add}/\omega_3 \ll A_{add}/\omega_4$，因此主极点约为$\omega_4/A_{add}=\omega_2$，而次极点约为$\omega_3$。当$\omega_4 \gg \omega_3$时，$A_{add}/\omega_3 \gg A_{add}/\omega_4$，因此主极点约为$\omega_3/A_{add}=\omega_1$，而次极点约为$\omega_4$，此时次极点和零点的频率非常接近。传递函数的定量分析结果与前面的定性分析结果是一致的。

以上分析考虑了辅助运放对主运放时域响应的具体影响。此外，还要关注辅助运放本身的稳定性问题。如图 10-15 所示，辅助运放和 M_2 形成了一个反馈环路，在通常情况下，这个环路的主极点位于 Y 点处，次极点位于 X 点处。事实上，X 点处所对应的极点也刚好是主运放的次极点，其大小为$\omega_6=g_{m2}/C_X$，其中 C_X 是 X 点对地的寄生电容值。辅助运放输入端的寄生电容增大了 C_X，因此采用增益提升技术后，运放的次极点频率会略微降低一些。根据 9.3.3 节中有关 PM 的讨论，为使上述环路获得足够的 PM，要求次极点频率大于辅助运放的单位增益带宽，即 $\omega_4 < \omega_6$。综上所述，在使用增益提升技术时，为了使运放在单位增益带宽内仍然可以近似为一个单极点系统，且辅助运放的反馈环路是稳定的，需要满足这些基本条件：辅助运放的单位增益带宽要大于主运放的主极点，且小于主运放的次极点，即 $\omega_3 < \omega_4 < \omega_6$。

10.4.2　零极点对对运放时域响应的影响

传递函数中频率非常接近的一对零点和极点被称为零极点对。在 10.4.1 节中我们分析到，即使当$\omega_4 > \omega_3$时，辅助运放仍然会在ω_4处引入一个零极点对。这个零极点对处于$A_{tot}(s)$的单位增益带宽ω_5以内，将对运放的时域响应引入一个慢建立过程，从而影响运放的响应速度。本节具体分析零极点对如何对运放的时域响应产生影响，以指导进一步约束对辅助运放单位增益带宽的设置。

假设一个运放的传递函数如式（10-25）所示，ω_z 与 ω_p 构成零极点对。此外，ω_{GBW} 为运放的单位增益带宽，则运放的主极点为 ω_{GBW}/A_0。

$$A(s) = \frac{1+\dfrac{s}{\omega_z}}{1+\dfrac{s}{\omega_p}} \times \frac{A_0}{1+\dfrac{A_0 s}{\omega_{GBW}}}$$

（10-25）

将这个运放用于负反馈系统中，则其时域的单位阶跃响应为

$$V_{\text{out}}(t) = 1 - \mathrm{e}^{-\frac{t}{\tau_\mathrm{G}}} - \frac{\omega_z - \omega_p}{\omega_{\text{GBW}}} \mathrm{e}^{-\frac{t}{\tau_\mathrm{D}}} \tag{10-26}$$

观察式（10-26），时域的单位阶跃响应中出现两个时间常数，分别为 $\tau_\mathrm{G}=1/\omega_{\text{GBW}}$ 和 $\tau_\mathrm{D}=1/\omega_z$。其中 τ_G 为主要响应的时间常数，τ_D 为零极点对引入的慢建立的时间常数。缩小零极点对的差距 $\Delta\omega_{zp}=\omega_z-\omega_p$，可以降低慢建立的幅度。低频的 ω_z 引入的 τ_D 较大，但慢建立的幅度会较小；而高频的 ω_z 引入的 τ_D 较小，但慢建立的幅度会较大。当考虑反馈系数 β 后，如果要让零极点对引入的慢建立响应幅度小于闭环系统精度，则要求

$$\frac{\Delta\omega_{zp}}{\beta\omega_{\text{GBW}}} < \frac{1}{\beta A_0} \tag{10-27}$$

因此要求 $\Delta\omega_{zp}<\omega_{\text{GBW}}/A_0$，但这对于高增益运放来说是很难满足的。由此可知，直接降低慢建立响应幅度是很难实现的，因此在通常情况下，需要降低慢建立的时间常数 τ_D，这就要求 $\omega_z>\beta\omega_{\text{GBW}}$。

基于上述分析可知，如果要降低增益提升技术所引入的零极点对的影响，辅助运放的单位增益带宽 ω_4 不仅要大于主运放的主极点 ω_3，还要大于主运放的闭环主极点 $\beta\omega_5$，再结合上辅助运放环路稳定性的考虑，最终得到辅助运放单位增益带宽需要满足的条件是 $\beta\omega_5<\omega_4<\omega_6$。

10.4.3 增益提升折叠式共源共栅运算放大器

采用增益提升技术的折叠式共源共栅运放如图 10-18（a）所示，其中辅助运放 A_1 和 A_2 也可采用折叠式共源共栅运放实现。这个运放整体中一共包含三个运放，一个主运放和两个辅助运放。在进行电路设计时，首先要设计主运放，此时可以先采用固定偏置电压 V_{bp} 和 V_{bn} 来偏置 PMOS 共栅管和 NMOS 共栅管。待主运放设计完成后，再进行两个辅助运放的设计。需要注意的是，在对辅助运放进行设计时，其偏置和负载环境需要与实际工作状态保持一致，因此往往将辅助运放连接至主运放后进行设计和仿真。在这种连接方式下，可以对辅助运放进行正常的 DC 仿真。但是，由于此时辅助运放和共栅管已形成反馈环路，在 AC 仿真时无法直接获得辅助运放本身的伯德图，因此，在对辅助运放进行 AC 仿真时需要做一些特殊处理。如图 10-18（b）所示，可以在辅助运放的输入交流小信号 $v_{\text{ac}\pm}$ 前端放置一个由 R_F 和 C_F 构成的低通滤波器。将 R_F 设置为 1GΩ，C_F 设置为 1GF，因此滤波器的截止频率几乎为 0Hz，实现直流导通，交流隔断的功能。利用这样的理想电路，可以在保留直流偏置电压的同时滤除掉反馈回来的小信号，这样直接在辅助运放输出端观察到的伯德图即其开环传递函数的伯德图。最后需要强调的是，为了让主运放的特性不发生变化，辅助运放 A_1 和 A_2 的共模输出电压需要分别设置为 V_{bn} 和 V_{bp}。

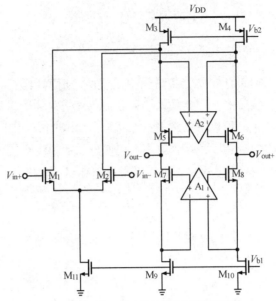

（a）采用增益提升技术的折叠式共源共栅运放

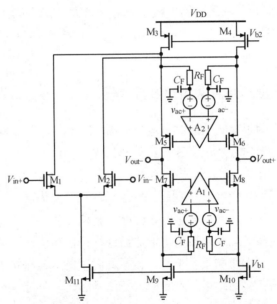

（b）通过通直流、隔交流方式对辅助运放进行 AC 仿真电路

图 10-18　采用增益提升技术的折叠式共源共栅运放和 AC 仿真电路

10.5　轨到轨输入摆幅运算放大器

在大多数情况下运放工作在负反馈状态下，运放的输入端会被固定偏置在共模输入电压 $V_{cm,in}$ 上，而其差分输入信号摆幅往往很小。当 $V_{cm,in}$ 很大时，可以选择 NMOS 器件作为输入管；而当 $V_{cm,in}$ 很小时，可以选择 PMOS 器件作为输入管。因此，前面介绍的运放结构

基本均能满足上述应用需求。但是，有一些特殊情况会要求运放具有较大的输入摆幅，例如，当运放处于单位增益负反馈作为电压缓冲器使用时，就要求其输入摆幅与输出摆幅一致。前面介绍的运放结构并不能满足这种要求。例如，将图 10-12 所示的折叠式共源共栅运放改为单端输出方式，当其作为电压缓冲器使用时，其所缓冲的电压值不能小于 $V_{GS1}+V_{ov11}$，否则会使输入管的尾电流源进入线性区工作，导致输入跨导降低。为了扩展输入摆幅，可以将 NMOS 器件和 PMOS 器件混合起来作为输入管使用，宽输入摆幅运放如图 10-19 所示。这样，当输入电压接近 V_{SS}=0V 时，NMOS 输入对管 M_1 和 M_2 的跨导会降低，直至变为零，但 PMOS 输入对管 M_3 和 M_4 仍然正常工作。相反，当输入电压接近 V_{DD} 时，PMOS 输入对管 M_3 和 M_4 的跨导会降低，直至变为零，但 NMOS 输入对管 M_1 和 M_2 仍然正常工作。由此可知，输入范围在 0V 到 V_{DD} 内，该运放的输入跨导不会变为零，我们称这种运放支持轨到轨（Rail-to-Rail）输入摆幅。

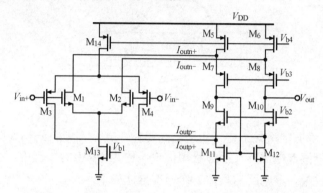

图 10-19 宽输入摆幅运放

在图 10-19 所示的电路中，需要关注一个问题，那就是运放的总输入跨导 g_{mtot} 与共模输入电压 $V_{cm,in}$ 的关系。如图 10-20 所示，宽输入摆幅运放的总输入跨导是 NMOS 输入对管的跨导 g_{mn} 加上 PMOS 输入对管的跨导 g_{mp}，因此虽然在 0V 到 V_{DD} 范围内 g_{mtot} 不会变为 0，但其会随着 $V_{cm,in}$ 的变化而发生变化。当 $V_{cm,in}$ 较小时，g_{mn} 几乎为零，$g_{mtot}=g_{mp}$；当 $V_{cm,in}$ 较大时，g_{mp} 几乎为零，$g_{mtot}=g_{mn}$；当 $V_{cm,in}$ 处在 V_{DD}/2 附近时，NMOS 输入对管和 PMOS 输入对管均能正常工作，因此 $g_{mtot}=g_{mn}+g_{mp}$。由此可知，g_{mtot} 最大会出现接近两倍的变化，导致运放的增益出现约 6dB 的变化。这将使得运放产生较大的非线性问题，在一些高精度电路中是不能被接受的。为了让 g_{mtot} 在整个输入范围内更加一致，需要在 V_{SS} 和 V_{DD} 两端让 g_{mp} 和 g_{mn} 变为原来的两倍。为了实现这个操作，首先分析 g_{mtot} 的具体表达式。假设 NMOS 输入管的电流为 I_{bn}，PMOS 输入管的电流为 I_{bp}，则

$$g_{mn} + g_{mp} = g_{mtot1} \tag{10-28}$$

将 NMOS 输入管和 PMOS 输入管的跨导表达式代入式（10-28）得到

$$\sqrt{2\mu_n C_{ox} \frac{W_n}{L_n} I_{bn}} + \sqrt{2\mu_p C_{ox} \frac{W_p}{L_p} I_{bp}} = g_{mtot1} \tag{10-29}$$

当 $V_{cm,in}=V_{DD}$/2 时，假设 NMOS 输入管和 PMOS 输入管的工作电流均为 I_D，则此时的

总输入跨导为

$$\sqrt{2\mu_n C_{ox}\frac{W_n}{L_n}I_D}+\sqrt{2\mu_p C_{ox}\frac{W_p}{L_p}I_D}=g_{mtot2} \tag{10-30}$$

在通常情况下，$\mu_n=3\mu_p$，如果设置 $W_p/L_p=3(W_n/L_n)$，那么可实现 $\mu_n C_{ox}(W_n/L_n)\approx\mu_p C_{ox}(W_p/L_p)$。因此，如果要使 $g_{mtot1}=g_{mtot2}$，则需要满足

$$\sqrt{I_{bn}}+\sqrt{I_{bp}}=2\sqrt{I_D} \tag{10-31}$$

由此可知，为满足式（10-31），当 $I_{bn}=0$ 时，需要 $I_{bp}=4I_D$。同理，当 $I_{bp}=0$ 时，则需要 $I_{bn}=4I_D$。这说明当某一类型的输入对管截止后，与其对应的另一种类型的输入管的偏置电流需要变为原来的 4 倍，这样即可保持 g_{mtot} 几乎不变。

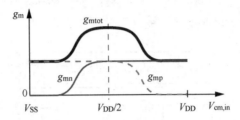

图 10-20　总输入跨导与共模输入电压的关系

通过三倍电流镜恒定跨导结构可实现上述操作，其基本电路结构如图 10-21 所示。其中 V_{rn} 和 V_{rp} 为两个偏置电压，在晶体管阈值电压约为 0.7V 的工艺中，它们可分别设定为 V_{DD}-1.1V 和 V_{SS}+1.1V。该电路的具体工作原理描述如下。

①当 $V_{cm,in}>V_{rn}$ 时，PMOS 输入对管 M_3 和 M_4 进入截止状态，M_{rn} 获得由 M_{10} 提供的全部尾电流 I_B。因为 $V_{rn}>V_{rp}$，所以 $V_{cm,in}$ 远大于 V_{rp}，这使得 NMOS 输入对管 M_1 和 M_2 分走全部尾电流。因此，M_{rp} 进入截止状态，PMOS 三倍电流镜进入截止状态。因此，流过 M_{rn} 的电流固定为 I_B。通过 M_7 和 M_8 形成的 NMOS 三倍电流镜，将 $3I_B$ 添加到 NMOS 输入对管的尾电流上。这样，再加上 M_9 所提供的 I_B，NMOS 输入对管的尾电流变为 $4I_B$，因此 $g_{mtot}=2g_{mn}$。②当 $V_{cm,in}<V_{rp}$ 时，NMOS 输入对管 M_1 和 M_2 进入截止状态，M_{rp} 获得由 M_9 提供的全部尾电流 I_B。因为 $V_{rp}<V_{rn}$，所以 $V_{cm,in}$ 远小于 V_{rn}，这使得 PMOS 输入对管 M_3 和 M_4 分走全部尾电流。因此，M_{rn} 进入截止状态，NMOS 三倍电流镜进入截止状态。因此，流过 M_{rp} 的电流固定为 I_B。M_6 和 M_5 形成的 PMOS 三倍电流镜，将 $3I_B$ 添加到 PMOS 输入对管的尾电流上。这样，再加上 M_{10} 所提供的 I_B，PMOS 输入对管的尾电流变为 $4I_B$，因此 $g_{mtot}=2g_{mp}$。③当 $V_{rp}<V_{cm,in}<V_{rn}$ 时，NMOS 输入对管和 PMOS 输入对管均能正常开启，而 M_{rp} 和 M_{rn} 均进入截止状态，三倍电流镜均停止工作，此时运放与普通宽输入摆幅结构相同，因此 $g_{mtot}=g_{mn}+g_{mp}$。

考虑 $g_{mn}\approx g_{mp}$，则三倍电流镜恒定跨导结构的 g_{mtot} 与 $V_{cm,in}$ 的关系如图 10-22 所示。在轨到轨输入范围内，g_{mtot} 基本稳定为 $2g_{mn}$。值得注意的是，当 $V_{cm,in}$ 处于 V_{rp} 附近时，NMOS 输入对管并没有完全截止，这使得 g_{mtot} 会略高于 $2g_{mn}$。同理，当 $V_{cm,in}$ 处于 V_{rn} 附近时，也会出现同样的现象。

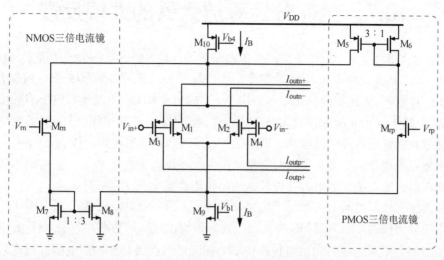

图 10-21 三倍电流镜恒定跨导基本电路结构

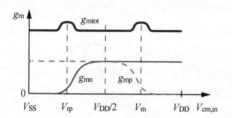

图 10-22 三倍电流镜恒定跨导结构的 g_{mtot} 与 $V_{cm,in}$ 的关系

10.6 运放性能对比

本章介绍了六种运放结构，分别是简单五管运放、基本共源共栅运放、折叠式共源共栅运放、两级运放、增益提升折叠式共源共栅运放和宽输入摆幅运放。它们在增益、输入摆幅、输出摆幅、速度、功耗和噪声方面表现得各不相同，我们往往需要根据电路系统对指标的需求来选择合适的运放结构。六种运放的性能参数对比如表 10-1 所示。

表 10-1 六种运放的性能参数对比

运放类型	增益	输入摆幅	输出摆幅	速度	功耗	噪声
简单五管运放	低	中	高	高	低	低
基本共源共栅运放	中	低	低	高	低	低
折叠式共源共栅运放	中	中	中	高	中	中
两级运放	高	中	高	低	中	低
增益提升折叠式共源共栅运放	高	中	中	高	高	中
宽输入摆幅运放	中	高	中	高	高	高

10.7　全差分运算放大器的共模反馈

我们在 5.4 节中分析到，对于采用电流源负载的运放，由于工艺偏差等因素，PMOS 支路电流 I_P 和 NMOS 支路电流 I_N 不会完全一致。这使得运放输出端形成 $\Delta V_{out}=(I_P-I_N)r_{out}$ 的电压变化，其中 r_{out} 为运放的输出阻抗。由于 r_{out} 是非常大的，所以输出电压的变化会直接驱使 NMOS 器件或 PMOS 器件进入线性区工作，运放无法正常工作。因此，需要使用共模反馈网络对共模输出电压进行检测，根据误差调节运放的偏置电流，以满足 $I_P=I_N$。共模反馈电路主要分为连续时间型和离散时间型（开关电容共模反馈），本节主要讨论连续时间型共模反馈电路，而有关开关电容共模反馈的讨论将在第 11 章中进行。

一种典型的连续时间型共模反馈电路如图 10-23 所示。通过连接在 V_{out+} 和 V_{out-} 之间的两个大小相同的检测电阻 R_1 和 R_2 实现对当前共模输出电压的检测，$V_{cm,out}=(V_{out+}+V_{out-})/2$。为了避免检测电阻对运放的输出阻抗产生影响而降低运放增益，检测电阻必须比运放输出阻抗大很多。获取到当前共模输出电压后，通过简单运放检测并放大 $V_{cm,out}$ 与 V_{ref} 的差值，并将输出电压 V_{cmfb} 以负反馈方式施加到电流源 M_9 和 M_{10} 的栅极。当 $V_{cm,out}$ 大于 V_{ref} 时，V_{cmfb} 会增大，促使 M_9 和 M_{10} 的电流增大，进而使得 $V_{cm,out}$ 减小。反之，当 $V_{cm,out}$ 小于 V_{ref} 时，V_{cmfb} 会促使 $V_{cm,out}$ 增大。因此，在这个负反馈作用下，$V_{cm,out}$ 会趋近于 V_{ref}。这里需要注意，为了提高共模反馈的稳定性，可以将 M_9 和 M_{10} 中的每个晶体管拆分成两份，其中一份的栅极由 V_{cmfb} 驱动，而另一份的栅极固定偏置为 V_{b1}。通过这样的设置可以降低共模反馈的灵敏度，进而提高稳定性。

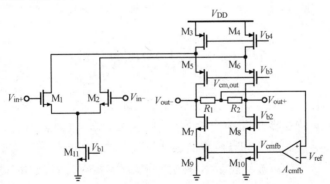

图 10-23　一种典型的连续时间型共模反馈电路

一种适用于两级运放的连续时间型共模反馈电路如图 10-24 所示。两级运放的第一级为共源共栅运放，第二级为简单共源运放，两级之间采用带有调零电阻的米勒补偿。该电路仍然采用电阻 R_1 和 R_2 检测当前共模输出电压 $V_{cm,out}$，但 $V_{cm,out}$ 与 V_{ref} 的误差检测并不是通过独立的运放实现的，而是借助调节 $M_{13} \sim M_{15}$ 的电流实现的。这里，$M_{13} \sim M_{15}$ 的尺寸满足 $(W/L)_{14}=(W/L)_{15}=0.5(W/L)_{13}$。假设流过 M_{19} 的电流为 I_B，流过 M_{20} 的电流为 I_A，流过 M_7 和 M_8 的电流均为 I_C。当 $V_{cm,out}=V_{ref}$ 时，流过 M_{14} 和 M_{15} 的电流为 $I_B/4$。此时流过 M_3 和 M_4 的电流为 $I_B/4+I_A/2$，因此需要将 I_C 的额定值设置为 $I_C=I_B/4+I_A/2$，以保证 PMOS 支路电流和 NMOS 支路电流基本平衡。下面分析其对共模输出电压的调节过程：假设 $V_{cm,out}>V_{ref}$，

则 M_{14} 和 M_{15} 的电流会大于 $I_B/4$。这样，流过 M_3 和 M_4 的电流会大于 $I_B/4+I_A/2$，而流过 M_7 和 M_8 的电流仍然为 $I_C=I_B/4+I_A/2$，这导致电压 V_X 和 V_Y 增大，进而迫使 $V_{cm,out}$ 减小，形成对共模输出电压的负反馈调节。由此可知，这种共模反馈电路将 $V_{cm,out}$ 与 V_{ref} 的偏差转换为电流，再利用该电流补偿运放中 PMOS 支路和 NMOS 支路的电流偏差，最终实现对 $V_{cm,out}$ 的负反馈调节。

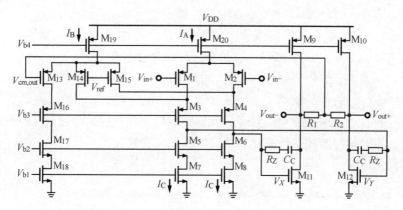

图 10-24 一种适用于两级运放的连续时间型共模反馈电路

在上面介绍的两种共模反馈电路中，对 $V_{cm,out}$ 的获取都是通过电阻完成的。正如前面所提到的，为了避免影响运放增益，检测电阻会很大，这必然会导致电路面积增大。为了解决这个问题，可以使用 MOS 器件实现对 $V_{cm,out}$ 的检测，这种连续时间型共模反馈电路如图 10-25 所示。在该电路中，因为 $M_3\sim M_6$ 具有相同的尺寸和偏置电压 V_b，因此可认为流过 $M_3\sim M_6$ 的电流均为 I_D。由于 $M_7\sim M_{10}$ 具有相同尺寸，因此可将 M_7 与 M_{10} 的并联看成差分输入对的一条输入支路，而将 M_8 和 M_9 的并联看成差分输入对的另一条输入支路。根据差分对的特性，两条支路会根据 $V_{out+}+V_{out-}$ 与 $2V_{ref}$ 的关系来分配 $2I_D$ 电流。当 $V_{out+}+V_{out-}=2V_{ref}$ 时，两条等效差分支路的电流相等，因此流过 M_8 和 M_9 的电流之和为 I_D。由于 M_{13} 的尺寸为 M_{12} 的 2 倍，因此流过 M_{13} 的电流为 $2I_D$，这与流过 M_3 和 M_4 的电流之和达到平衡。下面分析其对共模输出电压的调节过程：假设 $V_{cm,out}>V_{ref}$，则流过 M_8 和 M_9 的电流之和会大于 I_D，使得流过 M_{13} 的电流大于 $2I_D$，这会迫使 $V_{cm,out}$ 减小，形成对共模输出电压的负反馈调节。由此可知，在这种共模反馈电路中，对 $V_{cm,out}$ 的检测是通过 PMOS 管 M_7 和 M_8 完成的，因此检测器件仅改变运放输出端的负载电容，而不会改变输出阻抗，也就不会影响运放的直流增益。但需要注意，MOS 器件能够实现对 $V_{cm,out}$ 高精度检测的前提是要工作在饱和区（也就是说需要具有一定的跨导值），因此这会对所能接受的 $V_{cm,out}$ 产生一定限制。对于图 10-25 所示的电路，为使得 $M_7\sim M_{10}$ 工作在饱和区，$V_{cm,out}$ 需要满足 $V_{cm,out}<V_{DD}-|V_{GS7}|-|V_{ov5}|$。

在采用增益提升技术的运放中，辅助运放通常是全差分结构，其需要使用共模反馈电路将共模输出电压稳定为共栅极器件的偏置电压。一种典型的辅助运放结构如图 10-26 所示，其同样采用 MOS 器件检测共模输出电压并完成共模反馈。主运放是普通共源共栅运放，其偏置产生电路与图 10-11 所示的电路相同。因此需要将辅助运放 A_1 和 A_2 的共模输出电压设置为 V_{b1} 和 V_{b2}。当共模输出电压稳定时，辅助运放 A_2 的共模输入电压值较大，为

$V_{PS}=V_{b2}+|V_{GS5}|$，因此输入管采用 NMOS 器件。辅助运放 A_1 的共模输入电压值较小，为 $V_{NS}=V_{b1}-|V_{GS3}|$，因此输入管采用 PMOS 器件。下面以辅助运放 A_2 为例分析其共模反馈过程。在这个辅助运放中输入管 M_{a1} 和 M_{a2} 具有相同的宽长比，而 M_{a3} 的宽长比是它们的两倍。假设流过 M_{a8} 的电流为 I_A，流过 M_{a6} 和 M_{a7} 的电流均为 I_B，流过 M_{a4} 和 M_{a5} 的电流均为 I_C，这三种电流的关系为 $I_B-I_A/4=I_C$。当辅助运放 A_2 的共模输出电压 $V_{cm,out}=(V_{o+}+V_{o-})/2$ 大于 V_{b2} 时，其共模输入电压 $V_{cm,in}=(V_{i+}+V_{i-})/2=V_{cm,out}+|V_{GS5}|$ 会大于 $V_{b2}+|V_{GS5}|$，即此时 $V_{cm,in}>V_{PS}$，这会使得 M_{a1} 和 M_{a2} 的电流大于 $I_A/4$，从而导致由 V_{DD} 流向辅助运放 A_2 输出端的电流小于 $I_B-I_A/4$。由于从辅助运放 A_2 输出端流向地的电流 I_C 固定为 $I_B-I_A/4$，因此 $V_{cm,out}$ 会变小。反之，当 $V_{cm,out}$ 小于 V_{b2} 时，同理通过 $M_{a1}\sim M_{a3}$ 的电流调节会促使 $V_{cm,out}$ 增大。这便形成了对 $V_{cm,out}$ 的负反馈调节，最终迫使 $V_{cm,out}$ 稳定为 V_{b2}。辅助运放 A_1 的共模反馈原理与 A_2 的相同，此处不再赘述。注意，辅助运放的这种共模反馈需要共栅极器件配合才能完成，因此在对辅助运放进行设计和仿真时需要将其放置于主运放中，以保证其具有所要求的共模输出电压。

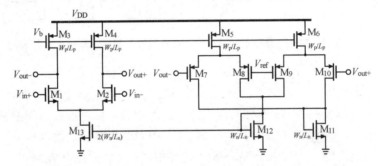

图 10-25 通过 MOS 器件检测 $V_{cm,out}$ 的连续时间型共模反馈电路

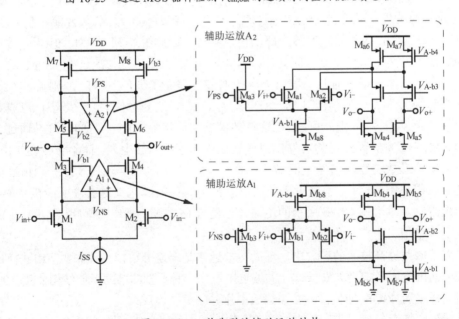

图 10-26 一种典型的辅助运放结构

10.8 转换状态

运放的信号建立过程如图 10-27 所示，一个五管运放以单位增益负反馈方式连接作为电压缓冲器使用。这个五管运放可以被看作一个单极点系统，如果 V_{in} 的初始电压为 V_1，在某一时刻 V_{in} 阶跃变为 V_2，根据 10.1 节中的分析，运放 V_{out} 的响应为

$$V_{out}(t) = V_1 + (V_2 - V_1)\frac{A_0}{A_0+1}\left(1 - e^{-\frac{t}{\tau}}\right) \qquad (10\text{-}32)$$

式中，A_0 为运放的直流增益；$\tau = 1/\omega_{GBW}$。当忽略 A_0 所引起的静态误差时，观察式（10-32），发现 V_{out} 在时域上将以指数形式从 V_1 变化到 V_2。上述分析成立的前提条件是运放中的所有晶体管均工作在饱和区，可以使用线性时不变系统模型表征运放的传输特性，即这个负反馈系统是一个线性系统。因此，式（10-32）所示的信号建立过程被称为线性建立，其所对应的响应时间被称为线性建立时间。需要注意的是，在线性建立时间内，运放输出的波形在时域上看并不是线性的，而是指数形式的。

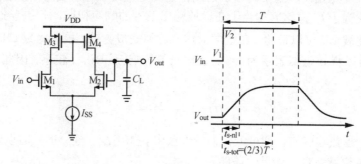

图 10-27 运放的信号建立过程

事实上，上述分析成立的前提条件，即运放中所有晶体管均工作在饱和区，仅在 V_2-V_1 较小时才能达成。当 V_2-V_1 较大时，在 V_{in} 出现阶跃的一瞬间，V_{in} 电压变为 V_2，但 V_{out} 仍然停留在 V_1 处。根据差对的 I-V 特性可知，M_1 会分走全部的尾电流 I_{SS}，而 M_2 进入截止状态，在这种情况下我们称运放进入转换状态。在转换状态下，I_{SS} 电流经过 M_3 和 M_4 的镜像流向负载 C_L，运放等效变为一个恒定的电流源 I_{SS}。因此，运放不再是一个线性系统，此时的输出信号建立过程被称为非线性建立，其所对应的响应时间被称为非线性建立时间。运放在非线性建立过程中可等效为电流源 I_{SS}，其输出电压与时间的关系为

$$V_{out}(t) = V_1 + \frac{I_{SS}}{C_L}t \qquad (10\text{-}33)$$

此时运放输出的电压变化速率固定为 I_{SS}/C_L，被称为转换速率（Slewing Rate）。需要注意的是，在非线性建立时间内，运放输出的波形在时域上看却是线性的。另外，当运放处于负反馈状态时，这种转换状态并不会持续很久。例如图 10-27 所示的电路，当 V_{in} 从 V_1 阶跃跳变为 V_2 后，运放开始进入转换状态，V_{out} 从 V_1 开始线性增大。在负反馈的作用下，运放的负输入端电压跟随 V_{out} 也将增大，这将减小 M_1 和 M_2 的栅极电压差，M_2 开始逐渐分得部分尾电流 I_{SS}。当 V_{out} 增大到一定程度时（约为 $V_{in}-V_{ov1}$），M_2 将恢复到饱和区，此时运放

重新成为线性系统，V_{out} 将按线性模型所预示的指数波形继续响应。

通过上述分析我们发现，运放的总体信号建立过程包含两个部分，分别是非线性建立和线性建立。我们通过转换速率来描述非线性建立的速度，而通过单位增益带宽来描述线性建立的速度。为了合理约束运放的这两个指标，通常需要合理规定非线性建立时间和线性建立时间。假设输入信号的持续时间为 T，则运放一定要在 T 时间内稳定建立输出信号，并传递给下一级电路。为了给下一级电路留出一定的信号采样时间，通常将运放的总建立时间 $t_{s\text{-tot}}$ 设定为 $\frac{2}{3}T$。其中非线性建立时间 $t_{s\text{-nl}}$ 一般取 $t_{s\text{-tot}}$ 的 1/3。在通常情况下，很难准确评估出运放脱离转换状态时的输出电压值。为了简化设计，通常设定运放能够在 $t_{s\text{-nl}}$ 时间内出现满输出摆幅的电压变化 V_F，因此运放的转换速率需要满足的条件为

$$\frac{I_{SS}}{C_L} \geqslant \frac{V_F}{t_{s\text{-nl}}} \tag{10-34}$$

在 $t_{s\text{-nl}}$ 时间之后，运放进入线性建立过程。同样因为线性建立过程的起点电压很难准确评估，所以为了简化设计，通常直接认为线性建立过程是从输入信号阶跃位置开始的，即线性建立时间就等于 $t_{s\text{-tot}}$。这就相当于在运放输出信号的响应初期，使用指数变化波形近似表示了线性变化波形。可以证明，在数学上这一近似是成立的。根据函数 e^x 的泰勒展开式，当 x 较小时，可以将 e^x 近似表示为 $1+x$。在输出信号响应初期，t 较小，因此式（10-32）可近似为

$$V_{out}(t) \approx V_1 + \frac{V_2 - V_1}{\tau}t \tag{10-35}$$

由此可知，指数响应的初期可近似为线性波形。如果线性建立的相对误差要小于 $1/2^n$，则要求运放的单位增益带宽满足的条件为

$$\omega_{GBW} \geqslant \frac{n\ln(2)}{\beta t_{s\text{-tot}}} \tag{10-36}$$

式中，β 为反馈系数。综上所述，在给定运放响应精度和建立时间要求后，根据式（10-34）和式（10-36）可计算出运放需要满足的转换速率和单位增益带宽的最低值。事实上，结合上述两个公式，我们可以得到运放尾电流 I_{SS} 需要满足的最小值。考虑 $\omega_{GBW}=g_m/C_L$，其中 g_m 为运放输入跨导，则根据式（10-36）可得到

$$g_m \geqslant \frac{n\ln(2)C_L}{\beta t_{s\text{-tot}}} \tag{10-37}$$

又因为 $g_m=I_{SS}/V_{ov}$，其中 V_{ov} 为输入管的过驱动电压，则

$$I_{SS} \geqslant \frac{n\ln(2)V_{ov}C_L}{\beta t_{s\text{-tot}}} \tag{10-38}$$

因此结合式（10-34）和式（10-38），可得到 I_{SS} 的最小取值为

$$I_{SS,min} = \max\left(\frac{V_F C_L}{t_{s\text{-nl}}}, \frac{n\ln(2)V_{ov}C_L}{\beta t_{s\text{-tot}}}\right) \tag{10-39}$$

下面特别说明一下全差分运放的转换速率计算。全差分运放的转换速率计算如图 10-28 所示，当 V_{in+} 向上跳变，而 V_{in-} 向下跳变时，全差分运放进入转换状态。此时，M_1 获取全部

的尾电流 I_{SS}，而 M_2 进入截止状态。由于负载电流源 M_3 和 M_4 的电流固定为 $I_{SS}/2$，所以在 V_{out-} 端会形成对负载电容 C_L 的放电电流 $I_{SS}/2$，而在 V_{out+} 端会形成对 C_L 的充电电流 $I_{SS}/2$。由此可知，单独看全差分运放的 V_{out-} 或 V_{out+} 端的转换速率均为 $I_{SS}/(2C_L)$，而差分输出 $V_{out+} - V_{out-}$ 的转换速率为 I_{SS}/C_L。因此，我们在对全差分运放的输出转换速率进行计算时，一定要分清是针对单端输出还是针对差分输出的。

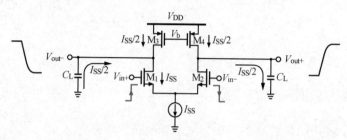

图 10-28　全差分运放的转换速率计算

10.9　运算放大器应用

前面介绍了运放的基本结构和性能指标，并在第 9 章中讲解了负反馈结构的工作原理。本节将结合这两方面的内容，列举几种由运放的负反馈结构组成的运算电路。

10.9.1　反相放大和反相求和电路

反相放大电路如图 10-29 所示。这里需要注意的是，图中所示运放正输入端所连接的地代表交流地，在实际应用中其具体电压值应该为某一固定的参考电压 V_{ref}。为简化分析，并更直观地展现 V_{out} 和 V_{in} 的关系，在后续分析中我们假设交流地的电压值就为 0V。根据运放的虚断特性，可得到

$$V_X = \left(V_{out} - V_{in}\right)\frac{R_1}{R_1 + R_2} + V_{in} \qquad (10\text{-}40)$$

再根据运放的虚短特性，有 $V_X=0$，因此得到

$$V_{out} = -\frac{R_2}{R_1}V_{in} \qquad (10\text{-}41)$$

由式（10-41）可知，该结构实现了对 V_{in} 的反相放大运算。

在反相放大电路的基础上，在 V_X 端并联多条输入支路就形成了反相求和电路，如图 10-30 所示。根据 KCL，在 V_X 节点处可列出节点方程为

$$\frac{V_X - V_{in1}}{R_1} + \frac{V_X - V_{in2}}{R_2} + \frac{V_X - V_{in3}}{R_3} + \frac{V_X - V_{out}}{R_4} = 0 \qquad (10\text{-}42)$$

同样根据虚短特性，有 $V_X=0$，因此

$$V_{out} = -\frac{R_4}{R_1}V_{in1} - \frac{R_4}{R_2}V_{in2} - \frac{R_4}{R_3}V_{in3} \qquad (10\text{-}43)$$

由式（10-43）可知，该电路实现了对每个输入信号反相放大后求和的运算。可以通过

并联更多的输入支路实现对更多输入信号的反相求和运算。

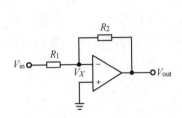

图 10-29　反相放大电路

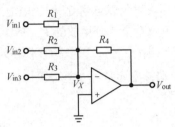

图 10-30　反相求和电路

10.9.2　同相放大和同相求和电路

同相放大电路如图 10-31 所示。根据运放虚断特性，有

$$V_X = \frac{R_1}{R_1 + R_2} V_{\text{out}}$$　　　　　（10-44）

在 V_X 处根据虚短特性，有 $V_X = V_{\text{in}}$，因此

$$V_{\text{out}} = \frac{R_1 + R_2}{R_1} V_{\text{in}}$$　　　　　（10-45）

由式（10-45）可知，该结构实现了对 V_{in} 的同相放大运算。

在同相放大电路的基础上，在运放正输入端并联多条输入支路就形成了同相求和电路，如图 10-32 所示。根据运放的虚断特性及 KCL，有

$$\frac{V_Y - V_{\text{in1}}}{R_3} + \frac{V_Y - V_{\text{in2}}}{R_4} = 0$$　　　　　（10-46）

根据虚短特性，有 $V_X = V_Y$，因为 V_X 的表达式与式（10-44）相同，所以

$$V_{\text{out}} = \frac{R_1 + R_2}{R_1} \left(\frac{R_4}{R_3 + R_4} V_{\text{in1}} + \frac{R_3}{R_3 + R_4} V_{\text{in2}} \right)$$　　　　　（10-47）

由式（10-47）可知，该电路实现了对每个输入信号同相放大后求和的运算。可以通过并联更多的输入支路实现对更多输入信号的同相求和运算。

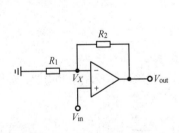

图 10-31　同相放大电路

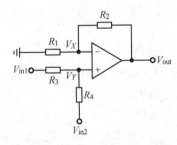

图 10-32　同相求和电路

10.9.3　减法电路

结合同相放大电路和反相放大电路，将两个输入信号分别由同相端和反相端输入可实现减法运算，相应的减法电路如图 10-33 所示。根据运放的虚断特性及 KCL，在 V_X 和 V_Y

两个节点处分别列出节点方程，可得到

$$\frac{V_X - V_{in1}}{R_1} + \frac{V_X - V_{out}}{R_2} = 0 \qquad (10\text{-}48)$$

$$\frac{V_Y - V_{in2}}{R_3} + \frac{V_Y}{R_4} = 0 \qquad (10\text{-}49)$$

根据虚短特性，有 $V_X = V_Y$，则

$$V_{out} = \frac{R_1 + R_2}{R_3 + R_4}\frac{R_4}{R_1}V_{in2} - \frac{R_2}{R_1}V_{in1} \qquad (10\text{-}50)$$

当 $R_1 = R_3$ 且 $R_2 = R_4$ 时，可得到

$$V_{out} = \frac{R_2}{R_1}\left(V_{in2} - V_{in1}\right) \qquad (10\text{-}51)$$

由式（10-51）可知，该电路实现了对两输入信号的求差运算。

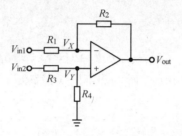

图 10-33　减法电路

10.9.4　积分和微分运算电路

积分运算电路如图 10-34（a）所示。根据运放的虚短特性，有 $V_X = 0$。根据运放的虚断特性，流过电阻 R 的电流 I_R 等于流过电容 C 的电流 I_C，即

$$I_C = I_R = \frac{V_{in}}{R} \qquad (10\text{-}52)$$

因此根据电容器件的 I-V 特性可得到

$$V_{out} = -\frac{1}{C}\int I_C dt = -\frac{1}{RC}\int V_{in}dt \qquad (10\text{-}53)$$

由式（10-53）可知，该电路实现了对输入信号的积分运算。将积分运算电路中的电阻和电容互换位置，即可实现微分运算电路，如图 10-34（b）所示。同样根据运放的虚短和虚断特性，可以得到

$$I_R = I_C = C\frac{dV_{in}}{dt} \qquad (10\text{-}54)$$

因此输出电压可表示为

$$V_{out} = -I_R R = -RC\frac{dV_{in}}{dt} \qquad (10\text{-}55)$$

由式（10-55）可知，该电路实现了对输入信号的微分运算。

（a）积分运算电路　　　　　　　　　　　　　（b）微分运算电路

图 10-34　积分运算电路和微分运算电路

10.9.5　对数和指数运算电路

利用 PN 结的电流-电压关系为指数形式的特点，可以实现对电压信号的对数和指数运算。对数运算电路如图 10-35（a）所示。同样根据运放的虚短和虚断特性，有

$$I_{\mathrm{R}} = I_{\mathrm{VD}} = \frac{V_{\mathrm{in}}}{R} \tag{10-56}$$

考虑 PN 结二极管的 I-V 特性为

$$I_{\mathrm{VD}} = I_{\mathrm{S}}(\mathrm{e}^{-\frac{V_{\mathrm{out}}}{V_{\mathrm{T}}}} + 1) \approx I_{\mathrm{S}}\mathrm{e}^{-\frac{V_{\mathrm{out}}}{V_{\mathrm{T}}}} \tag{10-57}$$

式中，I_{S} 为二极管的反向饱和电流；V_{T} 为热电压（在室温下约为 26mV）。结合式（10-56）和式（10-57）可以得到

$$V_{\mathrm{out}} = -V_{\mathrm{T}} \ln\left(\frac{V_{\mathrm{in}}}{I_{\mathrm{S}}R}\right) \tag{10-58}$$

由式（10-58）可知，该电路实现了对输入信号的对数运算。将对数运算电路中的电阻和二极管互换位置，即可实现指数运算电路，如图 10-35（b）所示。同样根据运放的虚短和虚断特性，可以得到

$$I_{\mathrm{VD}} = I_{\mathrm{R}} = -\frac{V_{\mathrm{out}}}{R} \tag{10-59}$$

考虑此时二极管两端电压差为 V_{in}，则

$$I_{\mathrm{VD}} = I_{\mathrm{S}}(\mathrm{e}^{\frac{V_{\mathrm{in}}}{V_{\mathrm{T}}}} + 1) \approx I_{\mathrm{S}}\mathrm{e}^{\frac{V_{\mathrm{in}}}{V_{\mathrm{T}}}} \tag{10-60}$$

结合式（10-59）和式（10-60）可以得到

$$V_{\mathrm{out}} = -I_{\mathrm{S}}R\mathrm{e}^{\frac{V_{\mathrm{in}}}{V_{\mathrm{T}}}} \tag{10-61}$$

由式（10-61）可知，该电路实现了对输入信号的指数运算。

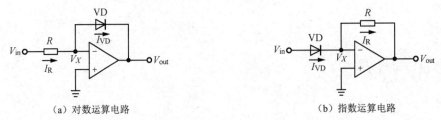

（a）对数运算电路　　　　　　　　　　　　　（b）指数运算电路

图 10-35　对数运算电路和指数运算电路

10.9.6 乘法和除法运算电路

通过运放实现对电压信号的乘法或除法运算的基本思路如图 10-36 所示。首先,使用对数运算电路将两输入模拟电压信号 V_{in1} 和 V_{in2} 转换为对数形式的输出 V_{o1} 和 V_{o2}。然后,使用求和/求差运算电路将 V_{o1} 和 V_{o2} 相减或相加,得到 V_{o3}。这样,V_{o1} 和 V_{o2} 的加/减运算相当于 V_{in1} 和 V_{in2} 的乘/除运算。最后,使用指数运算电路将 V_{o3} 中 V_{in1} 和 V_{in2} 的乘/除运算结果提取出来得到 V_{out}。

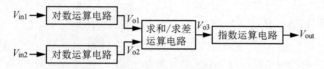

图 10-36 通过运放实现对电压信号的乘法或除法运算的基本思路

下面以乘法运算电路为例,如图 10-37 所示,说明具体电路实现方法。根据式(10-58)可得到 V_{o1} 和 V_{o2} 的表达式为

$$V_{o1} = -V_T \ln\left(\frac{V_{in1}}{I_S R}\right) \qquad (10\text{-}62)$$

$$V_{o2} = -V_T \ln\left(\frac{V_{in2}}{I_S R}\right) \qquad (10\text{-}63)$$

这里需要注意,为了避免 V_{in1} 和 V_{in2} 出现在最终输出 V_{out} 的分母位置上,需要将式(10-62)和式(10-63)中的负号去掉,因此在实现求和运算时我们选择反相求和电路。根据式(10-43)可得到 V_{o3} 的表达式为

$$V_{o3} = -\left(V_{o1} + V_{o2}\right) = V_T \ln\frac{V_{in1}V_{in2}}{\left(I_S R\right)^2} \qquad (10\text{-}64)$$

最后根据指数运算电路的运算表达式(10-61)得到 V_{out} 的表达式为

$$V_{out} = -I_S R e^{\frac{V_{o3}}{V_T}} = -\frac{V_{in1}V_{in2}}{I_S R} \qquad (10\text{-}65)$$

由式(10-65)可知,该电路实现了对输入信号的乘法运算。

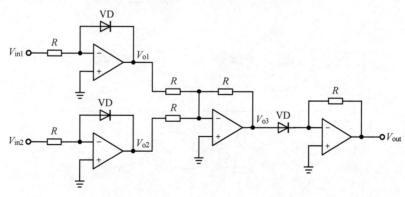

图 10-37 乘法运算电路

10.10　基于 g_m/I_D 的运算放大器设计方法

第 2 章所介绍的 MOS 晶体管平方律模型提供了使用解析表达式表征运放特性的可能性。但平方律模型仅仅是 MOS 晶体管的一种精简模型，当涉及真实晶体管，尤其是深亚微米器件时，其就不再成立了。随着工艺特征尺寸不断缩小，MOS 晶体管的高阶效应变得更加显著，如沟道长度调制效应、速度饱和热载流子效应、漏致势垒降低效应、垂直电场引起的迁移率退化效应等。因此，使用 SPICE 工具对 MOS 晶体管进行仿真时，往往采用的是更为复杂的模型 BSIM。BSIM 中有上百个参数，而不存在平方律模型中所使用的 μC_{ox} 和 λ 参数。由此可知，我们很难直接通过平方律模型手工计算出满足运放指标要求的晶体管宽长比，而 BSIM 又过于复杂，其只适合于计算机仿真，并不能直观地指导设计者进行手工计算。在一般情况下，采用传统设计方法对模拟电路进行设计时，设计者首先会使用平方律模型对电路进行简单手工计算，然后使用 SPICE 工具进行仿真调试，不断迭代逐渐收敛设计指标。但是在深亚微米工艺下，晶体管的部分模型参数还会受到器件尺寸和偏置状态的影响，也就是说 MOS 晶体管的模型参数不再独立于器件尺寸和偏置状态。因此，传统设计方法收敛速率缓慢、效率低下，而且设计出的电路一般也不是最优化的。

本节将介绍一种基于 g_m/I_D 的效率更高的运放设计方法，在该方法中所使用的参数是一系列的比值，主要包括功耗效率（g_m/I_D）、特征频率（g_m/C_{gg}）、本征增益（g_m/g_{ds}）、电流密度（I_D/W）和漏栅寄生电容比（C_{dd}/C_{gg}，C_{gd}/C_{gg}）。g_m/I_D 设计方法主要是基于查找表进行的，首先要使用 BSIM 通过 SPICE 工具仿真获取上述比值之间的关系曲线并依此形成数据查找表，然后当其中一个参数确定后即可通过查找表获取其他参数的大小。当 MOS 晶体管的沟道长度确定后，以上参数均不受 MOS 晶体管宽度的影响，这也是选择以上参数作为设计变量的原因。g_m/I_D 设计方法使设计者可以直观地看见 MOS 晶体管的特性，而不需要分析 BSIM 中描述 MOS 晶体管特性的复杂公式。因为 g_m/I_D 设计方法中所有参数的关系都是使用 BSIM 通过 SPICE 工具仿真获取的，因此通过 g_m/I_D 方法对运放手工计算出来的参数会非常接近于通过 SPICE 工具仿真获取的参数。基于平方律模型的传统设计方法与 g_m/I_D 设计方法的对比如图 10-38 所示。

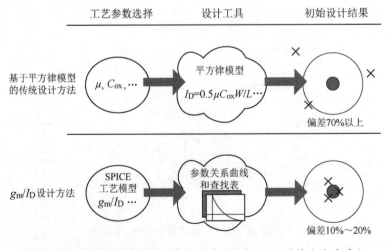

图 10-38　基于平方律模型的传统设计方法与 g_m/I_D 设计方法的对比

需要注意的是，在获取 g_m/I_D 设计方法参数曲线时，仿真使用的 MOS 晶体管的漏端电压一般会偏置在 $V_{DD}/2$ 的情况下，这时 MOS 晶体管的漏源偏置电压 V_{DS} 比较大。但是在实际电路设计过程中，MOS 晶体管的 V_{DS} 不会达到这么大，而且 V_{DS} 仅对 g_{ds} 影响较大（在一定范围内 V_{DS} 越大，g_{ds} 越小），因此用在这种情况下获取的 g_m/g_{ds}-g_m/I_D 曲线来设计运放会过于乐观地估算电路的增益特性。考虑到电压 V_{DS} 对 g_m/g_{ds}-g_m/I_D 曲线的影响，通过 SPICE 工具仿真获取不同 V_{DS} 条件下的 g_m/g_{ds}-g_m/I_D 曲线，在设计电路时根据实际的 V_{DS} 值选择对应的 g_m/g_{ds}-$g_m/I_D@V_{DS}=X$ 曲线来估算电路的增益特性，以提高 g_m/I_D 设计方法对增益估算的精度。

采用 g_m/I_D 设计方法设计运放的前提是，要通过 SPICE 工具仿真获取 MOS 晶体管的参数，以形成查找表。仿真电路如图 10-39 所示，M_1 的尺寸为某一确定值，器件的 V_{DS} 被固定偏置为 $V_{DD}/2$，然后设置 V_{GS} 从 0V 开始线性增大到 $V_{DD}/2$，通过 SPICE 工具进行直流仿真，并保存晶体管参数。通过上述仿真，可获得 g_m、g_{ds}、I_D、C_{gg} 等参数与 V_{GS} 的关

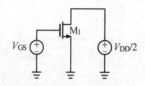

图 10-39 仿真电路

系，进而可以得到 g_m/I_D、g_m/C_{gg}、g_m/g_{ds}、I_D/W 等参数与 V_{GS} 的关系。最后，借助 V_{GS} 便可构建出 g_m/I_D、g_m/C_{gg}、g_m/g_{ds}、I_D/W 等参数之间关系的查找表。这套查找表中的数据关系是独立于 M_1 的沟道宽度的，但是却依赖于 M_1 的沟道长度。所以，需要改变 M_1 的沟道长度再重复上述过程，以表征出具有不同沟道长度的 MOS 晶体管的参数查找表。

在 g_m/I_D 设计方法中，典型的不同沟道长度 L 下 g_m/g_{ds}-g_m/I_D 及 g_m/C_{gg}-g_m/I_D 的关系曲线如图 10-40 所示。通过这些曲线，可以很直观地看到 L 对晶体管本征增益和特征频率的影响。总体来说，L 越大，器件的本征增益越高，而特征频率越低，所以通常要根据应用需求，权衡运放的增益和带宽指标，以选择合适的 L。正如前面所述，图 10-40（a）所示的关系曲线是在器件 $V_{DS}=V_{DD}/2$ 情况下得到的，但在实际电路中器件的 V_{DS} 可能会是其他值，所以还需要在不同 V_{DS} 下重新计算图 10-40（a）所示的关系曲线。在选定了合适的 L 后，首先可以直接设定器件的 g_m/I_D 值，然后根据查找表得到 I_D/W 参数，当确定了运放的偏置电流 I_D 后，即可得到器件的 W。在通常情况下，g_m/I_D 的数值与器件工作状态的关系：当 $g_m/I_D<10$ S/A 时，器件工作在强反型状态，器件的过驱动电压较大；当 $g_m/I_D>10$ S/A 时，器件工作在中等反型状态，器件的过驱动电压为中等水平；当 $g_m/I_D\gg10$ S/A 时，器件工作在亚阈值状态，器件的过驱动电压很小。从功耗效率最优的角度考虑，$g_m/I_D\approx10$ S/A 是较好的选择，此时的过驱动电压约为 150mV。

需要注意的是，在实际的 MOS 晶体管中，沟道电流会出现速度饱和现象，因此在使用 BSIM 仿真时，往往使用饱和电压 V_{dsat} 来衡量 MOS 晶体管出现饱和时的 V_{DS} 值，即 $V_{DS}>V_{dsat}$ 时器件处于饱和状态。对于长沟道器件，沟道夹断往往出现在沟道电流速度饱和之前，因此 V_{dsat} 与过驱动电压 $V_{ov}=V_{GS}-V_{TH}$ 相同。但是对于短沟道器件，往往是沟道电流速度饱和出现在沟道夹断之前，因此 $V_{dsat}<V_{ov}$，此时使用 V_{dsat} 参数才能准确判断器件的工作状态。在通过 SPICE 工具仿真获取晶体管参数时，我们也可以构建 V_{dsat} 与 V_{GS} 的关系，进而得到 V_{dsat}-g_m/I_D 的查找表，借助这个关系我们也可以直接设定器件的 V_{dsat} 来获得其 g_m/I_D 的值。事实上，在使用 g_m/I_D 方法设计电路时，我们有多种途径获取器件的 g_m/I_D 值，具体采用哪

种途径取决于电路情况、设计约束和目标。

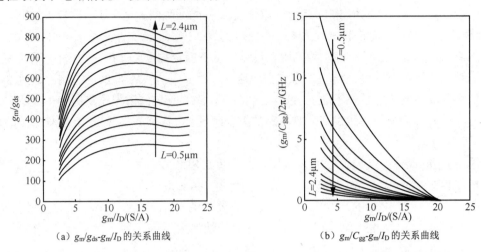

（a）g_m/g_{ds}-g_m/I_D 的关系曲线   （b）g_m/C_{gg}-g_m/I_D 的关系曲线

图 10-40   典型的不同沟道长度 L 下 g_m/g_{ds}-g_m/I_D 及 g_m/C_{gg}-g_m/I_D 的关系曲线

10.11   运算放大器设计与实例仿真

本节将采用 180nm CMOS 工艺，基于 g_m/I_D 设计方法对图 10-41 所示的运放展开设计和仿真验证。主要设计目标：负载电容 C_L=5pF，摆率 SR=10MV/s，增益带宽积 f_{GBW}=10MHz，直流增益 A_0=75dB，电源电压为 3.3V，共模输入电压 $V_{cm,in}$=1.65V，输出范围为 0.8～2.5V。根据上述目标约束可知，该运放对速度的要求并不高，而对增益具有相对较高的要求，因此选择晶体管的 L=1μm。为尽可能降低偏置电路本身的功耗，选择参考电流 I_{REF}=2.5μA。有了上述基本设置，开始针对晶体管尺寸进行具体计算。

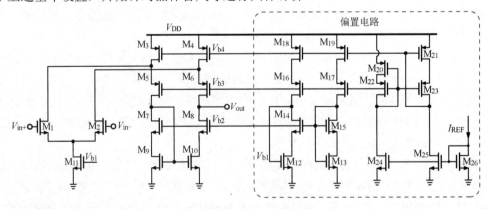

图 10-41   运放电路结构

（1）根据 C_L 和 f_{GBW} 的要求，可计算出输入对管 $M_{1,2}$ 的跨导最小值为 10MHz×2×π×5pF≈314μS。根据摆率要求，可得到尾电流源 M_{11} 的电流至少为 10MV/s×5pF=50μA。因此输入对管 $M_{1,2}$ 的 $g_{m1,2}/I_{D1,2}$≈12.56S/A。通过查找表可得到 $I_{D1,2}/W_{1,2}$=1.2μA/μm，因为 $I_{D1,2}$=25μA，所以 $W_{1,2}$≈20.8μm。考虑版图的共质心匹配，最终将输入对管 $M_{1,2}$ 的尺寸设置

为 $W_{1,2}/L_{1,2}$=4×5.4μm/1μm。此外，根据 g_m/I_D-g_m/g_{ds} 查找表得到 $g_{ds1,2}≈0.64$μS，再根据 g_m/I_D-g_m/C_{gg} 及 g_m/I_D-C_{dd}/C_{gg} 查找表得到 $C_{dd1,2}≈5.8$fF。

（2）根据输入对管的偏置电流要求，可得到 $I_{D1,2}$=50μA，$I_{D3,4}$=50μA，$I_{D5,6,7,8,9,10}$=25μA。

（3）根据增益要求，同时考虑 $g_{m1,2}≈314$μS，可计算出运放输出阻抗为 $r_{out}≈17.9$MΩ。因为 $r_{out}=r_{oup}\|r_{oun}$，其中 $r_{oup}=g_{m5,6}r_{o5,6}(r_{o3,4}\|r_{o1,2})$，$r_{oun}=g_{m7,8}r_{o7,8}r_{o9,10}$，考虑 $r_{oup}=r_{oun}$，则 r_{oup} 和 r_{oun} 的最小值约为 35.8MΩ。

（4）根据运放输出范围要求，当 $0.8V<V_{out}<2.5V$ 时，运放均需要满足上述最低输出阻抗要求。当 V_{out}=2.5V 时，$V_{DS5,6}+V_{DS3,4}$=800mV。为了降低运放的噪声，选择较小的 $g_{m3,4}/I_{D3,4}$=5S/A 以降低 $g_{m3,4}$，因此 $g_{m3,4}$=250μS。在这种情况下，$M_{3,4}$ 的 $V_{dsat3,4}$ 较大，因此分配 $V_{DS3,4}$=500mV，$V_{DS5,6}$=300mV。通过 g_m/I_D-I_D/W 查找表可得到 $W_{3,4}≈23.5$μm，因为 $M_{3,4}$ 是对偏置电路 $M_{18,19,21}$ 的 20 倍镜像，因此设置 $W_{3,4}/L_{3,4}$=20×1.2μm/1μm，$W_{18,19,21}/L_{18,19,21}$=1.2μm/1μm。在 $V_{DS3,4}$=500mV 条件下，通过 g_m/I_D-g_m/g_{ds} 查找表可得到 $g_{ds3,4}≈2.72$μS。再根据 g_m/I_D-g_m/C_{gg} 及 g_m/I_D-C_{dd}/C_{gg} 查找表得到 $C_{dd3,4}≈6$fF。

（5）根据 $r_{oup}=g_{m5,6}r_{o5,6}(r_{o3,4}\|r_{o1,2})$=35.8MΩ，可计算出 $g_{m5,6}r_{o5,6}≈120$，在 $V_{DS5,6}$=300mV 条件下，通过查找表可得到此时的 $g_{m5,6}/I_{D5,6}≈10.1$S/A，进而得到 $W_{5,6}≈51.3$μm，$g_{m5,6}≈252.5$μS。因为 $M_{5,6}$ 是对偏置电路 $M_{16,17,23}$ 的 10 倍镜像，因此设置 $W_{5,6}/L_{5,6}$=10×5.1μm/1μm，$W_{16,17,23}/L_{16,17,23}$=5.1μm/1μm。再根据 g_m/I_D-g_m/C_{gg} 查找表得到 $C_{gg5,6}≈185$fF，因此可估算出 $C_{gs5,6}≈123.3$fF。

（6）对于 NMOS 共源共栅电流源负载，同样为了降低运放噪声，选择较小的 $g_{m9,10}/I_{D9,10}$。此外，为了让 $V_{dsat9,10}$ 近似等于 $V_{dsat3,4}$，结合 g_m/I_D-V_{Dsat} 查找表，设置 $g_{m9,10}/I_{D9,10}$=6S/A，因此 $g_{m9,10}$=150μS。同样为了保证 $M_{9,10}$ 能够很好地处于饱和状态，分配 $V_{DS9,10}$=500mV，则 $V_{DS7,8}$=300mV。通过 g_m/I_D-I_D/W 查找表可得到 $W_{9,10}≈3.3$μm，因为 $M_{9,10}$ 是对偏置电路 M_{12} 的 10 倍镜像，并考虑设计余量，因此设置 $W_{9,10}/L_{9,10}$=10×0.4μm/1μm，W_{12}/L_{12}=0.4μm/1μm。又因为 M_{11} 是对 M_{12} 的 20 倍镜像，所以 W_{11}/L_{11}=20×0.4μm/1μm。最后，在 $V_{DS9,10}$=500mV 条件下，通过 g_m/I_D-g_m/g_{ds} 查找表可得到 $g_{ds9,10}≈1.65$μS。

（7）根据 $r_{oun}=g_{m7,8}r_{o7,8}r_{o9,10}$=35.8MΩ，可计算出 $g_{m7,8}r_{o7,8}≈59$，在 $V_{DS7,8}$=300mV 条件下，通过查找表可得到此时的 $g_{m7,8}/I_{D7,8}≈9$S/A，进而得到 $W_{7,8}≈7.9$μm。因为 $M_{7,8}$ 是对偏置电路 M_{15} 的 10 倍镜像，因此设置 $W_{7,8}/L_{7,8}$=10×0.8μm/1μm，W_{15}/L_{15}=0.8μm/1μm。再根据 g_m/I_D-g_m/C_{gg} 及 g_m/I_D-C_{dd}/C_{gg} 查找表得到 $C_{dd7,8}≈2.2$fF。

（8）到目前为止，已经完成了对运放中大部分晶体管的参数查找和计算。下面需要确定 V_{b2} 和 V_{b3} 的值。由于 g_m/I_D 设计方法无法准确计算 V_{GS} 值，所以这里可以考虑直接通过 SPICE 工具仿真迭代调节 $M_{21,23}$ 和 $M_{13,15}$ 的尺寸，最终要达到的目标是 $M_{9,10}$ 的漏极电压是 500mV，$M_{3,4}$ 的漏极电压是 2.8V。

（9）因为该运放的次极点出现在输入对管折叠处，所以次极点频率为 $g_{m5,6}/(C_{dd1,2}+C_{dd3,4}+C_{gs5,6})≈1.87$G rad/s，约为 297.7MHz。又因为 f_{GBW}=10MHz，所以可估算出运放的 PM 约为 90°−arctan(10/297.7)≈88°。

根据上述计算结果，在 Aether 中完成原理图搭建，运放原理图如图 10-42 所示，其中用直流电流源产生 2.5μA 的参考电流 I_{REF}。采用图 10-43 所示的运放 AC 仿真原理图对上述运放进行 AC 仿真。这里需要说明的是，为了能够对运放输出电压进行调控，通过压控电压源 E_0 形成负反馈环路，利用运放的虚短特性将运放负输入端偏置在 1.65V，并通过改为压控电压源增益 E 来调控运放输出电压。为了得到开环运放的交流特性，在环路中插入由大电容和大电阻构成的理想隔交流、通直流结构以阻断交流反馈通路，但不影响负反馈环路所建立起来的直流工作点。首先将 E 设置为 1.65/2.5，这样运放输出电压被调控至 2.5V，此时模拟运放处于输出最高电压状态。在 MDE 中进行 AC 仿真，得到运放输出为 2.5V 时的 AC 仿真结果，如图 10-44 所示，运放此时的增益约为 79dB，增益带宽积约为 10.4MHz，相位裕度约为 86°，这些指标与前面的计算结果基本相符。

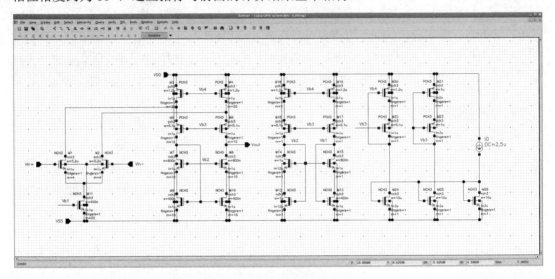

图 10-42　运放原理图

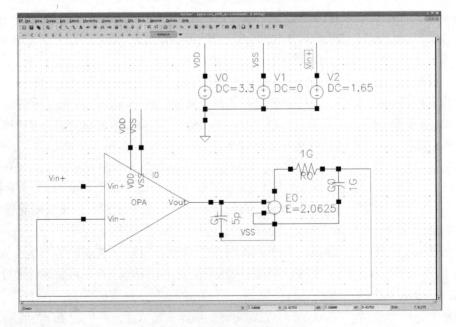

图 10-43　运放 AC 仿真原理图

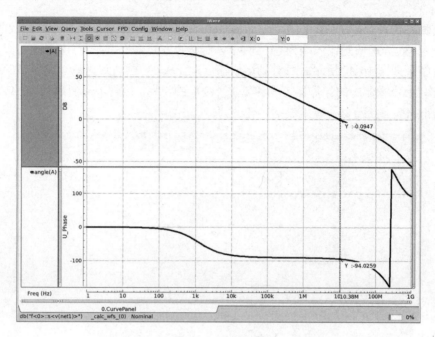

图 10-44　运放输出为 2.5V 时的 AC 仿真结果

更改压控电压源的增益 E=1.65/0.8，这样运放输出电压被调控至 0.8V，此时模拟运放处于输出最小电压状态。在 MDE 中进行 AC 仿真，得到运放输出为 0.8V 时的 AC 仿真结果，如图 10-45 所示，运放此时的增益约为 80dB，增益带宽积约为 10.5MHz，相位裕度约为 86°，这些指标与前面的计算结果基本相符。通过上述两个仿真可知，所设计的运放在 0.8～2.5V 输出范围内，直流增益和增益带宽积指标均满足设计要求。

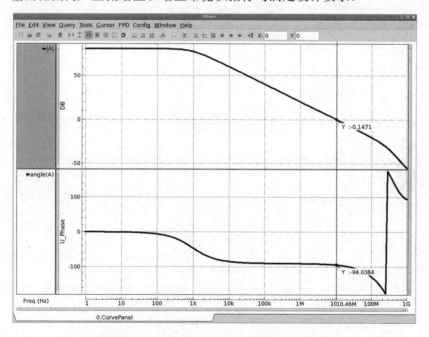

图 10-45　运放输出为 0.8V 时的 AC 仿真结果

　　通过瞬态仿真验证运放的摆率指标，摆率仿真原理图如图 10-46 所示。运放的负输入端固定为 1.65V，运放正输入端为 0V 到 3.3V 变化的方波信号。在 MDE 中进行瞬态仿真，摆率仿真结果如图 10-47 所示。可看到运放输出 V_{out} 从 0V 摆动到 3.3V，再从 3.3V 摆动回 0V。通过波形查看器中的计算器工具计算 V_{out} 波形的斜率，可得上升斜率为 10MV/s，下降斜率为-10MV/s，这与设计要求完全一致。

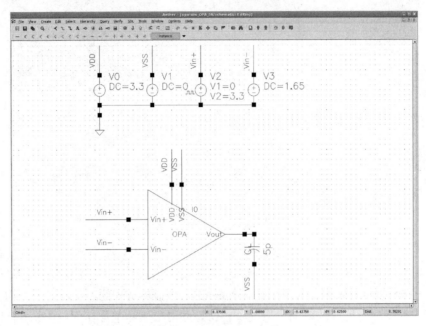

图 10-46　摆率仿真原理图

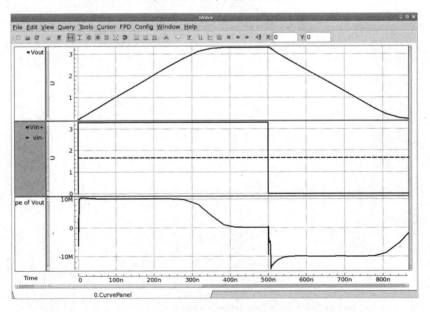

图 10-47　摆率仿真结果

　　根据 10.1 节中的分析，搭建运放 CMRR 仿真原理图，如图 10-48 所示。直接查看 V_{out}

的幅度，运放 CMRR 仿真结果如图 10-49 所示。由于 V_{out} 表示的是 1/CMRR，因此在 DB 坐标下其为负值，V_{out} 的绝对值越大，表明 CMRR 越大。由此可知，在低频处运放的 CMRR 约为 120dB，随着频率升高运放的 CMRR 逐渐减小。

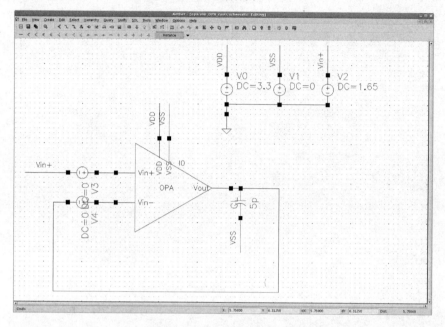

图 10-48　运放 CMRR 仿真原理图

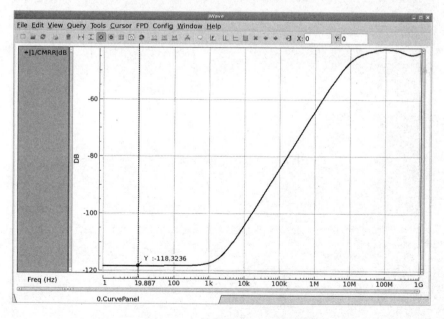

图 10-49　运放 CMRR 仿真结果

同样根据 10.1 节中的分析，搭建运放 PSRR 仿真原理图，如图 10-50 所示。直接查看 V_{out} 的幅度，运放 PSRR 仿真结果如图 10-51 所示。同样由于 V_{out} 表示的是 1/PSRR，因此在 DB 坐标下其为负值，V_{out} 的绝对值越大，表明 PSRR 越大。由此可知，在低频处运放的

PSRR 约为 120dB，随着频率升高运放的 PSRR 逐渐减小。

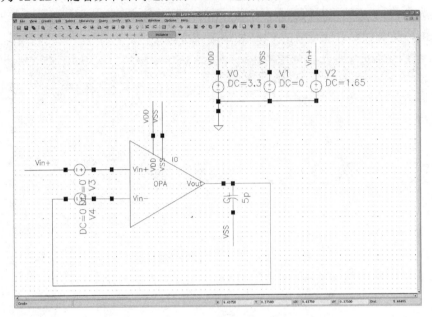

图 10-50　运放 PSRR 仿真原理图

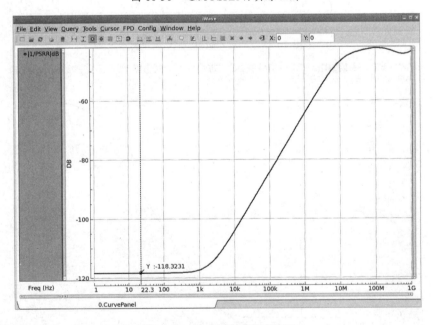

图 10-51　运放 PSRR 仿真结果

习题

10.1　在图 10-3 所示的电路中，如果该运放是单极点系统，输入信号 V_{in} 是阶跃信号，写出 V_{out} 在达到稳定值的 99% 时所需要时间的表达式。如果 $R_1/R_2=10$，而且稳定时间小于

5ns，则该运放单位增益带宽的最小值为多少？

10.2　求图 10-52 所示反馈电路的低频 PSRR。

10.3　在图 10-53 所示的电路中，假设所有晶体管的宽长比均为 100/1，I_{SS}=1mA，如果要求 I_{D5}=I_{D6}=1mA，则要求在 X 点和 Y 点建立的共模电平是多少？为使电路正常工作，输入共模电平的最大值是多少？［$\mu_p C_{ox}$=110×10^{-6} F /(V·s)，V_{TH}=0.7V，V_{DD}=3.3V］

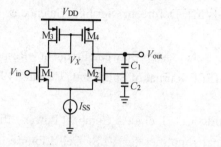

图 10-52　10.2 题图

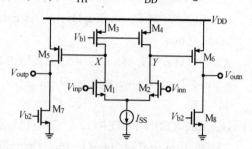

图 10-53　10.3 题图

10.4　考虑图 10-23 所示的连续时间型共模反馈电路，检测电路的放大器用有源电流镜为负载的差动对实现。（1）放大器的输入应该选取什么类型的输入管？（2）计算共模反馈网络的环路增益。

10.5　考虑图 10-27 所示的单位增益电压缓冲器，求其共模输入电压范围和闭环输出阻抗。

10.6　在图 10-54 所示的电路中，假设 V_{DD}=3.3V，γ=0，I_1=0.1mA，I_2=0.5mA。$(W/L)_{1\sim3}$=100。如果 I_1 和 I_2 由 W/L=50 的 PMOS 器件形成，求 M_2 和 M_3 的栅极偏置电压，并确定 V_{out} 的最大摆幅范围。［μ_n=350×10^{-4} m^2/(V·S)，μ_p=100×10^{-4} m^2/(V·S)，C_{ox}=3.837×10^{-3} F/m^2，V_{THN}=0.7V，V_{THP}=−0.8V］

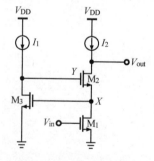

图 10-54　10.6 题图

参考文献

[1]　WALTARI M E, HALONEN K A I. Circuit Techniques for Low-Voltage and High-Speed A/D Converters[M]. New York: Kluwer Academic Publishers, 2003.

[2]　RAZAVI B. Design of Analog CMOS Integrated Circuits[M]. New York: The McGraw-Hill Companies, 2001.

[3]　OHARA H, NGO H X, ARMSTRONG M J, et al. A CMOS Programmable Self-Calibrating 13-bit Eight-Channel Data Acquisition Peripheral[J]. IEEE Journal of Solid-State Circuits, 1987, 22(6): 930-938.

[4]　BULT K, GEELEN G J G M. The CMOS Gain-Boosting Technique[J]. Analog Integrated Circuits and Signal Processing, 1991, 1: 119-135.

[5]　SANSEN W M C. Analog Design Essentials[M]. Dordrecht: Springer Science & Business Media, 2006.

[6]　KAMATH B Y T, MEYER R G, GRAY P R. Relationship Between Frequency Response and Settling Time of Operational Amplifiers[J]. IEEE Journal of Solid-State Circuits, 1974, 9(6): 347-352.

[7]　HOGERVORST R, TERO J P, ESCHAUZIER R G H, et al. A Compact Power-Efficient 3V CMOS Rail-to-Rail Input/Output Operational Amplifier for VLSI Cell Libraries[J]. IEEE Journal of Solid-State Circuits, 1994, 29(12): 1505-1513.

[8]　NEAMEN D A. Semiconductor Physics and Devices: Basic Principles[M]. New York: The McGraw-Hill Companies, 2012.

[9]　JESPERS P G A. The g_m/I_D Methodology, A Sizing Tool for Low-Voltage Analog CMOS Circuits: The Semi-Empirical and Compact Model Approaches[M]. New York: Springer Science & Business Media, 2010.

[10] LIU W, HU C. BSIM4 and MOSFET Modeling for IC Simulation[M]. London: World Scientific, 2011.

第11章

开关电容放大器

在前面几章的学习中，我们分析的电路所处理的输入信号都是时间连续的，这种电路被称为连续时间电路。连续时间电路在音频、视频及高速模拟系统中都有着广泛应用。但在很多情况下，需要以固定时间间隔对某一时刻点的信号进行采样和处理，电路处理的是在时间上离散的信号，这种电路被称为离散时间电路。开关电容放大器电路是一种典型的离散时间电路，其与比较器等电路组合起来可实现对离散时间信号的采样和处理，是模数转换器（ADC）、数模转换器（DAC）和滤波器等高级电路的重要组成部分。本章将重点研究开关电容放大器的相关理论。

11.1　概述

开关电容放大器是由受时钟信号控制的开关、电容器及运放组成的电路，利用电荷的存储和转移实现对时间离散信号的产生、变换与处理，是混合信号集成电路的重要组成模块。典型的开关电容放大器及其控制时序如图 11-1 所示，其中控制时序 Φ_1 和 Φ_2 的电压为高电平时，它们所控制的开关处于闭合状态，而当电压变为低电平时，它们所控制的开关处于断开状态。需要注意，在对开关电容放大器进行控制时，为了避免电容中存储的电荷在时序切换时发生变化，控制时序需要是两相不交叠状态。对于两相不交叠时钟，不存在 Φ_1 和 Φ_2 同时为高电平的状态，这样就避免了开关电容放大器在状态切换时会出现全部开关均闭合的瞬间状态。

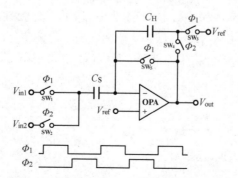

图 11-1　典型的开关电容放大器及其控制时序

我们将 $\Phi_1=1$、$\Phi_2=0$ 的状态称为采样态，将 $\Phi_1=0$、$\Phi_2=1$ 的状态称为放大态或保持态。图 11-1 所示的电路经过一个采样态到放大态的变换后，其输入、输出关系可表示为

$$V_{\text{out}} = \frac{C_{\text{S}}}{C_{\text{H}}}\left(V_{\text{in1}} - V_{\text{in2}}\right) + V_{\text{ref}} \qquad (11\text{-}1)$$

由式（11-1）可知，该电路完成了对 V_{in1} 和 V_{in2} 的减法运算，并且改变 C_{S} 和 C_{H} 的比值可完成对模拟信号精确的放大处理。当 $C_{\text{S}}=C_{\text{H}}$ 且 $V_{\text{in2}}=V_{\text{ref}}$ 时，该电路完成对输入信号的离散采样和保持操作，即放大态时的 V_{out} 等于采样态时的 V_{in}，采样的周期即 Φ_1 的周期（Φ_2 与 Φ_1 具有相同周期）。关于式（11-1）的推导，我们会在 11.3 节中具体分析。

11.2 MOSFET 开关

11.2.1 开关导通电阻

利用单个 MOSFET 可以实现最简单的用于传输模拟信号的开关，即单 MOS 开关。如图 11-2（a）所示，对于一个 NMOS 器件，当其栅极控制电压为 0V 时（对应 $\Phi=0$），器件处于截止状态，其导通电阻值 $R_{\text{on,N}}$ 非常大。当栅极控制电压为 V_{DD} 时（对应 $\Phi=1$），器件工作在线性区，其导通电阻可表示为

$$R_{\text{on,N}} = \frac{1}{\mu_{\text{n}} C_{\text{ox}} \dfrac{W}{L}\left(V_{\text{DD}} - V_{\text{in}} - V_{\text{THN}}\right)} \qquad (11\text{-}2)$$

根据式（11-2），可得到 $\Phi=1$ 时 $R_{\text{on,N}}$ 与 V_{in} 的关系，如图 11-2（a）所示，$R_{\text{on,N}}$ 随着 V_{in} 的增大会逐渐增大。当 V_{in} 达到 $V_{\text{DD}}-V_{\text{THN}}$ 时，M_1 会进入亚阈值状态，其导通电阻会迅速增大，从而导致开关不再是良好的导通状态。由此可知，单个 NMOS 器件作为开关使用时，并不能有效传输较大电压值的模拟信号。

单个 PMOS 器件也可以作为开关使用，如图 11-2（b）所示。当其栅极控制电压为 V_{DD} 时（对应 $\Phi=0$），器件处于截止状态，其导通电阻值 $R_{\text{on,P}}$ 非常大。当栅极控制电压为 0V 时（对应 $\Phi=1$），器件工作在线性区，其导通电阻可表示为

$$R_{\text{on,P}} = \frac{1}{\mu_{\text{p}} C_{\text{ox}} \dfrac{W}{L}\left(V_{\text{in}} - |V_{\text{THP}}|\right)} \qquad (11\text{-}3)$$

$R_{\text{on,P}}$ 随着 V_{in} 的减小会逐渐增大。当 V_{in} 减小至 $|V_{\text{THP}}|$ 时，M_2 会进入亚阈值状态，其导通电阻会迅速增大，从而导致开关不再是良好的导通状态。由此可知，PMOS 开关与 NMOS 开关相反，其可以传输较大电压值的 V_{in} 信号，而当 V_{in} 较小时其导通电阻迅速增大。

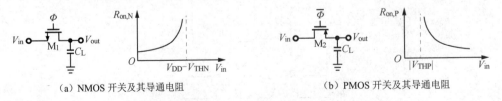

（a）NMOS 开关及其导通电阻　　　　　　　（b）PMOS 开关及其导通电阻

图 11-2　NMOS 和 PMOS 开关及其导通电阻

当开关电容放大器具有较大输入信号摆幅时，单个 NMOS 开关或 PMOS 开关均无法满足信号摆幅需求。为了增大开关所能接受的电压摆幅，可以将 NMOS 开关和 PMOS 开关并联，组成 CMOS 开关，也称为互补开关。CMOS 开关的电路结构及其导通电阻如图 11-3 所示。当 $\Phi = 0$、$\bar{\Phi} = 1$ 时，CMOS 开关中的 NMOS 器件和 PMOS 器件均处于截止状态，此时 CMOS 开关不导通。当 $\Phi = 1$、$\bar{\Phi} = 0$，V_{in} 为 0V 到 V_{DD} 之间的任意电压值时，CMOS 开关中至少会有一个 MOS 器件是导通的，此时其导通电阻 $R_{on,C} = R_{on,N} \parallel R_{on,P}$。如图 11-3 所示，$R_{on,C}$ 在很大范围的 V_{in} 内都很小。增大器件的宽长比可以进一步减小开关的导通电阻，提高信号的传输速度。

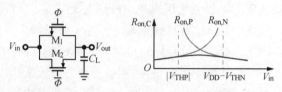

图 11-3　CMOS 开关的电路结构及其导通电阻

单 MOS 开关及 CMOS 开关都是开关电容放大器中最常使用的开关结构。但是，通过式（11-2）和式（11-3）可发现，它们的导通电阻都会随着 V_{in} 的变化而发生变化。这种变化会导致开关在传输不同 V_{in} 信号时表现出不同的传输延时，这在某些对线性度具有较高要求的模拟电路中是不能被接受的。如图 11-4 所示，可以通过自举电路解决上述问题。在开关导通时，利用自举电路在 V_{in} 的基础上增加或减少一个 V_{DC} 的直流偏移，进而使得 MOS 器件的 $|V_{GS}|$ 固定为 V_{DC}，因此 MOS 器件的导通电阻不再与 V_{in} 有关。这就使得开关的导通电阻为与输入信号无关的恒定值，降低开关引入的非线性。这种使用自举技术的开关被称为自举开关。

（a）NMOS 自举开关　　　　　　　　　　　　　　（b）PMOS 自举开关

图 11-4　自举电路

一种典型的 PMOS 自举开关结构如图 11-5 所示，其中 M_S 为 PMOS 开关管，其余的电路组成自举电路。为实现自举，开关管 M_S 的栅极电压为 $V_{in} - V_{DC}$，可能出现负值，因此自举电路要处理负电压。需要注意，NMOS 器件在传输负电压时，源漏和衬底的 PN 结会导通，而 PMOS 器件则不存在这个问题，因此该自举开关中在控制信号传输路径上基本全部使用 PMOS 器件。该 PMOS 自举开关的具体工作过程如下：当 $\Phi_+ = 0$ 时，$\Phi_d = 0$，M_5 和 M_6 导通，n_3 节点电压为 V_{DD}，同时 M_2 导通，n_1 节点电压为 V_{DD}，自举开关断开；此外，M_8 截止，M_7 导通，因此电容 C_2 两端的电压均为 V_{DD}；同时 M_3 导通，由于 M_3 导通电阻较大，因此 n_2 节点电压略高于 0V，此时电容 C_1 中的存储电压为 $V_{DD}{}'$（略小于 V_{DD}）。当 $\Phi_+ = 1$ 时，M_7 截止，M_8 导通，因此 n_5 节点电压开始减小。由于 Φ_d 相对于 Φ_+ 有一定延迟，因此在该

延迟时间内 M_5 和 M_6 仍然导通，所以 C_2 中会形成一个电压差 V_{delta}。当 n_5 节点电压减小到某一程度时，M_8 会自动关闭，n_5 节点进入浮空状态；当 Φ_d 也变为 1 时，n_3 节点也进入浮空状态；n_5 节点电压的减小使得 M_4 导通，n_2 节点将 n_3 节点电压拉低；由于 C_2 处于浮空状态，因此 n_5 节点电压跟随 n_3 节点电压变化，n_5 节点电压会变得更小，进而使 M_4 更好地导通；n_3 节点电压减小使得 M_1 导通，n_1 节点电压会变为 V_{in}；由于 C_1 处于浮空状态，所以 n_2 节点电压将变为 $V_{in}-V'_{DD}$，该电压通过 M_4 连接到 n_3 节点，使得 M_S 的栅源电压钳位为 $-V'_{DD}$，自举开关导通。导通后的最终状态是，n_1 节点电压为 V_{in}，n_2 和 n_3 节点电压均为 $V_{in}-V'_{DD}$，n_5 节点电压为 $V_{in}-V'_{DD}-V_{delta}$。

该结构须避免传输低压的晶体管出现寄生 PN 结导通现象。另外，n_2 节点电压传输至 n_3 节点的过程很关键，这需要让 M_4 更好地导通。一方面可以增大 V_{delta}，使得 n_5 节点电压相对为负值，当然这个电压也会受到 M_8 何时自动截止的影响（M_8 的阈值电压越小，可使得 n_5 节点电压更小）；另一方面就是减小 M_4 的阈值电压，可以采用中等阈值晶体管，或将其衬底在自举开关导通时连接到 0V，由于此时 M_4 两端都是负电压，因此不会出现 PN 结导通问题。当 M_4 衬底为 0V 时，降低了衬偏效应，进而减小了 M_4 的阈值电压。PMOS 自举开关中关键电路节点的电压波形如图 11-6 所示，其输入 V_{in} 是一个正弦波，控制信号 Φ_+ 是一个方波信号，当 $\Phi_+=0$ 时，n_3 节点电压为 V_{DD}；而当 $\Phi_+=1$ 时，n_3 节点电压为 $V_{in}-V'_{DD}$，即 M_S 的 V_{GS} 钳位为 $-V'_{DD}$，因此导通电阻不再受 V_{in} 影响。

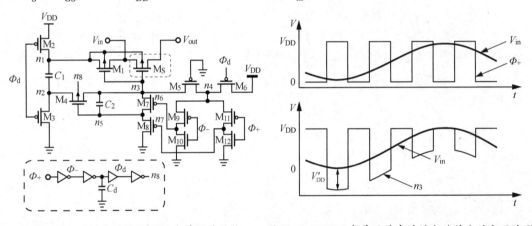

图 11-5　一种典型的 PMOS 自举开关结构　　图 11-6　PMOS 自举开关中关键电路节点的电压波形

11.2.2　电荷注入与时钟馈通

如图 11-2（a）所示，一个 NMOS 开关 M_1 和一个采样电容 C_L 组成最简单的采样保持电路。如果开关是理想的，那么当开关闭合时，电容上极板的电压 V_{out} 会跟随 V_{in} 变化，而当某一时刻开关突然断开时，V_{out} 会保持为断开时刻的 V_{in}。但是，MOS 器件存在电荷注入和时钟馈通现象，导致其作为开关使用时，在开关断开的一瞬间采样电容中采集到的电压信号会出现一个跳变，这将引入一定的误差降低信号采样精度。以图 11-7 所示的电路说明电荷注入现象。如图 11-7（a）所示，假设采样电容 C_L 的初始电荷量为 0，即上、下极板都不存在净电荷，当 $\Phi=0$ 时，NMOS 器件栅极下方没有沟道，NMOS 开关处于断开状态。如

图 11-7（b）所示，当 $\varPhi=1$ 时，NMOS 器件的栅极下方出现电子导电沟道，NMOS 开关处于导通状态，电容 C_L 的上极板与 V_{in} 连通。V_{in} 对 C_L 进行充电，C_L 的上极板将累积正电荷，下极板将累积等量的负电荷。这里需要注意，C_L 上极板的充电过程实质是对电子的抽取过程，即 V_{in} 通过 N 型沟道抽取 C_L 上极板中的电子，进而留下不能移动的带正电的原子核，等效使得上极板表现出带正电，而 C_L 下极板的负电荷是直接由地线提供的电子形成的。如图 11-7（c）所示，在某一刻，当 $\varPhi$ 突然变为 0 时，NMOS 器件的 N 型沟道消失，由于原 N 型沟道中的电子短时间内无法复合掉，这些电子将分别向开关的左右两侧移动。那么，向右侧移动的电子相当于重新注入回 C_L 的上极板，这个现象被称为电荷注入。

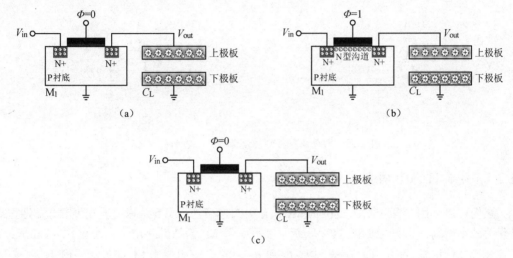

图 11-7　电荷注入现象

根据第 2 章中有关 MOS 器件 $I\text{-}V$ 特性的推导过程，可以写出 M_1 导通时其 N 型沟道中的电子电荷量

$$Q_{nch} = -WLC_{ox}(V_{DD} - V_{in} - V_{THN}) \tag{11-4}$$

当开关断开后，Q_{nch} 将分别向左和向右注入，其中向左的注入将被信号源 V_{in} 吸收，不会对采样结果产生影响。假设两侧注入的电荷量相同，则向右注入电容 C_L 的电荷量为 $Q_{nch}/2$。如图 11-8（a）所示，这些注入的电荷将引起电容上的电压出现 ΔV 的变化

$$\Delta V = \frac{-\Delta Q}{C_L} = -\frac{WLC_{ox}(V_{DD} - V_{in} - V_{THN})}{2C_L} \tag{11-5}$$

由式（11-5）可知，NMOS 开关的电荷注入将会对采样电容引入一个负向的电压跳变，跳变的幅度与开关的栅极面积成正比，而与采样电容大小成反比。这里需要注意的是，事实上，两侧注入电荷的分配比例与 $\varPhi$ 的变化速度及两侧的阻抗等诸多参数有关，所以上述分析中两侧注入电荷量相同的假设并不精确，只是一种近似估计。在通常情况下，为了保证电荷注入不影响电路精度，以最差的情况进行估计，即沟道中全部电荷均注入采样电容中。相反，PMOS 开关产生的电荷注入为带正电的空穴，这会使得采样电容上出现一个正向的电压跳变。

除了沟道电荷注入，开关的控制时钟会通过栅源或栅漏的交叠电容直接耦合至采样电容上，造成电压误差，这种现象被称为时钟馈通。如图 11-8（b）所示，控制时钟 Φ 的下跳变化直接通过栅漏的交叠电容 WC_{ov} 耦合至 C_L 上，对 V_{out} 造成一个负向电压跳变

$$\Delta V = -V_{DD} \frac{WC_{ov}}{WC_{ov} + C_L} \qquad (11\text{-}6)$$

对比式（11-5）和式（11-6）可发现，电荷注入所引起的电压误差是与 V_{in} 有关的，而时钟馈通所引起的电压误差与 V_{in} 无关。这说明电荷注入会引起非线性问题，而时钟馈通只是引入一个固定的失调电压，因此电荷注入所造成的问题往往比时钟馈通更加严重。

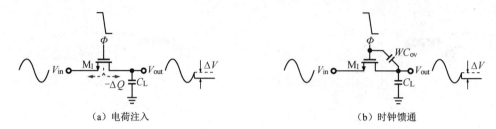

（a）电荷注入　　　　　　　　　　（b）时钟馈通

图 11-8　电荷注入与时钟馈通所引入的电压误差

11.2.3　电荷注入抵消方法

我们可以采用一些技术手段抵消 MOS 开关的电荷注入效应，以提升电路精度。通过虚拟开关减小电荷注入效应如图 11-9 所示，在开关管 M_1 的基础上增加一个虚拟（Dummy）开关 M_2，M_1 和 M_2 的控制时钟分别为 $\Phi+$ 和 $\Phi-$，它们反相。当 M_1 断开时，M_2 刚好开启，这样 M_1 向右侧注入的电荷将被 M_2 吸收。假设 M_1 的沟道电荷有一半向右侧注入，如果要让 M_2 刚好吸收这些电荷而不会再从 C_L 中获取电荷，那么可设置 M_2 的尺寸为 M_1 的一半，即 $W_2=0.5W_1$，$L_2=L_1$。需要注意的是，正如前面所提到的，电荷注入的分配比例与很多因素有关，在很多情况下不能做到两侧均分沟道电荷，因此使用虚拟开关也无法完全消除电荷注入问题。使用虚拟开关的另一个好处是其会降低时钟馈通效应。M_1 的栅极与 V_{out} 的交叠寄生电容为 W_1C_{ov}，而 M_2 的栅极与 V_{out} 的交叠寄生电容为 $2W_2C_{ov}$，因为 $W_2=0.5W_1$，所以两个交叠寄生电容大小相同。因为 M_1 和 M_2 的栅极电压跳变方向相反，所以两开关的时钟馈通效应刚好相互抵消，进而不再对 V_{out} 产生影响。

减小电荷注入效应的另一种方法是使用 CMOS 开关，如图 11-10 所示，当开关断开时，M_1 向 C_L 注入电子，而 M_2 向 C_L 注入空穴，如果

$$W_1L_1C_{ox}(V_{DD} - V_{in} - V_{THN}) = W_2L_2C_{ox}(V_{in} - |V_{THP}|) \qquad (11\text{-}7)$$

那么开关向 C_L 注入的电子和空穴相互抵消。但是，观察式（11-7）我们发现这种相互抵消只能在某一特定 V_{in} 下才能实现。此外，CMOS 开关也能抑制时钟馈通效应，但是由于 NMOS 器件和 PMOS 器件的栅极与 V_{out} 之间的寄生电容往往并不相同，所以时钟馈通效应并不能被完全消除。

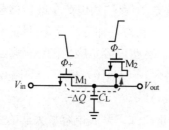
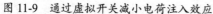
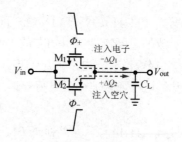

图 11-9　通过虚拟开关减小电荷注入效应　　　图 11-10　通过 CMOS 开关减小电荷注入效应

11.3　开关电容放大器的工作原理

11.3.1　工作原理

本节将以图 11-1 所示的开关电容放大器为例，具体分析工作原理，并推导式（11-1）。当 $\Phi_1=1$，$\Phi_2=0$ 时，开关电容放大器处于采样态，其等效电路结构如图 11-11 所示。此时，运放连接为单位负反馈状态，根据运放虚短特性可知 $V_X=V_{ref}$。以 V_X 节点为参考点，采样电容 C_S 上存储的电荷量 Q_S 为

$$Q_S = (V_{in1} - V_{ref})C_S \qquad (11\text{-}8)$$

保持电容 C_H 上存储的电荷量 Q_H 为

$$Q_H = (V_{ref} - V_{ref})C_H = 0 \qquad (11\text{-}9)$$

因此可得到，在采样态时两电容的总电荷量（即 V_X 节点处两个电容极板上的电荷之和）为

$$Q_{tot} = Q_S + Q_H = (V_{in1} - V_{ref})C_S \qquad (11\text{-}10)$$

当 $\Phi_1=0$、$\Phi_2=1$ 时，开关电容放大器切换为放大态，其等效电路结构如图 11-12 所示。此时，运放工作在电压-电压负反馈状态下，同样根据虚短特性，可得 $V_X=V_{ref}$。以 V_X 节点为参考点，采样电容 C_S 上存储的电荷量 Q'_S 为

$$Q'_S = (V_{in2} - V_{ref})C_S \qquad (11\text{-}11)$$

保持电容 C_H 上存储的电荷量 Q'_H 为

$$Q'_H = (V_{out} - V_{ref})C_H \qquad (11\text{-}12)$$

因此可得到，在放大态时两电容的总电荷量为

$$Q'_{tot} = Q'_S + Q'_H = (V_{in2} - V_{ref})C_S + (V_{out} - V_{ref})C_H \qquad (11\text{-}13)$$

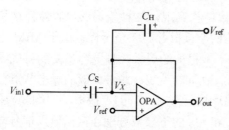
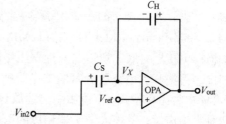

图 11-11　采样态时开关电容放大器的　　　图 11-12　放大态时开关电容放大器的
　　　　　　等效电路结构　　　　　　　　　　　　　等效电路结构

根据式（11-11）和式（11-12）可知，在放大态时 C_S 中存储的电荷全部转移至 C_H 中。再根据运放的虚断特性，可知在放大态时 V_X 节点是高阻状态，即浮空状态。因此电容 C_S 和 C_H 的负极板没有充电或放电的电流通路，这也就意味着两电容负极板的电荷量总和不会发生变化。这种现象被称为电荷守恒，即 $Q'_{tot}=Q_{tot}$。结合式（11-10）和式（11-13），可得到

$$(V_{out} - V_{ref})C_H = (V_{in1} - V_{in2})C_S \qquad (11\text{-}14)$$

重新整理式（11-14）后可得到式（11-1）。通过上述分析可知，开关电容放大器的主要工作原理就是利用运放实现电荷守恒，完成采样电容中的电荷向保持电容中的转移，进而实现对输入信号 C_S/C_H 倍的放大。

在采样态结束后，由 Φ_1 控制的开关 SW_1、SW_3 和 SW_5 均存在电荷注入效应。根据 11.2 节的分析，SW_3 和 SW_5 的电荷注入由 V_{ref} 决定。因为 V_{ref} 是与输入信号无关的固定电压，所以 SW_3 和 SW_5 所产生的电荷注入效应只会引起固定失调电压。但是，SW_1 所产生的注入电荷量由 V_{in} 决定，这会导致非线性问题。采用虚拟开关或 CMOS 开关只能缓解 SW_1 电荷注入所引起的非线性问题，并不能完全消除。为了完全消除这个问题，我们可以对 SW_5 的控制时序稍加改动，将其下降沿略微提前于 Φ_1 的下降沿，采用提前关断时序消除与输入信号相关的电荷注入如图 11-13 所示。采用这种控制时序后，当采样结束时 SW_5 首先断开，这会对 C_S 注入与 V_{ref} 相关的电荷，然后 C_S 处于浮空状态。由于浮空电容中的电荷不会再发生变化，所以接下来当 SW_1 断开时，其沟道电荷无法注入至 C_S，进而将非线性问题转变为输出失调。

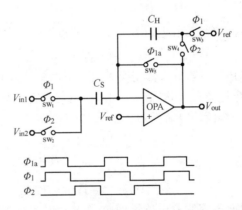

图 11-13　采用提前关断时序消除与输入信号相关的电荷注入

前面的讨论并没有考虑电容两个极板的区别。然而在实际的 CMOS 工艺中，电容器件通常采用垂直方向排布的金属-绝缘体-金属三明治结构实现，这种结构的电容器件被称为 MIM（Metal-Insulator-Metal）电容。MIM 电容的两个极板并不完全一样，由于 MIM 电容的下极板更接近衬底，所以其对地寄生电容相对于上极板的更大，且更容易受到衬底噪声的干扰。根据开关电容放大器的工作原理，可知运放负输入端是非常关键的浮空节点。考虑 MIM 电容结构特点，可将敏感的运放负输入端连接至 C_S 和 C_H 的上极板，以降低寄生电容和衬底噪声对开关电容放大器精度的影响。C_S 和 C_H 的下极板分别连接至输入信号端和输出信号端，由于输入信号端和输出信号端均具有一定的驱动能力而非浮空状态，所以不

会受到寄生电容和衬底噪声的影响。这种将输入信号连接至采样电容下极板的方法被称为下极板采样技术（见图 11-14），其是开关电容放大器中经常采用的一种连接方法。

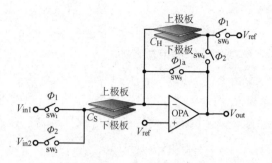

图 11-14　下极板采样技术

11.3.2　全差分开关电容放大器

前面以单端输出的开关电容放大器为例说明了工作原理。但一些高精度电路往往需要更好的共模抑制特性，因此非常有必要分析一下全差分开关电容放大器电路的基本工作原理。典型的全差分开关电容放大器如图 11-15 所示，其控制时序与图 11-13 所示时序完全一样，图中 $V_{\mathrm{cm,out}}$ 为全差分运放的共模输出电压。假设电路完全对称，则 $C_{\mathrm{S+}}{=}C_{\mathrm{S-}}{=}C_{\mathrm{S}}$，$C_{\mathrm{H+}}{=}C_{\mathrm{H-}}{=}C_{\mathrm{H}}$。

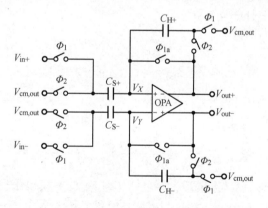

图 11-15　典型的全差分开关电容放大器

当 $\varPhi_1{=}\varPhi_{1a}{=}1$、$\varPhi_2{=}0$ 时，全差分开关电容放大器处于采样态，其等效电路结构如图 11-16（a）所示。根据全差分运放的虚短特性，可知此时 $V_X{=}V_Y{=}V_{\mathrm{cm,out}}$。因此可得到 $C_{\mathrm{S+}}$ 和 $C_{\mathrm{H+}}$ 中的电荷之和

$$Q_{\mathrm{tot+}} = \left(V_{\mathrm{in+}} - V_{\mathrm{cm,out}}\right)C_{\mathrm{S}} + \left(V_{\mathrm{cm,out}} - V_{\mathrm{cm,out}}\right)C_{\mathrm{H}} = \left(V_{\mathrm{in+}} - V_{\mathrm{cm,out}}\right)C_{\mathrm{S}} \tag{11-15}$$

同理，$C_{\mathrm{S-}}$ 和 $C_{\mathrm{H-}}$ 中的电荷之和

$$Q_{\mathrm{tot-}} = \left(V_{\mathrm{in-}} - V_{\mathrm{cm,out}}\right)C_{\mathrm{S}} + \left(V_{\mathrm{cm,out}} - V_{\mathrm{cm,out}}\right)C_{\mathrm{H}} = \left(V_{\mathrm{in-}} - V_{\mathrm{cm,out}}\right)C_{\mathrm{S}} \tag{11-16}$$

当 $\varPhi_1{=}\varPhi_{1a}{=}0$、$\varPhi_2{=}1$ 时，全差分开关电容放大器处于放大态，其等效电路结构如图 11-16（b）所示。此时，全差分运放处于电压-电压负反馈状态，仍然具有虚短特性。

但是，因为运放的正、负输入端均处于浮空状态，所以并不能直接确定运放的共模输入电压。先假设当前的共模输入电压为 $V_{\mathrm{cm,in}}$，则 $V_X=V_Y=V_{\mathrm{cm,in}}$。因此可得到在放大态时，$C_{S+}$ 和 C_{H+} 中的电荷之和

$$Q'_{\mathrm{tot+}} = \left(V_{\mathrm{cm,out}} - V_{\mathrm{cm,in}}\right)C_S + \left(V_{\mathrm{out+}} - V_{\mathrm{cm,in}}\right)C_H \tag{11-17}$$

同理，在放大态时，C_S 和 C_H 中的电荷之和

$$Q'_{\mathrm{tot-}} = \left(V_{\mathrm{cm,out}} - V_{\mathrm{cm,in}}\right)C_S + \left(V_{\mathrm{out-}} - V_{\mathrm{cm,in}}\right)C_H \tag{11-18}$$

因为在放大态时 V_X 和 V_Y 均处于浮空状态，所以 C_{S+} 和 C_{H+} 中的电荷之和保持守恒，C_{S-} 和 C_{H-} 中的电荷之和也保持守恒，则 $Q_{\mathrm{tot+}}=Q'_{\mathrm{tot+}}$，$Q_{\mathrm{tot-}}=Q'_{\mathrm{tot-}}$，将两式左右分别相减可得到

$$Q_{\mathrm{tot+}} - Q_{\mathrm{tot-}} = Q'_{\mathrm{tot+}} - Q'_{\mathrm{tot-}} \tag{11-19}$$

结合式（11-15）～式（11-18），可得

$$V_{\mathrm{out+}} - V_{\mathrm{out-}} = \frac{C_S}{C_H}\left(V_{\mathrm{in+}} - V_{\mathrm{in-}}\right) \tag{11-20}$$

由式（11-20）可知，全差分开关电容放大器完成了对输入差分信号的放大操作。

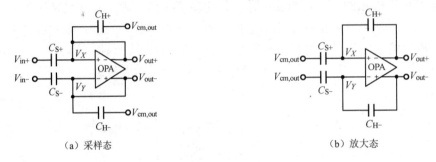

（a）采样态　　　　　　　　　　　　　（b）放大态

图 11-16　全差分开关电容放大器等效电路结构

为了获得放大态时运放的共模输入电压 $V_{\mathrm{cm,in}}$ 的具体表达式，可将 $Q_{\mathrm{tot+}}=Q'_{\mathrm{tot+}}$ 和 $Q_{\mathrm{tot-}}=Q'_{\mathrm{tot-}}$ 两式左右分别相加，同时考虑 $V_{\mathrm{out+}}+V_{\mathrm{out-}}=2V_{\mathrm{cm,out}}$，则得到

$$V_{\mathrm{cm,in}} = V_{\mathrm{cm,out}} + \frac{C_S}{C_S + C_H}\left(V_{\mathrm{cm,out}} - \frac{V_{\mathrm{in+}} + V_{\mathrm{in-}}}{2}\right) \tag{11-21}$$

由式（11-21）可知，当输入的差分信号 $V_{\mathrm{in+}}$ 和 $V_{\mathrm{in-}}$ 的共模电压也为 $V_{\mathrm{cm,out}}$ 时，放大态时运放的共模输入电压 $V_{\mathrm{cm,in}}=V_{\mathrm{cm,out}}$，这与采样态时的共模输入电压相同。但是当 $V_{\mathrm{in+}}$ 和 $V_{\mathrm{in-}}$ 的共模电压高于或低于 $V_{\mathrm{cm,out}}$ 时，放大态时运放的共模输入电压 $V_{\mathrm{cm,in}}$ 将低于或高于 $V_{\mathrm{cm,out}}$，这会导致采样态和放大态的运放共模输入电压不一致，为了保持运放特性不变，要求运放具有更大的共模输入范围。至此，我们已经分析了单端输出和差分输出的开关电容放大器原理，利用本节的分析方法，已经可以对更为复杂的开关电容放大器的输入-输出特性进行分析。

11.3.3　精度分析

对于图 11-1 所示的开关电容放大器，假设其工作周期为 T，如果要求其在放大态时信号建立的相对误差小于 $1/2^n$，则运放的增益和带宽需要达到多少呢？实际上，有关运放指

标的分析我们已在 10.1 节中讨论过。本节将利用 10.1 节中的分析方法，并结合开关电容放大器的工作特点，具体分析在特定工作速度和精度要求下，开关电容放大器对运放增益和带宽的具体要求。当处于放大态时，开关电容放大器的等效电路如图 11-17 所示。其中 C_p 为运放负输入端寄生电容值，其主要由运放输入管栅极寄生电容和电容极板寄生电容组成，C_L 为负载电容值。

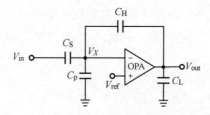

图 11-17　开关电容放大器的等效电路（放大态）

假设运放是一个单极点系统，其直流增益为 A_0，主极点为 ω_0，则其传递函数可表示为

$$A(s) = \frac{A_0}{1 + \dfrac{s}{\omega_0}} \tag{11-22}$$

因此其增益带宽积 $\omega_{GBW} = A_0 \omega_0$。根据图 11-17，我们可以得到此时的反馈系数 $\beta = C_H / (C_S + C_H + C_p)$，那么环路增益 $T_0 = A_0 \beta$，此外还可以得到等效总负载电容为

$$C_{Ltot} = C_L + \left(C_S + C_p \right) \| C_H = C_L + \frac{\left(C_S + C_p \right) C_H}{C_S + C_H + C_p} \tag{11-23}$$

根据 KCL，可以得到 V_X 节点处的电流方程：

$$(V_{in} - V_X) C_S s + (0 - V_X) C_p s + (V_{out} - V_X) C_H s = 0 \tag{11-24}$$

又因为 $(0 - V_X) A(s) = V_{out}$，则放大态时开关电容放大器的传递函数为

$$\frac{V_{out}}{V_{in}}(s) = -\frac{C_S A(s)}{C_S + C_H + C_p + C_H A(s)} \tag{11-25}$$

将式（11-22）代入式（11-25），并结合 β 和 T_0 的表达式，可将传递函数整理为

$$\frac{V_{out}}{V_{in}}(s) = -\frac{C_S}{C_H} \frac{T_0}{1 + T_0} \frac{1}{1 + \dfrac{s}{(1 + A_0 \beta) \omega_0}} \tag{11-26}$$

根据式（11-26）所示的系统传递函数，可以得到放大态的单位阶跃响应

$$V_{out}(t) = -\frac{C_S}{C_H} \times \frac{T_0}{1 + T_0} \times \left(1 - e^{-\frac{t}{\tau}} \right) \tag{11-27}$$

其中，时间常数 τ 为

$$\tau = \frac{1}{(1 + A_0 \beta) \omega_0} \approx \frac{1}{\beta A_0 \omega_0} = \frac{1}{\beta \omega_{GBW}} \tag{11-28}$$

观察式（11-27），我们发现开关电容放大器的时域响应由三部分组成，其中第一个乘积项为理想的响应结果，第二个乘积项为静态误差，第三个乘积项为动态误差。为了使总相对误差小于 $1/2^n$，要求

$$\frac{T_0}{1+T_0} \times \left(1 - \mathrm{e}^{-\frac{t}{\tau}}\right) > 1 - \frac{1}{2^n} \tag{11-29}$$

由于 $T_0 \gg 1$，因此 $T_0/(1+T_0) \approx 1-1/T_0$，则式（11-29）可变为

$$\frac{1}{T_0} + \mathrm{e}^{-\frac{t}{\tau}} - \frac{1}{T_0} \times \mathrm{e}^{-\frac{t}{\tau}} < \frac{1}{2^n} \tag{11-30}$$

由于 $1/T_0$ 和 $\mathrm{e}^{-t/\tau}$ 均为较小的误差项，所以它们的乘积可看成高阶小项，因此可以将它们的乘积忽略。假设静态误差和动态误差对总误差的贡献度相同，即 $1/T_0$ 与 $\mathrm{e}^{-t/\tau}$ 相同，则得到

$$\frac{1}{T_0} = \mathrm{e}^{-\frac{t}{\tau}} < \frac{1}{2^{n+1}} \tag{11-31}$$

根据式（11-31）可得到，运放的直流增益需要满足 $A_0 > 2^{n+1}/\beta$，当建立时间要求为 t_s（通常为 $T/2 \times 2/3 = T/3$）时，运放的增益带宽积（以 rad/s 为单位）须满足

$$\omega_{\mathrm{GBW}} > \frac{(n+1)\ln 2}{\beta t_\mathrm{s}} \tag{11-32}$$

考虑 $\omega_{\mathrm{GBW}} = g_\mathrm{m}/C_{\mathrm{Ltot}}$，其中 g_m 为运放的输入跨导，则 g_m 须满足

$$g_\mathrm{m} > \frac{(n+1)\ln 2}{t_\mathrm{s}} \frac{C_{\mathrm{Ltot}}}{\beta} \tag{11-33}$$

11.4　失调电压消除技术

由于集成电路工艺中存在各种偏差，如 MOS 器件尺寸的偏差、阈值电压的偏差、栅极氧化层厚度的偏差等，因此实际的运放会存在直流失调电压问题。当存在失调电压时，即使运放的 $V_{\mathrm{in}}=0$，也会出现运放的 $V_{\mathrm{out}} \neq 0$ 的情况。通常将 $V_{\mathrm{in}}=0$ 时运放的输出电压定义为等效输出失调电压 $V_{\mathrm{os,out}}$。但实际上，由于运放通常具有很高的直流电压增益 A_V，微小的工艺偏差都可能被放大，导致运放输出饱和，所以在多数情况下很难直接测量得到 $V_{\mathrm{os,out}}$。在更多情况下，以等效输入失调电压 $V_{\mathrm{os,in}}$ 描述运放的失调问题更为实用，其大小为 $V_{\mathrm{os,in}}=V_{\mathrm{os,out}}/A_V$。为简化描述，在后面使用符号“$V_{\mathrm{os}}$”来代表等效输入失调电压。

考虑了工艺偏差问题后，运放等效存在一个固定的差分输入电压 V_{os}，其几乎不随时间发生变化，因此可以被看成一种直流误差。但是考虑工艺偏差的随机性，V_{os} 实际上也是一个随机量，这种随机性体现在芯片中不同位置上相同设计的运放具有不同的 V_{os}，或者不同芯片中相同设计的运放也具有不同的 V_{os}。因此对 V_{os} 的描述如同第 8 章分析的随机噪声一样，需要使用统计学方式进行，即这里所说的 V_{os} 实际上是等效输入失调电压的均方根值。V_{os} 会对开关电容放大器的输出造成一定的电压偏差，影响电路响应的一致性，本节将讨论两种主要的失调电压消除的技术。

11.4.1　失调电压存储技术

对于图 11-14 所示的开关电容放大器，在采样态时如果电容 C_S 和 C_H 的上极板均连接

至参考电压 V_{ref}，同样也能得到式（11-1）所示的结果。既然电容上极板采集到的电压看起来并没有区别，那么为什么要在采样态时将运放连接成单位增益负反馈状态呢？关于这个问题，前面并没有进行详细讨论。实际上，图 11-14 所示的开关电容放大器采用了等效输入失调存储技术。在采样态时将运放连接成单位增益负反馈状态的目的是将 V_{os} 同时存储至电容 C_S 和 C_H 中，使得最终输出不再受 V_{os} 影响。在前面分析其工作原理时，我们根据虚短特性，直接认为 $V_X = V_{\text{ref}}$。但实际上，当考虑失调问题后，在运放的输入端等效串联了一个直流电压 V_{os}，考虑运放失调电压的开关电容放大器如图 11-18 所示。根据虚短特性，实际上 $V_Y = V_{\text{ref}}$，所以 V_X 变为 $V_{\text{ref}} + V_{\text{os}}$。因此在采样态时电容 C_S 和 C_H 中的总电荷量为

$$Q_{\text{tot}} = \left(V_{\text{in1}} - V_{\text{ref}} - V_{\text{os}}\right)C_S - V_{\text{os}}C_H \tag{11-34}$$

进入放大态后电容 C_S 和 C_H 中的总电荷量变为

$$Q'_{\text{tot}} = \left(V_{\text{in2}} - V_{\text{ref}} - V_{\text{os}}\right)C_S + \left(V_{\text{out}} - V_{\text{ref}} - V_{\text{os}}\right)C_H \tag{11-35}$$

根据运放虚断特性，可知 V_Y 节点仍为浮空状态，因此 V_X 节点处仍满足电荷守恒，则根据 $Q_{\text{tot}} = Q'_{\text{tot}}$ 仍可得到式（11-1）所示的结果，消除了 V_{os} 的影响。

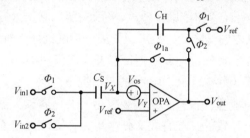

图 11-18 考虑运放失调电压的开关电容放大器

在上述分析中，我们根据虚短特性，认为 $V_Y = V_{\text{ref}}$。但实际上，这只在运放的 A_V 为无穷大时才严格成立。当考虑运放有限的 A_V 时，失调电压并不会被完全消除，下面针对这种考虑严格推导开关电容放大器的输出电压情况。

考虑运放有限增益 A_V 和失调电压 V_{os} 后，采样态的等效电路如图 11-19（a）所示，由于 $(V_{\text{ref}} - V_{Y1})A_V = V_{\text{out}}$，因此有

$$V_{X1} = \frac{A_V}{A_V + 1}\left(V_{\text{ref}} + V_{\text{os}}\right) \tag{11-36}$$

因此在采样态时电容 C_S 和 C_H 中的总电荷为

$$Q_{\text{tot}} = \left[V_{\text{in1}} - \frac{A_V}{A_V + 1}\left(V_{\text{ref}} + V_{\text{os}}\right)\right]C_S + \left[V_{\text{ref}} - \frac{A_V}{A_V + 1}\left(V_{\text{ref}} + V_{\text{os}}\right)\right]C_H \tag{11-37}$$

放大态等效电路如图 11-19（b）所示，由于 $(V_{\text{ref}} - V_{Y2})A_V = V_{\text{out}}$，因此有

$$V_{X2} = V_{\text{ref}} - \frac{V_{\text{out}}}{A_V} + V_{\text{os}} \tag{11-38}$$

因此在放大态时电容 C_S 和 C_H 中的总电荷为

$$Q'_{\text{tot}} = \left[V_{\text{in2}} - \left(V_{\text{ref}} - \frac{V_{\text{out}}}{A_V} + V_{\text{os}}\right)\right]C_S + \left[V_{\text{out}} - \left(V_{\text{ref}} - \frac{V_{\text{out}}}{A_V} + V_{\text{os}}\right)\right]C_H \tag{11-39}$$

同样根据电荷守恒原理，可知式（11-37）与式（11-39）相等，因此得到

$$V_{out} = \frac{C_S}{C_H}(V_{in1} - V_{in2}) + V_{ref} + \frac{V_{os} + V_{ref}}{A_V}\left(\frac{C_S}{C_H} + 1\right) \tag{11-40}$$

由式（11-40）可知，等效输入失调存储技术实际上将 V_{os} 对 V_{out} 的影响降低到了原来的 $1/A_V$，运放直流增益越高对 V_{os} 的抑制效果越好。

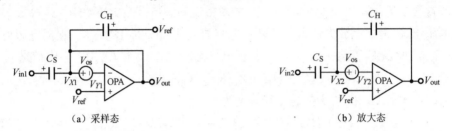

（a）采样态　　　　　　　　　　　　　（b）放大态

图 11-19　考虑运放有限增益时采样态等效电路和放大态等效电路

事实上，当开关电容放大器的采样频率 f_S 大于 $1/f$ 噪声的转角频率 f_C 时，失调存储技术不仅能消除失调电压 V_{os}，还能消除 $1/f$ 噪声。采用失调存储技术后放大器的典型噪声 PSD 如图 11-20 所示。在 f_C 以内的低频处，噪声能量被大幅度削减，但仍然存在一些残余噪声。这些残余噪声表现为白噪声特性，但其噪声能量却是热噪声的 $(f_{GBW}/f_S)^2$ 倍，其中 f_{GBW} 为运放的增益带宽积。根据式（11-32）可知，在通常情况下，f_{GBW} 会比 f_S 大很多倍。这说明残余噪声的能量要比热噪声能量高很多，这主要是由开关电容放大器的采样过程将高频处的热噪声能量混叠至低频处导致的，在有关文献中更为详细地描述了这一现象。

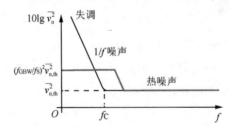

图 11-20　采用失调存储技术后放大器的典型噪声 PSD（对数坐标系）

11.4.2　斩波技术

斩波技术是另外一种非常有效的能够消除失调电压及低频噪声的技术。斩波技术示意图如图 11-21 所示，斩波技术的基本操作过程是，通过一个方波信号将输入信号调制到高频段，调制后信号经放大器放大后再通过解调将信号调制回基带，而低频等效输入失调电压和噪声被调制到高频处。最后对输出进行低通滤波消除高频段噪声得到更为干净的被放大后的输入信号。在图 11-21 中，斩波信号 $m_1(t)$ 和 $m_2(t)$ 是相同的方波信号，其频率为斩波频率 f_{chop}，其幅度在 +1 和 -1 之间反复切换。V_{os} 和 V_n 分别为放大器的等效输入失调电压和等效输入低频噪声。

下面结合斩波技术中不同位置的 PSD，在频域解释斩波技术的基本原理。假设处于基带的输入信号 V_{in} 的 PSD 如图 11-22（a）所示，为了防止信号混叠，V_{in} 的带宽 f_T 要小于

$f_{chop}/2$。斩波信号 $m_1(t)$ 和 $m_2(t)$ 的傅里叶展开式为

$$m_{1,2}(t) = \sum_{k=1}^{\infty} \frac{4}{k\pi} \sin\left(\frac{k\pi}{2}\right) \sin\left(2\pi k f_{chop} t\right) \tag{11-41}$$

因此可以得到斩波信号的 PSD，如图 11-22（b）所示，其特点是偶次谐波的幅度均为 0。第一次斩波调制是将输入信号 V_{in} 与斩波信号 $m_1(t)$ 相乘。根据信号与系统的相关理论，时域的乘法运算转到频域变为卷积运算。因此对 V_{in} 的 PSD 与 $m_1(t)$ 的 PSD 做卷积后，得到 V_{in} 斩波后的 PSD，如图 11-22（c）所示。经过斩波调制后，基带输入信号被调制到 f_{chop} 的奇次谐波频率处。V_{os} 和 V_n 的总体 PSD 如图 11-22（d）所示，将 $V_{os}+V_n$ 的 PSD 与 $V_{in} \times m_1$ 的 PSD 叠加后放大，得到运放输出的 PSD，如图 11-22（e）所示。对 V_A 再进行一次斩波调制，则输入信号被解调回基带，而失调电压和低频噪声由于只被调制了一次，所以它们被调制到 f_{chop} 的奇次谐波频率处，得到 V_{out} 的 PSD，如图 11-22（f）所示。最后对 V_{out} 施加一个带宽略大于 f_T 的低通滤波器，由于 $f_{chop} > 2f_T$，这样就可以将图 11-22（f）所示虚线框内对应的被放大后的 V_{in} 提取出来，从而消除失调和低频噪声的影响。通过上述原理分析我们发现，在斩波调制过程中不存在信号采样操作，因此也就不存在高频热噪声混叠到信号基带内的问题。

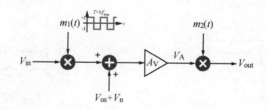

图 11-21　斩波技术示意图

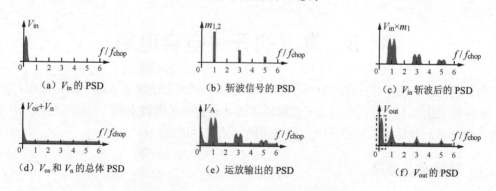

（a）V_{in} 的 PSD　　　　　　（b）斩波信号的 PSD　　　　　　（c）V_{in} 斩波后的 PSD

（d）V_{os} 和 V_n 的总体 PSD　　　　（e）运放输出的 PSD　　　　　（f）V_{out} 的 PSD

图 11-22　在频域解释斩波技术的基本原理

使用了斩波技术的放大器被称为斩波放大器，其具有很低的输入失调电压和低频噪声，用于开关电容放大器后，可提升电路精度。为进一步理解斩波放大器的工作原理，下面结合一个斩波放大器示例，在时域分析其工作过程。典型斩波放大器的示例如图 11-23 所示，其中 Φ_1 和 Φ_2 为互补斩波信号。在 Φ_1 和 Φ_2 的控制下，V_{in} 与运放的连接方向不断翻转，相当于在乘+1 和乘−1 之间不断变换，这就等同于将 V_{in} 与斩波信号做了乘法运算。为直观展现调制过程，假设输入信号是一个直流电压，其时域波形如图 11-24（a）所示。对 V_{in} 进行

斩波调制，再叠加上 V_{os} 后被放大 A_V 倍，得到运放输出电压 V_1，其波形如图 11-24（b）所示。此时被放大的 V_{os} 仍是直流信号，而 V_{in} 信息被调制到高频处。对 V_1 再进行一次斩波调制，得到 V_2 的波形，如图 11-24（c）所示。此时被放大后的输入信号被解调回低频处，变回直流信号，而被放大后的 V_{os} 被调制到高频处。最后对 V_2 进行低通滤波，则只有被放大后的输入信号 $A_V V_{in}$ 被保留下来，消除了 V_{os} 的影响，如图 11-24（d）所示。

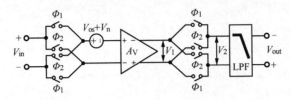

图 11-23　典型斩波放大器的示例

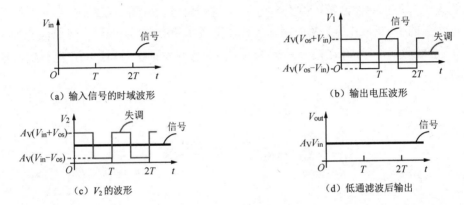

（a）输入信号的时域波形　　　　　　　　　　（b）输出电压波形

（c）V_2 的波形　　　　　　　　　　（d）低通滤波后输出

图 11-24　斩波放大器时域波形

11.5　常用的开关电容电路

到目前为止，我们已经详细分析了图 11-1 所示典型开关电容放大器的工作原理。将开关、电容和运放以不同方式连接，可以形成各式各样的开关电容电路，完成多种电路功能。结合前面章节的分析，本节将介绍几种常用的开关电容电路。

11.5.1　精确乘二电路

精确乘二电路是一种能够实现对输入信号进行精确二倍放大的开关电容放大器，其常被应用在流水线 ADC 或 Cyclic ADC 中。典型的精确乘二电路及其控制时序如图 11-25 所示，该结构中采用了输入失调存储技术，另外 Φ_{1a} 采用提前关断时序技术。

当 $\Phi_1 = \Phi_{1a} = 1$、$\Phi_2 = 0$ 时，精确乘二电路处于采样态，其等效电路结构如图 11-26（a）所示。为了简化分析，我们仍然假设运放是一个理想运放，因此根据虚短特性可得 $V_X = V_{os} + V_{ref}$。此时，电容 C_1 和 C_2 中的电荷之和为

$$Q_{tot} = (V_{in} - V_{ref} - V_{os})(C_1 + C_2) \tag{11-42}$$

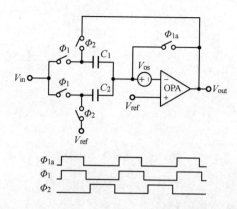

图 11-25　典型的精确乘二电路及其控制时序

当 $\Phi_1=\Phi_{1a}=0$、$\Phi_2=1$ 时，精确乘二电路处于放大态，其等效电路结构如图 11-26（b）所示。此时，电容 C_1 和 C_2 中的电荷之和为

$$Q'_{\text{tot}} = \left(V_{\text{out}} - V_{\text{ref}} - V_{\text{os}}\right)C_1 - V_{\text{os}}C_2 \tag{11-43}$$

根据电荷守恒，$Q_{\text{tot}}=Q'_{\text{tot}}$，则得到

$$V_{\text{out}} = \frac{C_1+C_2}{C_1}V_{\text{in}} - \frac{C_2}{C_1}V_{\text{ref}} \tag{11-44}$$

当 $C_1=C_2$ 时，$V_{\text{out}}=2V_{\text{in}}-V_{\text{ref}}$。经过上述操作实现对输入信号的乘二操作，但其精度强烈依赖于两个电容比值的精确程度，即电容的失配将会严重影响乘二的精确性。

（a）采样态　　　　　　　　　　　　　　　　（b）放大态

图 11-26　精确乘二电路的等效电路结构

11.5.2　电容失配非敏感精确乘二电路

图 11-25 所示精确乘二电路的基本工作原理实质是先利用两个相同的电容采集到等量的电荷，然后将其中一个电容中的电荷转移至另一个电容中，则在另一个电容中形成了二倍电荷量，进而完成对输入信号的乘二运算。但是当考虑工艺失配后，两个电容并不会完全一样，进而导致乘二的精度降低。可以用"量杯盛水"类比精确乘二电路，如图 11-27 所示。在采样态时，对输入信号采样就等同于用量杯盛取一定高度的水，#1 和#2 两个量杯均盛取高度为 h 的水。如果两个量杯的底面积分别为 S_1 和 S_2，则两个量杯中水的体积分别为 $V_1=S_1h$ 和 $V_2=S_2h$。在放大态时，等同于将#2 量杯中的水转移到#1 量杯中。这样#1 量杯中水的体积变为$(S_1+S_2)h$，那么其水面高度 $h'=h(S_1+S_2)/S_1$。当两个量杯大小不相等时，h'并不严格等于 $2h$。

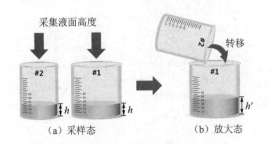

图 11-27　用"量杯盛水"类比精确乘二电路

工艺失配是无法避免的，那么有什么办法能够用两个不相同的电容实现精确乘二操作呢？下面介绍一种电容失配非敏感精确乘二电路，为了更直观地展现其原理，首先还是用量杯进行类比。还是使用大小不同的#1 和#2 两个量杯，这次的操作过程略微复杂一些，有四个状态，如图 11-28 所示。在状态 1 时，#1 量杯采集高度为 h 的水，则其中水的体积为 $V_1=S_1h$，而#2 量杯倒空，则 $V_2=0$。在状态 2 时，将#1 量杯中的水全部转移到#2 量杯中，则#2 量杯中水的体积变为 $V_2=S_1h$，此时我们并不关心#2 量杯的水面高度。在状态 3 时，#1 量杯再次采集高度为 h 的水，而不对#2 量杯做任何操作，则此时 $V_1=V_2=S_1h$。最后在状态 4 时，将#2 量杯中的水全部转移回#1 量杯中，则#1 量杯中水的体积严格为 $2S_1h$，考虑其底面积为 S_1，则此时#1 量杯中水面高度严格为 $2h$，#2 量杯的大小对最终的水面高度没有任何影响。

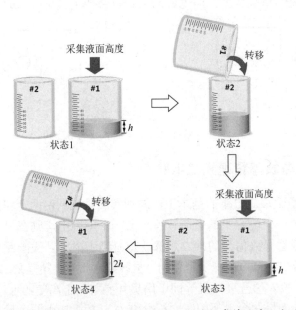

图 11-28　用"量杯盛水"类比电容失配非敏感精确乘二电路

电容失配非敏感精确乘二电路结构及其控制时序如图 11-29 所示，这个电路相比简单的精确乘二电路更为复杂，需要五种控制时序，并消耗两个时钟周期完成四种状态的转换。但正如图 11-28 所描述的一样，电容失配非敏感精确乘二电路能够实现不受电容失配影响的精确乘二运算。事实上，即使电容 C_1 和 C_2 的设计值不一样，也不会影响最终乘二运算的结果，因此该电路在很大程度上放松了对电容面积的要求。

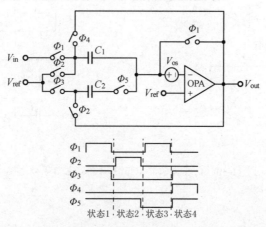

图 11-29　电容失配非敏感精确乘二电路结构及其控制时序

　　下面分状态分析电容失配非敏感精确乘二电路的具体工作过程，为简化分析过程，仍假设运放具有理想的虚短特性。当 $\Phi_1=\Phi_3=\Phi_5=1$、$\Phi_2=\Phi_4=0$ 时，电路进入状态 1，其等效电路如图 11-30（a）所示。此时，C_1 和 C_2 中的电荷 $Q_{1,p1}$ 和 $Q_{2,p1}$ 分别为

$$Q_{1,p1}=\left(V_{in}-V_{ref}-V_{os}\right)C_1 \tag{11-45}$$

$$Q_{2,p1}=-V_{os}C_2 \tag{11-46}$$

　　当 $\Phi_1=\Phi_3=\Phi_4=0$、$\Phi_2=\Phi_5=1$ 时，电路进入状态 2，其等效电路如图 11-30（b）所示。此时 C_1 中的电荷为 $Q_{1,p2}=-V_{os}C_1$，C_2 中的电荷记为 $Q_{2,p2}$。根据电荷守恒有 $Q_{1,p1}+Q_{2,p1}=Q_{1,p2}+Q_{2,p2}$，则可得到在状态 2 时，电容 C_2 中存储的电荷量为

$$Q_{2,p2}=\left(V_{in}-V_{ref}\right)C_1-V_{os}C_2 \tag{11-47}$$

　　当 $\Phi_2=\Phi_3=\Phi_4=\Phi_5=0$、$\Phi_1=1$ 时，电路进入状态 3，其等效电路如图 11-30（c）所示。此时电容 C_1 对输入信号 V_{in} 再次采样，因此 C_1 中的电荷量为

$$Q_{1,p3}=\left(V_{in}-V_{ref}-V_{os}\right)C_1 \tag{11-48}$$

而此时电容 C_2 处于浮空状态，其存储电荷量与状态 2 相同，因此

$$Q_{2,p3}=Q_{2,p2}=\left(V_{in}-V_{ref}\right)C_1-V_{os}C_2 \tag{11-49}$$

　　当 $\Phi_3=\Phi_4=\Phi_5=1$、$\Phi_1=\Phi_2=0$ 时，电路进入状态 4，这也是其整个工作流程的最后一个状态，其等效电路如图 11-30（d）所示。此时，C_1 和 C_2 中的电荷 $Q_{1,p4}$ 和 $Q_{2,p4}$ 分别为

$$Q_{1,p4}=\left(V_{out}-V_{ref}-V_{os}\right)C_1 \tag{11-50}$$

$$Q_{2,p4}=-V_{os}C_2 \tag{11-51}$$

　　根据电荷守恒有 $Q_{1,p3}+Q_{2,p3}=Q_{1,p4}+Q_{2,p4}$，代入式（11-48）～式（11-51）可得到

$$V_{out}=2V_{in}-V_{ref} \tag{11-52}$$

由式（11-52）可知，状态 4 的输出实现了对输入信号的精确乘二操作，且与电容比值无关，因此电容失配对结果无影响。

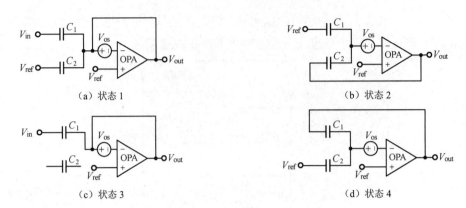

（a）状态 1　　　　　　　　　　　　　　（b）状态 2

（c）状态 3　　　　　　　　　　　　　　（d）状态 4

图 11-30　电容失配非敏感精确乘二电路等效电路

11.5.3　积分器

典型的全差分开关电容积分器电路结构如图 11-31（a）所示，其在两相不交叠时钟 Φ_1 和 Φ_2 的控制下不断在采样态和积分态之间转换，完成对差分输入信号的累加操作。对比图 11-15 所示的全差分开关电容放大器结构，发现开关电容积分器中取消了对保持电容 C_H 的周期性复位操作，这才使得 C_H 中的电荷被不断累积。当积分器处于第 n 个工作周期，且 $\Phi_1=1$、$\Phi_2=0$ 时，积分器处于采样态，其等效电路如图 11-31（b）所示。在此状态下，电容 C_S 采集到的差分电荷量为 $\Delta V_{in}[n]C_S$，而积分电容 C_H 为浮空状态，因此电容 C_H 中的差分电荷量维持为 $\Delta V_{out}[n]C_H$。当控制时序变为 $\Phi_1=0$、$\Phi_2=1$ 时，积分器进入积分态，等效电路如图 11-31（c）所示，积分器进入第 $n+1$ 个工作周期，输出将发生变化。在此状态下，C_S 中的差分电荷被清空，全部转移至积分电容 C_H 中，C_H 中的差分电荷量为 $\Delta V_{out}[n+1]C_H$。根据电荷守恒原理，可得到 $\Delta V_{in}[n]C_S+\Delta V_{out}[n]C_H=\Delta V_{out}[n+1]C_H$，整理后得到

$$\Delta V_{out}\left[n+1\right]=\Delta V_{out}\left[n\right]+\frac{C_S}{C_H}\Delta V_{in}\left[n\right] \tag{11-53}$$

由式（11-53）可知，该积分器电路完成了对 C_S/C_H 倍输入信号的累加操作。这里需要注意的是，因为当 $\Phi_2=1$ 时积分器输出才开始新的变化，所以我们以 Φ_2 的上升沿作为一个新积分周期的开始。结合上述有关开关电容积分器工作过程的描述，可以得到其控制时序与对应输出电压的关系，如图 11-32 所示。

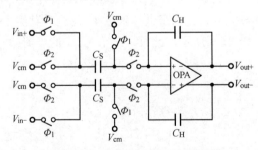

（a）典型的全差分开关电容积分器电路结构

图 11-31　电路结构及其等效电路

（b）采样态积分器等效电路　　　　　　　（c）积分态积分器等效电路

图 11-31　电路结构及其等效电路（续）

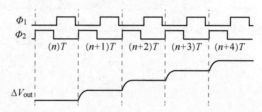

图 11-32　开关电容积分器控制时序与对应输出电压的关系

由于在采样态时，为了维持积分电容 C_H 中的电荷不发生变化，运放并不能被连接为单位增益负反馈结构，这也就意味着无法对失调电压进行存储。当考虑实际运放的等效输入失调电压 V_{os} 后，积分器的输出变为

$$\Delta V_{out}\left[n+1\right] = \Delta V_{out}\left[n\right] + \frac{C_S}{C_H}\Delta V_{in}\left[n\right] + \frac{C_S}{C_H}V_{os} \tag{11-54}$$

由式（11-54）可知，每经过一个积分周期，C_S/C_H 倍的 V_{os} 都会被累加到输出信号上，这将导致输出电压很快达到饱和。可以使用 11.4.2 节中介绍的斩波技术解决整个问题，采用斩波技术的开关电容积分器电路结构如图 11-33 所示。为了更直观地展现斩波技术所发挥的作用，可将斩波调制看成不断翻转的运放，这样所累加的 V_{os} 的极性也在不断翻转，最后使得 $\pm V_{os}$ 相互抵消，不再对输出产生影响。

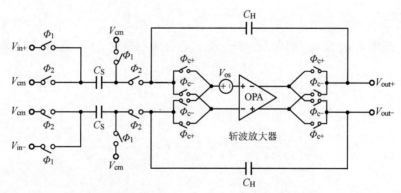

图 11-33　采用斩波技术的开关电容积分器电路结构

11.5.4　开关电容共模反馈

开关电容电路也可以实现共模反馈功能，相比连续型共模反馈电路，其具有功耗低、

检测共模电压范围大、不影响运放输出阻抗等优点。开关电容共模反馈电路需要在两相不交叠时钟控制下完成工作，更加适合应用在开关电容放大器电路中。开关电容共模反馈电路及其典型应用如图 11-34 所示。其中 V_{cm} 为需要设定的共模输出电压，V_{b1} 是一个偏置电压，V_{cmfb} 是共模反馈电路反馈给运放的偏置电压，Φ_1 和 Φ_2 是一组两相不交叠时钟。

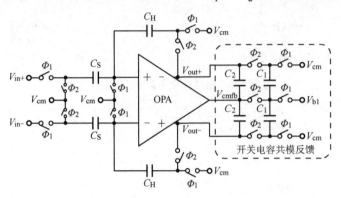

图 11-34　开关电容共模反馈电路及其典型应用

下面结合运放的具体结构来分析开关电容共模反馈电路的工作原理，如图 11-35 所示。首先要说明的是，开关电容共模反馈输出的 V_{cmfb} 需要多个 Φ_1 和 Φ_2 的工作周期才能稳定，因此用 $V_{cmfb}[n]$ 表示第 n 个周期时 V_{cmfb} 的电压值。此外，用 $V_{cm,out}[n]$ 表示第 n 个周期的共模输出电压 $(V_{out+} + V_{out-})/2$。为简化描述，定义 $a_n = V_{cm,out}[n] - V_{cmfb}[n]$，$b = V_{cm} - V_{b1}$。当开关电容共模反馈处于第 n 个工作周期，且 $\Phi_1=1$ 和 $\Phi_2=0$（状态 1）时，电容 C_1 中的电荷为 bC_1，而电容 C_2 处于浮空状态，电容 C_2 中的电荷维持第 $n-1$ 个周期时的值 $a_{n-1}C_2$。当控制时序变为 $\Phi_1=0$ 和 $\Phi_2=1$（状态 2）后，运放共模输出电压及共模反馈电压更新为第 n 个周期的值 $V_{cm,out}[n]$ 和 $V_{cmfb}[n]$。此时，电容 C_1 和 C_2 处于并联状态，它们的电荷总量为 $a_n(C_1+C_2)$。在状态 2 下，电容 C_1 和 C_2 处于浮空状态，它们的电荷总量与状态 1 下的电荷总量相同，即 $a_{n-1}C_2+bC_1=a_n(C_1+C_2)$，因此可得到

$$a_n = \frac{C_2}{C_1+C_2}a_{n-1} + \frac{C_1}{C_1+C_2}b \tag{11-55}$$

式（11-55）展现了 a_n 和 a_{n-1} 的关系，基于该式进行递归替换 a_{n-1}、a_{n-2}、…，最终得到

$$a_n = \left(\frac{C_2}{C_1+C_2}\right)^n a_0 + \frac{C_1}{C_1+C_2}b\sum_{i=1}^{n}\left(\frac{C_2}{C_1+C_2}\right)^{i-1} \tag{11-56}$$

$$= \left(\frac{C_2}{C_1+C_2}\right)^n a_0 + \frac{C_1}{C_1+C_2}b\frac{1-\left(\dfrac{C_2}{C_1+C_2}\right)^{n-1}}{1-\dfrac{C_2}{C_1+C_2}}$$

因为 $C_2/(C_1+C_2)<1$，所以当 n 足够大时，$[C_2/(C_1+C_2)]^n$ 可近似为 0。所以由式（11-56）可知，当 n 足够大时，$a_n=b$。这意味着，经过足够多个工作周期后，$V_{cm,out}-V_{cmfb}=V_{cm}-V_{b1}$。在设计运放偏置时，让 M_9 和 M_{10} 的偏置电压为 V_{b1}，则运放中各支路电流达到平衡；假设当前 $V_{cm,out}$ 变大，则 V_{cmfb} 也会同幅度变大，则在 V_{b1} 和 V_{b4} 不变的情况下，运放输出端向下的偏置电流增大，进而抵消 $V_{cm,out}$ 变大的趋势。最终会使得 V_{cmfb} 稳定为 V_{b1}，则 $V_{cm,out}$ 稳定

为设定值 V_{cm}。

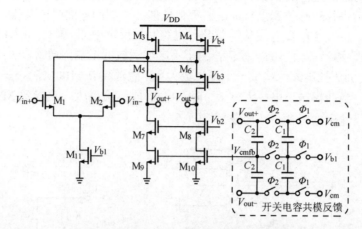

图 11-35　开关电容共模反馈电路的工作原理

由式（11-56）可知，开关电容共模反馈电路需要若干个工作周期才能稳定，为了让 a_n 尽快收敛到 b，需要 C_1 大于 C_2，且 C_1 越大 V_{cmfb} 稳定得越快，通常将 C_1 设计为 5～10 倍的 C_2 以获得较快的建立速度。但是需要注意，由于 C_1 和 C_2 都会成为运放的负载电容，因此为了不过多影响运放的带宽，C_1 和 C_2 的取值不能太大。在图 11-34 所示的电路中，开关电容共模反馈电路结构在状态 1 和状态 2 时是不相同的，在开关电容放大器处于采样态时只有电容 C_2 连接至运放输出端，而在开关电容放大器处于放大态时电容 C_1 和 C_2 均连接至输出端。在有些情况下，需要运放在采样态和放大态均具有稳定的共模输出电压以及更加均衡的负载，此时可以采用对称型开关电容共模反馈电路，如图 11-36 所示。在对称型开关电容共模反馈电路中，有两组电容 C_1，无论在什么状态下，总是有一组电容 C_1 用于采样 V_{cm}-V_{b1}，而另一组电容 C_1 与 C_2 并联后连接至运放，为运放提供更稳定的共模电压。这样的结构可以使开关电容放大器在采样态和放大态所得到的共模反馈电路完全一致。

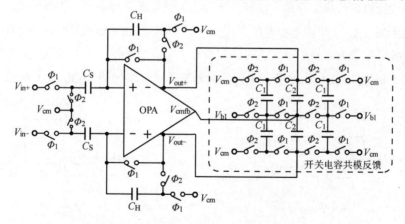

图 11-36　对称型开关电容共模反馈电路

由于开关电容共模反馈需要在两相不交叠时钟控制下才能保持正常工作，所以不能直接对使用开关电容共模反馈的运放进行 AC 或 DC 仿真。为了能够在 DC 或 AC 仿真条件下对运放主体进行调试和设计，需要使用一个连续时间共模反馈电路模型来代替开关电容共模反馈。当对运放主体的 DC 和 AC 仿真验证通过后，重新将开关电容共模反馈电路连接至运放，最后进行瞬态仿真以验证电路整体性能。典型的连续时间共模反馈电路模型如图 11-37 所示，其中电容 C_{1+2} 用来等效开关电容共模反馈中 C_1 和 C_2 引入的负载效应；两个电阻 R_1 用来检测当前输出的共模值，为了不影响运放的增益，通常取 $R_1=100\text{M}\Omega$；电阻 R_2 和跨导为 g_m 的压控电流源构成一个理想放大器，通常取 $R_2=100\text{M}\Omega$，$g_m=100\mu\text{S}$。其共模反馈过程如下，当共模输出电压大于 V_{cm} 时，电压 V_{cmfb} 会增大，这导致 M_9 和 M_{10} 的电流变大，迫使共模输出电压减小，形成负反馈调节。

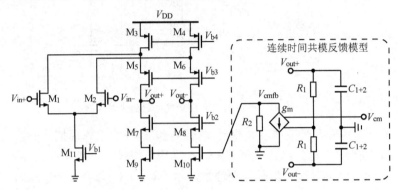

图 11-37 典型的连续时间共模反馈电路模型

11.6 噪声分析

本节将对图 11-1 所示的开关电容放大器的噪声特性进行分析。在通常情况下，为了避免开关的导通电阻 R_{on} 影响电路的响应速度，要求 R_{on} 要远小于 $1/g_m$（g_m 为运放的输入跨导），因此开关电容放大器的噪声主要由运放贡献。在进行噪声分析时，需要将输入信号置零，而且直流参考电压也被看成交流地。在开关电容放大器处于采样态时，假设运放的等效输入噪声在时域表示为 $v_{ns}(t)$，其均方根电压为 $\overline{v_{ns}^2}$，则开关电容放大器的等效电路如图 11-38（a）所示。在开关电容放大器处于放大态时，假设开关电容放大器的等效输入噪声在时域表示为 $v_{nh}(t)$，其均方根电压为 $\overline{v_{nh}^2}$，则开关电容放大器的等效电路如图 11-38（b）所示。

（a）采样态 （b）放大态

图 11-38 开关电容放大器的等效电路

假设 t_h 时刻是后续电路对放大态输出电压采样的时刻，则 $V_{out}(t_h)$ 的随机波动性即噪声。因此计算 $V_{out}(t_h)$ 的均方根电压值即可得到输出噪声。开关电容放大器的一个完整工作过程包含采样态和放大态，因此采样态结束时刻运放的噪声也会对最终输出产生影响，我们假

设采样态结束的时刻为 t_s，则在时域上根据电荷守恒原理可以得到

$$C_S v_{ns}(t_s) + C_H v_{ns}(t_s) = C_S v_{nh}(t_h) + C_H[v_{nh}(t_h) - V_{out}(t_h)] \tag{11-57}$$

因此得到 t_h 时刻的输出电压为

$$V_{out}(t_h) = \frac{(C_S + C_H)v_{nh}(t_h) - (C_S + C_H)v_{ns}(t_s)}{C_H} \tag{11-58}$$

根据 $v_{ns}(t)$ 和 $v_{nh}(t)$ 的均方根电压表达式，可以得到 $V_{out}(t_h)$ 的均方根电压，即输出噪声均方根电压为

$$\overline{v_{n,out}^2} = \frac{(C_S + C_H)^2 \overline{v_{nh}^2} + (C_S + C_H)^2 \overline{v_{ns}^2}}{C_H^2} = \left(\frac{C_S}{C_H} + 1\right)^2 (\overline{v_{nh}^2} + \overline{v_{ns}^2}) \tag{11-59}$$

考虑运放的等效输入噪声 PSD 并不会随工作状态发生改变，因此采样态和放大态的噪声均方根电压主要是由带宽决定的。如果放大态系统带宽为采样态的 α 倍，则 $\overline{v_{nh}^2} = \alpha\overline{v_{ns}^2}$，因此式（11-59）变为

$$\overline{v_{n,out}^2} = \left(\frac{C_S}{C_H} + 1\right)^2 (1+\alpha)\overline{v_{ns}^2} \tag{11-60}$$

如果采样态和放大态的反馈系数分别为 β_S 和 β_H（采样态时运放处于单位增益负反馈，即 $\beta_S=1$），主极点负载电容分别为 C_{LtotS} 和 C_{LtotH}，则 α 可表示为

$$\alpha = \frac{\beta_H \dfrac{g_m}{C_{LtotH}}}{\beta_S \dfrac{g_m}{C_{LtotS}}} = \beta_H \frac{C_{LtotS}}{C_{LtotH}} \tag{11-61}$$

假设运放是一个二级运放，当其具有较好的 PM 时，其主极点应为第一级放大器输出，因此采样态和放大态的主极点负载电容不会发生变化，则 $\alpha=\beta_H$。考虑到 $\beta_H=C_H/(C_S+C_H)$，则

$$\overline{v_{n,out}^2} = \left(\frac{C_S}{C_H} + 1\right)^2 \left(1 + \frac{C_H}{C_S + C_H}\right)\overline{v_{ns}^2} \tag{11-62}$$

因为开关电容放大器系统增益为 $G=C_S/C_H$，因此开关电容放大器的等效输入噪声为

$$\overline{v_{n,in}^2} = \frac{\overline{v_{n,out}^2}}{G^2} = \left(1 + \frac{1}{G}\right)^2 \left(1 + \frac{1}{G+1}\right)\overline{v_{ns}^2} \tag{11-63}$$

根据第 8 章的分析，一个针对噪声优化过设计的运放，当仅考虑热噪声时其等效输入噪声 PSD 可近似表示为 $16kT/(3g_m)$。当运放具有较好的 PM 时，在采样态时运放的反馈系统可近似为一个单极点系统，根据式（8-30）可得到噪声带宽为闭环系统主极点的 $\pi/2$ 倍，因此

$$\overline{v_{ns}^2} = \frac{16kT}{3g_m}\left(\beta_S \frac{g_m}{2\pi C_{LtotS}}\right)\frac{\pi}{2} = \frac{4kT}{3C_{LtotS}} \tag{11-64}$$

因此最终得到开关电容放大器的等效输入噪声可近似表示为

$$\overline{v_{n,in}^2} = \left(1 + \frac{1}{G}\right)^2 \left(1 + \frac{1}{G+1}\right)\frac{4kT}{3C_{LtotS}} \tag{11-65}$$

由式（11-65）可知，随着 G 的增大，开关电容放大器的等效输入噪声将减小。当 G 足够大时，开关电容放大器的等效输入噪声就近似为采样态时运放的等效输入噪声。

11.7　开关电容放大器电路实例仿真

本节以图 11-1 所示的开关电容放大器为例，进行电路实例设计与仿真验证。对开关电容放大器的基本要求如下：工作电压为 1.8V，工作频率为 1MHz，放大倍数为 2 倍，参考电压 V_{ref}=0.9V，输出电压范围为 $0.5\sim1.3$V，精度要求达到 $1/2^{10}$，采样电容 C_S=2pF，保持电容 C_H=1pF，负载电容 C_L=1pF。根据上述要求，首先计算此开关电容放大器对运放的基本要求。在放大态时，系统反馈系数为 $\beta_H=C_H/(C_S+C_H)=1/3$，则运放增益需达到 3×2^{11}，即 75.8dB。工作周期为 1μs，故设定信号建立时间为 300ns，运放转换时间为 100ns。综合考虑采样态和放大态的等效总负载电容和反馈系数，可知放大态对运放的带宽要求更高，因此运放所需最小增益带宽积为

$$f_{GBW} = \frac{11\times\ln 2}{2\pi\times\dfrac{1}{3}\times 300\text{ns}} \approx 12\text{MHz} \tag{11-66}$$

在放大态时等效总负载电容约为 1.7pF，因此运放输入跨导最小为 12MHz×2π×1.7pF≈ 128μS。根据转换时间要求，可得到最小转换速率为 0.8V/100ns=8V/μs。因为在采样态时，运放的等效总负载电容为 4pF，所以运放输入对管的尾电流最小值要求为 8V/μs×4pF=32μA。考虑所要求的参考电压和输出范围，选择折叠式共源共栅运放。根据上述分析结果进行运放的设计，其电路原理图如图 11-39 所示。通过 Aether 的 MDE 工具对所设计运放进行 AC 仿真，得到运放的幅频特性曲线和相频特性曲线，运放的交流仿真结果如图 11-40 所示。由仿真结果可以看出，该运放的增益约为 80dB，单位增益带宽约为 14.5MHz，相位裕度约为 72°，指标满足上述计算要求。通过 DC 仿真，可得到运放的输入管尾电流为 32μA，满足转换速率要求。在 1.8V 供电下，运放功耗约为 115μW。

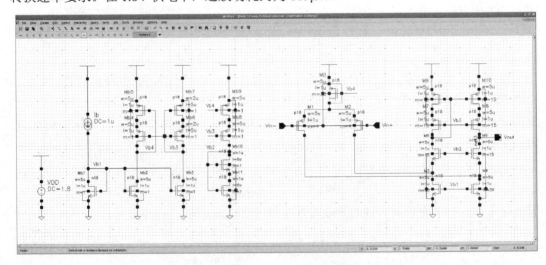

图 11-39　折叠式共源共栅运放电路原理图

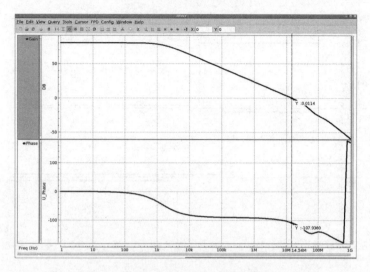

图 11-40　运放的交流仿真结果

　　基于上述运放进行开关电容放大器电路设计，其电路原理图如图 11-41 所示，其中开关采用 CMOS 开关结构，控制时序 clk1、clk1a、clk2 由 analog 库中的 vpulse 激励源提供，再通过两个数字反相器分别产生每个控制时序的反相时序和正相时序。控制时序 clk1 和 clk2 为一对两相不交叠时钟，不交叠时间为 4ns，clk1a 为 clk1 的提前下降沿时序，clk1a 的下降沿比 clk1 的下降沿提前 4ns。在 MDE 中进行瞬态仿真，得到控制时序波形，如图 11-42 所示，具体查看 clk1 下降沿处的波形，可看到仿真结果满足预期要求。因为 V_{ref}=0.9V，所以前面设计的开关电容放大器在采样态时输出电压 V_{out}=0.9V。此外，又因为 C_S/C_H=2，所以根据式（11-1）可得到所设计的开关电容放大器在放大态时的输出电压为 V_{out}=2V_{in}-0.9。为验证所设计的开关电容放大器的功能与精度，首先施加一个直流输入信号 V_{in}=1.05V，然后在 MDE 中进行瞬态仿真，得到单个工作周期内开关电容放大器的输出波形，如图 11-43 所示。在前 500ns，V_{out}=0.9V，在 500ns 处进入放大态响应，经过 300ns 的建立时间，V_{out} 稳定为 1.1999V，满足功能和精度要求。

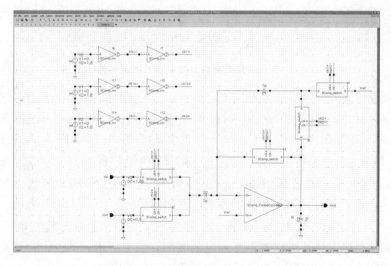

图 11-41　开关电容放大器电路原理图

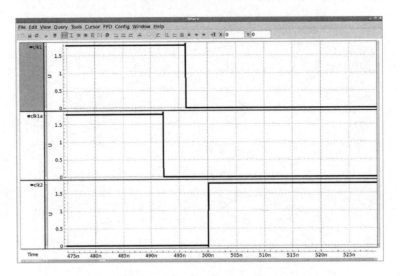

图 11-42　瞬态仿真控制时序波形

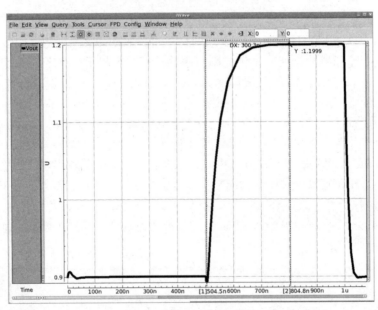

图 11-43　单个工作周期内开关电容放大器的输出波形

最后给所设计的开关电容放大器施加一个正弦波 $V_{in}(t)=0.9+0.2\sin(f_{sig}t)$，其中 f_{sig} 为正弦波频率，这里设定其为 50kHz，则该正弦波的周期为 20μs。根据前面分析得到的放大态输出电压表达式，可得到在上述正弦波输入下放大态输出电压为 $V_{out}(t_h)=2V_{in}(t_s)-0.9=0.9+0.4\sin(f_{sig}t_s)$，其中 t_s 表示采样态结束时刻（即 clk1a 下降沿位置），t_h 表示放大态信号建立稳定时刻（即 clk2a 上升沿位置后 300ns 处）。在 MDE 工具中对开关电容放大器进行仿真，得到 V_{out} 波形，在正弦波输入下开关电容放大器的输出波形如图 11-44 所示。在一个正弦波周期 20μs 内，开关电容放大器连续采样放大 20 次，每次采样态时输出电压均为 0.9V，放大态的包络是对输入信号幅度放大 2 倍后的波形。综上所述，所设计的开关电容放大器以 1MHz 频率精确实现了对输入信号的采样和放大 2 倍的操作。

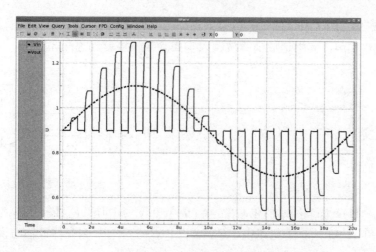

图 11-44　在正弦波输入下开关电容放大器的输出波形

习题

11.1　在图 11-2（a）所示的电路中，μ_n=350×10^{-4} m^2/(V·s)，C_{ox}=3.837×10^{-3} F/m^2，V_{THn}=0.7V，W/L=10，γ=0，当输入 V_{in} 在 0～2V 范围内变化时，求 M$_1$ 导通电阻的最大值和最小值。

11.2　在图 11-2（a）所示的电路中，C_{ox}=3.837×10^{-3} F/m^2，V_{THn}=0.7V，W/L=20μm/1μm，C_L=1pF，单位宽度的栅极源极/漏极交叠电容 C_{ov}=3.837×10^{-3} F/m，源漏的扩散长度 L_D=0.08μm，求电荷注入和时钟馈通对输出端的影响。

11.3　在图 11-45 所示的电路中，开关 S$_1$ 和 S$'_1$ 存在 10mV 的阈值电压失配，C_S=1pF，C_H=0.5pF，V_{THn}=0.6V，WLC_{ox}=50fF。假设 S$_1$ 和 S$'_1$ 的全部沟道电荷都分别注入节点 X 和 Y，计算输出端的直流失调电压。

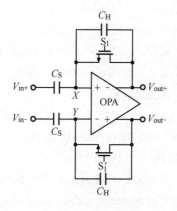

图 11-45　11.3 题图

11.4　考虑图 11-46 所示的开关电容电路，该电路由两个直流电压源 V_1 和 V_2、两个开关及一个电容 C$_1$ 构成，Φ_1 和 Φ_2 为两相不交叠时钟，假设时钟频率为 1kHz，若需要 1MΩ 的等效电阻，计算 C_1。

11.5　考虑图 11-47 所示的开关电容电路，$C_1=C_2$，计算完成一个完整的采样保持后电路引入的等效热噪声，其中运放的等效输入噪声功率谱密度为 $S(f)=4kT\gamma/g_m$。

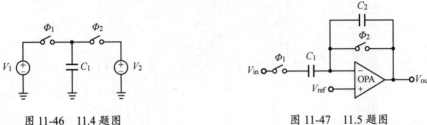

图 11-46　11.4 题图　　　　　　　　　　图 11-47　11.5 题图

11.6　在图 11-2（a）所示的电路中，当 Φ 从 0 变为 1 时，V_{out} 随时间如何变化呢？

11.7　在图 11-48 所示的电路中，$C_p=0.5\text{pF}$，$C_1=2\text{pF}$，那么在保证输出误差为 0.5% 的情况下，运放的最小增益是多少呢？

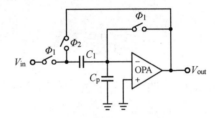

图 11-48　11.7 题图

参考文献

[1] RAZAVI B. Design of Analog CMOS Integrated Circuits[M]. New York: The McGraw-Hill Companies, 2001.

[2] TSANG C W. Digitally Calibrated Analog-to-Digital Converters in Deep Sub-Micron CMOS[D]. Berkeley: University of California, 2008.

[3] WALTARI M E, HALONEN K A I. Circuit Techniques for Low-Voltage and High-Speed A/D Converters[M]. Springer Science & Business Media, 2002.

[4] WEGMANN G, VITTOZ E A, RAHALI F. Charge Injection in Analog MOS Switches[J]. IEEE Journal of Solid-State Circuits, 1987, 22(6): 1091-1097.

[5] SHEU B J, HU C. Switch-Induced Error Voltage on A Switched Capacitor[J]. IEEE Journal of Solid-State Circuits, 1984, 19(4): 519-525.

[6] ENZ C C, TEMES G C. Circuit Techniques for Reducing the Effects of Op-Amp Imperfections: Autozeroing, Correlated Double Sampling, and Chopper Stabilization[J]. Proceedings of the IEEE, 1996, 84(11): 1584-1614.

[7] CHOKSI O, CARLEY L R. Analysis of Switched-Capacitor Common-Mode Feedback Circuit[J]. IEEE Transactions on Circuits and Systems II: Analog and Digital Signal Processing, 2003, 50(12): 906-917.

第12章

模数转换器与数模转换器

模数转换器（Analog to Digital Converter，ADC）是把连续时间和连续幅度的模拟信号转变为离散时间和量化幅度的数字信号的器件，而数模转换器（Digital to Analog Converter，DAC）是把数字信号转变成模拟信号的器件。ADC 和 DAC 是电子电路中模拟世界和数字世界之间的接口。随着现代数字信号处理技术的快速发展，ADC 和 DAC 成为几乎所有信号处理系统中重要的组成部分。因此，我们非常有必要了解 ADC 和 DAC 的性能评价参数和电路结构，本章将对这些内容展开分析与讨论。

12.1 ADC 相关的基础理论

ADC 的输入信号与输出信号如图 12-1 所示，ADC 的输入信号是在时间和幅度上都连续的模拟信号，经过 ADC 采样和量化后，输出的是离散时间和量化幅度的数字信号。一个理想 ADC 的输入、输出关系式为

$$D_{\text{out}} = \left\lfloor 2^n G \frac{x}{x_{\text{FS}}} \right\rfloor \tag{12-1}$$

式中，$\lfloor\ \rfloor$ 表示向下取整数运算；n 为 ADC 的输出比特数，即分辨率；G 为增益，通常为 1；x 为输入模拟电压信号或电流信号；x_{FS} 为 ADC 所能接受的最大输入信号幅度，即 ADC 的量化范围或量程。

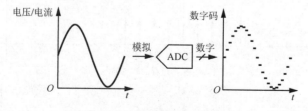

图 12-1　ADC 的输入信号与输出信号

ADC 的采样和量化过程都会带来一定的失真，使得 ADC 的输出信息并不会与输入信息完全一样，但是只要采样的速度和量化的精度满足应用要求，就可以认为 ADC 输出的数字码可以高保真地反映输入的模拟信号。因此，我们非常有必要对 ADC 的采样原理和量化原理进行分析。

12.1.1　采样原理

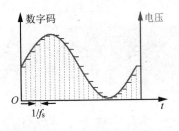

图 12-2　转换率与转换时间

采样率 f_s 也称转换率，表示 ADC 完成数据采样和转换的频率，单位为采样/秒（Samples Per Second，SPS）。转换率与转换时间如图 12-2 所示，相邻两次采样的时间间隔为转换时间 T_s，表示完成一次模数转换所消耗的时间，因此有 $T_s=1/f_s$。

如图 12-3（a）所示，对一个时间连续的非周期输入信号 $f_{in}(t)$ 以 T_s 间隔进行采样，就相当于 $f_{in}(t)$ 乘上周期性冲激序列 $p_s(t)$，即采样结果为

$$f_{out}(t) = f_{in}(t)p_s(t) = f_{in}(t)\sum_{n=-\infty}^{+\infty}\delta(t-nT_s) \tag{12-2}$$

因为 $f_{in}(t)$ 是一个连续非周期函数，所以其频谱函数 $F_{in}(j\omega)$ 也是一个连续非周期函数。假设 $F_{in}(j\omega)$ 如图 12-3（b）所示，其中 ω_{in} 为 $f_{in}(t)$ 的带宽。另外，周期性冲激序列的傅里叶变换结果，即 $p_s(t)$ 的频谱，可表示为

$$P_s(j\omega) = \frac{2\pi}{T_s}\sum_{k=-\infty}^{+\infty}\delta(\omega-k\omega_s) \tag{12-3}$$

因为 $p_s(t)$ 为离散周期函数，所以 $P_s(j\omega)$ 也为离散周期函数。根据信号与系统的相关理论，时域的乘积运算转换到频域则变为卷积运算，所以时域上的采样过程在频域上表现为卷积运算，则采样输出 $f_{out}(t)$ 的频谱为

$$F_{out}(j\omega) = F_{in}(j\omega) * \frac{2\pi}{T_s}\sum_{k=-\infty}^{+\infty}\delta(\omega-k\omega_s) \tag{12-4}$$

由式（12-4）可知，采样输出的频谱是对输入信号频谱以 ω_s 频率等间隔复制，如图 12-3（b）所示。$f_{out}(t)$ 是离散非周期函数，$F_{out}(j\omega)$ 为连续周期函数，其周期即采样频率 ω_s。通过上述分析我们发现，只有 $\omega_s>2\omega_{in}$ 时，$F_{out}(j\omega)$ 对 $F_{in}(j\omega)$ 进行复制时才不会出现交叠，即不会出现频谱混叠，这样才能保证由 $f_{out}(t)$ 准确还原 $f_{in}(t)$。上述要求被称为奈奎斯特采样定理，其要求 ADC 的采样率要大于信号最大频率成分的两倍。

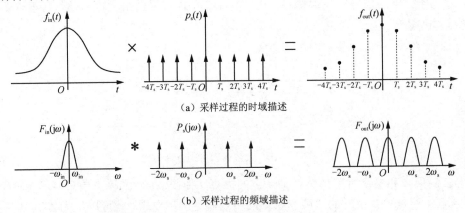

（a）采样过程的时域描述

（b）采样过程的频域描述

图 12-3　采样过程的时域描述和采样过程的频域描述

12.1.2 量化原理

ADC 对模拟信号进行离散采样后再进行量化操作，该操作将模拟输入信号以固定电压值或电流值为单位进行归一化处理，并输出数字码值 D_{out}。数字码值 D_{out} 通常用二进制数表示，其位数 n 称为 ADC 的分辨率。n 位二进制数字码值的最低位称为最低有效位（Least Significant Bit，LSB），而最高位称为最高有效位（Most Significant Bit，MSB）。对于 n 位分辨率的 ADC，如果输入模拟信号的最大幅度为 x_{FS}，则 LSB 所对应的模拟信号幅度为 $\Delta = x_{FS}/2^n$，Δ 为该 ADC 所能识别的最小输入信号变化。例如，对于 3 位的 ADC，共有 8 种输出码值，假设输入电压范围 $V_{FS}=8V$，则根据式（12-1）可得到输入模拟电压与输出码值的对应关系，如表 12-1 所示。

表 12-1 3 位的 ADC 的输入模拟电压与输出码值的对应关系

输入模拟电压范围	输出二进制数字码值	输出十进制数字码值
0～1V	000	0
1～2V	001	1
2～3V	010	2
3～4V	011	3
4～5V	100	4
5～6V	101	5
6～7V	110	6
7～8V	111	7

在固定 x_{FS} 条件下，n 越大，Δ 就越小，ADC 可识别更小的输入变化。在固定 n 条件下，采用更小的 x_{FS} 理论上也可以提高对模拟信号的识别精度，但这是以牺牲噪声特性为代价的。如果以 ADC 输出每个码值所对应的模拟信号范围的中间点作为当前码值所对应的模拟信号值 y，则其可表示为

$$y = \left\lfloor 2^n \frac{x}{x_{FS}} + 0.5 \right\rfloor \Delta \tag{12-5}$$

那么 y 与输入 x 之间的偏差即 ADC 的量化误差 e，可表示为 $e=y-x$。量化误差如图 12-4 所示，量化误差 e 在 $\pm\Delta/2$ 之间变化，并呈现周期性。量化误差是 ADC 量化过程中不可避免的基本限制，只有当 n 达到无穷大时，量化误差才会变为零，而这在现实中是不可能达到的。如果输入信号在不同输入区间 Δ 中随机变化，则 e 在两次采样间基本不相关，且在 $\pm\Delta/2$ 范围内均匀分布，所以可将量化误差看成一种白噪声，称之为量化噪声。

根据上述对量化误差 e 的描述，可得到其概率密度函数为

$$\rho_e = \begin{cases} \dfrac{1}{\Delta}, & -\dfrac{\Delta}{2} \leqslant e \leqslant +\dfrac{\Delta}{2} \\ 0, & \text{其他} \end{cases} \tag{12-6}$$

因此，量化误差所引入的量化噪声总功率为

$$P_e = \int_{-\infty}^{+\infty} e^2 \rho_e \, de = \frac{\Delta^2}{12} \tag{12-7}$$

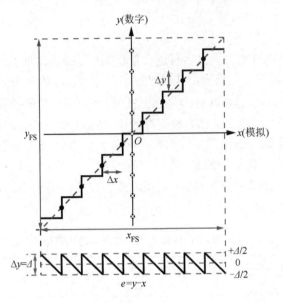

图 12-4 量化误差

由式（12-7）可知，只有降低 LSB 所对应的模拟信号幅度 Δ 才能降低量化噪声。对一个 n 位的 ADC 输入满幅度的正弦信号，则该正弦信号的功率可表示为

$$P_{\mathrm{s}} = \left(\frac{2^n \Delta}{2} \frac{1}{\sqrt{2}}\right) = \frac{\Delta^2}{8} 2^{2n} \tag{12-8}$$

因此 ADC 的峰值信噪比（单位为 dB）为

$$\mathrm{SNR}_{\mathrm{peak}} = 10\lg\left(\frac{P_{\mathrm{s}}}{P_{\mathrm{e}}}\right) = (1.76 + 6.02n)\,\mathrm{dB} \tag{12-9}$$

12.1.3 ADC 的主要特性参数及测试方法

为了对比或评价 ADC 的性能，可以测量其相关特性参数，这些参数大体上分为两类，分别是静态特性参数和动态特性参数。其中，静态特性参数是指在低速或直流输入情况下 ADC 的各种性能参数；动态特性参数是指在交流输入情况下 ADC 的各种性能参数。ADC 的静态特性参数基本与时间无关，反映实际量化特性与理想量化特性之间存在的偏差，主要包括失调误差、增益误差、微分非线性（Differential Non-Linearity，DNL）、积分非线性（Integral Non-Linearity，INL）。ADC 的动态特性参数与采样速率和输入信号频率有关，反映输出信号频谱与输入信号频谱之间存在的偏差，主要包括 SNR、总谐波失真、信号与噪声失真比、有效位数、无杂散动态范围。本节将对上述 ADC 性能参数的具体定义和测试方法进行介绍。

12.1.3.1 静态特性参数

1. 失调误差

失调误差如图 12-5 所示，ADC 的失调误差是指 ADC 实际输入-输出传输特性曲线中第一个转换点与理想值之间的偏差，大小可以用满输入信号摆幅的百分比或 LSB 形式表示。

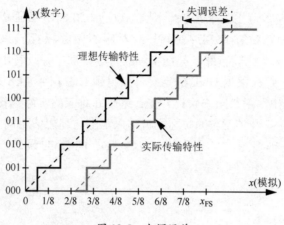

图 12-5 失调误差

2. 增益误差

如图 12-4 所示，理想 ADC 的输入-输出传输特性曲线是一根直线，斜率 y_{FS}/x_{FS} 即 ADC 增益。ADC 实际增益与理想增益之间的偏差即增益误差，增益误差如图 12-6 所示。通常使用实际满量程输入与理想满量程输入的偏差来表示增益误差，单位为 LSB 或满输入信号摆幅的百分比，在这种衡量方法下，增益误差又被称为满量程误差。

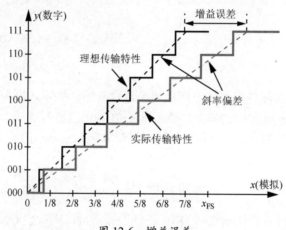

图 12-6 增益误差

3. DNL

DNL 表示 ADC 每个码值所对应的实际模拟信号幅度与理想模拟信号幅度 Δ 之间的偏差，并以 LSB 为单位进行归一化表示。假设模拟输入 x_k 是 ADC 输出第 $k-1$ 个码值和第 k 个码值之间的转换点，那么第 k 个码值所对应的模拟输入信号幅度为 $\Delta x_k = x_{k+1} - x_k$，其与理想幅度之间的偏差为 $\Delta x_k - \Delta$，因此第 k 个码值的 DNL 可表示为

$$DNL(k) = \frac{\Delta x_k - \Delta}{\Delta} \qquad (12\text{-}10)$$

根据上述关于 DNL 的定义，结合图 12-7 所示的具体示例来计算一个 3 位的 ADC 的 DNL。在图 12-7 中，编码 0 对应的实际模拟输入范围与理想值相同，则 DNL(0)=0LSB；编

码 1 对应的实际模拟输入范围为 1.2LSB，则 DNL(1)=0.2LSB；编码 2 对应的实际模拟输入范围为 1.0LSB，则 DNL(2)=0LSB；编码 3 对应的实际模拟输入范围为 1.3LSB，则 DNL(3)=0.3LSB；编码 4 比较特殊，其在实际的传输特性中并没有出现，这表明其所对应的模拟输入范围为 0，那么根据 DNL 的定义可以得到 DNL(4)=−1LSB；编码 5 对应的实际模拟输入范围为 2.2LSB，则 DNL(5)=1.2LSB；编码 6 对应的实际模拟输入范围为 0.3LSB，则 DNL(6)=−0.7LSB；编码 7 对应的实际模拟输入范围与理想值相同，则 DNL(7)=0LSB。

总结上述 DNL 结果，得到图 12-8 所示的 3 位的 ADC 的 DNL 误差。通过上述分析可知，DNL 误差为−1LSB 表示该码值丢失。

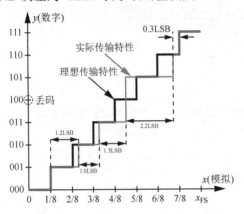

图 12-7　3 位的 ADC 的传输特性示例

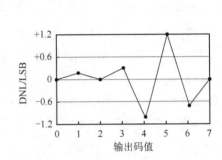

图 12-8　3 位的 ADC 的 DNL 误差

4. INL

INL 表示 ADC 实际传输曲线中码值转换点对应的模拟输入值和理想传输曲线中码值转换点对应的模拟输入值之间的偏差，通常以 LSB 为单位进行表示。考虑第 k 个码值实际对应的最大模拟输入值为 x_{k+1}，而其对应的理想最大模拟输入值应为 $k\Delta$，因此第 k 个码值的 INL 可表示为

$$\mathrm{INL}(k) = \frac{x_{k+1} - k\Delta}{\Delta} \qquad (12\text{-}11)$$

事实上，INL 也可以直接通过对 DNL 进行累加获得，INL 和 DNL 之间的关系为

$$\mathrm{INL}(k) = \sum_{i=0}^{k} \mathrm{DNL}(i) \qquad (12\text{-}12)$$

同样以图 12-7 所示的 ADC 传输特性为例，可得到其 INL 误差如图 12-9 所示。

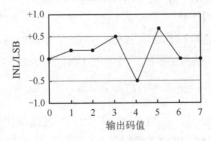

图 12-9　3 位的 ADC 的 INL 误差

12.1.3.2　动态特性参数

1. SNR

SNR 表示输入信号功率与 ADC 总噪声功率的比值，可表示为

$$\mathrm{SNR} = 10\lg\left(\frac{V_{\mathrm{in,rms}}^2}{v_{\mathrm{ntot,rms}}^2}\right) \tag{12-13}$$

式中，ADC 总噪声功率 $v_{\mathrm{ntot,rms}}^2$ 的主要来源包括量化噪声、电路热噪声和闪烁噪声、时间抖动、系统噪声。在上述噪声中，量化噪声是无法避免的，对于一个 n 位的理想 ADC，其最大 SNR 为 $(1.76+6.02n)$ dB。

2. 总谐波失真

当一个电路系统存在非线性问题时，如果在其输入端施加一个余弦信号 $x(t)=A\cos(\omega t)$，根据泰勒展开式，该系统输出端信号可表示为

$$
\begin{aligned}
y(t) &= \alpha_1 A\cos(\omega t) + \alpha_2 A^2\cos^2(\omega t) + \alpha_3 A^3\cos^3(\omega t) + \cdots \\
&= \alpha_1 A\cos(\omega t) + \frac{\alpha_2 A^2}{2}\left[1+\cos(2\omega t)\right] + \frac{\alpha_3 A^3}{4}\left[3\cos(\omega t)+\cos(3\omega t)\right] + \cdots
\end{aligned} \tag{12-14}
$$

由式（12-14）可知，高次项的泰勒展开式产生了与输入信号频率成整数倍的高次谐波，这就是谐波失真。一般通过将所有谐波能量（除去基频）之和用基频能量归一化来量化谐波失真的影响，这样的量度标准称为总谐波失真（Total Harmonic Distortion，THD），其可表示为

$$\mathrm{THD} = 10\lg\left(\frac{V_{\mathrm{HD2,rms}}^2 + V_{\mathrm{HD3,rms}}^2 + V_{\mathrm{HD4,rms}}^2 + \cdots}{V_{\mathrm{in,rms}}^2}\right) \tag{12-15}$$

3. 信号与噪声失真比

信号与噪声失真比（Signal-to-Noise-and-Distortion Ratio，SNDR）的定义与 SNR 的定义相似，不同之处在于 SNDR 考虑的是谐波失真问题。SNDR 表示信号与 ADC 总噪声和谐波失真总功率的比值，可表示为

$$
\begin{aligned}
\mathrm{SNDR} &= 10\lg\left(\frac{V_{\mathrm{in,rms}}^2}{v_{\mathrm{ntot,rms}}^2 + v_{\mathrm{HDtot,rms}}^2}\right) \\
&= 10\lg\left(\frac{1}{10^{-\frac{\mathrm{SNR}}{10}} + 10^{\frac{\mathrm{THD}}{10}}}\right)
\end{aligned} \tag{12-16}
$$

4. 有效位数

有效位数（Effective Number of Bits，ENOB）是指当考虑总噪声和总谐波失真时，ADC 等效为一个理想 ADC 的位数。例如，一个输出位数为 12 位的 ADC，如果其 ENOB 为 10，那么意味着该 ADC 的噪声水平相当于一个理想的 10 位的 ADC 的噪声水平。ENOB 可由 SNDR 计算获得，计算公式为

$$ENOB = \frac{SNDR - 1.76}{6.02} \qquad (12\text{-}17)$$

结合 ENOB 参数，可以通过品质因数（Figure of Merit，FOM）来综合评价 ADC 的功耗能效特性，这样方便对不同类型、不同参数的 ADC 进行综合对比。Walden 提出的 FOM 计算方法被称为 Walden FOM，具体为

$$FOM_s = \frac{P_{ADC}}{2^{ENOB} f_s} \qquad (12\text{-}18)$$

式中，P_{ADC} 为 ADC 的功率值。由式（12-18）可知，FOM_s 的单位为 J/step，表示 ADC 完成每个码值转换消耗的能量。

5. 无杂散动态范围

无杂散动态范围（Spurious Free Dynamic Range，SFDR）表示最大信号成分与最大失真成分的比值，可表示为

$$SFDR = 10\lg\left(\frac{V_{in,rms}^2}{v_{HD\_max,rms}^2}\right) \qquad (12\text{-}19)$$

图 12-10 以一个 ADC 的输出频谱为示例，展现了 SFDR 的定义。

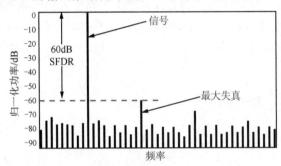

图 12-10　SFDR 示例

12.1.3.3　码密度分析

通过直方图统计来分析 ADC 的 DNL 误差和 INL 误差的方法被称为码密度法。在该方法中，首先对待测 ADC 输入特定的满幅度模拟信号 $x_{in}(t)$，然后采集 ADC 输出码值并对输出结果进行直方图统计分析。ADC 输出的每种码值被称为一个码箱（Code Bin），每种码值出现的次数被称为击中次数，也即码箱的大小。码箱的大小反映了数字码值所对应的模拟输入范围。由于 $x_{in}(t)$ 的函数形态是已知的，所以可以分析出输入信号的概率密度分布函数，结合 ADC 总采样次数，进而可计算出 ADC 的每个码箱的理论大小。最后，对比实际测试得到的码箱的大小与理论码箱的大小即可得到 DNL，对 DNL 进行累加便得到 INL。

在对 ADC 进行码密度分析时，$x_{in}(t)$ 通常采用正弦信号，其可表示为

$$x_{in}(t) = A\sin(\omega t) + B \qquad (12\text{-}20)$$

其概率密度函数为

$$f(x_{in}) = \frac{1}{\pi\sqrt{A^2 - (x_{in} - B)^2}} \tag{12-21}$$

$f(x_{in})$的函数形态表现为浴盆曲线（Bathtub Curve），正弦输入信号的概率密度函数如图 12-11 所示。

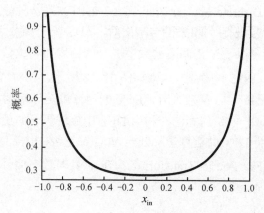

图 12-11 正弦输入信号的概率密度函数

对于一个理想 ADC，每个编码出现的概率应该是在该编码所对应的模拟输入范围内对正弦信号的概率密度函数进行积分，因此可得到第 k 个编码出现的概率为

$$P(k) = \int_{(k-1)\Delta}^{k\Delta} f(x_{in}) dx_{in} \tag{12-22}$$

如果测试总采样数目为 N_{rec}，则理想 ADC 第 k 个编码出现的次数为 $IN(k) = N_{rec}P(k)$，其代表了第 k 个编码所对应的模拟输入范围。通过实际测试的直方图统计结果，可以得到真实 ADC 第 k 个编码出现的次数为 $AN(k)$，其代表了第 k 个编码所对应的实际模拟输入范围，因此第 k 个编码出现的 DNL 为

$$DNL(k) = \frac{AN(k) - IN(k)}{IN(k)} \tag{12-23}$$

因为码密度法是基于统计学的测试方法，所以为使得测试结果达到一定的置信度，在测试中 ADC 的采样次数要达到一定数量。采样数量要满足

$$N_{rec} = \pi 2^{n-1} \left(Z_{\alpha/2}\right)^2 / \beta^2 \tag{12-24}$$

式中，n 为 ADC 的分辨率；β 为要达到的 DNL 误差测量精度，单位为 LSB；$Z_{\alpha/2}$ 为置信度值，对于 95%置信度，$Z_{\alpha/2} = 1.96$，而对于 99%置信度，$Z_{\alpha/2} = 2.58$。例如，一个采样率为 5MSPS、分辨率为 10 位的 ADC，要使得通过码密度法测量的 DNL 误差小于 0.1LSB，置信度达到 95%，则所需要的采样次数为 $N_{rec} = \pi \times 2^9 \times (1.96)^2 / (0.1)^2 \approx 617920$。如果在输入正弦信号的一个周期内完成 N_{rec} 个采样量化，则输入正弦信号的频率为 5MHz/617920≈8.092Hz。通过上述例子我们发现，通过码密度法测试 ADC 的 DNL 往往需要进行大量的采样量化。在使用码密度法评估 ADC 的线性度时，需要特别注意以下几点问题：①码密度法假设 ADC 传输特性曲线是单调的，倒码（Code Flip）现象的出现是无法被测试到的；②对于火花码，例如，100，100，…，100，0，124，124，…，在码密度分析中这种现象只会造成较小的 DNL 误

差和 INL 误差，只有通过直接观察 ADC 的传输特性曲线才能探测到这种现象；③码密度法并不能评估 ADC 的噪声特性，有时噪声甚至会在码密度法中改善 DNL 特性。

12.1.3.4 快速傅里叶变换分析

离散傅里叶变换（Discrete Fourier Transform，DFT）是一种最基本的数字信号分析方法，以频率 f_s 对输入信号进行等间隔采样 N 次后，对这 N 个离散点进行 DFT 处理得到 N 个复数，每个复数表示了以 f_s/N 为间隔的频率成分的幅度和相位信息，即获得输入信号的频谱信息，通过 DFT 获得时域信号的频谱如图 12-12 所示。在对 N 个数据进行 DFT 处理时，运算量达到了 N^2 量级，当 N 较大时，DFT 的运算量是异常庞大的。1965 年，Cooley 和 Tukey 提出了计算 DFT 的快速算法，利用 DFT 中旋转因子的周期性、对称性和缩放性实现了蝶形迭代计算，将 DFT 的运算量降低至 $N\log_2 N$ 量级，相较 DFT 减少了几个数量级，简称快速傅里叶变换（Fast Fourier Transform，FFT），其对数字信号处理的发展起到了重要作用。

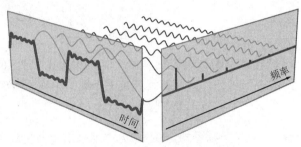

图 12-12   通过 DFT 获得时域信号的频谱

将特定的正弦信号输入 ADC，并对量化输出结果进行 FFT 分析可以得到 ADC 的频谱特性，进而计算出各种动态特性参数。在进行 FFT 分析时，采样总次数 N 需要是 2^m，其中 m 为整数。在 FFT 后得到的频谱中，能够分辨的最小频率成分被称为频率箱（Frequency Bin），其大小为 $f_{bin}=f_s/N$。假设输入正弦信号的频率为 f_{in}，为保证其能量全部集中在一个频率箱内，而不出现频谱泄漏，要用到相干采样法。其具体要求有三点：①在观察窗口内，即 N 次采样时间窗口内，出现整数周期个被采样的正弦信号，以保证观察窗口内的信号周期完整；②确保所有采样均有效，不出现冗余采样，要求正弦信号周期数 M 与采样数 N 互质；③根据奈奎斯特采样定理，要求 $f_{in}<f_s/2$。根据以上要求，可得到

$$\frac{N}{f_s} = \frac{M}{f_{in}} \tag{12-25}$$

在选定采样点数 N 和输入信号频率 f_{in} 后，根据式（12-25）可以计算出需要采样的正弦信号周期数目，但直接计算出的 M 有可能并不是整数，因此需要根据与 N 的互质原则对 M 进行取整。对 M 取整后，为再次保证式（12-25）成立，需要重新计算 f_{in}。下面举例说明计算过程，假设采样率 f_s=400MHz，选择输入信号频率 f_{in}=85MHz，采样点数 $N=2^{14}$=16384，首先根据相干采样原则，可计算出观察窗口内正弦波周期数量为 M=16384×85/400=3481.6；再根据互质原则将 M 取整为 3481；最后根据式（12-25）计算得到新的输入信号频率

f_{in}=3481/16384×400 MHz≈84.9854MHz。但是，实际测试时很难保证输入信号的频率如此精确，频率的偏差仍会带来一定的频谱泄漏问题。为了减少频谱泄漏问题，可采用窗函数对输入信号进行截断，常用的窗函数有矩形窗、汉宁（Hanning）窗、汉明（Hamming）窗等。

对 ADC 进行 FFT 分析后得到频谱图，一个典型的 FFT 结果示意图如图 12-13 所示。其采样频率 f_s=400MHz，所以频谱的频率上限为 200MHz，200M～400MHz 的频谱是 0～200MHz 的频谱的镜像。利用 12.1.3.2 节中分析的各种动态特性参数计算公式，结合频谱图中的数据可以计算得到图 12-13 所示的各种动态特性参数，SNR=81.29dB，THD=−64.39dB，SNDR=64.3dB，ENOB=10.4bits，SFDR=64.42dB。关于谐波失真需要特别说明，图 12-13 所示输入信号的频率 f_{in}≈85MHz，其二次谐波位于约 170MHz 处，三次谐波应该位于约 255MHz处，但是为什么图 12-13 所示的频谱中三次谐波位于约 145MHz 处呢？因为三次谐波的频率大于采样频率 200MHz，所以三次谐波的能量将混叠镜像至 f_s−$3f_{in}$≈145MHz。

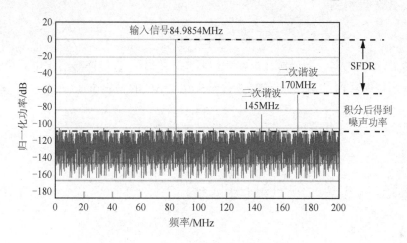

图 12-13　一个典型的 FFT 结果示意图

12.2　常用的 DAC 结构

对于 n 位的 DAC，输入信号是具有一定位数的数字码值$(b_{n-1}, b_{n-2}, \cdots, b_2, b_1, b_0)$，其利用参考电压 V_{ref} 将数字码值转换为等价的模拟信号（为简化描述，后面假设模拟信号均为电压信号）。在 DAC 的输入码值中，b_0 被称为 LSB，其权重为 2^0，而 b_{n-1} 被称为 MSB，其权重为 2^{n-1}，所以 DAC 的输出电压可表示为

$$V_{DAC} = \frac{V_{ref}}{2^n - 1}\left(b_0 2^0 + b_1 2^1 + b_2 2^2 + \cdots + b_{n-1} 2^{n-1}\right)$$

$$= \frac{V_{ref}}{2^n - 1}\sum_{i=0}^{n-1} b_i 2^i \tag{12-26}$$

本节将介绍两种常用的 DAC 结构。

12.2.1　电荷缩放型 DAC

电荷缩放型 DAC 是对电容中电荷的分配形成不同输出电压，电容大小采用二进制编码表示的最基本的 DAC，电荷缩放型 DAC 结构如图 12-14 所示。在该结构中电容的大小为 $C_i=2^iC_0$，其中 $0 \leqslant i \leqslant n-1$。因此该 DAC 中一共包含 2^n-1 个单位电容 C_0。每个电容下极板均有一个单刀双掷开关，当其对应的数字编码为 0 时，开关连接至地线，否则连接至参考电压 V_{ref}。当 rst=1 且全部编码为 0 时，DAC 处于复位状态，全部电容中的电荷被清空，V_X 被复位至 0V。当 rst=0 时，DAC 进入正常工作状态，此时 V_X 处于浮空状态。根据电荷守恒原理，当编码组合为 $(b_{n-1}, b_{n-2}, \cdots, b_2, b_1, b_0)$ 时，V_X 满足

$$\left(V_{\text{ref}} - V_X\right)\sum_{i=0}^{n-1}\left(b_i 2^i C_0\right) + \left(0 - V_X\right)\left[\left(2^n - 1\right)C_0 - \sum_{i=0}^{n-1}\left(b_i 2^i C_0\right)\right] = 0 \qquad （12-27）$$

整理式（12-27）可得到

$$V_X = \frac{V_{\text{ref}}}{2^n - 1}\sum_{i=0}^{n-1} b_i 2^i \qquad （12-28）$$

因为 V_X 是浮空节点，为保持其电荷守恒状态，V_X 不能直接连接后级电路负载，所以需要使用单位增益缓冲器对 V_X 进行缓冲，最终产生 DAC 的输出电压 $V_{\text{DAC}}=V_X$，V_{DAC} 的表达式与式（12-26）一致。

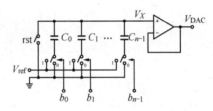

图 12-14　电荷缩放型 DAC 结构

当 DAC 位数 n 较大时，电荷缩放型 DAC 所使用的电容数量呈指数级增加，这将消耗较大的芯片面积。为解决这个问题，可以将两个低位数的电荷缩放型 DAC 通过缩放电容组成高位数的 DAC，带有缩放电容的电荷缩放型 DAC 如图 12-15 所示。这种 DAC 的电容阵列由 LSB 阵列和 MSB 阵列组成，LSB 阵列由 p 个权重电容组成，并由低 p 位控制，而 MSB 阵列由 $n-p$ 个权重电容组成，并由高 $n-p$ 位控制。每个权重电容的取值可表示为

$$C_i = \begin{cases} 2^i C_0, & 0 \leqslant i \leqslant p-1 \\ 2^{i-p} C_0, & p \leqslant i \leqslant n-1 \end{cases} \qquad （12-29）$$

由式（12-29）可知，在 LSB 阵列中一共有 2^p-1 个单位电容 C_0，MSB 阵列中一共有 $2^{n-p}-1$ 个单位电容 C_0。LSB 阵列和 MSB 阵列通过缩放电容 C_a 桥连一起，且 $C_a=C_0$，C_{pL} 为 C_a 左极板对地总寄生电容值，C_{pM} 为 C_a 右极板对地总寄生电容值。由此可知，带有缩放电容的 n 位电荷缩放型 DAC 一共使用 $2^p+2^{n-p}-1$ 个单位电容 C_0，合理设置 p 值后，电容数量远小于基本电荷缩放型 DAC 所使用的电容数量。

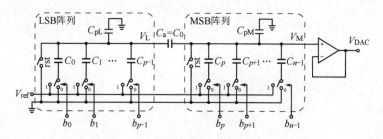

图 12-15　带有缩放电容的电荷缩放型 DAC

当 rst=1 且所有控制码均为 0 时，与基本电荷缩放型 DAC 相同，DAC 进入复位状态，全部电容均复位至 0。对于 LSB 阵列，全部权重电容并联后总电容 C_{totL} 为

$$C_{\text{totL}} = \sum_{i=0}^{p-1} C_i = \left(2^p - 1\right)C_0 \tag{12-30}$$

在 LSB 阵列中，将控制编码为 1 的权重电容并联后的电容值 C_{eqL} 为

$$C_{\text{eqL}} = \sum_{i=0}^{p-1} b_i C_i \tag{12-31}$$

由式（12-31）可知，电容 C_{eqL} 是由编码 $(b_{p-1}, \cdots, b_2, b_1, b_0)$ 控制的可编程电容。因此 LSB 阵列可等效为图 12-16 所示的电路，LSB 阵列输出电压 V_{L} 的表达式为

$$V_{\text{L}} = V_{\text{ref}} \frac{C_{\text{eqL}}}{C_{\text{totL}} + C_{\text{pL}}} = \frac{V_{\text{ref}}}{\left(2^p - 1\right)C_0 + C_{\text{pL}}} \sum_{i=0}^{p-1} b_i C_i \tag{12-32}$$

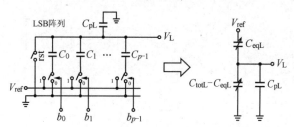

图 12-16　LSB 阵列等效电路

对于 MSB 阵列，全部权重电容并联后总电容值 C_{totM} 为

$$C_{\text{totM}} = \sum_{i=p}^{n-1} C_i = \left(2^{n-p} - 1\right)C_0 \tag{12-33}$$

在 MSB 阵列中，将控制编码为 1 的权重电容并联后的电容值 C_{eqM} 为

$$C_{\text{eqM}} = \sum_{i=p}^{n-1} b_i C_i \tag{12-34}$$

由式（12-34）可知，电容 C_{eqM} 是由编码 $(b_{n-1}, \cdots, b_{p+2}, b_{p+1}, b_p)$ 控制的可编程电容。因此 MSB 阵列可等效为图 12-17 所示的电路，可得 MSB 阵列输出电压 V_{M} 为

$$V_{\text{M}} = V_{\text{ref}} \frac{C_{\text{eqM}}}{C_{\text{totM}} + C_{\text{pM}}} = \frac{V_{\text{ref}}}{\left(2^{n-p} - 1\right)C_0 + C_{\text{pM}}} \sum_{i=p}^{n-1} b_i C_i \tag{12-35}$$

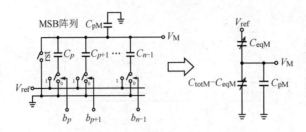

图 12-17 MSB 阵列等效电路

由图 12-16 可知，对于 LSB 阵列，由 V_L 端看进去的等效总电容为 $C_L = C_{totL} + C_{pL} = (2^p-1)C_0 + C_{pL}$。由图 12-17 可知，对于 MSB 阵列，由 V_M 端看进去的等效总电容为 $C_M = C_{totM} + C_{pM} = (2^{n-p}-1)C_0 + C_{pM}$。因此，根据戴维南定理，图 12-15 所示电路的等效电路如图 12-18 所示。根据叠加原理，可得到 DAC 输出电压表达式为

$$
\begin{aligned}
V_{DAC} &= V_L \frac{\dfrac{1}{C_M}}{\dfrac{1}{C_L}+\dfrac{1}{C_M}+\dfrac{1}{C_0}} + V_M \frac{\dfrac{1}{C_L}+\dfrac{1}{C_0}}{\dfrac{1}{C_L}+\dfrac{1}{C_M}+\dfrac{1}{C_0}} \\
&= \frac{\dfrac{1}{C_M}}{\dfrac{1}{C_L}+\dfrac{1}{C_M}+\dfrac{1}{C_0}} \frac{V_{ref}}{C_L}\sum_{i=0}^{p-1}b_i C_i + \frac{\dfrac{1}{C_L}+\dfrac{1}{C_0}}{\dfrac{1}{C_L}+\dfrac{1}{C_M}+\dfrac{1}{C_0}} \frac{V_{ref}}{C_M}\sum_{i=p}^{n-1}b_i C_i \\
&= V_{ref}\frac{\dfrac{1}{C_M}\dfrac{1}{C_L}}{\dfrac{1}{C_L}+\dfrac{1}{C_M}+\dfrac{1}{C_0}}\left[\sum_{i=0}^{p-1}b_i C_i + \left(1+\frac{C_L}{C_0}\right)\sum_{i=p}^{n-1}b_i C_i\right] \\
&= \frac{V_{ref}}{C_L+\left(1+\dfrac{C_L}{C_0}\right)C_M}\left[\sum_{i=0}^{p-1}b_i C_i + \left(1+\frac{C_L}{C_0}\right)\sum_{i=p}^{n-1}b_i C_i\right]
\end{aligned}
\tag{12-36}
$$

当缩放电容 C_a 左右两个极板对地的寄生电容值 C_{pL} 和 C_{pM} 均为 0 时，式（12-36）变为与式（12-26）完全相同。由于 MSB 阵列的 C_{pM} 只影响 C_M，所以由式（12-36）可知，C_{pM} 只会影响 DAC 输出的斜率（即增益特性），而不会影响线性度。但是，因为 LSB 阵列的 C_{pL} 会影响 C_L，所以 C_{pL} 会影响 C_L/C_0 的比值，使其偏离理想值 2^p-1，进而使得 MSB 阵列中电容的实际权重偏离理论值，这会降低 DAC 的线性度。根据上述分析，在设计缩放电容时要尽可能降低其左极板的寄生电容，如果 C_a 采用 MIM 电容结构，则要求将其上极板连接至 LSB 阵列端，以减小 C_{pL}，提升 DAC 线性度。

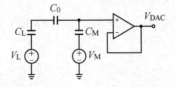

图 12-18 带有缩放电容的电荷缩放型 DAC 的等效电路

事实上，除了 C_{pL} 会影响 DAC 的线性度，各个权重电容之间的失配还是造成 DAC 的线性度降低的重要原因。下面具体分析电容失配对 DAC 线性度的影响。当考虑电容失配问题后，各个权重电容可表示为

$$C_i = \begin{cases} 2^i C_0 + \Delta C_i, & 0 \leqslant i \leqslant p-1 \\ 2^{i-p} C_0 + \Delta C, & p \leqslant i \leqslant n-1 \end{cases} \quad (12\text{-}37)$$

式中，ΔC_i 表示第 i 个权重电容的偏差值，那么 ΔC_i 的平均值为 0。假设单位电容的偏差值 ΔC_0 的标准差为 σ_0，考虑各个权重电容都是由若干个单位电容并联组成的，因此可得到 ΔC_i 的标准差 σ_i 为

$$\sigma_i^2 = \begin{cases} 2^i \sigma_0^2, & 0 \leqslant i \leqslant p-1 \\ 2^{i-p} \sigma_0^2, & p \leqslant i \leqslant n-1 \end{cases} \quad (12\text{-}38)$$

当 DAC 最高位出现进位时，此时全部码值均发生变化，所有权重电容的失配均对该处的 DNL 产生影响，即失配所造成的电压波动最大，因此该处出现最大 DNL 的概率最大，则可得到最大 DNL 为

$$\text{DNL}_{\max} = \frac{V_{\text{DAC}}(1000\cdots) - V_{\text{DAC}}(0111\cdots)}{V_{\text{LSB}}} - 1 \quad (12\text{-}39)$$

式中，V_{LSB} 是 DAC 能够输出的模拟电压最小间隔，其大小为 $V_{\text{ref}}/(2^n-1)$。当不考虑 C_a 两极板的寄生电容时，式（12-36）变为

$$V_{\text{DAC}} = \frac{V_{\text{LSB}}}{C_0} \left[\sum_{i=0}^{p-1} b_i C_i + 2^p \sum_{i=p}^{n-1} b_i C_i \right] \quad (12\text{-}40)$$

结合式（12-37）和式（12-40）可以得到

$$V_{\text{DAC}}(1000\cdots) = \frac{V_{\text{LSB}}}{C_0} 2^p \left(2^{n-p-1} C_0 + \Delta C_{n-1} \right) \quad (12\text{-}41)$$

$$V_{\text{DAC}}(0111\cdots) = \frac{V_{\text{LSB}}}{C_0} \left[\left(2^p - 1 \right) C_0 + \sum_{i=0}^{p-1} \Delta C_i + 2^p \left(2^{n-p-1} - 1 \right) C_0 + 2^p \sum_{i=p}^{n-2} \Delta C_i \right] \quad (12\text{-}42)$$

将式（12-41）和式（12-42）代入式（12-39），可得到

$$\text{DNL}_{\max} = \frac{2^p \Delta C_{n-1} - \sum_{i=0}^{p-1} \Delta C_i - 2^p \sum_{i=p}^{n-2} \Delta C_i}{C_0} \quad (12\text{-}43)$$

结合式（12-38）所示的各个权重电容失配的标准差，可得到最大 DNL 的标准差为

$$\sigma_{\text{DNL}}^2 = \frac{2^{2p} 2^{n-p-1} \sigma_0^2 + \left(2^p - 1 \right) \sigma_0^2 + 2^{2p} \left(2^{n-p-1} - 1 \right) \sigma_0^2}{C_0^2} \quad (12\text{-}44)$$

$$= \left(2^{n+p} + 2^p - 2^{2p} - 1 \right) \left(\frac{\sigma_0}{C_0} \right)^2$$

在通常情况下，为了减少所使用的单位电容个数，p 取 $n/2$。此外，为满足线性度要求，通常需要 $3\sigma_{\text{DNL}} < 0.5\ \text{LSB}$，因此有

$$\frac{\sigma_0}{C_0} < \frac{1}{6} \times 2^{-\frac{3n}{4}} \tag{12-45}$$

为减小电容失配所带来的 DNL 误差，可将 LSB 阵列和 MSB 阵列中的权重电容更改为温度计编码形式。这样，最大的 DNL 误差均出现在 LSB 阵列向 MSB 阵列进位处，即每隔 2^p 个码值出现最大 DNL 误差。根据前面分析 DNL 误差的方法，同理可得最大 DNL 误差的标准差为 $\sigma_{\text{DNL}} \approx 2^p(\sigma_0/C_0)$，该值远小于式（12-44）所示的 σ_{DNL}。当 $p=0$ 时，即不采用缩放电容 C_a，全部权重电容均采用温度计编码形式，这时 DAC 的最大 DNL 误差的标准差仅为 σ_0/C_0。但是需要注意，采用温度计编码形式虽然可以减小电容失配所带来的 DNL 误差，但其同时也大幅度增加了控制编码向单刀双掷开关版图连线的难度。

12.2.2　电流舵型 DAC

电流舵（Current Steering）型 DAC 通过控制以一定方式编码的电流源阵列流向负载电阻 R_L 形成 DAC 输出电压值，因为其输出直接由电流驱动，因此速度极快，且不需要运放器件，降低了电路复杂度。电流舵型 DAC 中电流源的编码通常采用二进制编码和温度计编码相结合的方式，以同时兼顾电流源阵列的面积（二进制编码布线简单、面积小）和匹配度（温度计编码每次仅改变一位引起的偏差小）。对于 n 位的电流舵型 DAC，通常低 p 位采用二进制编码，高 $n-p$ 位采用温度计编码，采用混合编码的电流舵型 DAC 电路如图 12-19 所示。二进制编码电流源阵列中含有 2^p-1 个单位电流源 I_0，而温度计编码电流源阵列 $m=2^{n-p}-1$，因此其含有 $2^p(2^{n-p}-1)=2^n-2^p$ 个单位电流源 I_0。为提高电流的精度，电流舵型 DAC 中的单位电流源 I_0 通常采用共源共栅电流源结构。此外，为了保证电流源无论是否被编码选中其电流均有流动通路而不至于被彻底关闭，以提升电流源的响应速度，每个电流源下面均使用单刀双掷开关。当开关的控制码为 1 时，所对应的电流源连接至 $V_{\text{DAC}+}$ 端，否则连接至 $V_{\text{DAC}-}$ 端，$V_{\text{DAC}+}$ 和 $V_{\text{DAC}-}$ 是互补输出，且满足 $V_{\text{DAC}+}+V_{\text{DAC}-}=(2^n-1)I_0R_L$。根据以上描述，可以得到电流舵型 DAC 的输出为

$$V_{\text{DAC}+} = I_0 R_L \left(\sum_{i=0}^{p-1} b_i 2^i + 2^p \sum_{i=1}^{2^{n-p}-1} t_i \right) = I_0 R_L \sum_{i=0}^{n-1} b_i 2^i \tag{12-46}$$

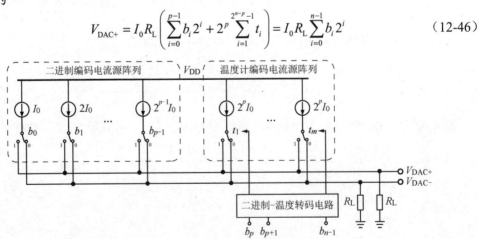

图 12-19　采用混合编码的电流舵型 DAC 电路

对于图 12-19 所示的电流舵型 DAC，电流源之间的失配也会造成 DNL 误差。当二进

制编码电流源阵列向温度计编码电流源阵列进位时，电流源失配所引起的 DNL 误差最大。如果单位电流源 I_0 的偏差 ΔI 的标准差为 σ_0，那么可以得到最大 DNL 误差的标准差为

$$\sigma_{\mathrm{DNL}}^2 = \sigma^2 \left(\sum_{i=0}^{2^p-1} I_0 - \sum_{i=0}^{p-1} 2^i I_0 \right) \Big/ I_0^2$$

$$= \left[2^p \sigma_0^2 + \left(2^p - 1\right) \sigma_0^2 \right] \Big/ I_0^2 \qquad (12\text{-}47)$$

$$= \left(2^{p+1} - 1\right) \left(\frac{\sigma_0}{I_0} \right)^2$$

12.3　常用的 ADC 结构

12.3.1　单斜 ADC

单斜 ADC 的结构如图 12-20 所示，其主要由比较器、锁存器、计数器和斜坡发生器组成。其中斜坡发生器可通过 DAC 实现。在转换周期开始时，模拟输入信号 V_{in} 被采样并保持送至比较器正输入端。计数器输出的 n 位二进制编码被复位至 0。在 clk 驱动下计数器从 0 开始计数，计数器输出编码控制斜坡发生器电压不断线性升高，单斜 ADC 工作原理示意图如图 12-21 所示。当 $V_{\mathrm{ramp}} < V_{\mathrm{in}}$ 时，比较器输出 comp=1。当 V_{ramp} 逐渐升高至 V_{in} 时，比较器输出 comp 将出现向下的翻转。该翻转信号将控制锁存器对此时计数器输出的数字码值进行锁定，则锁存器输出的 n 位数字码值为单斜 ADC 对 V_{in} 的量化结果。

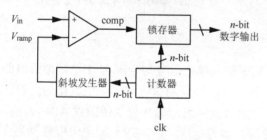

图 12-20　单斜 ADC 的结构

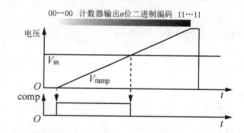

图 12-21　单斜 ADC 工作原理示意图

通过上述分析可以看出，单斜 ADC 的工作原理和电路结构都很简单。当多个单斜 ADC 并行工作时，斜坡发生器和计数器可以被共用，只有比较器和锁存器是每个 ADC 独立拥有的，这样可以大幅度降低多个单斜 ADC 的总体面积。正是因为单斜 ADC 具有这样的特点，其通常被作为列并行式 ADC 用在 CMOS 图像传感器中。单斜 ADC 的主要缺点是转换速率非常低，要实现 n 位数据转换，至少需要 2^n 个时钟周期，这意味着随着 ADC 分辨率增加，其所需要的转换时间呈指数级增加。综上所述，单斜 ADC 的转换速率较低，但其消耗的面积和功耗较小，对于速度要求不高的应用场合是一种很好的选择。

12.3.2　逐次逼近型 ADC

逐次逼近型 ADC 实质上是实现一种针对模拟信号的二进制搜索算法的电路，其结构

如图 12-22 所示，主要由采样保持电路、比较器、DAC 和逐次逼近寄存器（Successive Approximation Register，SAR）组成。DAC 由 SAR 输出的 n 位数字码值控制。

如图 12-23 所示，模拟输入信号 V_{in} 由采样保持电路采集并保持。为实现二进制搜索算法，n 位 SAR 首先设置在中间刻度（b_{n-1} 置 1，其余均置 0），这样 DAC 的输出 V_{DAC} 被设定为 $V_{ref}/2$，其中 V_{ref} 是 DAC 的参考电压。然后，比较器判断 V_{in} 和 V_{DAC} 的大小关系。如果 $V_{in}>V_{DAC}$，则比较器输出逻辑高，且 SAR 的 b_{n-1} 保持为 1。相反，如果 $V_{in}<V_{DAC}$，则比较器输出逻辑低，并将 SAR 的 b_{n-1} 重置为 0。随后，将 SAR 数字码值的下一位设置为高电平，即 $b_{n-2}=1$，继续根据 V_{in} 和 V_{DAC} 的比较结果重复上述操作。这个过程一直持续到 LSB，待上述操作完成后，n 位 SAR 中所存储的数字码值为最终搜索结果，即模数转换结果。从上述分析可以看出，逐次逼近型 ADC 完成 n 位数据转换需要 n 个时钟周期，其速度远高于单斜 ADC，具有中等转换速度。

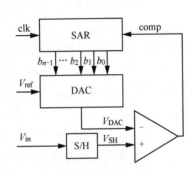

图 12-22　逐次逼近型 ADC 结构

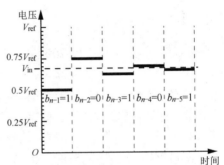

图 12-23　二进制搜索算法示意图

12.3.3　快闪式 ADC

快闪式 ADC 也被称为并行 ADC，其并行完成输入模拟信号与全部 2^n-1 个模拟阈值的比较，仅需要一个时钟周期即可完成 n 位数据的转换，速度极快。以图 12-24 所示的 3 位的快闪式 ADC 为例，分析工作原理。参考电压（$V_{ref}=8V$）被电阻串分割为 8 个区间，每个区间的电压为一个 LSB=1V。每个区间电压均与比较器的负输入端相连，全部比较器的正输入端均连接至输入信号 V_{in}。如图 12-24 所示，$V_{in}=2.5V$ 并行与全部区间电压进行比较，比较器输出温度计编码为 0000011，对应的二进制编码为 010。通过上述分析可知，快闪式 ADC 虽然速度很快，但是对于 n 位数据转换，需要 2^n-1 个比较器。因此，这种结构并不适合实现高分辨率 ADC。另外，大量比较器的失调电压彼此并不相同，这将给快闪式 ADC 带来严重的非线性问题。

为解决快闪式 ADC 消耗比较器数量较多的问题，分级比较快闪式 ADC 结构被提出。6 位的分级比较快闪

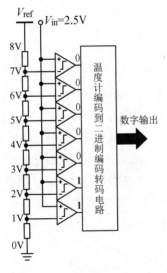

图 12-24　3 位的快闪式 ADC

式 ADC 结构如图 12-25（a）所示，V_{in} 首先被第一级 3 位快闪式 ADC 量化（输入范围为 V_{ref}），输出 3 位 MSB 数字码值。然后，利用一个 3 位 DAC，将 MSB 数字码值重新转换为模拟信号 V_{DAC}，则 $V_{\text{in}}-V_{\text{DAC}}$ 为第一级 ADC 未完成量化的残差电压。因为残差电压的最大幅度为 $V_{\text{ref}}/2^3$，所以将残差电压放大 8 倍后，可利用与第一级结构相同的第二级 3 位快闪式 ADC 进行量化，得到 3 位 LSB 数字码值。最后将 MSB 数字码值和 LSB 数字码值按权重重新组合后得到完整的 6 位量化结果。分级比较示意图如图 12-25（b）所示，假设 V_{ref}=8V，V_{in}=5.6V，则第一级快闪式 ADC 输出的数字码值为 101。3 位 DAC 采用相同的 V_{ref} 电压，则在编码 101 控制下，其输出电压为 V_{DAC}=5V，因此残差电压为 0.6V。0.6V 被放大 8 倍得到 4.8V，该电压被第二级快闪式 ADC 量化。因为第二级快闪式 ADC 与第一级快闪式 ADC 完全相同，因此第二级输出的数字码值为 100。因为 MSB 的权重是 LSB 的 8 倍，所以最终量化结果为 101100。

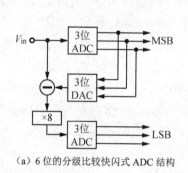

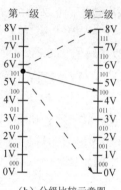

（a）6 位的分级比较快闪式 ADC 结构

（b）分级比较示意图

图 12-25 分级比较快闪式 ADC

通过上述分析可知，在 n 位的分级比较快闪式 ADC 中，每级 ADC 均为 $n/2$ 位的快闪式 ADC，这样相比于普通的快闪式 ADC，所使用的比较器数量从 2^n-1 个减少到 $2(2^{n/2}-1)$ 个。例如，6 位的分级比较快闪式 ADC 共使用 14 个比较器，而普通的 6 位的快闪式 ADC 则要使用 63 个比较器。两级之间的乘法电路可通过开关电容放大器电路实现，这样同时也实现了对信号的采样和保持功能，使得两级快闪式 ADC 可进行流水线式操作，即第一级快闪式 ADC 量化新的输入信号时，第二级快闪式 ADC 可以量化上一个采样到的输入信号。通过这样的流水线式操作，分级比较快闪式 ADC 的工作速度与普通快闪式 ADC 的相同。需要注意的是，在分级比较快闪式 ADC 中，两级快闪式 ADC 之间的模拟信号放大倍数需要足够精确，否则会导致两级快闪式 ADC 的模拟信号权重与数字码值权重并不匹配，进而影响线性度。此外，分级比较快闪式 ADC 存在一个关键的问题，那就是当考虑第一级快闪式 ADC 中比较器的失调电压后，第一级快闪式 ADC 对 V_{in} 所处的电压区间判断会出现错误，残差电压再被放大后有可能超出第二级快闪式 ADC 的量化范围，最终导致 ADC 量化结果出现错误。同样以图 12-25 所示的电路为例进行说明，假设第一级快闪式 ADC 中的数字码值 100 与 101 分界的比较器存在-0.25V 的失调电压，这导致实际输出数字码值 100 与 101 分界的阈值由原来的 5V 变为实际的 5.25V。假设输入 V_{in}=5.2V，则在上述失调情况下，第一级快闪式 ADC 会将 V_{in} 量化为数字码值 100，在 100 控制下 DAC 输出 V_{DAC}=4V，那么残差电压实际为 1.2V。当该残差电压同样被放大 8 倍后，传递到第二级快闪式 ADC 的输入电压变为了 9.6V，这显然超出了第二级快闪式 ADC 的量化范围，因此第二级快闪式 ADC 会输出最大的数字码值 111。两级快闪式 ADC 输出的数字码值组合后得到最终输出的数字码值，为 100111，但是在理想情况下输出数字码值应为 101001。事实上，图 12-25（a）所示的分级比较快闪式 ADC 结构很难通过电路实现。

为解决比较器失调带来的量化错误问题，可在第二级快闪式 ADC 中增加数字校正环节。为了能够让第二级快闪式 ADC 接受第一级快闪式 ADC 中比较器出现 ±0.25V 的失调，两级快闪式 ADC 间的放大倍数更改为 8/(1+0.5)=16/3。将第二级快闪式 ADC 的 8V 输入范围均分为 12 个区间，分级比较快闪式 ADC 校正原理如图 12-26 所示。其中数字码值 000～111 对应的 8 个区间对应了第一级快闪式 ADC 一个正常区间放大 16/3 倍后的范围，而第二级快闪式 ADC 以上部和下部各多出的两个区间为校正区。ADC 的完整输出由第一级快闪式 ADC 输出数字码值乘 8 加上第二级快闪式 ADC 输出数字码值再加上校正码形成。对于上述例子，V_{in}=5.2V，第一级快闪式 ADC 输出的数字码值为 100，考虑所容忍的比较器失调后，在数字码值 100 控制下 DAC 输出的电压变为 V_{DAC}=4V-0.25V=3.75V，因此残差电压变为 5.2V-3.75V=1.45V。该残差电压被放大 16/3 倍后变为约 7.73V，其作为第二级快闪式 ADC 的输入信号，电压值落在上部校正区的数字码值 001 区域中，因此第二级快闪式 ADC 输出的量化结果为 001，同时给出校正码为 +1000。因此，最终输出的数字码值为 100000+001+1000=101001，与理想值完全相同。由此可知，通过这样的校正机制可以使分级比较快闪式 ADC 容忍一定程度的比较器失调，这使得其电路实现成了可能。

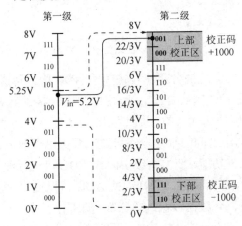

图 12-26　分级比较快闪式 ADC 校正原理

12.3.4　流水线 ADC

如图 12-27 所示，将分级比较快闪式 ADC 的每一级位数压缩至 1 位，并将级数扩展至 n 级，则构成了流水线 ADC 的基本结构。假设控制时钟为高电平时每级电路完成信号采样和量化，控制时钟为低电平时每级电路完成残差电压放大并传递至后一级，因此每级电路每经过一个时钟周期就完成一次信号采样、量化和残差电压放大操作。因为流水线 ADC 中相邻两级的控制时钟是相位相反状态，所以前一级电路在采样、量化第 m 个输入信号时，

后一级电路在对第 $m-1$ 个信号的残差电压进行放大；而当前一级电路对第 m 个残差电压放大时，后一级电路在对该残差电压进行采集和放大。由此可知，输入信号 V_{in} 在 n 级电路中流水线式完成量化，第一个输入信号在经过 $n/2$ 个 clk 周期后被完整量化为 n 位数字码值，在这之后每经过一个时钟周期就会完成对输入信号的 n 位数据转换。流水线 ADC 的速度与快闪式 ADC 的相同，但其所消耗的电路面积只会随 n 线性增大。

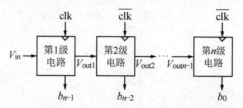

图 12-27　流水线 ADC 的基本结构

图 12-27 所示的第 i 级电路结构如图 12-28（a）所示，其由 1 位的子 ADC（Sub-ADC）、1 位的子 DAC（Sub-DAC）、减法电路和乘二电路组成，其中 Sub-DAC、减法电路和乘二电路共同又被称为乘法 DAC（Multiply DAC，MDAC）。1 位的 Sub-ADC 实际上就是一个比较器，比较的阈值电压为 $V_{ref}/2$，所以当 $V_{in}>V_{ref}/2$ 时，Sub-ADC 输出 $b_i=1$，否则 $b_i=0$。1 位 Sub-DAC 实际上就是一个二选一的模拟电压多路选择器，当 $b_i=1$ 时，$V_{DAC}=V_{ref}/2$；当 $b_i=0$ 时，$V_{DAC}=0$。因此，第 i 级电路传输特性曲线如图 12-28（b）所示，其输入和输出之间的关系为

$$V_{out} = \begin{cases} 2V_{in} - V_{ref}, & V_{in} > 0.5V_{ref} \\ 2V_{in}, & V_{in} < 0.5V_{ref} \end{cases} \tag{12-48}$$

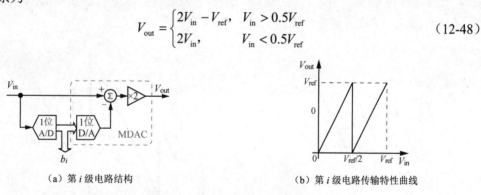

（a）第 i 级电路结构　　　　　　　　　　（b）第 i 级电路传输特性曲线

图 12-28　第 i 级电路结构和第 i 级电路传输特性曲线

以一个 4 级每级 1 位的流水线 ADC 为例说明其工作流程，假设 $V_{ref}=1V$，$V_{in}=0.7V$，则根据式（12-48）所示的每级电路的传输特性，可以得到每级电路的输出电压和输出数字码值，4 级每级 1 位的流水线 ADC 工作流程如图 12-29 所示。量化结果为 1011，对应十进制数为 11，与理论值 $0.7/1 \times 2^4 = 11.2$ 是相符的。

正如分级比较快闪式 ADC 中，比较器失调会导致残差电压出现超过后级量化量程的问题，每级 1 位的流水线 ADC 也存在同样的问题。所以在考虑真实比较器存在的失调电压后，每级 1 位的流水线 ADC 实际上也是无法实现的。可采用 12.3.3 节中讨论的校正机制解决上述问题，将每级电路增加 1 位的冗余位输出，所增加的冗余位作为校正码使用。增加校正码后，每级 2 位的流水线 ADC 传输特性曲线如图 12-30 所示，其输入和输出之间的关

系为

$$V_{out} = \begin{cases} 2V_{in} + 0.25V_{ref}, & 0 < V_{in} < 0.25V_{ref} \\ 2V_{in} - 0.25V_{ref}, & 0.25V_{ref} < V_{in} < 0.5V_{ref} \\ 2V_{in} - 0.75V_{ref}, & 0.5V_{ref} < V_{in} < 0.75V_{ref} \\ 2V_{in} - 1.25V_{ref}, & 0.75V_{ref} < V_{in} < V_{ref} \end{cases} \qquad (12\text{-}49)$$

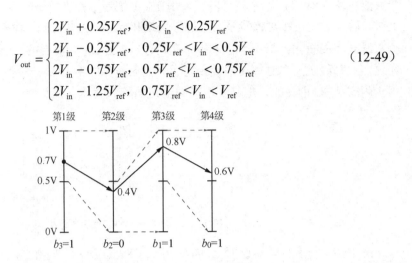

图 12-29 4 级每级 1 位的流水线 ADC 工作流程

只要每级电路的 V_{out} 不超出 $0 \sim V_{ref}$ 这个范围，那么比较器的失调信息就可以被后级电路所识别，并最终通过校正码将失调电压所引起的误差消除掉。这种校正方式被称为冗余有符号数字（Redundant Signed Digit，RSD）校正方法。考虑失配后每级 2 位的流水线 ADC传输特性曲线如图 12-31 所示，采用这种方法后，当比较器失调导致 $V_{ref}/4$ 和 $V_{ref}/2$ 阈值出现 $-V_{ref}/8$ 和 $+V_{ref}/8$ 的偏差后，V_{out} 仍然处于 $0 \sim V_{ref}$ 范围内，这说明带有 RSD 校正方法的每级 2 位的流水线 ADC 可接受比较器出现 $\pm V_{ref}/8$ 的失调。

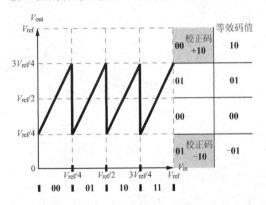

图 12-30 每级 2 位的流水线 ADC
传输特性曲线

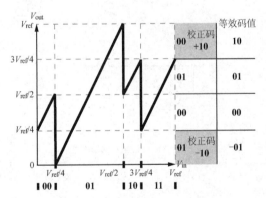

图 12-31 考虑失配后每级 2 位的流水线 ADC
传输特性曲线

对于具有图 12-30 所示传输特性的每级 2 位的流水线 ADC，为了防止级间信号出现饱和，其级间放大倍数为 2。虽然每级输出 2 位数字码值，但其中 1 位数字码值是冗余位。然而，其 Sub-ADC 仍然将输入量化为 2 位数字码值，这需要使用 3 个比较器。此外，RSD 校正编码使用了负数字码值，这也增加了编码计算的复杂度。为解决上述问题，需要对上述传输特性做些调整。在图 12-30 所示的原始传输特性曲线基础上，人为地对 Sub-ADC 中每个比较器加入 $V_{ref}/8$ 的阈值偏移，这种情况下的传输特性曲线如图 12-32（a）所示。在此基础上，人为地对 Sub-DAC 加入 $V_{ref}/8$ 的电压偏移，这将导致 MDAC 的输出整体降低 $V_{ref}/4$，这种情况下的传输特性曲线如图 12-32（b）所示。移除掉 Sub-ADC 中 $7V_{ref}/8$ 这个阈值电压，形成图 12-32（c）所示的传输特性曲线，其输入、输出关系为

$$V_{out} = \begin{cases} 2V_{in}, & 0<V_{in}<0.375V_{ref} \\ 2V_{in}-0.5V_{ref}, & 0.375V_{ref}<V_{in}<0.625V_{ref} \\ 2V_{in}-V_{ref}, & 0.625V_{ref}<V_{in}<V_{ref} \end{cases} \quad (12\text{-}50)$$

在这种传输特性中，Sub-ADC 仅使用两个比较器将输入电压量化为 3 个区间，因此被称为 1.5 位 Sub-ADC。此外，RSD 校正编码中移除了负数字码值，降低了校正运算的复杂度。采用这种传输特性的流水线 ADC 被称为每级 1.5 位流水线 ADC，如图 12-32（d）所示，其每级电路均能接受 $\pm V_{ref}/8$ 范围内的比较器失调电压。

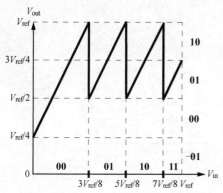

（a）对 Sub-ADC 中每个比较器加入 $V_{ref}/8$ 阈值
偏移后的传输特性曲线

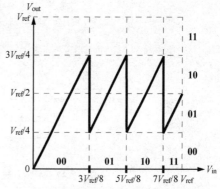

（b）对 Sub-DAC 加入 $V_{ref}/8$ 电压偏移后的
传输特性曲线

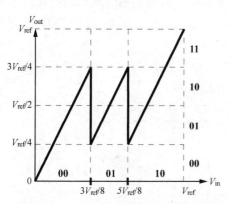

（c）移除掉 Sub-ADC 中 $7V_{ref}/8$ 阈值电压后的传输特性曲线

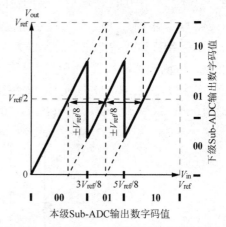

（d）每级 1.5 位流水线 ADC 所能接受的比较器失调电压

图 12-32　流水线 ADC 传输特性曲线

为提高流水线 ADC 中每级电路量化的位数，可以将 Sub-ADC 扩展为 $k+0.5$ 位，因此级间残差电压的放大倍数为 2^k。需要注意的是，Sub-ADC 实际输出的数字码值位数为 $k+1$ 位，其最后一位数字码值为冗余位，用于 RSD 校正。将多级电路级连后形成 n 级每级 $k+0.5$ 位的流水线 ADC，其结构如图 12-33 所示。在采用 RSD 校正技术的流水线 ADC 中，通常

会在最后一级电路后面再级连一级普通的 j 位快闪式 ADC。假设快闪式 ADC 不存在比较器失调问题，则其可用于校正第 n 级电路的比较器失调，这样将第 n 级电路和快闪式 ADC 组合起来便等效为一个 $k+j$ 位的无失调 ADC。因此，第 n 级电路和快闪式 ADC 共同完成对第 n-1 级电路中比较器失调的校正，以此类推，最终完成对各级电路中比较器失调的校正。在上述分析中，假设快闪式 ADC 本身不存在比较器失调问题，实际上这种假设也是成立的。考虑每级电路都会对残差电压放大 2^k 倍，所以实际上 V_{in} 传递至快闪式 ADC 输入端时已被放大了 2^{nk} 倍，这意味着快闪式 ADC 本身的失调电压等效到 V_{in} 端时被缩小了 $1/2^{nk}$，所以其失调电压几乎不会对 ADC 整体线性度产生影响。

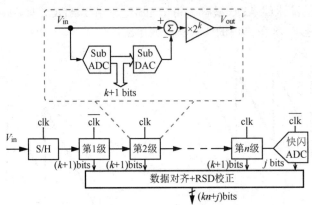

图 12-33 n 级每级 k+0.5 位的流水线 ADC 结构

以一个 6 级每级 1.5 位流水线 ADC 为例，说明其量化过程，如图 12-34（a）所示。假设 V_{ref}=1V，V_{in}=0.8V，最后一级的快闪式 ADC 量化位数为 2 位。该 ADC 的总位数为 1×6+2=8 位。根据式（12-50）所示的输入、输出关系，可得到每级电路的量化结果和输出电压。因为级间残差电压的放大倍数为 2，所以相邻两级输出的数字码值的权重也是相差 2 倍，进而相邻两级数字码值需要移 1 位再相加，图 12-34（a）中各级输出数字码值的合并过程如图 12-34（b）所示。最终得到输出数字码值为 11001100，将其转为十进制数则为 204，这与理论值 0.8/1×(2^8-1)=204 是完全相符的。

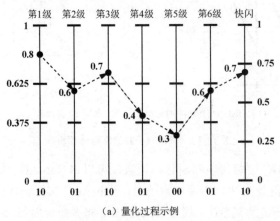

（a）量化过程示例

图 12-34   6 级每级 1.5 位流水线 ADC 量化原理（不存在比较器失调）

第1级	1	0					
第2级		0	1				
第3级			1	0			
第4级				0	1		
第5级					0	0	
第6级						0	1
快闪							1	0
结果	1	1	0	0	1	1	0	0

（b）各级输出数字码值的合并过程

图 12-34 6 级每级 1.5 位流水线 ADC 量化原理（不存在比较器失调）（续）

在上述示例基础上，假设第 2 级的 Sub-ADC 中原 0.625V 的阈值出现了-0.1V 偏差变为 0.525V，第 4 级的 Sub-ADC 中原 0.375V 的阈值出现了+0.1V 偏差变为 0.475V。6 级每级 1.5 位流水线 ADC 量化原理（存在比较器失调）如图 12-35 所示，输入信号 0.8V 被第 1 级量化为数字码值 10，输出残差电压为 0.8×2-1=0.6V；因为 0.6V 大于第 2 级的实际比较阈值 0.525V，所以其被第 2 级量化为数字码值 10，输出残差电压为 0.6×2-1=0.2V；0.2V 被第 3 级量化为数字码值 00，输出残差电压为 0.2×2=0.4V；因为 0.4V 小于第 4 级的实际比较阈值 0.475V，所以其被第 4 级量化为数字码值 00，输出残差电压为 0.4×2=0.8V，以此类推完成全部量化过程。

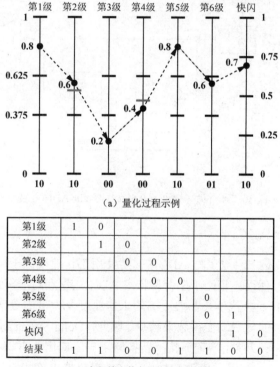

（a）量化过程示例

第1级	1	0					
第2级		1	0				
第3级			0	0			
第4级				0	0		
第5级					1	0	
第6级						0	1
快闪							1	0
结果	1	1	0	0	1	1	0	0

（b）各级输出数字码值的合并过程

图 12-35 6 级每级 1.5 位流水线 ADC 量化过程示例（存在比较器失调）

图 12-35（a）中各级输出数字码值的合并过程如图 12-35（b）所示，将上述全部量化

结果移位相加后得到最终量化数字码值 11001100。RSD 校正后的结果与如图 12-34（b）所示的理想情况下的量化结果是相同的。

12.3.5　Cyclic ADC

　　Cyclic ADC 又被称为循环式 ADC，其结构相当于将流水线 ADC 中的单级电路输入、输出相连，以实现输入信号在单级电路内的循环转换。每个循环输出 $k+0.5$ 位的 Cyclic ADC 的电路结构如图 12-36 所示。在第 1 个循环周期中，S/H 对 V_{in} 进行采样，并通过 $k+0.5$ 位 Sub-ADC 完成模数转换，向 RSD 校正电路输出带有冗余信息的 $k+1$ 位数字码值，最后得到的输出电压 V_{out} 为残差电压的 2^k 倍。进入第 2 个循环周期后，S/H 前的单刀双掷开关由 V_{in} 切换至 V_{out}，这样 S/H 完成对第 1 个循环周期输出电压的采样，然后对其进行相同的量化和放大操作。以此类推，每经过一个循环周期，Sub-ADC 便输出 $k+1$ 位数字码值。经过 n 次循环后，有 n 组 $k+1$ 位数字码值传输到数据对齐+RSD 校正电路中，同样按表 12-2 所示的方法形成最终的输出数字码值。需要注意的是，Cyclic ADC 的最后一次循环中仍采用 $k+0.5$ 位的 Sub-ADC 进行量化，因此移位相加操作后最后 1 位数字码值是不准确的，需要将其舍去，这样 n 次循环完成 nk 位数据转换。对于常见的每个循环输出 1.5 位的 Cyclic ADC，其完成 n 位数据转换需要使用 n 个时钟周期的时间。由此可知，Cyclic ADC 的转换速度与逐次逼近型 ADC 是类似的，也具有中等速度和精度的特点。

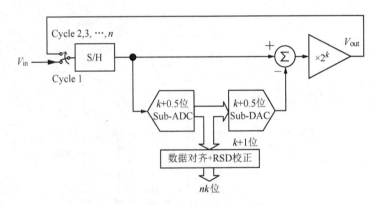

图 12-36　每个循环输出 $k+0.5$ 位的 Cyclic ADC 电路结构

12.3.6　Delta-Sigma ADC

　　Delta-Sigma ADC 是一种过采样 ADC，需要使用工作速度高于奈奎斯特率的大量数字电路及一些模拟电路。然而，相比于奈奎斯特率 ADC，其仅使用精度较低的模拟电路便可完成超高精度的数据转换。代价是需要更高的工作速度及大量的数字电路，但随着集成电路工艺的发展，这两者的耗费均变得越来越少。因此，Delta-Sigma ADC 的特性得到持续改进，这使得其逐渐在许多以前由奈奎斯特率转换器主导的应用中占据主导地位。Delta-Sigma ADC 利用过采样、噪声整形及数字滤波技术，降低对模拟电路的设计要求，实现了其他类型的 ADC 无法达到的高精度和低功耗。

　　在 12.1.2 节中分析到，量化噪声是一种白噪声，总功率为 $\Delta^2/12$。如果 ADC 以频率 f_s

对输入信号进行采样和量化，那么量化噪声的能量将均匀落在频带$-f_s/2 \sim +f_s/2$，故

$$P_e = \frac{\Delta^2}{12} = \int_{-f_s/2}^{+f_s/2} S_q \mathrm{d}f \qquad (12\text{-}51)$$

式中，S_q 为量化噪声的 PSD。根据式（12-51）可得

$$S_q = \frac{\Delta^2}{12 f_s} \qquad (12\text{-}52)$$

如果信号的带宽为 f_b，则奈奎斯特采样频率 $f_n = 2 f_b$。定义过采样率 OSR$=f_s/f_n$，因此落在奈奎斯特带宽内的量化噪声功率为

$$P_n = \int_{-f_n/2}^{+f_n/2} S_q \mathrm{d}f = \frac{\Delta^2}{12} \frac{f_n}{f_s} = \frac{\Delta^2}{12} \frac{1}{\text{OSR}} \qquad (12\text{-}53)$$

对 ADC 输入满幅度的正弦输入信号，根据式（12-8）可得正弦信号的功率，结合式（12-53）可得到峰值 SNR 为

$$\text{SNR}_{\text{peak}} = 10\lg\left(\frac{P_s}{P_n}\right) = 1.76 + 6.02n + 10\lg(\text{OSR}) \qquad (12\text{-}54)$$

式中，n 为 ADC 的量化位数。由式（12-54）可知，OSR 每提升一倍，ADC 的峰值 SNR 便提升 3dB，即 ENOB 提升 0.5 位。实际上，过采样技术主要通过降低量化噪声的 PSD 来降低奈奎斯特带宽内的量化噪声功率。但是单纯通过提升 OSR 来提升 ENOB 的效率是很低的，例如，OSR 提升了 128 倍，ENOB 才提升 3.5 位。在过采样的基础上，通过噪声整形技术可进一步降低奈奎斯特带宽内的量化噪声功率，以实现 ENOB 的高效提升。

考虑图 12-37 所示的针对离散信号的反馈系统，其中 $U(z)$ 是输入信号的 z 变换，$V(z)$ 是输出信号的 z 变换，$E(z)$ 是噪声的 z 变换，$H(z)$ 是某一种传递函数。从 $U(z)$ 到 $V(z)$ 的传递函数被称为信号传递函数 STF(z)，其可表示为

$$\text{STF}(z) = \frac{V(z)}{U(z)} = \frac{H(z)}{1 + H(z)} \qquad (12\text{-}55)$$

从 $E(z)$ 到 $V(z)$ 的传递函数被称为噪声传递函数 NTF(z)，其可表示为

$$\text{NTF}(z) = \frac{V(z)}{E(z)} = \frac{1}{1 + H(z)} \qquad (12\text{-}56)$$

因此当同时考虑输入信号和噪声时，系统总输出为

$$V(z) = \text{STF}(z)U(z) + \text{NTF}(z)E(z) \qquad (12\text{-}57)$$

由式（12-57）可知，该系统对输入信号和噪声的传递特性是不相同的，通过 NTF(z) 可对噪声的 PSD 进行调整，因此这种技术被称为噪声整形技术。

当 $H(z)$ 是一个带有单位延时的积分器，并且 $E(z)$ 由一个 n 位量化器引入时，图 12-37 所示的系统变为图 12-38 所示的系统，其被称为 Delta-Sigma 调制器。因为带有单位延时的积分器的传递函数为

$$H(z) = \frac{z^{-1}}{1 - z^{-1}} \qquad (12\text{-}58)$$

则信号传递函数和噪声传递函数分别为

$$\text{STF}(z) = \frac{H(z)}{1 + H(z)} = z^{-1} \qquad (12\text{-}59)$$

$$\text{NTF}(z) = \frac{1}{1 + H(z)} = 1 - z^{-1} \tag{12-60}$$

因此系统总输出为

$$V(z) = z^{-1}U(z) + (1 - z^{-1})E(z) \tag{12-61}$$

由式（12-61）可知，经过 Delta-Sigma 调制器后输入信号传递到输出端只是增加一个延时，幅度并不会发生变化。而噪声传递到输出端是被做了差分运算，差分运算具有高通特性，完成了噪声整形。

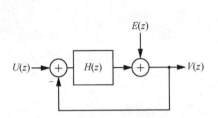

图 12-37　噪声整形的一般性框图

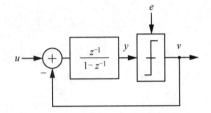

图 12-38　Delta-Sigma 调制器的系统框图

也可以直接通过离散信号序列分析 Delta-Sigma 调制器的传输特性。在图 12-38 中，u 是输入信号，y 是积分器输出，e 为量化噪声，v 为调制器输出。在积分器第 n 次积分时，输出 $y[n]=u[n-1]-v[n-1]+y[n-1]$。因为 $v[n]=y[n]+e[n]$，所以 $v[n]=u[n-1]-v[n-1]+y[n-1]+e[n]$。又因为 $v[n-1]=y[n-1]+e[n-1]$，所以 $v[n]=u[n-1]+e[n]-e[n-1]$，该结果的 z 变换与式（12-61）是一致的。如图 12-38 所示，积分器的输入是 u 与 v 的差值，而积分器完成的是对 $u-v$ 的累加操作，因此该系统被称为 Delta-Sigma 调制器。可以看出，Delta-Sigma 调制器的噪声整形主要来源于对量化噪声的差分运算。下面具体分析具有差分运算性质的噪声传递函数 $\text{NTF}(z)$ 的幅频特性。假设调制器的信号采样周期为 T_S，则采样频率 $f_s = 1/T_s$，那么

$$z = \mathrm{e}^{\mathrm{j}\omega T_s} = \mathrm{e}^{\mathrm{j}2\pi \frac{f}{f_s}} \tag{12-62}$$

因此 $\text{NTF}(z)$ 的幅值为

$$|\text{NTF}(z)| = |1 - \mathrm{e}^{\mathrm{j}2\pi \frac{f}{f_s}}| \tag{12-63}$$

利用欧拉公式将 e 的复指数项展开后得到

$$\begin{aligned}
\left|\text{NTF}(z)\right| &= \left| 1 - \cos\left(2\pi \frac{f}{f_s}\right) + \mathrm{j}\sin\left(2\pi \frac{f}{f_s}\right) \right| \\
&= \left| 2\sin^2\left(\pi \frac{f}{f_s}\right) + 2\mathrm{j}\sin\left(\pi \frac{f}{f_s}\right)\cos\left(\pi \frac{f}{f_s}\right) \right| \\
&= 2\sin\left(\pi \frac{f}{f_s}\right)\left| \sin\left(\pi \frac{f}{f_s}\right) + \mathrm{j}\cos\left(\pi \frac{f}{f_s}\right) \right| \\
&= 2\sin\left(\pi \frac{f}{f_s}\right)
\end{aligned} \tag{12-64}$$

根据式（12-64）可以得到 NTF(z)的幅频特性，如图 12-39 所示，其具有高通特性。Delta-Sigma 调制器通过 NTF(z)的高通特性，将量化噪声的能量调制到高频处，进而使得低频处的量化噪声能量大幅度减小。图 12-38 所示的 Delta-Sigma 调制器对量化噪声进行的是一阶差分运算，所以其又被称为一阶 Delta-Sigma 调制器。一阶 Delta-Sigma ADC 结构如图 12-40 所示，在一阶 Delta-Sigma 调制器后面增加低通滤波器，对高频段的量化噪声进行滤除，仅保留奈奎斯特带宽内的信号能量和噪声能量，则滤波器输出的数字码值即为对 u 的量化结果。这种低通滤波器又被称为数字抽取滤波器。一阶 Delta-Sigma 调制器可通过数字累加器实现。将一阶 Delta-Sigma 调制器和数字抽取滤波器组合起来则构成了一阶 Delta-Sigma ADC。

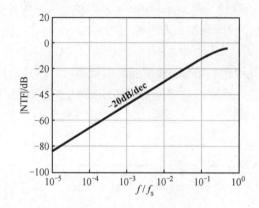

图 12-39　NTF(z)的幅频特性

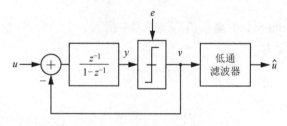

图 12-40　一阶 Delta-Sigma ADC 结构

结合过采样技术，$f_{\text{s}}=2\text{OSR}f_{\text{b}}$，一阶 Delta-Sigma ADC 落在奈奎斯特带宽内的量化噪声功率为

$$P_{\text{n}} = \int_{-f_{\text{b}}}^{+f_{\text{b}}} S_{\text{q}} \, |\, \text{NTF}(z)\,|^2 \, \mathrm{d}f \approx \frac{\Delta^2}{12}\frac{\pi^2}{3}\frac{1}{\text{OSR}^3} \qquad (12\text{-}65)$$

同理，将满幅度的正弦信号输入 ADC，根据式（12-8）可得到正弦信号的功率，结合式（12-65）可得一阶 Delta-Sigma ADC 的峰值 SNR 为

$$\begin{aligned} \text{SNR}_{\text{peak}} &= 10\lg\left(\frac{P_{\text{s}}}{P_{\text{n}}}\right) \\ &= 1.76 + 6.02n - 5.17 + 30\lg(\text{OSR}) \end{aligned} \qquad (12\text{-}66)$$

由式（12-66）可知，在一阶 Delta-Sigma 调制器的作用下，OSR 每提升 1 倍，ADC 的

峰值 SNR 提升 9dB，即 ENOB 提升 1.5 位。

通过在 Delta-Sigma 调制器前馈支路中插入一级积分器，可实现二阶 Delta-Sigma 调制器，如图 12-41 所示。将 $E(z)$ 置零，则可得到 $U(z)$ 和 $V(z)$ 的关系为

$$\left[(U-V)\frac{1}{1-z^{-1}}-V\right]\frac{z^{-1}}{1-z^{-1}}=V \tag{12-67}$$

根据式（12-67）可以得到二阶 Delta-Sigma 调制器的信号传递函数为 $\text{STF}(z)=z^{-1}$。相反，将 $U(z)$ 置零，则可得到 $E(z)$ 和 $V(z)$ 的关系为

$$\left[-V\frac{1}{1-z^{-1}}-V\right]\frac{z^{-1}}{1-z^{-1}}+E=V \tag{12-68}$$

根据式（12-68）可以得到二阶 Delta-Sigma 调制器的噪声传递函数为 $\text{NTF}(z)=(1-z^{-1})^2$。因此可以得到二阶 Delta-Sigma 调制器的总输出为

$$V(z)=z^{-1}U(z)+(1-z^{-1})^2E(z) \tag{12-69}$$

由式（12-69）可知，经过二阶 Delta-Sigma 调制器后，信号仍然只出现一个单位延时，而噪声却被进行了两次差分运算，这将使得更多低频处的噪声能量被调制到高频处。

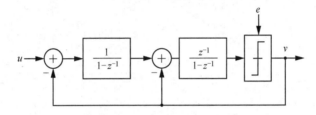

图 12-41　二阶 Delta-Sigma 调制器

一般来说，在 Delta-Sigma 调制器前馈通路中插入 L 个积分器，可实现 L 阶噪声整形，其噪声传递函数可表示为

$$\text{NTF}(z)=\left(1-z^{-1}\right)^L \tag{12-70}$$

幅值为

$$\left|\text{NTF}(z)\right|=\left|1-\text{e}^{\text{j}2\pi\frac{f}{f_s}}\right|=\left[2\sin\left(\pi\frac{f}{f_s}\right)\right]^L \tag{12-71}$$

则通过 L 阶噪声整形后，落在奈奎斯特带宽内的量化噪声功率为

$$P_n=\int_{-f_b}^{+f_b}S_q\left|\text{NTF}(z)\right|^{2L}\text{d}f\approx\frac{\Delta^2}{12}\frac{\pi^{2L}}{2L+1}\frac{1}{\text{OSR}^{2L+1}} \tag{12-72}$$

因此，L 阶 Delta-Sigma ADC 的峰值 SNR 为

$$\text{SNR}_{\text{peak}}=10\lg\left[\frac{3}{2}2^{2n}\left(\frac{2L+1}{\pi^{2L}}\right)\text{OSR}^{2L+1}\right] \tag{12-73}$$

由式（12-73）可知，对于 L 阶 Delta-Sigma ADC 而言，OSR 每提升 1 倍，峰值 SNR 提升 $(2L+1)\times3\text{dB}$，即 ENOB 提升（$L+0.5$）位。但在实际电路中需要注意，当 $L>3$ 时，量化器的非线性会导致系统稳定性降低。此外，更高的调制阶数也会使积分器的输出范围不易控制，往往需要对系统进行仔细设计才能保证系统不出现饱和问题。

12.4　逐次逼近型 ADC 实例仿真

在逐次逼近型 ADC 中，DAC 可通过 12.2.1 节介绍的电荷缩放型 DAC 实现。带有采样保持功能的电荷缩放型 DAC 如图 12-42 所示，将 DAC 中的单刀双掷开关改为单刀三掷开关可实现信号采样保持功能。当 DAC 进入采样态时，全部开关均连接至 s 端，将输入信号 V_{in} 采集到全部权重电容中。当更改 DAC 数字码值时，其输出模拟电压为

$$V_{\text{DAC}} = V_{\text{refn}} + \frac{V_{\text{refp}} - V_{\text{refn}}}{2^n - 1} \sum_{i=0}^{n-1} b_i 2^i - V_{\text{in}} \tag{12-74}$$

由式（12-74）可知，当 $V_{\text{DAC}} = V_{\text{refn}}$ 时，二进制搜索达到最终状态。

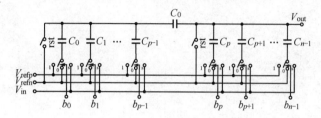

图 12-42　带有采样保持功能的电荷缩放型 DAC

基于上述结构，首先使用 Aether 搭建 5 位 LSB 阵列原理图，如图 12-43 所示，其中单位电容 C_0=500fF。因为 MSB 阵列在电路结构上与 LSB 阵列是相同的，所以通过两套图 12-43 所示的电路可组合成完整的带有采样保持功能的电荷缩放型 10 位 DAC，其原理图如图 12-44 所示。

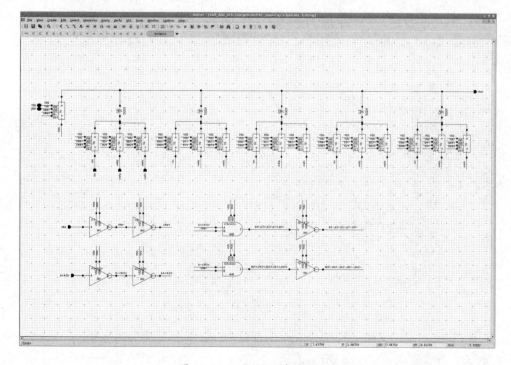

图 12-43　5 位 LSB 阵列原理图

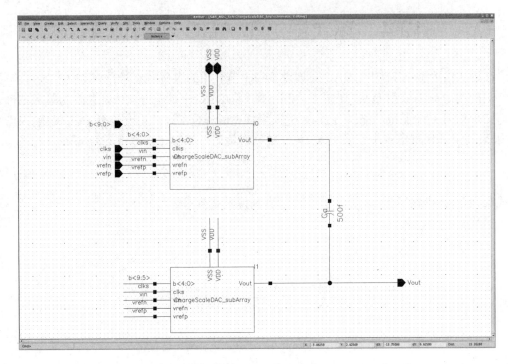

图 12-44　带有采样保持功能的电荷缩放型 10 位 DAC 原理图

设定 V_{refp}=2V，V_{refn}=1V，V_{in}=1V，设置数字码值 b<9:0>从全 0 遍历至全 1，然后重复。在 MDE 中进行瞬态仿真，得到 DAC 输出电压瞬态仿真结果如图 12-45 所示。随着数字码值逐步增大，V_{out} 从 0V 线性上升至 1V，仿真结果与式（12-74）描述的一致。

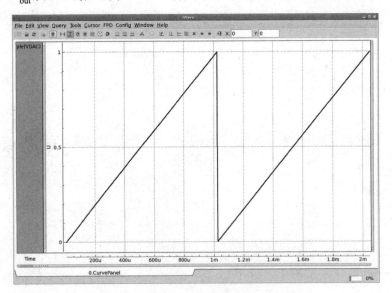

图 12-45　DAC 输出电压瞬态仿真结果

按图 12-46 所示的电路结构在 Aether 中搭建 10 位 SAR 寄存器原理图。基于该结构，搭建完整的 10 位逐次逼近型 ADC 原理图，如图 12-47 所示。在该电路中，比较器通过运放实现，为了使比较器的输出结果能够维持一个时钟周期时长，在比较器后面增加一级由 DFF 实现的寄存器，其输出作为 SAR 寄存器的 comp 控制信号。最后，利用 10 位的并行寄存器将 SAR 寄存器的最终结果保存。

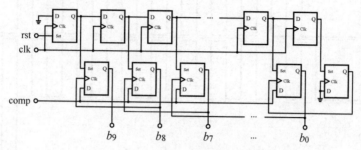

图 12-46　10 位 SAR 寄存器电路结构

在图 12-47 中，sample 为采样时钟，其周期被设定为 2.4μs，因此 ADC 的采样频率为 1/2.4 MHz；clk1 和 clk2 为一对互补时钟，它们的频率均为 5MHz。图 12-48 所示为逐次逼近型 ADC 控制时序的瞬态仿真结果。施加 V_{in}=0V 进行瞬态仿真，V_{DAC} 的输出波形如图 12-49 所示。V_{DAC} 从 1.5V 开始，逐渐以二分法方式逼近至 1V，仿真结果符合式（12-74）的描述。最后为验证 10 位逐次逼近型 ADC 的整体功能，对其输入正弦信号 $V_{in}(t)$=0.5+0.5sin(2kHz×t)，通过 MDE 进行瞬态仿真。为方便查看 ADC 的量化结果，如图 12-50 所示，可通过压控电压源级联将二进制数字码值 b<9:0>转换为十进制数显示。输入正弦信号时 ADC 输出数字码值的仿真结果如图 12-51 所示，ADC 输出的数字码值变化趋势与输入正弦信号的一致。

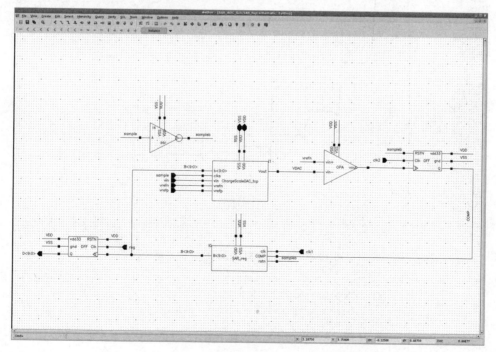

图 12-47　10 位逐次逼近型 ADC 原理图

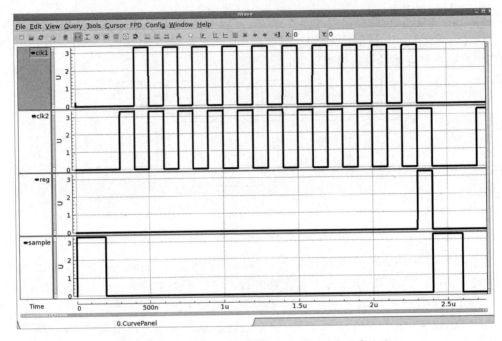

图 12-48　逐次逼近型 ADC 控制时序的瞬态仿真结果

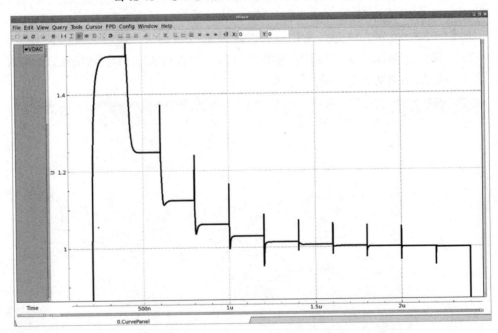

图 12-49　$V_{in}=0V$ 时 V_{DAC} 的输出波形

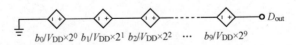

图 12-50　通过压控电压源级联将二进制数字码值 $b<9:0>$ 转换为十进制数显示

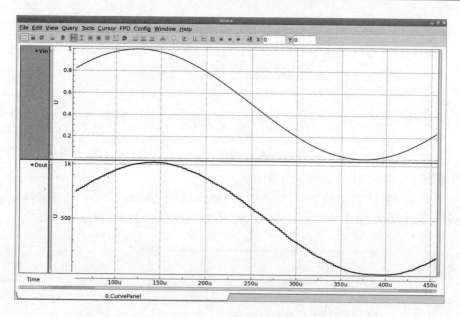

图 12-51 输入正弦信号时 ADC 输出数字码值的仿真结果

习题

12.1 请分析图 12-52 所示电流舵型 DAC 的最小单元在输出节点的阻抗（从开关晶体管 M_2 漏极看到的阻抗）与电路频率的关系。

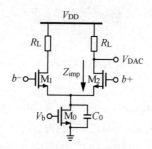

图 12-52 12.1 题图

12.2 根据码密度方法，一个采样率为 1MSPS、分辨率为 8 位的 ADC，要求其 DNL 误差小于 0.2LSB，置信度达到 95%，计算需要的采样次数。

12.3 假设一个采样保持电路的阶跃响应为 $V_{out}(t)=V_t[1-\exp(-t\omega_{BW})]$，$V_t$ 是输入阶跃信号的幅值，ω_{BW} 为该采样保持电路的带宽，大小为 2π Mrad/s。当采样频率为 1MHz 时，求在最坏情况下该采样保持电路能保持的最大分辨率。

12.4 若一个电荷按比例缩放 DAC 要达到 11 位分辨率，则电容比例的相对精度需要达到多少？

12.5 考虑图 12-53 所示的 DAC 结构，电容阵列电容容差为 5%，求最坏情况下的 DNL。

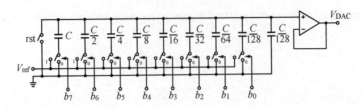

图 12-53　12.5 题图

12.6　假设一个 11 位理想 ADC 的输入范围为 1V，在 ADC 的输入端加上一个幅值为 0.5V 的正弦信号，求 ADC 的最大信噪比。

12.7　如图 12-54 所示的 12 位电流舵型 DAC 结构，编码方式采用二进制编码。设计要求可以容忍的最大 DNL 误差的标准差为 0.5LSB，求单位电流源 I_0 允许的标准差 σ_0。

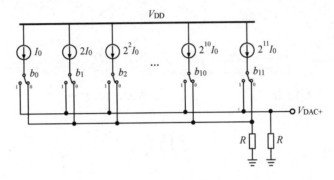

图 12-54　12.7 题图

参考文献

[1]　OPPENHEIM A V, WILLSKY A S, NAWAB S H. Signals and Systems[M]. Upper Saddle River: Prentice Hall, 1997.

[2]　WALDEN R H. Analog-to-Digital Converter Technology Comparison[C]. Proceedings of 1994 IEEE GaAs IC Symposium, 1994: 217-219.

[3]　HARRIS F J. On the Use of Windows for Harmonic Analysis with the Discrete Fourier Transform[J]. Proceedings of the IEEE, 1978, 66(1): 51-83.

[4]　THEUWISSEN A, MEYNANTS G. Welcome to the World of Single-Slope Column-Level Analog-to-Digital Converters for CMOS Image Sensors[J]. Foundations and Trends® in Integrated Circuits and Systems, 2021, 1(1): 1-71.

[5]　ALLEN P E, HOLBERG D R. CMOS Analog Circuit Design[M]. New York: Oxford University Press, 2011.

[6]　LEWIS S H, FETTERMAN H S, GROSS G F, et al. A 10-b 20-Msample/s Analog-to-Digital Converter[J]. IEEE Journal of Solid-State Circuits, 1992, 27(3): 351-358.

[7]　SCHREIER R, TEMES G C. Understanding Delta-Sigma Data Converters[M]. Hoboken: John Wiley & Sons, 2004.

第13章

锁相环

锁相环（Phase-Locked Loop，PLL）是一个能够比较输出与输入相位差的反馈系统，利用外部输入的参考信号控制环路内部振荡信号的频率和相位，使振荡信号同步至参考信号。PLL 的电路结构最早由法国工程师 Henri de Bellescize 在 1932 年提出，并在 20 世纪 50 年代开始大规模使用。PLL 最初应用于电视机的行同步和帧同步，之后大量应用于频率合成器和时钟恢复与数据重定时等应用。本章将主要介绍电荷泵型锁相环的基本原理。

13.1　基本工作原理

PLL 是一个有关相位信号的负反馈系统，在反馈环路中相位反馈误差的检测是通过鉴相器（Phase Detector，PD）来完成的。理想鉴相器的平均输出电压 $\overline{V_{PD}}$ 与输入相位差 $\Delta\Phi$ 呈线性关系，其斜率即鉴相器的增益，单位为 V/rad。一种典型的鉴相器就是异或门。用异或门实现鉴相器如图 13-1 所示，当异或门输入的两个周期为 T 的方波信号存在相位差 $\Delta\Phi$ 时，异或门的输出 $V_{out}(t)$ 将在 $V_1(t)$ 的上升沿和下降沿位置分别出现 $\Delta\Phi/(2\pi)T$ 时长的脉冲。对 $V_{out}(t)$ 进行低通滤波后，得到鉴相器的平均输出电压 $\overline{V_{PD}}$，其大小与 $\Delta\Phi$ 呈线性关系。

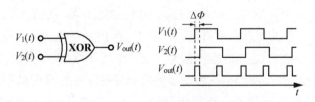

图 13-1　用异或门实现鉴相器

鉴相器能够完成对相位反馈误差的检测，但是为了能够反馈回相位信息，还需要将鉴相器的输出电压转换为相位。压控振荡器（Voltage-Controlled Oscillators，VCO）就是能够完成这一功能的电路模块，如图 13-2 所示。VCO 的输入是控制电压 V_{cont}，输出是周期性振荡信号，其频率受 V_{cont} 控制，可表示为 $\omega_{out}=\omega_0+K_{VCO}V_{cont}$，其中 K_{VCO} 为 VCO 的增益，其单位为 rad/(s·V)。在一定范围内 ω_{out} 与 V_{cont} 呈线性关系。将 VCO 可达到的频率范围称为调节范围，调节范围的中心值被称为中心频率。对于一个交流信号而言，其相位变化的速度即频率，因此有 $\omega = d\Phi/dt$。所以 VCO 输出的相位信息为

$$\Phi_{out} = \int \omega_{out} dt + \Phi_0 = \omega_0 t + K_{VCO} \int V_{cont} dt + \Phi_0 \tag{13-1}$$

由式（13-1）可知，Φ_{out} 中仅积分项是受到 V_{cont} 控制的，这部分相位信息被称为盈出相位，可表示为

$$\Phi_{ex} = K_{VCO} \int V_{cont} dt \tag{13-2}$$

VCO 的盈出相位就是 PLL 中反馈回鉴相器的相位信息。

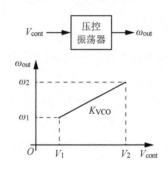

图 13-2　压控振荡器

PLL 典型的系统结构及相位阶跃响应如图 13-3 所示。PLL 主要由鉴相器、低通滤波器、VCO 和分频器组成。鉴相器完成对相位反馈误差的检测并将其转换为电压 V_{PD}，然后通过低通滤波器滤除 V_{PD} 中的高频成分形成控制电压 V_{cont}，V_{cont} 将调节 VCO 的振荡频率产生输出频率 ω_{out}，最后通过分频器对 ω_{out} 进行 N 分频得到 ω_{div}。PLL 处于负反馈状态，系统稳定后，分频器输出频率 ω_{div} 等于输入参考频率 ω_{in}，因此有 $\omega_{out} = N\omega_{in}$。由此可知，PLL 完成了对输入参考频率精确倍频的操作，通过改变分频比 N 可获得不同的输出频率。下面结合 PLL 的阶跃响应来分析其对相位的负反馈调节过程。如图 13-3 所示，假设在 t_1 时刻之前 $V_{in}(t)$ 与 $V_{div}(t)$ 的相位完全对齐，则分频器输出的相位 Φ_{div} 与输入相位 Φ_{in} 同步增加。如果在 t_1 时刻，$V_{in}(t)$ 的相位突然增大，此时 $V_{div}(t)$ 仍保持原来状态，则鉴相器将检测到正的相位反馈误差，V_{PD} 表现为增宽的脉冲。V_{PD} 经过低通滤波器后变为逐渐增大的 V_{cont} 电压。在 V_{cont} 的控制下，VCO 的振荡频率升高，同样 $V_{div}(t)$ 的频率也升高，使 Φ_{div} 升高的速度加快，这将减小 $V_{in}(t)$ 与 $V_{div}(t)$ 之间的相位偏差，由此形成针对相位的负反馈调节。随着 $V_{in}(t)$ 与 $V_{div}(t)$ 之间的相位偏差逐渐缩小，鉴相器输出脉冲的宽度也逐渐减小，V_{cont} 开始降低，VCO 的振荡频率也将逐渐降低。当系统稳定后，V_{cont} 将维持一个固定值，在其控制下 $\omega_{out}/N = \omega_{in}$，PLL 再次恢复到锁定状态。与运放的电压负反馈系统类似，PLL 的相位负反馈也存在稳定性问题，但需要注意的是 PLL 的响应稳定性是指 ω_{out} 相位信息的稳定性，而不是 ω_{out} 电压值的稳定性。

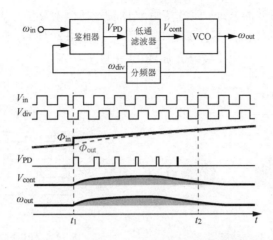

图 13-3　PLL 典型的系统结构及相位阶跃响应

13.2　电荷泵 PLL 的基本结构

13.2.1　鉴相/鉴频器

PLL 开始工作时，VCO 的工作频率可能与输入频率偏差很大，PLL 需要逐步进入锁定状态，但鉴相器仅能检查相位偏差，其频率捕获范围较小。为增大捕获范围需要使用鉴相/鉴频器（Phase/Frequency Detector，PFD）。PFD 的输入为两个周期信号 A 和 B，输出为两个脉冲信号 Q_A 和 Q_B。PFD 存在三个工作状态，其状态转移图如图 13-4 所示。当 A 和 B 的相位和频率均相同时，A 和 B 将同时出现上升变化，此时 PFD 处于状态 0，在该状态下 $Q_A=Q_B=0$。当 A 的相位领先于 B 时，A 会先于 B 出现上升变化，这使得 PFD 从状态 0 转换到状态 1，在状态 1 下，$Q_A=1$，而 $Q_B=0$。如果 A 持续出现上升变化，则 PFD 将一直维持在状态 1，直到 B 出现上升沿，PFD 将从状态 1 转换回状态 0。经过上述状态转换过程 Q_A 会出现一个高电平脉冲，而 Q_B 始终为 0，我们把这样的 Q_A 和 Q_B 的组合称为向上（UP）脉冲。当 PFD 出现 UP 脉冲时，意味着 A 相位领先于 B，且 UP 脉冲的宽度正比于 $\Phi_A-\Phi_B$。同理，从状态 0 开始，如果 B 相位领先于 A，则 B 会先于 A 出现上升变化，这使得 PFD 从状态 0 转换到状态 2，在状态 2 下 $Q_A=0$ 而 $Q_B=1$。如果 B 持续出现上升变化，则 PFD 将一直维持在状态 2，直到 A 出现上升沿，PFD 将从状态 2 转换回状态 0。经过上述状态转换过程 Q_B 会出现一个高电平脉冲，而 Q_A 始终为 0，我们把这样的 Q_A 和 Q_B 的组合称为向下（DOWN）脉冲。当 PFD 出现 DOWN 脉冲时，意味着 A 相位滞后于 B，且 DOWN 脉冲的宽度正比于 $\Phi_B-\Phi_A$。PFD 的一个输出示例如图 13-5 所示，在前半段时间 A 的相位领先于 B 的，则 PFD 输出多个 UP 脉冲，而在后半段时间 A 的相位滞后于 B 的，则 PFD 输出多个 DOWN 脉冲。

一种能够实现图 13-4 所示状态转移图的 PFD 电路结构如图 13-6（a）所示。该 PFD 电路由两个 D 触发器和一个与门组成，其中 Reset 连接至 D 触发器的复位端（高电平复位有效）。需要注意的是，该电路从状态 1 或 2 转换回状态 0 时，首先 Q_A 和 Q_B 都变为高电平，这样与门才输出一个有效的 Reset 信号将两个 D 触发器全部复位，Q_A 和 Q_B 都变为低电平。因此，实际 PFD 电路的输出并不会像图 13-5 所示那样的理想，Q_A 或 Q_B 在输出低电平时还会伴随着出现非常短暂的高电平尖峰，如图 13-6（b）所示。

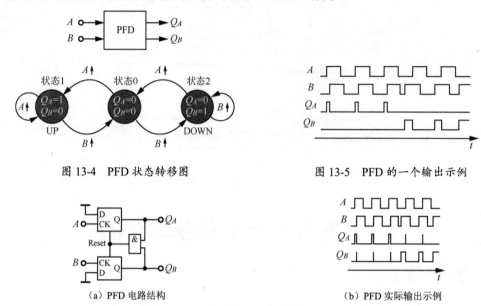

图 13-4　PFD 状态转移图　　　　　　　图 13-5　PFD 的一个输出示例

（a）PFD 电路结构　　　　　　　　（b）PFD 实际输出示例

图 13-6　PFD 电路结构和 PFD 实际输出示例

PLL 中关键的是 Q_A 和 Q_B 两者的平均输出，为了获得这个平均输出较为普遍的做法是将 Q_A 和 Q_B 做差后再进行低通滤波进而得到 V_{cont}。其中，Q_A 和 Q_B 做差操作可通过电荷泵电路完成，带有电荷泵的 PFD 电路如图 13-7 所示。电流 I_1 和 I_2 被称为上拉电流和下拉电流，它们的额定值是相等的。当 PFD 处于状态 0 时，开关 S_1 和 S_2 均断开，V_{out} 保持不变；当 PFD 输出 UP 脉冲时，S_1 闭合，S_2 断开，I_1 对 C_p 充电，V_{out} 升高；当 PFD 输出 DOWN 脉冲时，S_1 断开，S_2 闭合，I_2 对 C_p 放电，V_{out} 降低。

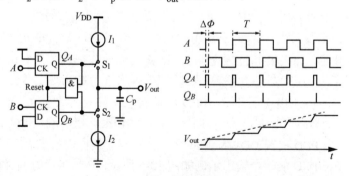

图 13-7　带有电荷泵的 PFD 电路

如图 13-7 所示，当 A 和 B 之间的相位差为 $\Delta\Phi$ 时，PFD 输出 UP 脉冲的宽度为 $\Delta\Phi/(2\pi)T$。假设 $I_1 = I_2 = I_p$，则每个周期 V_{out} 会增加 $(I_p/C_p)\Delta\Phi/(2\pi)T$。由此可知，$V_{out}$ 的平均值与 $\Delta\Phi$ 呈线性关系，带有电荷泵的 PFD 输入-输出特性如图 13-8 所示。

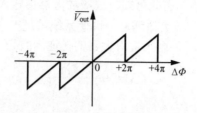

图 13-8 带有电荷泵的 PFD 输入-输出特性

上述带有电荷泵的 PFD 电路存在死区问题，即当 A 和 B 的相位误差非常小时，UP 脉冲或 DOWN 脉冲将非常短暂，以至于不足以打开电荷泵，因此 V_{out} 将不会对该相位误差产生响应。只有当 A 和 B 的相位误差累积到足够大时，电荷泵才能被有效开启，V_{out} 才会产生响应，这将导致 VCO 输出的过零点出现很大的随机变化，表现为输出时钟的抖动。为解决上述死区问题，可以在 PFD 中的与门输出端增加若干个反相器（需要保持偶数个）以对 Reset 产生一个延时 T_d。引入 T_d 后，PFD 从状态 1 或 2 转换到状态 0 不会马上完成，而是会延时 T_d 后再转换。经过这样的改进后，Q_A 和 Q_B 都会在原始宽度基础上增加相同的 T_d 时长，这样可以保证电荷泵被有效开启。在相位误差以外，Q_A 和 Q_B 会存在一段相同宽度的高电平，会使得 S_1 和 S_2 同时开启，但考虑到 $I_1=I_2$，电荷泵仍然不会对 C_p 上的电荷产生影响。

13.2.2 压控振荡器

振荡器会产生一个周期性电压信号，其没有输入信号，但是可以持续地输出周期性振荡的电压信号，通常用于电子系统中产生时钟信号。考虑图 13-9 所示的单位增益负反馈系统，其闭环传递函数为

$$\frac{V_O}{V_I}(s) = \frac{H(s)}{1 + H(s)} \qquad (13\text{-}3)$$

在第 9 章中我们分析过，当 $H(s)$ 的相移足够大时负反馈系统会变为正反馈，系统会发生振荡。具体来说，在某一频率 ω_0 处，$H(j\omega_0)=-1$，则式（13-3）所示的闭环增益趋近于无穷大。在这种情况下，电路会将 ω_0 处的噪声无限放大，形成振荡。因此，对于一个负反馈系统，电路增益满足 $|H(j\omega_0)|>1$，且 $\text{angle}H(j\omega_0)=-180°$ 是电路出现振荡的必要条件。

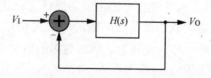

图 13-9 单位增益负反馈系统

如果考虑上负反馈系统本身贡献的直流相移 180°，那么就相当于反馈回电路输入端的总相移为 360°。因此，电子振荡器系统信号由输入到输出再反馈到输入的相差为 360°，且增益大于 1，为振荡器振荡的必要条件，这被称为巴克豪森准则。三级放大器构成的振荡器如图 13-10 所示，将三级放大器输出连接至输入，形成直流信号的负反馈，贡献直流相移 180°。因为每级放大器都是一个单极点系统，最多可贡献 90° 的相移，所以三级级联后

最多可贡献 270° 的交流相移。由此可知，三级放大器由输入到输出再反馈到输入的相差最大可达 450°，通过合理设计放大器增益，可使系统满足巴克豪森准则。假设每级放大器的增益为 A_0，主极点频率为 ω_0，则三级放大器的传递函数为

$$H(s) = -\frac{A_0^3}{\left(1 + \dfrac{s}{\omega_0}\right)^3} \tag{13-4}$$

根据巴克豪森准则，该三级放大器构成的单位增益负反馈系统在 ω_{OSC} 处出现振荡的必要条件为

$$\mathrm{angle}H(\mathrm{j}\omega_{\mathrm{OSC}}) = -180° - 3\arctan\left(\frac{\omega_{\mathrm{OSC}}}{\omega_0}\right) = -360° \tag{13-5}$$

$$|H(\mathrm{j}\omega_{\mathrm{OSC}})| = \frac{A_0^3}{\left[\sqrt{1 + \left(\dfrac{\omega_{\mathrm{OSC}}}{\omega_0}\right)^2}\right]^3} \geq 1 \tag{13-6}$$

根据式（13-5）可得到满足振荡必要条件的振荡频率为 $\omega_{\mathrm{OSC}} = \sqrt{3}\omega_0$，将其代入式（13-6），可得到每级放大器增益需要满足的条件为 $A_0 \geq 2$。

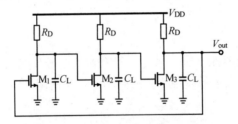

图 13-10　三级放大器构成的振荡器

值得注意的是，上述分析始终假设放大器为线性系统。但事实上，当振荡器的振荡幅度逐渐增大后，由于电源电压的限制，环路中放大器的输出会饱和进而进入非线性状态。在非线性状态下，放大器的传递函数不再成立，因此式（13-5）预测出的振荡频率也就不再准确。实际上，ω_{OSC} 为上述电路的起振频率，当电路出现稳定振荡后，其振荡频率是由放大器的输入-输出延时决定的。当每级放大器出现非线性工作状态时，如果其输入到输出的传播延时为 T_{D}，则三级放大器构成的振荡器的振荡周期为 $6T_{\mathrm{D}}$，即振荡频率为 $f_{\mathrm{OSC}} = 1/(6T_{\mathrm{D}})$。我们把图 13-10 所示的电路称为环形振荡器，增加更多的放大器级联也可构成环形振荡器，含有 N 个放大器的环形振荡器的振荡频率则为 $1/(2NT_{\mathrm{D}})$。但需要注意环路中反相的次数需要为奇数，否则电路会形成锁定现象而无法振荡。

可以通过控制电压 V_{cont} 来改变环形振荡器中放大器的延时 T_{D}，进而改变振荡频率，这样便可形成 VCO。通过反相器构成的 VCO 如图 13-11 所示，将反相器作为放大器使用，将 5 个反相器首尾相连构成环形振荡器，在每个反相器的电源端和地端分别增加一个电流源管以限制反相器的工作电流，进而利用 V_{cont} 控制每个反相器的延时时间，最终形成 VCO。

通常为了降低电源噪声等共模干扰，可通过差分放大器构成环形振荡器，如图 13-12 所示。因为可通过交换差分放大器的正负输出电压改变增益极性，所以也可以用偶数个差分放大器组成环形振荡器而不出现锁定问题，这也是差分放大器构成环形振荡器的另一个优点。

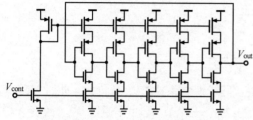

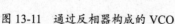

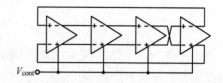

图 13-11　通过反相器构成的 VCO　　　　　　图 13-12　通过差分放大器构成环形振荡器

延时可调差分放大器电路如图 13-13（a）所示，其中晶体管 M_3 和 M_4 工作在深线性区，它们的导通电阻为

$$R_{on3,4} = \frac{1}{\mu_p C_{ox} \dfrac{W_{3,4}}{L_{3,4}}(V_{DD} - V_{cont} - |V_{THP}|)} \tag{13-7}$$

假设运放驱动的负载电容值为 C_L，则其时间常数为 $R_{on3,4}C_L$，考虑延时 T_D 正比于时间常数，则所构成的 VCO 的振荡频率满足

$$f_{OSC} \propto \frac{1}{T_D}$$

$$\propto \frac{\mu_p C_{ox}}{C_L} \frac{W_{3,4}}{L_{3,4}}(V_{DD} - V_{cont} - |V_{THP}|) \tag{13-8}$$

由式（13-8）可知，f_{OSC} 与 V_{cont} 呈线性反比关系，此时 K_{VCO} 是负值。图 13-13（a）所示的延时可调差分放大器虽然能够实现 VCO，但是其存在一个缺点，那就是其输出振荡信号的最大差分摆幅 $2I_{SS}R_{on3,4}$ 会受到 V_{cont} 的影响，这导致 VCO 输出不同频率的振荡信号时电压摆幅不一致。为了降低 V_{cont} 对输出摆幅的影响，设计了恒定摆幅延时可调差分放大器，如图 13-13（b）所示。在该结构中，虚线框内的偏置电路为 VCO 中所有的差分放大器提供偏置电压。晶体管 M_6、M_7 组成采用二极管连接负载的共源放大器，R_D 作为输入管 M_6 的源极负反馈电阻，它们共同构成了电压电流转换电路。根据第 3 章中的分析，当 M_6 的跨导足够大时，上述电压电流转换电路的电压增益为 $-1/(R_D g_{m7})$，因此 $\Delta V_{bn}=-\Delta V_{cont}/(R_D g_{m7})$。当 M_8 和 M_9 的尺寸与 M_7 的相同时，ΔV_{cont} 引起 M_8、M_9 中电流的变化为 $\Delta I_{SS}=-\Delta V_{cont}/R_D$，由此可知，电压电流转换电路完成了控制电压 V_{cont} 到运放尾电流 I_{SS} 的线性转换。因此，可认为 M_8 和 M_9 的电流均为 V_{cont} 的线性函数，可表示为 $I_{SS}(-V_{cont})$。晶体管 M_5、M_8 和运放 A_X 构成负反馈环路，根据虚短特性，可得到 $V_X=V_{ref}$。当 M_5 工作在深线性区时，其导通电阻为

$$R_{on5} = \frac{1}{\mu_p C_{ox} \dfrac{W_5}{L_5}(V_{DD} - V_{bp} - |V_{THP}|)} = \frac{V_{DD} - V_{ref}}{I_{SS}(-V_{cont})} \tag{13-9}$$

如果 M_3、M_4 和 M_5 具有相同的尺寸，又因为它们的栅极电压均为 V_X，则 M_3 和 M_4 的

导通电阻值 $R_{on3,4}=R_{on5}$，则有

$$R_{on3,4} = \frac{V_{DD} - V_{ref}}{I_{SS}(-V_{cont})} \tag{13-10}$$

当差分放大器负载电容值为 C_L 时，所构成的 VCO 的振荡频率满足

$$f_{OSC} \propto \frac{1}{R_{on3,4}C_L}$$

$$\propto \frac{I_{SS}(-V_{cont})}{(V_{DD} - V_{ref})C_L} \tag{13-11}$$

由式（13-11）可知，VCO 的振荡频率与 V_{cont} 呈线性关系，K_{VCO} 是负数。此时 VCO 输出振荡信号的最大差分摆幅 $2I_{SS}R_{on3,4}$ 变为固定的 $2(V_{DD}-V_{ref})$，因此在通过 V_{cont} 改变 VCO 的振荡频率时，振荡信号的差分摆幅并不会发生改变。这种结构的本质是 V_{cont} 同时控制运放尾电流值 I_{SS} 和负载电阻值 $R_{on3,4}$，当 V_{cont} 变大时，I_{SS} 变大，而 $R_{on3,4}$ 等比例变小，以保持两者乘积基本不变。需要注意的是，当 V_{cont} 发生变化时，V_{bp} 也随之发生变化，但因为 V_{bp} 是由处于负反馈状态下的运放 A_X 提供的，所以要考虑运放 A_X 的带宽问题，需要保证运放 A_X 具有足够大的带宽，以保证 V_{bp} 能够快速跟随 V_{cont} 的变化，以提高 VCO 输出频率的稳定速度。

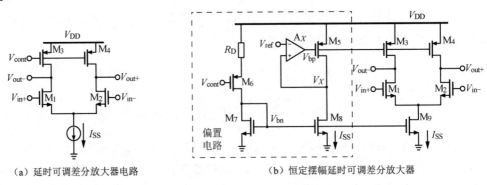

（a）延时可调差分放大器电路　　　　　（b）恒定摆幅延时可调差分放大器

图 13-13　延时可调差分放大器电路和恒定摆幅延时可调差分放大器

13.2.3　电荷泵 PLL 的整体结构

为提升系统稳定性和减小输出控制电压的纹波，通常会在电荷泵后面一阶低通滤波器（也称为环路滤波器）的基础上再并联一个 RC 节点，二阶环路滤波器如图 13-14 所示。这里需要注意的是，电荷泵输出的是电流信号 I_{out}，经过环路滤波后得到 VCO 控制电压 V_{cont}，因此环路滤波器表现出阻抗特性。图 13-14 所示的环路滤波器的阻抗中含有两个极点，因此该环路滤波器是一个二阶系统，其具体传递函数将在 13.3 节中分析。PLL 中的 $1/N$ 分频器可通过计数器实现，设定计数器每完成 N 个脉冲计数后进行复位，则计数器输出的复位信号的频率为输入时钟频率的 $1/N$ 倍。结合前面几节中介绍的 PFD、电荷泵及 VCO 电路结构，可得到一个完整 PLL 的电路结构，三阶电荷泵 PLL 整体结构如图 13-15 所示。在该 PLL 中环路滤波器是二阶系统，而 VCO 是一个一阶系统（具体将在 13.3 节中分析），所以整体 PLL 是一个三阶系统。又因为该 PLL 中使用电荷泵电路将 PFD 输出的差分信号转换

为了单端信号，所以图 13-15 所示的 PLL 常被称为三阶电荷泵 PLL。

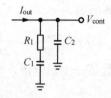

图 13-14 二阶环路滤波器

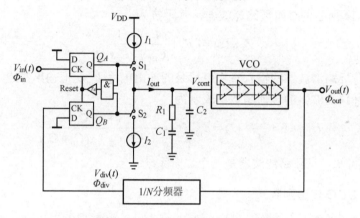

图 13-15 三阶电荷泵 PLL 的整体结构

13.3 三阶电荷泵 PLL 的稳定性分析

本节将依次分析三阶电荷泵 PLL 中每个电路模块的传递函数，然后全部级联后得到 PLL 的环路增益，最后基于环路增益的传递函数分析系统的相位裕度与稳定性。

13.3.1 三阶电荷泵 PLL 的环路增益传递函数

13.3.1.1 带有电荷泵的 PFD 的传递函数

在 13.2.1 节中分析到，当 PFD 两输入之间的相位差为 $\Delta\Phi$ 时，在每个周期中 V_{out} 会增加 $(I_{\text{p}}/C_{\text{p}})\Delta\Phi/(2\pi)T$。如图 13-7 所示，如果将 V_{out} 随时间 t 变化的波形近似为一条直线，则其斜率为 $(I_{\text{p}}/C_{\text{p}})\Delta\Phi/(2\pi)$，因此 $V_{\text{out}}(t)$ 可表示为

$$V_{\text{out}}(t) = \int_0^t \frac{I_{\text{p}}}{2\pi C_{\text{p}}} \Delta\Phi \mathrm{d}t \tag{13-12}$$

电荷泵输出电荷量为

$$Q_{\text{out}}(t) = C_{\text{p}} V_{\text{out}}(t) = \int_0^t \frac{I_{\text{p}}}{2\pi} \Delta\Phi \mathrm{d}t \tag{13-13}$$

电荷泵输出电流可以表示为

$$I_{\text{out}}(t) = \frac{\mathrm{d}Q_{\text{out}}(t)}{\mathrm{d}t} = \frac{I_{\text{p}}}{2\pi} \Delta\Phi \tag{13-14}$$

如果将相位差 $\Delta\Phi$ 看成系统的输入信号，把电荷泵输出的电流 I_{out} 看成系统的输出信号，则带有电荷泵的 PFD 的系统传递函数为

$$H_{PFD}(s) = \frac{I_{out}}{\Delta\Phi}(s) = \frac{I_p}{2\pi} \tag{13-15}$$

由式（13-15）可知，PFD 的传递函数是一个固定值，该值也被称为 PFD 的增益 K_{PFD}。

13.3.1.2　环路滤波器传递函数

对于图 13-14 所示的二阶环路滤波器，其阻抗为

$$Z_{LPF}(s) = \left(R_1 + \frac{1}{C_1 s}\right) \| \frac{1}{C_2 s} \tag{13-16}$$

如果将二阶环路滤波器的输入看作电荷泵的输出电流 I_{out}，把输出看成 VCO 的控制电压 V_{cont}，则该环路滤波器的传递函数可表示为

$$H_{LPF}(s) = \frac{V_{cont}}{I_{out}}(s) = Z_{LPF}(s) = \frac{1 + sR_1C_1}{s^2 R_1 C_1 C_2 + s(C_1 + C_2)} \tag{13-17}$$

由式（13-17）可知，该环路滤波器是一个二阶系统。

13.3.1.3　VCO 传递函数

如果将 VCO 理解成一个输入为控制电压 V_{cont}，输出为盈出相位 Φ_{ex} 的系统，则根据式（13-2）可知，该系统是一个理想的积分器，对其进行拉普拉斯变换即可得到 VCO 的传递函数为

$$H_{VCO}(s) = \frac{\Phi_{ex}}{V_{cont}}(s) = \frac{K_{VCO}}{s} \tag{13-18}$$

13.3.1.4　分频器传递函数

如果将 $1/N$ 分频器看成关于相位信息的传输系统，则其传递函数可表示为

$$H_{div}(s) = \frac{\Phi_{out}}{\Phi_{div}}(s) = \frac{1}{N} \tag{13-19}$$

13.3.1.5　整体线性模型

三阶电荷泵 PLL 的线性模型如图 13-16 所示，结合式（13-15）、式（13-17）～式（13-19）可得到其环路增益的传递函数为

$$G(s) = \frac{\Phi_{div}}{\Phi_{in}}(s) = H_{PFD}(s) \times H_{LFP}(s) \times H_{VCO}(s) \times H_{div}(s)$$

$$= \frac{1}{N} \frac{I_p}{2\pi} \frac{1 + sR_1C_1}{s^2 R_1 C_1 C_2 + s(C_1 + C_2)} \frac{K_{VCO}}{s} \tag{13-20}$$

则 PLL 的闭环传递函数为

$$H(s) = \frac{\Phi_{out}}{\Phi_{in}} = \frac{NG(s)}{1 + G(s)} \tag{13-21}$$

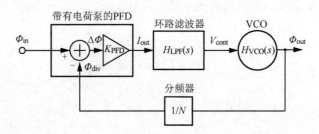

图 13-16　三阶电荷泵 PLL 的线性模型

13.3.2　系统稳定性分析

观察式（13-20）所示的传递函数会发现，PLL 的环路增益中存在 3 个极点和 1 个零点，其中有 2 个极点位于原点处，另 1 个极点处于左半平面，零点也位于左半平面。三阶电荷泵 PLL 环路增益的伯德图如图 13-17 所示，为使 PLL 保持稳定，需要通过左半平面的零点减小相移，使传递函数增益交点处的 PM 达到最大。可以想象，如果只使用 1 个电容作为环路滤波器，那么 PLL 的环路增益将仅有原点处的两个极点，系统相移始终为-180°，这样闭环系统是无法稳定的，只有在增益交点前引入 1 个左半平面零点才能改善系统的 PM，这就是要将环路滤波器改为二阶系统的主要原因。如图 13-17 所示，PLL 环路增益在增益交点频率以内不能近似成单极点系统，因此需要用单位增益带宽 ω_{UBW} 来描述增益交点的频率。在通常情况下，为了避免 PLL 不稳定，环路增益带宽 ω_{UBW} 不宜过大，一般小于输入信号频率 ω_{in} 的 1/10。

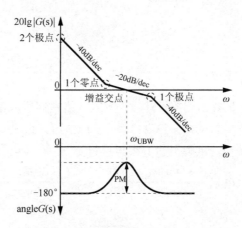

图 13-17　三阶电荷泵 PLL 环路增益的伯德图

下面具体分析在何种情况下环路增益的 PM 会达到最大值。根据式（13-20），可得到 $G(s)$ 中非原点处极点和零点的频率分别为

$$\omega_{\text{p}} = \frac{1}{R_1 C_1} \tag{13-22}$$

$$\omega_{\text{z}} = \frac{C_1 + C_2}{R_1 C_1 C_2} \tag{13-23}$$

为了更直观地显示 $G(s)$ 中零极点的位置，其可变形为

$$G(s) = \frac{1}{N(C_1 + C_2)} \frac{I_\mathrm{p}}{2\pi} \frac{K_\mathrm{VCO}}{s^2} \frac{1 + \dfrac{s}{\omega_\mathrm{z}}}{1 + \dfrac{s}{\omega_\mathrm{p}}} \tag{13-24}$$

因此在频率 ω 处，$G(s)$ 的相位裕度为

$$\begin{aligned}
\varPhi_\mathrm{PM}(\omega) &= \pi - 2\frac{\pi}{2} - \arctan\left(\frac{\omega}{\omega_\mathrm{p}}\right) + \arctan\left(\frac{\omega}{\omega_\mathrm{z}}\right) \\
&= \arctan\left(\frac{\omega}{\omega_\mathrm{z}}\right) - \arctan\left(\frac{\omega}{\omega_\mathrm{p}}\right)
\end{aligned} \tag{13-25}$$

根据图 13-17 可知，$\varPhi_\mathrm{PM}(\omega)$ 存在一个最大值，我们希望该值出现在 ω_UBW 处，故需要

$$\left.\frac{\mathrm{d}\varPhi_\mathrm{PM}(\omega)}{\mathrm{d}\omega}\right|_{\omega = \omega_\mathrm{UBW}} = \frac{1}{\omega_\mathrm{z}} \frac{1}{\left(\dfrac{\omega_\mathrm{UBW}}{\omega_\mathrm{z}}\right)^2 + 1} - \frac{1}{\omega_\mathrm{p}} \frac{1}{\left(\dfrac{\omega_\mathrm{UBW}}{\omega_\mathrm{p}}\right)^2 + 1} = 0 \tag{13-26}$$

求解式（13-26）可知

$$\omega_\mathrm{UBW} = \sqrt{\omega_\mathrm{p}\omega_\mathrm{z}} \tag{13-27}$$

通过上述分析可知，当 PLL 环路增益的单位增益带宽满足式（13-27）时，环路增益的 PM 会达到最大值，如果要求该最大值为 $\varPhi_\mathrm{PM,max}$，则可得到

$$\varPhi_\mathrm{PM,max} = \arctan\left(\frac{\omega_\mathrm{UBW}}{\omega_\mathrm{z}}\right) - \arctan\left(\frac{\omega_\mathrm{UBW}}{\omega_\mathrm{p}}\right) \tag{13-28}$$

式（13-28）可变形为

$$\frac{\omega_\mathrm{p}}{\omega_\mathrm{z}} = \tan^2\left(\frac{\pi}{4} + \frac{\varPhi_\mathrm{PM,max}}{2}\right) = \left[\frac{1 + \tan(\varPhi_\mathrm{PM,max}/2)}{1 - \tan(\varPhi_\mathrm{PM,max}/2)}\right]^2 \tag{13-29}$$

因为 ω_UBW 和 $\varPhi_\mathrm{PM,max}$ 是要达到的设计值，所以可将它们看成常量。那么，如果将 ω_p 和 ω_z 看成未知量，则它们需要满足式（13-27）和式（13-29）组成的方程组，即可使 PLL 环路增益的最大 PM 为 $\varPhi_\mathrm{PM,max}$。求解上述方程组后得到

$$\omega_\mathrm{p} = \omega_\mathrm{UBW} \frac{1 + \tan(\varPhi_\mathrm{PM,max}/2)}{1 - \tan(\varPhi_\mathrm{PM,max}/2)} = \omega_\mathrm{UBW} \frac{\cos(\varPhi_\mathrm{PM,max})}{1 - \sin(\varPhi_\mathrm{PM,max})} \tag{13-30}$$

$$\omega_\mathrm{z} = \frac{\omega_\mathrm{UBW}^2}{\omega_\mathrm{p}} \tag{13-31}$$

由式（13-30）和式（13-31）可知，当给定 PLL 的 ω_UBW 和 $\varPhi_\mathrm{PM,max}$ 的设计指标后，可以计算出 PLL 中 ω_p 和 ω_z 的大小。接下来需要根据 ω_p 和 ω_z 的大小来确定环路滤波器中电阻和电容的取值。通过式（13-22）和式（13-23）可以得到 2 个方程，但方程中存在 3 个未知数 R_1、C_1 和 C_2，还需要增加 1 个方程才能求解出它们的具体值。考虑到在 ω_UBW 处 $G(s)$ 的模值应该为 1，根据式（13-24），则可以得到第 3 个方程为

$$|G(\mathrm{j}\omega_{\mathrm{UBW}})| = \frac{1}{N(C_1+C_2)} \frac{I_\mathrm{p}}{2\pi} \frac{K_{\mathrm{VCO}}}{\omega_{\mathrm{UBW}}^2} \frac{\sqrt{1+\left(\dfrac{\omega_{\mathrm{UBW}}}{\omega_\mathrm{z}}\right)^2}}{\sqrt{1+\left(\dfrac{\omega_{\mathrm{UBW}}}{\omega_\mathrm{p}}\right)^2}} \tag{13-32}$$

$$= \frac{1}{N(C_1+C_2)} \frac{I_\mathrm{p}}{2\pi} \frac{K_{\mathrm{VCO}}}{\omega_{\mathrm{UBW}}^2} \sqrt{\frac{\omega_\mathrm{p}}{\omega_\mathrm{z}}} = 1$$

结合式（13-22）、式（13-23）和式（13-32），得到有关 R_1、C_1 和 C_2 的 3 个方程，求解后得到 C_2、C_1 和 R_1 分别为

$$C_2 = \frac{1}{N} \frac{I_\mathrm{p}}{2\pi} \frac{K_{\mathrm{VCO}}}{\omega_{\mathrm{UBW}}^2} \sqrt{\frac{\omega_\mathrm{z}}{\omega_\mathrm{p}}} \tag{13-33}$$

$$C_1 = \left(\frac{\omega_\mathrm{p}}{\omega_\mathrm{z}} - 1\right) C_2 \tag{13-34}$$

$$R_1 = \frac{1}{C_1 \omega_\mathrm{z}} \tag{13-35}$$

总结上述分析，为了让 PLL 的 PM 达到最大值，需要合理设计环路滤波器中的器件参数。基本的计算流程如下：①首先设定需要达到的 ω_{UBW} 和 $\Phi_{\mathrm{PM,max}}$ 的具体值，在通常情况下，$\omega_{\mathrm{UBW}} < \omega_{\mathrm{in}}/10$；②根据式（13-30）和式（13-31）计算得到 ω_p 和 ω_z 的大小；③根据式（13-33）～式（13-35）计算得到环路滤波器中 C_2、C_1 和 R_1 的具体取值。

13.4　时间抖动与相位噪声

在实际的 PLL 中，MOS 器件均存在本征噪声，如热噪声和闪烁噪声，这会造成 PLL 输出时钟的过零点出现随机变化，表现为输出时钟的时间抖动。时间抖动主要分为图 13-18（a）所示的周期抖动（Cycle Jitter，C-Jitter）和图 13-18（b）所示的周期-周期抖动（Cycle-Cycle Jitter，CC-Jitter）。假设参考时钟是一个理想的周期为 T 的时钟，即参考时钟的每个周期时间长度均严格等于 T。如图 13-18（a）所示，PLL 反馈回的带有噪声的时钟与参考时钟相比，每个上升过零点的时刻均存在一定的时间偏差，则 $\Delta t_k = T_k - T$，其中 T_k 表示噪声时钟第 k 个周期的时间长度，因此 C-Jitter 的均方根值为

$$\sigma_{\mathrm{cj}} = \lim_{N\to\infty} \sqrt{\frac{1}{N} \sum_{k=1}^{N} \left(\Delta t_k\right)^2} \tag{13-36}$$

如图 13-18（b）所示，仅观察 PLL 反馈回带有噪声的时钟，相邻两个噪声时钟周期的时间宽度分别为 $T+\Delta T_k$ 和 $T+\Delta T_{k+1}$，则相邻两个时钟周期的差为 $\Delta T_{k+1}-\Delta T_k$，因此 CC-Jitter 的均方根值为

$$\sigma_{\mathrm{ccj}} = \lim_{N\to\infty} \sqrt{\frac{1}{N} \sum_{k=1}^{N} \left(\Delta T_{k+1} - \Delta T_k\right)^2} \tag{13-37}$$

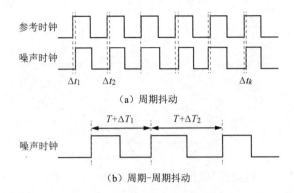

（a）周期抖动

（b）周期-周期抖动

图 13-18　周期抖动和周期-周期抖动

时间抖动在频域上表现为相位噪声，其定义为额定频率偏移 Δf 下 1Hz 带宽内的噪声能量与中心频率 f_0 下能量的比值。相位噪声定义如图 13-19 所示，在频率偏移 Δf 处，单位频带内的噪声功率 P_b 相对于中心频率功率 P_0 的分贝数即 Δf 处的相位噪声，可表示为

$$\Phi_n(\Delta f) = 10\lg\frac{P_b}{P_0} \tag{13-38}$$

因此 PLL 的相位噪声的 PSD 表现为差值，单位为 dBc/Hz。相位噪声是评估 PLL 性能的重要参数，可以通过相位噪声的 PSD 计算出 PLL 输出时钟的时间抖动。在目标频率范围内对相位噪声的 PSD 进行积分，得到相位噪声总功率 P_{tot} 为

$$P_{tot} = \int_{f_1}^{f_2} \Phi_n(\Delta f)\mathrm{d}f \tag{13-39}$$

可以根据下面的公式计算出 CC-Jitter 的均方根值

$$\sigma_{ccj} = \frac{\sqrt{2\times 10^{\frac{P_{tot}}{10}}}}{2\pi f_0} \tag{13-40}$$

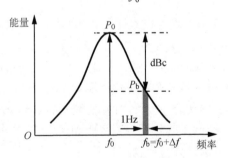

图 13-19　相位噪声定义

上述分析说明了通过相位噪声 PSD 获得 PLL 的 CC-Jitter 均方根值的方法。但是，在设计 PLL 时很难通过仿真的方法直接获得相位噪声 PSD，需要结合电路仿真及 PLL 的线性噪声模型以获得 PLL 的总相位噪声。考虑 PLL 的相位噪声是由 PLL 各部分电路的噪声共同贡献的，而每部分电路的输出噪声 PSD 是可以通过仿真方法直接获得的，利用 PLL 的线性噪声模型分析得到每个噪声源到 PLL 输出端的传递函数，进而得到每部分电路输出噪声传递到 PLL 输出后贡献的相位噪声 PSD，最后将全部相位噪声 PSD 相加后得到 PLL 的总相位噪声 PSD。

PLL 的线性噪声模型如图 13-20 所示，其中 $\Phi_{n,in}(s)$ 为输入参考时钟的相位噪声 PSD，$i_{n,cp}(s)$ 为带有电荷泵的 PFD 输出电流噪声 PSD，$v_{n,lfp}(s)$ 为低通滤波器的输出电压噪声 PSD，$\Phi_{n,vco}(s)$ 为 VCO 输出时钟的相位噪声 PSD，$\Phi_{n,div}(s)$ 为分频器输出时钟的相位噪声 PSD。结合式（13-20）可以得到 PLL 的环路增益为

$$G(s) = \frac{K_{PFD}K_{VCO}H_{LFP}(s)}{Ns} \tag{13-41}$$

因此，PLL 中各噪声源到输出端的传递函数及其传输特性如表 13-1 所示，则 PLL 输出的总相位噪声 PSD 可表示为

$$\Phi_{ntot,out}(s) = \Phi_{n,in}(s)|H_{in}(s)|^2 + i_{n,cp}(s)|H_{cp}(s)|^2 +$$
$$v_{n,lpf}(s)|H_{lpf}(s)|^2 + \Phi_{n,vco}(s)|H_{vco}(s)|^2 + \Phi_{n,div}(s)|H_{div}(s)|^2 \tag{13-42}$$

再结合式（13-39）和式（13-40）即可计算出 PLL 输出的 CC-Jitter 的均方根值。

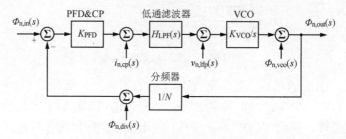

图 13-20　PLL 的线性噪声模型

表 13-1　PLL 中各噪声源到输出端的传递函数及其传输特性

噪声源	传递函数	传输特性
输入时钟	$H_{in}(s) = \dfrac{\Phi_{n,out}(s)}{\Phi_{n,in}(s)} = N\dfrac{G(s)}{1+G(s)}$	低通
PFD&CP	$H_{cp}(s) = \dfrac{\Phi_{n,out}(s)}{i_{n,cp}(s)} = \dfrac{N}{K_{PFD}}\dfrac{G(s)}{1+G(s)}$	低通
低通滤波器	$H_{lpf}(s) = \dfrac{\Phi_{n,out}(s)}{v_{n,lfp}(s)} = \dfrac{K_{PFD}}{s}\dfrac{1}{1+G(s)}$	带通
VCO	$H_{vco}(s) = \dfrac{\Phi_{n,out}(s)}{\Phi_{n,vco}(s)} = \dfrac{1}{1+G(s)}$	高通
分频器	$H_{div}(s) = \dfrac{\Phi_{n,out}(s)}{\Phi_{n,div}(s)} = -N\dfrac{G(s)}{1+G(s)}$	低通

13.5　DLL 工作原理

延时锁相环（Delay phase Locked Loop，DLL）是 PLL 的另一种形式，在 DLL 中采用压控延时线（Voltage-Controlled Delay Line，VCDL）代替 VCO，可以完成对特定延时时间的锁定，其常被用于延时校准、接口时序校准和数据对齐等。可将两个图 13-11 所示的延时可调节反相器串联组成一个压控延时单元，将 N 个这样的压控延时单元级联后构成 VCDL。DLL 的电路结构如图 13-21 所示，其通过负反馈调节使得输出相位 Φ_{out} 与输入相

位 Φ_{in} 相同。如果输入时钟周期为 T，VCDL 中有 N 个压控延时单元，则在上述反馈调节下，控制电压 V_{cont} 会使得 VCDL 中每个压控延时单元的延时时间精确为 T/N。

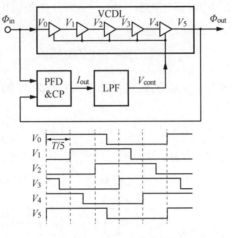

图 13-21　DLL 的电路结构

相比于 PLL，DLL 的优点主要体现在 VCDL 的优势上。相对于 VCO 而言，VCDL 主要有两个优点：首先，VCDL 中时钟的时间抖动在传递至末端后就消失了，而不像在环形振荡器中会重复循环，因此 VCDL 相比于 VCO 来说相位噪声更小；其次，VCDL 对相位的传输没有积分操作，意味着其传递函数是一个常数，这大大简化了 DLL 的稳定性设计。DLL 的线性模型如图 13-22 所示，当仅使用一个滤波电容作为环路滤波器时，DLL 的环路增益为

$$G_{\text{DLL}}(s) = K_{\text{PFD}} \frac{K_{\text{LFP}}}{s} K_{\text{VCDL}} \tag{13-43}$$

可知，DLL 是一阶系统，其最大相移仅为 90°，因此闭环系统是无条件稳定的。

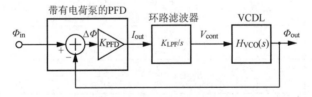

图 13-22　DLL 的线性模型

13.6　PLL 电路实例仿真

本节将使用 Aether 软设计一个输入为 10MHz、输出为 100MHz 的 PLL 电路实例并通过仿真验证其基本功能。首先搭建 PFD 电路，其原理图如图 13-23 所示，其中与非门输出端串联的两个反相器及反相器输出端并联的 MOS 电容都是为了增加延时，以消除 PFD 的死区时间。在 MDE 中对 PFD 进行瞬态仿真，所施加的 A 和 B 信号为两个频率不同的方波信号（A 的频率高于 B 的频率），PFD 瞬态仿真结果如图 13-24 所示。从仿真结果可看出，在每个 A 信号上升沿到 B 信号上升沿之间都会出现 UP 为高电平的脉冲，并且在 B 信号上

升沿到来后 UP 和 DOWN 均会出现相同时间宽度的高电平，这个时间就是 PFD 中反相器和 MOS 电容引入的延迟时间。

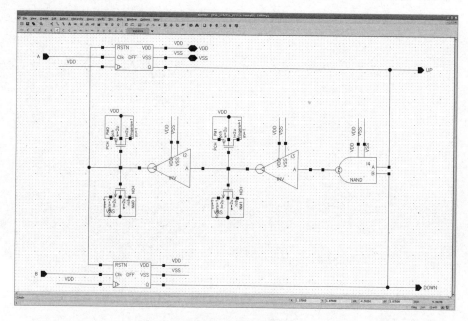

图 13-23　PFD 原理图

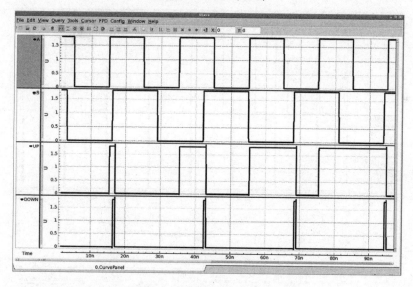

图 13-24　PFD 瞬态仿真结果

搭建电荷泵电路，其原理图如图 13-25 所示。电流源 I_1 和 I_2 通过 44μA 的 Cascode 电流源实现，控制开关 S_1 和 S_2 分别通过 PMOS 器件和 NMOS 器件实现。该电荷泵电路中增加了一个运放反馈环路，以消除电荷共享问题。将图 13-23 所示的 PFD 电路与图 13-25 所示的电荷泵电路组合后形成带有电荷泵的 PFD 电路，在 MDE 中对其进行瞬态仿真。在该仿真中，所施加激励与图 13-24 所用激励相同，电荷泵输出 I_{out} 端连接一个负载电容，带有电荷泵的 PFD 瞬态仿真结果如图 13-26 所示。随着 UP 脉冲不断出现，I_{out} 端的电压不断增大，并且在 UP 处于高电平期间，I_{out} 端电压线性增大。

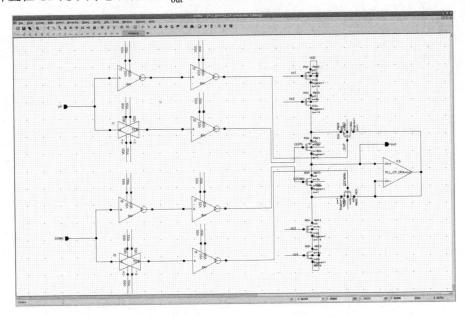

图 13-25　电荷泵电路原理图

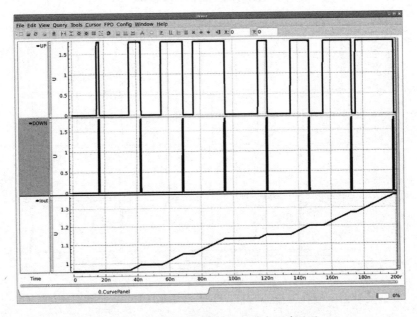

图 13-26　带有电荷泵的 PFD 瞬态仿真结果

搭建 VCO 原理图，VCO 中的延时单元采用图 13-13（b）所示的恒定摆幅延时可调差分放大器结构，通过四级级联后构成 VCO 电路，其原理图如图 13-27 所示。在 VCO 的输出端增加一个差分放大器，对 VCO 输出的差分振荡信号做差后进行放大，形成较为理想的数字时钟信号。对 VCO 施加一个正弦变化的控制电压 V_{cont}，在 MDE 中进行瞬态仿真，

VCO 瞬态仿真结果如图 13-28 所示。当 V_{cont} 升高时，VCO 的输出频率降低；当 V_{cont} 降低时，VCO 的输出频率升高，这表明 VCO 的增益为负值。随着 V_{cont} 的起伏变换，VCO 的输出时钟也相应呈疏密变化，瞬态仿真结果表明 VCO 的功能正确。这里需要注意的是，在对 VCO 进行瞬态仿真时，需要设置 VCO 输出差分电压的直流工作点分别为 0V 和 1.8V，这样仿真时电路才会正确起振，否则电路可能会锁定在共模电压处。这种锁定问题只会在仿真中存在，在真实的电路中并不会存在。这是因为真实电路中存在的热噪声扰动会被环形振荡器放大并最终形成振荡输出，电路不会稳定停留在共模点处。

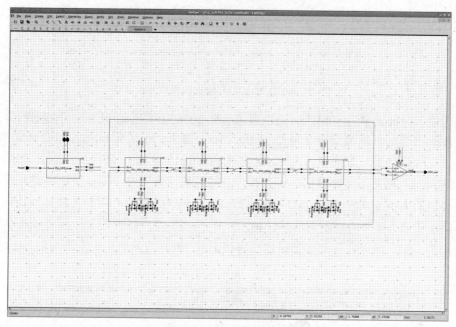

图 13-27　VCO 电路原理图

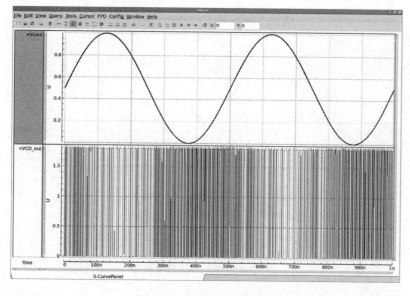

图 13-28　VCO 瞬态仿真结果

可以施加不同的 V_{cont}，并在瞬态仿真下统计 VCO 的输出频率，可以得到图 13-29 所示的 VCO 的 V_{cont} 与输出频率的关系曲线。对图 13-29 所示的数据进行线性拟合，得到拟合直线的斜率，即 VCO 的增益 K_{VCO}，其数值约为 202MHz/V 或 1.268Grad/(s·V)。

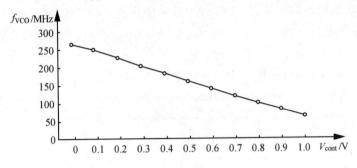

图 13-29　VCO 的 V_{cont} 与输出频率的关系曲线

因为输入时钟频率为 10MHz，输出要求达到 100MHz，因此 PLL 中分频器的分频比为 1/10。选择 PLL 的单位增益带宽为 f_{UBW}=0.8MHz，要求 PM 达到 60°，结合 PFD 和 VCO 的增益，根据 13.3.2 节中关于系统稳定性的分析，可以计算得到 ω_p=18.76Mrad/s，ω_z=1.35Mrad/s。根据上述计算到的极点和零点的位置，可以进一步计算出环路滤波器中电阻和电容值的大小分别为 R_1=6.1kΩ、C_1=122pF、C_2=9.4pF，因此得到环路滤波器原理图，如图 13-30 所示。需要特别说明的是，13.3.2 节介绍的 PLL 线性模型中所有频率参数使用的单位均为 rad/s，所以在计算参数时需要将以 Hz 为单位的参数全部换算为以 rad/s 为单位的参数。

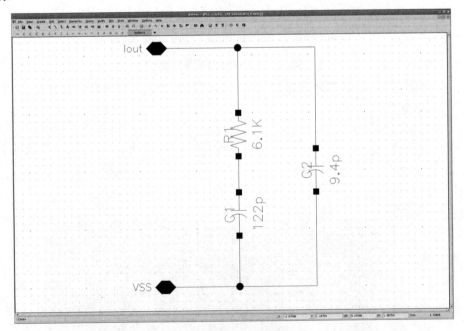

图 13-30　环路滤波器原理图

将参数 N=10、I_p=44μA、R_1=6.1kΩ、C_1=122pF、C_2=9.4pF、K_{VCO}=1.268Grad/(s·V)代入

式（13-20），可以得到本节所设计 PLL 环路增益的伯德图，如图 13-31（a）所示，环路增益带宽为 0.8MHz，PM 最大达到 60°，完全符合设计要求。对式（13-21）所示的闭环传递函数施加单位相位阶跃输入，得到输出相位的时域响应，如图 13-31（b）所示，经过大约 5μs 的时间，输出相位的增益稳定为 10 倍，意味着 PLL 进入锁定状态。

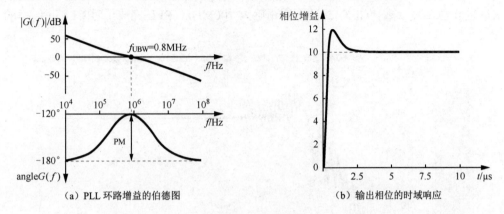

（a）PLL 环路增益的伯德图　　　　　　　（b）输出相位的时域响应

图 13-31　PLL 环路增益的伯德图和输出相位的时域响应

基于上述电路模块完成完整 PLL 电路的原理图搭建，如图 13-32 所示。其中 CLKin 为输入时钟，CLKout 为倍频后的输出时钟，分频器通过计数器实现，DivCode<5:0> 为分频比的二进制编码，在本设计中分频比为 1/10，则设置编码为 001010，RSTN 为计数器的初始复位信号。在本节的设计中，CLKin 是一个频率为 10MHz 的方波时钟，则待 PLL 进入锁定状态后，输出 CLKout 理论上为 100MHz 的方波时钟。

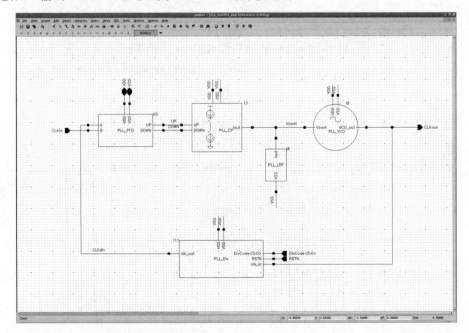

图 13-32　完整 PLL 电路原理图

在 MDE 中对所设计的 PLL 进行瞬态仿真，得到 VCO 控制电压 V_{cont} 的波形，如图 13-33

所示。V_{cont} 从开始的 0V 逐渐增大，在 PLL 负反馈作用下大约经过 5μs 的响应时间达到稳定值，PLL 进入锁定状态。时域的仿真结果与图 13-31（b）所示的输出相位的时域响应基本一致。最后，得到 PLL 进入锁定状态后输入时钟 CLKin、分频器反馈时钟 CLKdiv 及 VCO 输出时钟 CLKout 的波形，PLL 输入时钟与输出时钟的对比如图 13-34 所示。CLKdiv 与 CLKin 的相位高度一致，CLKout 的频率精确为 100MHz，PLL 完成了对 CLKin 频率的 10 倍放大。

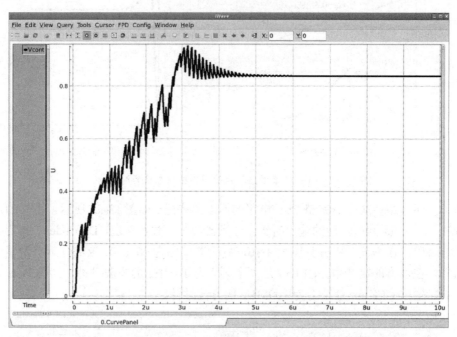

图 13-33　PLL 中 VCO 控制电压 V_{cont} 的波形

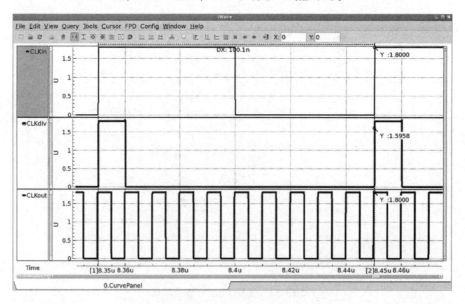

图 13-34　PLL 输入时钟与输出时钟的对比

习题

13.1　计算图 13-12 所示四级差动环形振荡器电路每级电路所需的最小电压增益。

13.2　在图 13-10 所示的电路中，假设 $g_{m1}=g_{m2}=g_{m3}=(200\Omega)^{-1}$，求保证振荡所需的 R_D 的最小值是多少？当振荡频率为 1GHz 且总的低频环路增益为 16 时，确定 C_L 的值。

13.3　假设 VCO 输入的控制电压是正弦信号 $V_{cont}(t)=V_m\cos(\omega_m t)$，且 $K_{VCO}V_m/\omega_m \ll 1$，确定其输出波形。

13.4　考虑图 13-35 所示的锁相环，其中滤波器为一阶系统，外部电压 V_{ref} 加在 LPF 的输出端，Φ_{out} 是 V_{out} 的盈出相位，求传递函数 Φ_{out}/Φ_{ref}。

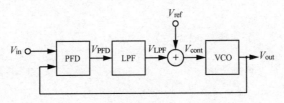

图 13-35　13.4 题图

13.5　简单的电荷泵 PLL 的电路如图 13-36 所示，分析该 PLL 的稳定性。

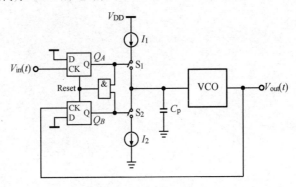

图 13-36　13.5 题图

参考文献

[1]　BEST R E. Phase-Locked Loops: Design, Simulation, and Applications[M]. New York: The McGraw-Hill Companies, 2004.

[2]　RAZAVI B. Design of Analog CMOS Integrated Circuits[M]. New York: The McGraw-Hill Companies, 2001.

[3]　YOUNG I A, GREASON J K, WONG K L. A PLL Clock Generator with 5 to 110MHz of Lock Range for Microprocessors[J]. IEEE Journal of Solid-State Circuits, 1992, 27(11): 1599-1607.

[4]　SHU K, SÁNCHEZ-SINENCIO E. CMOS PLL Synthesizers Analysis and Design[M]. Boston: Springer Science & Business Media, 2005.

[5]　CHANG H H, LIN J W, YANG C Y, et al. A Wide-Range Delay-Locked Loop with A Fixed Latency of One Clock Cycle[J]. IEEE Journal of Solid-State Circuits, 2002, 37(8): 1021-1027.

专业词汇表

A

Acceptor　受主

Active　有源区

Analog Circuit　模拟电路

Analog to Digital Converter（ADC）　模数转换器

Auxiliary Operational Amplifier　辅助运放

B

Back-Gate Effect　背栅效应

Band Gap　带隙

Band-gap Voltage Reference　带隙电压基准

Barkhausen Criterion　巴克豪森判据

Bathtub Curve　浴盆曲线

Berkeley Short-Channel IGFET Model（BSIM）　伯克利短沟道 IGFET 模型

Bias　偏置

Bipolar Transistor　双极晶体管

Bode Plot　伯德图

Bootstrapped Switch　自举开关

Bulk Effect　体效应

C

Cascode　共源共栅

Cascode Compensation　共源共栅补偿

Channel Length Modulation Effect　沟道长度调制效应

Characteristic Equation　特征方程

Charge Conservation　电荷守恒

Charge Injection　电荷注入

Charge Pump　电荷泵

Chemical Mechanical Polishing （CMP）　化学机械抛光

Chemical Vapor Deposition （CVD）　化学气相沉积

Chopping　斩波

Clock Feedthrough　时钟馈通

Code Bin　码箱

Code Density　码密度

Common Gate　共栅极

Common Mode　共模

Common Mode Feedback　共模反馈

Common Mode Rejection Ratio（CMRR）　共模抑制比

Common Source　共源极

Comparator　比较器

Complementary Metal Oxide Semiconductor（CMOS）　互补金属氧化物半导体器件

Complementary to Absolute Temperature（CTAT）　与绝对温度互补

Conduction Band　导带

Confidence Level　置信度

Counter　计数器

Current Mirror　电流镜

Current Steering　电流舵

Curvature Compensation　曲率补偿

Cycle-Cycle Jitter（CC-Jitter）　周期-周期抖动

Cycle Jitter（C-Jitter）　周期抖动

Cyclic ADC　循环式 ADC

D

Damping Coefficient　阻尼系数

Delay phase Locked Loop （DLL）　延时锁相环

Depletion　耗尽

Design Rule Check （DRC）　设计规则检查

Differential Amplifier　差分放大器

Differential Non-Linearity （DNL）　微分非线性

Diffusion　扩散

Digital Circuit　数字电路

Digital Signal Processor（DSP）　数字信号处理器

Digital to Analog Converter （DAC）　数模转换器

Discrete Fourier Transform （DFT）　离散傅里叶变换

Donor　施主

Doublet　零极点对

Drift　漂移

E

Effective Number of Bits（ENOB） 有效位数

Electronic Design Automation（EDA） 电子设计自动化

Energy Band 能带

F

Fast Fourier Transform（FFT） 快速傅里叶变换

Feedback 反馈

Feedback Coefficient 反馈系数

Feedback Network 反馈网络

Feedforward Amplifier 前馈放大器

Flash ADC 快闪式 ADC

Flicker Noise 闪烁噪声

Folded Cascode 折叠式共源共栅

Forbidden Band 禁带

Frequency Bin 频率箱

Frequency Divider 分频器

Fully Differential Operational Amplifier 全差分运算放大器

G

Gain 增益

Gain-Bandwidth Product（GBW） 增益带宽积

Gain Boosting 增益提升

Graphics Design System（GDS） 图形设计系统

H

Holding 保持

Hot Carrier Effect 热载流子效应

I

Impulse Response 冲激响应

Input Reference Noise 输入参考噪声

Integral Non-Linearity（INL） 积分非线性

Integrator 积分器

Intrinsic Noise 本征噪声

IR-Drop 电压降

J

Jitter　抖动

K

Kirchhoff's Current Law（KCL）　基尔霍夫电流定律
Kirchhoff's Voltage Law（KVL）　基尔霍夫电压定律

L

Latch　锁存器
Layout　版图
Layout Versus Schematic（LVS）　版图与原理图对比
Least Significant Bit（LSB）　最低有效位
Lightly Doped Drain（LDD）　轻掺杂漏
Loop Filter　环路滤波器
Loop Gain　环路增益
Low Pass Filter　低通滤波器

M

Metal-Insulator-Metal Capacitor　MIM 电容
Metal Insulator Semiconductor（MIS）　金属绝缘体半导体
Metal-Oxide-Semiconductor Field-Effect Transistor（MOSFET）　金属-氧化物-半导体场效应晶体管
Metal Silicide　金属硅化物
Miller Compensation　米勒补偿
Miller Effect　米勒效应
Monocrystalline Silicon　单晶硅
Most Significant Bit（MSB）　最高有效位
Multiply DAC　乘法 DAC

N

Noise　噪声
Noise Shaping　噪声整形
Noise Transfer Function（NTF）　噪声传递函数
Normal Distribution　正态分布
N-Well　N 阱
Nyquist Rate　奈奎斯特速率

O

Offset　偏离

Operational Amplifier　运算放大器

Oscillator　振荡器

Output Impedance　输出阻抗

Overdrive Voltage　过驱动电压

Oversampling　过采样

P

Phase Detector（PD）　鉴相器

Phase/Frequency Detector（PFD）　鉴相/鉴频器

Phase-Locked Loop（PLL）　锁相环

Phase Margin（PM）　相位裕度

Phase Noise　相位噪声

Physical Vapor Deposition（PVD）　物理气相沉积

Pinch Off　夹断

Pipeline ADC　流水线 ADC

PN Junction　PN 结

Pole　极点

Power Law Distribution　幂律分布

Power Spectral Density（PSD）　功率谱密度

Power Supply Rejection Ratio（PSRR）　电源抑制比

Probability Density Function（PDF）　概率密度函数

Proportional to Absolute Temperature（PTAT）　与绝对温度成正比

Q

Quantization Error　量化误差

Quantization Noise　量化噪声

R

Rail-to-Rail　轨到轨

Ramp Generator　斜坡发生器

Random Telegraph Signal（RTS）　随机电报信号

Redundant Signed Digit（RSD）　冗余有符号数字

Register　寄存器

Resolution　分辨率

Ring Oscillator　环形振荡器

Root Locus　根轨迹

Root Mean Square　均方根

S

Successive Approximation ADC　逐次逼近型 ADC

Sampling　采样

Schematic　原理图

Shallow Trench Isolation（STI）　浅沟槽隔离

Side Etching　侧边刻蚀

Signal-to-Noise-and-Distortion Ratio（SNDR）　信号与噪声失真比

Signal to Noise Ratio（SNR）　信噪比

Signal Transfer Function（STF）　信号传递函数

Simulation Program with Integrated Circuit Emphasis（SPICE）　集成电路模拟仿真程序

Single Slope ADC　单斜 ADC

Slew Rate　摆率

Source Follower　源极跟随器

Spurious Free Dynamic Range（SFDR）　无杂散动态范围

Square-Law Model　平方律模型

Substrate　衬底

Sub-Threshold　亚阈值

Successive Approximation Register（SAR）　逐次逼近寄存器

Switched Capacitor Amplifier　开关电容放大器

Switched Capacitor Common Mode Feedback　开关电容共模反馈

T

Temperature Drift Coefficient　温漂系数

Thermal Noise　热噪声

Threshold　阈值

Total Harmonic Distortion（THD）　总谐波失真

Transconductance　跨导

Transfer Function　传递函数

Transimpedance　跨阻

Trimming　修调

Two Phase Non-Overlapping Clock　两相不交叠时钟

U

Unit-Gain Bandwidth（UBW）　单位增益带宽

V

Valence Band　价带

Velocity Saturation　速度饱和

Virtual Ground　虚地

Virtual Open　虚断

Virtual Short　虚短

Voltage-Controlled Delay Line（VCDL）　压控延时线

Voltage Controlled Oscillators（VCO）　压控振荡器

W

Wafer　晶圆

Wilson Current Mirror　威尔逊电流镜

Z

Zero　零点